Christian Kunz

Strategisches Multiprojektmanagement

GABLER EDITION WISSENSCHAFT

Unternehmensführung & Controlling

Herausgegeben von
Universitätsprofessor Dr. Wolfgang Becker,
Otto-Friedrich-Universität Bamberg
und Universitätsprofessor Dr. Dr. h.c. Jürgen Weber,
WHU – Otto Beisheim School of Management, Vallendar

Die Schriftenreihe präsentiert Ergebnisse der betriebswirtschaftlichen Forschung im Themenfeld Unternehmensführung und Controlling. Die Reihe dient der Weiterentwicklung eines ganzheitlich geprägten Management-Denkens, in dem das Controlling als übergreifende Koordinationsfunktion einen für die Theorie und Praxis der Führung zentralen Stellenwert einnimmt.

Christian Kunz

Strategisches Multiprojektmanagement

Konzeption, Methoden und Strukturen

Mit einem Geleitwort von Prof. Dr. Wolfgang Becker

2., aktualisierte Auflage

Deutscher Universitäts-Verlag

Bibliografische Information Der Deutschen Nationalbibliothek
Die Deutsche Nationalbibliothek verzeichnet diese Publikation in der
Deutschen Nationalbibliografie; detaillierte bibliografische Daten sind im Internet über
<http://dnb.d-nb.de> abrufbar.

Dissertation Universität Bamberg, 2004

1. Auflage Januar 2005
2. Auflage September 2007

Alle Rechte vorbehalten
© Deutscher Universitäts-Verlag | GWV Fachverlage GmbH, Wiesbaden 2007

Lektorat: Frauke Schindler / Stefanie Loyal

Der Deutsche Universitäts-Verlag ist ein Unternehmen von Springer Science+Business Media.
www.duv.de

Umschlaggestaltung: Regine Zimmer, Dipl.-Designerin, Frankfurt/Main
Gedruckt auf säurefreiem und chlorfrei gebleichtem Papier
Printed in Germany

ISBN 978-3-8350-0915-8

Geleitwort

Die Durchführung strategischer Vorhaben wird in der Unternehmenspraxis zunehmend in Form strategischer Projekte vollzogen. In diesem Zusammenhang treten facettenreiche und höchst unterschiedliche Problemfelder auf, denen von Seiten der Unternehmenspraxis wie auch der Betriebswirtschaftslehre begegnet werden muss. In diesem Zusammenhang wird die Forderung aufgestellt, dass die Unternehmensführung durch eine sinnvolle und methodisch geprägte Planung und Kontrolle der Projekte eines Unternehmens unterstützt werden sollte. Dabei wird zunehmend auf die Thematik des Multiprojektmanagements verwiesen. Dieses Themenfeld selbst ist nicht neuartig, sondern wurde in der Betriebswirtschaftslehre bereits aus unterschiedlichen Perspektiven beleuchtet. Eine Analyse der bestehenden Erkenntnisse zeigt jedoch, dass insbesondere die Verbindung von Multiprojektmanagement und strategischer Unternehmensführung bisher vernachlässigt wurde.

Diese Ausgangssituation nimmt mein Schüler Christian Kunz zum Anlass, in seiner hier vorliegenden Dissertationsschrift eine ganzheitliche, durch generelle Aussagen gestützte und zudem strategisch geprägte Konzeption eines Multiprojektmanagements zu kreieren. Er stützt seine überaus aktuellen und interessanten Ausführungen dabei auf eine sehr breite Literaturbasis, die im Rahmen des Themengebietes als vollständig bezeichnet werden kann.

Nach einer einführenden Problematisierung des Gegenstandsbereichs wird der Kontext der Konzeptionsentwicklung dargestellt. Hierbei erfolgt eine Aufbereitung der bisherigen in der einschlägigen Literatur vorhandenen Erkenntnisse. Auf diesem inhaltlichen Sockel aufbauend entwickelt Herr Kunz den Rahmen seiner Konzeption und leitet die für den weiteren Verlauf der Untersuchung bedeutsamen Elemente problemorientiert ab. Der an dieser Stelle geschaffene konzeptionelle Rahmen ordnet dabei die einzelnen Aufgabenfelder eines Multiprojektmanagements sinnvoll an und ermöglicht eine Systematisierung von bestehenden und neuen Erkenntnissen im Gesamtzusammenhang der Monographie.

Im weiteren Verlauf der Arbeit beschäftigt sich der Autor dann intensiv mit den bedeutsamen Details der einzelnen Elemente. Im Zuge der Ausführungen zur Multiprojekt-Konfiguration wird ein Vorgehensmodell dargestellt, mit dessen Hilfe die Projektgesamtheit eines Unternehmens in inhaltlicher und dynamischer Sicht in die Budgetierung des Unternehmens integriert werden kann. Innerhalb des Abschnitts zur Multiprojekt-Priorisierung beschäftigt sich der Autor intensiv mit dem Vorgehen und den potenziell anwendbaren Methoden zur Berücksichtigung von portfoliobezogenen

Projektwerten und den unterschiedlichen Arten von Projektinterdependenzen. Daran anschließend werden im Abschnitt zur Multiprojekt-Kontrolle die unterschiedlichen, für eine strategisch ausgerichtete Kontrolle der einzelnen Projektportfolios unabdingbaren Bestandteile – Multiprojekt-Monitoring, Multiprojekt-Review und Multiprojekt-Wissensmanagement – detailliert und praxisorientiert dargestellt. Abschließend geht der Autor auf die Strukturierung des Multiprojektmanagements ein, analysiert in diesem Zusammenhang die Organisationsalternativen der einzelnen Projekte sowie der gesamten Multiprojekt-Führungsorganisation und zeigt zusätzlich die Möglichkeiten zur Gestaltung eines Multiprojekt-Informationssystems auf.

Die vorliegende Arbeit zeichnet sich insgesamt durch die sinnvolle Verknüpfung von bereits vorhandenen Erkenntnissen der Betriebswirtschaftslehre mit teilweise kreativen Neu- und Weiterentwicklungen des Autors zum Themenfeld Multiprojektmanagements aus. Insgesamt liefert Herr Kunz mit der vorliegenden Monographie ein geschlossenes und durchdachtes Aussagensystem, welches die betriebswirtschaftliche Theorie, speziell die Führungslehre, bereichert. Dabei werden die Ausführungen auch dem zu stellenden Anspruch, in der Führungspraxis eine strategisch orientierte Führungsfunktion erfüllen zu können, in jeder Beziehung gerecht. Der Autor verliert in seiner theoretisch ausgefeilten Argumentation nie den Blick für die praktische Umsetzbarkeit der entwickelten Konzeption aus den Augen. Insofern ist die praktische Anwendung der im Rahmen dieser Arbeit vorgestellten Konzeption uneingeschränkt zu empfehlen.

Univ.-Professor Dr. Wolfgang Becker

Vorwort zur 2. Auflage

Auch über zwei Jahre nach Erscheinen der ersten Auflage des vorliegenden Buches besitzt das Thema „Multiprojektmanagement" weiterhin eine hohe Aktualität in der betriebswirtschaftlichen Theorie und Praxis. Im Zuge einer Überarbeitung im Juli 2007 wurde eine Vielzahl der zwischenzeitlich neu erschienenen Literaturquellen zu diesem Themengebiet in das Manuskript eingearbeitet. Hierbei ist der Schwerpunkt auf die Berücksichtigung von praktischen Erfahrungen bei der Umsetzung eines Multiprojektmanagements gelegt worden.

Christian Kunz

Vorwort

Die vorliegende Arbeit entstand während meiner Tätigkeit als wissenschaftlicher Mitarbeiter am Lehrstuhl für Betriebswirtschaftslehre, insbesondere Unternehmensführung & Controlling an der Otto-Friedrich-Universität Bamberg und wurde im Wintersemester 2004/2005 als Dissertation angenommen. Den Ausgangspunkt der Arbeit bildete dabei ein Forschungsprojekt des Lehrstuhls, welches im Rahmen des Forschungsförderungsprogramms der Otto-Friedrich-Universität Bamberg durchgeführt wurde. Während der Entstehung der Arbeit haben mich viele Personen unterstützt und somit zum Gelingen des Promotionsvorhabens beigetragen. Ihnen möchte ich an dieser Stelle herzlich danken.

An erster Stelle ist mein akademischer Lehrer Univ.-Professor Dr. Wolfgang Becker zu nennen. Er hat in allen Phasen des Promotionsvorhabens äußerst wertvolle fachliche Hinweise gegeben und mir jede erdenkliche Unterstützung während meiner Promotionszeit gewährt. Sein hoher wissenschaftlicher Anspruch war mir zudem Vorbild und Ansporn zugleich. Weiterhin danke ich Univ.-Professor Dr. Johann Engelhard dafür, dass er trotz seiner zeitaufwändigen Tätigkeit als Prorektor der Universität Bamberg das Zweitgutachten übernommen hat.

Eine wissenschaftliche Arbeit braucht immer auch das passende Umfeld, um gelingen zu können. Dieses fand ich am Lehrstuhl für Unternehmensführung & Controlling vor. Meinen Kolleginnen und Kollegen vom Lehrstuhl, mit denen ich unzählige Stunden verbracht habe, möchte ich für das entspannte Arbeitsklima ausdrücklich danken.

Insbesondere Dipl.-Kffr. Sibylle Seedorf, Dipl.-Kffr. Sabine Zloch und Dipl.-Kfm. Stefan Fischer haben durch ihre unermüdliche Diskussionsbereitschaft und kritische Durchsicht des Manuskriptes einen nicht hoch genug einzuschätzenden Beitrag zum erfolgreichen Anfertigen der vorliegenden Dissertationsschrift geleistet. Weiterhin danke ich Dr. Frank-Michael Brinkmann und Professor Dr. Tobias Specker für die aufschlussreichen Gespräche während der Promotionszeit.

Der größte Anteil am Gelingen meines Promotionsvorhabens ist jedoch meinem Vater Dipl.-Ing. Dieter Kunz und meinem Bruder Olaf Kunz zuzurechnen. Durch ihre aufmunternden Worte und ideelle Unterstützung in schwierigen Zeiten konnte ich die notwendige Energie aufbringen, um das Promotionsprojekt erfolgreich zu beenden.

Christian Kunz

Inhaltsverzeichnis

Abbildungsverzeichnis

1 Einleitung

1.1 Problemstellung

Die vorliegende Arbeit beschäftigt sich mit der Entwicklung einer Konzeption für ein Multiprojektmanagement, welches typische Probleme lösen soll, die mit der steigenden Anzahl von Projekten in Unternehmen einhergehen. Die unterschiedlichen Probleme entstehen vor allem dadurch, dass die Umsetzung strategischer Vorhaben in Unternehmen zunehmend in Form von strategischen Projekten[1] vollzogen wird.[2]

Aufgrund der hohen Projektanzahl konkurrieren unterschiedliche Projekte in stärkerem Maße als bisher um zumeist knappe Unternehmensressourcen. Die oftmals durch eine nicht objektive Priorisierung verursachte inadäquate Verteilung von Ressourcen zwischen den Projekten bewirkt, dass strategisch bedeutsame Projekte nicht oder nur unter erschwertem Ressourceneinsatz zum Ziel geführt werden können.[3] Es besteht dann die Gefahr, dass daraus negative Konsequenzen für die erfolgs- und finanzwirtschaftliche Situation des Unternehmens folgen. Zudem ergeben sich immer größere inhaltliche Interdependenzen zwischen den einzelnen Projekten, die vielfach nicht miteinander abgestimmt werden.[4] Darüber hinaus ist eine vollständige Kontrolle der Projektlandschaft in Unternehmen nur dann möglich, wenn ein systematisches Vorgehen verfolgt wird. Auch ist eine genaue Zuordnung von Zuständigkeiten zu spezifischen Aufgabenträgern häufig nicht gegeben. Als Konsequenz werden Management-Ressourcen im Rahmen der unsystematischen Steuerung der einzelnen Projekte suboptimal eingesetzt. Diese hier nicht abschließend skizzierten Problemfelder können somit dazu

---

[1] Im Rahmen dieser Arbeit sollen unter strategischen Projekten unternehmensinterne Vorhaben verstanden werden, welche die konstituierenden Merkmale von Projekten erfüllen und zudem eine hohe strategische Bedeutung für das Unternehmen beinhalten. Die strategische Bedeutung kann hierbei sowohl in der Leistungs- als auch Wertsphäre eines Unternehmens begründet sein und ist unternehmensindividuell festzustellen. Vgl. Raps (2003) S. 105f. und Mörsdorf (1998) S. 55ff. zu den konstituierenden Merkmalen von Projekten sowie Becker (1996) S. 187ff. zur ausführlichen Darlegung der Leistungs- und Wertsphäre von Unternehmen.

[2] Vgl. zu diesem Sachverhalt exemplarisch Kolks (1990) S. 79; Tarlatt (2001) S. 202; Scheurer (2000) S. 383; Steiger (1989) S. 153f.; Pellegrinelli/Bowman (1994) S. 129f.; Lorange (1998) S. 19.

[3] Die in der Literatur angeführten Beispiele und empirischen Untersuchungen zu gescheiterten bzw. nur unter hohem zusätzlichen Ressourceneinsatz erfolgreich beendeten unternehmensinternen Projekten sollen an dieser Stelle nicht wiederholt werden. Ausführliche Nachweise finden sich bei Crawford (2002) S. 6ff.

[4] Hierzu bemerkt VEASY: „It is not uncommon to see major change projects being undertaken in different parts of a large enterprise with no way of ensuring that they add up to something coherent". Veasey (1994) S. 124.

führen, dass die wirtschaftliche Situation eines Unternehmens erheblich beeinträchtigt wird. Um diese wirtschaftliche Beeinträchtigung zu umgehen, wird in der Literatur vermehrt die Implementierung eines Multiprojektmanagements gefordert.[5] Die Zielsetzung dieses Multiprojektmanagements besteht allgemein darin, die Planung, Bewertung und Kontrolle strategischer Projekte wirtschaftlich sinnvoll auszugestalten.

Der Forschungsanstoß für eine wissenschaftliche Behandlung des Themas Multiprojektmanagement kommt dabei aus unterschiedlichen Richtungen. Zunächst zeigt sich im Zuge einer Literaturanalyse, dass die Thematik des Multiprojektmanagements eine große Aktualität besitzt.[6] So ist die Zahl der in den letzten Jahren publizierten Beiträge zum Multiprojektmanagement im Vergleich zu den Vorjahren gestiegen. Die unterschiedlichen Beiträge beinhalten jedoch aus wissenschaftlicher Sicht gewisse Schwachpunkte, die im Folgenden kurz erläutert werden.

Insbesondere praxisorientierte Veröffentlichungen gehen nicht von einem stimmigen Gesamtkonzept aus, sondern behandeln lediglich spezifische Problempunkte des Multiprojektmanagements in einer engen Sichtweise. Dies hat zur Folge, dass die Erkenntnisse dieser unterschiedlichen Beiträge lediglich isoliert genutzt werden können.[7] An den wenigen bisher veröffentlichten Arbeiten, die auf konzeptionellen Überlegungen aufbauen ist zu bemängeln, dass sich diese häufig an einem spezifischen Praxisfall orientieren und die dort getroffenen Aussagen somit in großen Teilen nicht auf andere Anwendungsfälle übertragbar sind.[8] Mittlerweile liegen jedoch mit den Arbeiten von GLASCHAK und AHLEMANN grundlegend universell anwendbare konzeptionelle Arbeiten zum strategischen Multiprojektmanagement vor.[9]

In diesem Zusammenhang ist zusätzlich festzuhalten, dass bisher keine umfassende Konzeption existiert, welche die unterschiedlichen Gesichtspunkte des Multiprojekt-

---

[5]   Vgl. stellvertretend Foschiani (1999) S. 133f.

[6]   „Project portfolio analysis and planning will grow in the 1990s to become as important as business portfolio planning became in the 1970s and 1980s." Archer/Ghasemzadeh (1999a) S. 207.

[7]   Vgl. für eine ähnliche Einschätzung im internationalen Kontext Dietrich/Lehtonen (2005) S. 386f.

[8]   Das Konzept Lukesch (2000) wurde für ein Versicherungsunternehmen, das Konzept Hiller (2002) für einen Getriebehersteller entwickelt. Insbesondere LUKESCH gesteht ein, dass sich sein Konzept nur auf andere Finanzdienstleistungsunternehmen übertragen lässt. Vgl. Lukesch (2000) S. 3.

[9]   Vgl. Glaschak (2006) und Ahlemann (2006). Die beiden Arbeiten sind konzeptioneller Natur, greifen das Themengebiet aber aus einem zum Teil anderen Blickwinkel als die vorliegende Arbeit auf. So nähert sich GLASCHAK dem Themengebiet sehr ausführlich aus der Richtung des Strategischen Managements. Vgl. Glaschak (2006) S. 12ff.

managements wissenschaftlich fundiert. Diese fehlende Fundierung besteht dabei vor allem bezüglich der theoretischen Verbindung von Erkenntnissen zur Strategieimplementierung, zur strategischen Budgetierung und zur strategischen Kontrolle mit dem Multiprojektmanagement.[10] Diese Theoriekonstrukte sind für sich betrachtet in der Literatur mittlerweile vollständig anerkannt. Eine Verbindung dieser mit Elementen des Multiprojektmanagements ist aber bisher noch nicht erfolgt, obwohl diese zur Fundierung des Multiprojektmanagements und seiner strategischen Dimension geeignet erscheinen.

Neben den oben aufgeführten grundlegenden Kritikpunkten an den bisher veröffentlichten Arbeiten können auch weitere inhaltliche Defizite festgestellt werden. So wird gerade in älteren Arbeiten vornehmlich auf die Problematik der monetären Bewertung von unterschiedlichen Projektalternativen eingegangen.[11] Fragen der Budgetierung und Kontrolle von strategischen Projekten werden demgegenüber vernachlässigt. Auch hinsichtlich vorgeschlagener Methoden und Instrumente kann ein Nachholbedarf konstatiert werden. Insbesondere die Einbindung der Balanced Scorecard als Lenkungs- und Visualisierungsmethode sowie die konsequente Anwendung der Grundidee eines Multiprojekt-Wissensmanagements und die zur Umsetzung notwendigen Instrumente können an dieser Stelle aufgeführt werden. Ebenso existieren Defizite bezüglich einer unternehmensweit anwendbaren Methode zur Konfiguration unterschiedlich gearteter Projektportfolios. In diesem Zusammenhang fehlt es vor allem an einer Vorgehensweise, welche die Vorgaben der Unternehmensführung direkt in der Zusammensetzung der einzelnen Projektportfolios berücksichtigt.

Zusammenfassend ist festzuhalten, dass im Themenfeld Multiprojektmanagement ein hoher Forschungsbedarf besteht. Dieser besteht vornehmlich in der Erstellung einer theoretisch fundierten Konzeption des Multiprojektmanagements, die allgemein anwendbare Aussagen begründet. Weiterhin existiert ein Forschungsbedarf in der Einbindung geeigneter Methoden, um die inhaltlichen Defizite der bisherigen Forschung ausgleichen zu können. Dies beinhaltet z.B. eine objektive Bewertung aller Projekte, die Vorgabe von Budgets für spezifische Projektarten, die durchgehende Kontrolle von

---

[10] „To date, strategy implementation and project management have largely developed quite separately and independently. But there are many opportunities for cross-fertilisation which are currently under-exploited both in theory and practice." Grundy (1998) S. 43.

[11] „Project definition and cash Flow estimation are normally considered a difficult aspect ... while project implementation and control are notably nontrivial. Indeed, the technical financial analysis and project selection stage, which typically receives the most attention in the literature, is in many cases the least problematic aspect of the process." Lai/Trigeorgis (1995) S. 73.

Projektportfolios sowie die Anpassung von Projektportfolios an strategisch relevante Änderungen des Unternehmensumfeldes.

1.2 Zielsetzung und Aufbau der Arbeit

Die Zielsetzung der vorliegenden Arbeit besteht somit darin, eine umfassende Konzeption eines strategischen Multiprojektmanagements unter Berücksichtigung der oben genannten Mängel der bisherigen Veröffentlichungen zu diesem Thema zu entwickeln. Weiterhin sind die Elemente dieser Konzeption in einem angebrachten Detaillierungsgrad zu beschreiben. Die Grundlage bildet die bisher veröffentlichte Literatur zum Themenfeld Multiprojektmanagement. Hierin sind sowohl theoretisch-wissenschaftliche Quellen als auch stärker am praktischen Anwendungsfall orientierte Quellen enthalten. Darüber hinaus werden auch Erkenntnisse aus benachbarten Disziplinen der Betriebswirtschaftslehre berücksichtigt.[12] Die inhaltliche Struktur der Arbeit stellt sich insgesamt folgendermaßen dar (Abbildung 1–1):

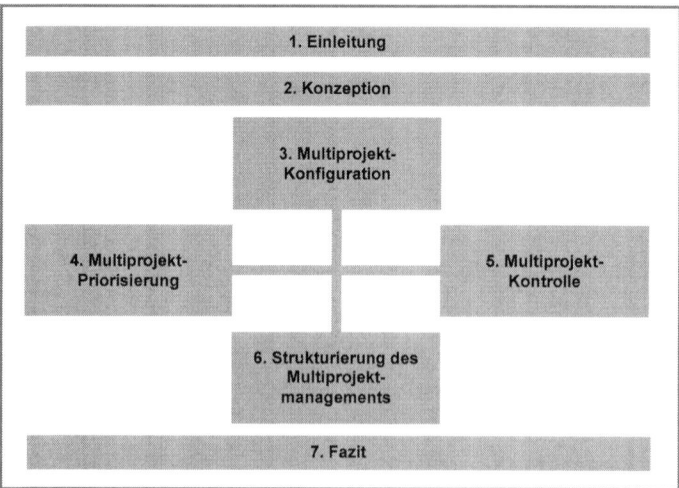

Abbildung 1–1   Inhaltliche Struktur der Arbeit

Die Entwicklung der Konzeption eines strategischen Multiprojektmanagement erfolgt im **zweiten Kapitel** der Arbeit. Zunächst wird an dieser Stelle der Kontext der Konzeptionsentwicklung aufgezeigt. Neben einer theoretischen Fundierung der strategischen Bedeutung des Multiprojektmanagements für Unternehmen wird zusätzlich auf die historische Entwicklungslinie des Multiprojektmanagements sowie die Anwendung in der Unternehmenspraxis eingegangen. Die eigentliche Entwicklung der Konzeption umfasst neben einem eindeutigen Begriffsverständnis vor allem eine spezifische Problemlandkarte des Multiprojektmanagements mit den daraus resultierenden Aufgabenfeldern. Die in diesem Zusammenhang bereits knapp formulierten Aufgaben sind dann den einzelnen Elementen der Konzeption zuzuordnen.

Die folgenden Kapitel der Arbeit haben das Ziel, die einzelnen Elemente der im zweiten Kapitel entwickelten Konzeption näher darzustellen und die typischerweise durchgeführten Aktivitäten bzw. zu nutzenden Methoden wissenschaftlich zu fundieren. Insofern beschäftigt sich das **dritte Kapitel** mit der Multiprojekt-Konfiguration. Zunächst werden in diesem Kapitel die Bestimmungsgründe der Konfiguration von Projektportfolios dargestellt. Inhaltlich geht es bei der Konfiguration um die Art und Weise der Zusammenstellung der einzelnen Projektportfolios. Die gesamte Vorgehensweise wird aus dem Verfahren der strategischen Budgetierung abgeleitet. Im weiteren Verlauf werden die horizontale und die vertikale Konfiguration von Projektportfolios als Hauptaktivitäten der Konfiguration von Projektportfolios detailliert beschrieben. Die Diskussion dynamischer Aspekte der Multiprojekt-Konfiguration bildet den Abschluss des Kapitels.

Das **vierte Kapitel** zeigt die bedeutsamen Aspekte der Multiprojekt-Priorisierung auf. Nach der Ableitung eines Vorgehensmodells der Multiprojekt-Priorisierung werden die für geeignet erachteten Methoden der Projektbewertung kritisch dargestellt. Vor allem die Voraussetzungen ihrer Anwendung sowie die für den Multiprojektfall spezifischen Ausprägungen der Methoden bilden hier den inhaltlichen Schwerpunkt. Als weiteren wichtigen Bestandteil der Multiprojekt-Priorisierung wird auf die unterschiedlichen Verfahren zur Analyse von Projekt-Interdependenzen eingegangen.

Die Multiprojekt-Kontrolle bildet den inhaltlichen Schwerpunkt des **fünften Kapitels**. Nach einer Darstellung und theoretischen Begründung der konzeptionellen Ausgestaltung ist auf die drei Bestandteile der Multiprojekt-Kontrolle einzugehen. Die Erläuterungen zu Multiprojekt-Monitoring und Multiprojekt-Review werden durch geeignete Fallbeispiele unterstützt. Die Darstellung des neuartigen Konstrukts des Multiprojekt-Wissensmanagements schließt sich an diese Ausführungen an. Insgesamt sind die drei Bestandteile der Multiprojekt-Kontrolle dabei nicht getrennt voneinander

---

[12] Hierzu zählen insbesondere Arbeiten aus dem Gebiet der Unternehmensführung, der Finanzwirtschaft, der Planungslehre sowie der Organisationslehre.

zu sehen. Sie bilden vielmehr eine aufeinander aufbauende Vorgehensweise, welche sich vornehmlich am theoretischen Konstrukt der strategischen Kontrolle orientiert.

Die Darstellung und Bewertung von Projekt-Organisationsformen aus Sicht des Multiprojektmanagements sind Gegenstand des **sechsten Kapitels**. Diese Ausführungen werden durch die konzeptionelle Gestaltung einer Multiprojekt-Führungsorganisation ergänzt. Die Aufgaben und Funktionsträger dieser Multiprojekt-Führungsorganisation bilden einen wesentlichen Punkt zur erfolgreichen Etablierung eines Multiprojektmanagements in der Praxis. Die weiteren Inhalte des Kapitels umfassen Überlegungen zur Anpassung der primären Unternehmensorganisation an die Belange des Multiprojektmanagements sowie die konzeptionelle und technische Ausgestaltung eines Multiprojekt-Informationssystems. Die Arbeit schließt im **siebten Kapitel** mit einer Zusammenfassung der wesentlichen Inhalte und Aussagen sowie einem Ausblick auf den zukünftigen Forschungsbedarf.

2 Konzeption

Ziel dieses Kapitels ist es, die Konzeption eines strategischen Multiprojektmanagements abzuleiten und ihre Elemente sowie deren Zusammenspiel kurz zu erläutern. Hierzu wird in Abschnitt 2.1 zunächst der Kontext der Konzeptionsentwicklung näher beschrieben. Im darauf folgenden Abschnitt 2.2 wird die Konzeption in ihrer Gesamtsicht entwickelt, um als Grundlage für die detaillierte Darstellung der Elemente der Konzeption in den folgenden Hauptkapiteln der Arbeit zu dienen.

2.1 Kontext der Konzeptionsentwicklung

Die Darstellung des Kontextes der Konzeptionsentwicklung dient der Anknüpfung dieser Arbeit an bereits bestehende Erkenntnisse von wissenschaftlicher und praxisorientierter Literatur. In einem ersten Schritt wird die zunehmende Projektorientierung der Strategieimplementierung thematisiert. Daran anschließend wird die bisherige theoretische Behandlung der Grundlagen des Multiprojektmanagements in der wissenschaftlichen Literatur aufgearbeitet. Der folgende Abschnitt beschäftigt sich mit den unterschiedlichen Ausprägungen des Multiprojektmanagements, wie sie in praxisorientierten Veröffentlichungen zu finden sind. Den Abschluss bildet ein Zwischenfazit, welches die inhaltlichen Basisanforderungen von Seiten der Literatur und Wirtschaftspraxis an die Konzeption zusammenfasst.

2.1.1 Projektorientierte Umsetzung von Strategien

Im Folgenden ist die Bedeutung des Multiprojektmanagements für das strategische Handeln von Unternehmen nachzuweisen. Dabei wird insbesondere darauf eingegangen, dass die projektorientierte Strategieimplementierung in der Literatur eine zunehmende Bedeutung erlangt hat.[13] KOLKS versteht den Begriff der Strategieimplementierung als die Umsetzung und Durchsetzung von strategischen Maßnahmenprogrammen.[14] Für den weiteren Verlauf der Arbeit werden aber beide Begriffe unter dem Oberbegriff der Umsetzung zusammengefasst.[15] Die projektorientierte Vorgehensweise zur Implementierung von Strategien findet dabei in der Literatur eine

---

[13] „Die meistgewählte Organisationsstruktur für Implementierungsvorhaben ist die Projektstruktur" Tarlatt (2001) S. 202.

[14] Vgl. Kolks (1990) S. 79.

[15] Vgl. Tarlatt (2001) S. 40ff. mit weiteren Nachweisen. Eine weitere umfassende Definition des Begriffs der Strategieimplementierung findet sich bei Raps (2003) S. 27ff. mit weiteren Nachweisen.

breite Unterstützung. Die grundsätzliche Bedeutung der projektorientierten Strategieumsetzung betont TARLATT in seiner Untersuchung zur Strategieimplementierung.
Er stellt darauf ab, dass die Implementierung einer Strategie in der Regel eine von
einer gewissen Komplexität gekennzeichnete, zeitlich befristete Aufgabe mit einer für
das Unternehmen relativen Neuartigkeit darstellt.[16] Nach SCHEURER „*erfüllen strategische Problemstellungen alle Merkmale, die typischerweise Projekten zugeschrie-
ben werden*"[17]. Somit spricht aus seiner Sicht alles für den Einsatz von Projekten zur
Umsetzung von Strategien.[18]

STEIGER vertritt ebenfalls die Ansicht, dass zur Durchsetzung von Strategien in der
Vielzahl der Fälle die Grundlage für eine projektorientierte Vorgehensweise gegeben
ist, sodass die Bedeutung dieser Implementierungsform vergleichsweise überragend
ist. Die projektorientierte Vorgehensweise zeichnet sich dabei dadurch aus, dass eine
umfassende Betrachtung des strategischen Durchsetzungsproblems oder wichtiger
Teilaspekte möglich ist. Weiterhin schafft diese Vorgehensweise die Grundlage für
eine maximale planerische Vorbereitung und Kontrolle der Durchsetzung sowie eine
zentrale Informationsversorgung. Schließlich findet eine Selbstidentifizierung der
Betroffenen mit der Strategieumsetzung durch die Mitarbeit im Projektteam statt.[19]

Als Elemente des operativen Planungssystems zur Strategiedurchsetzung werden von
STEIGER Aktionspläne, Projektpläne und Budgets genannt. Die Aktionspläne sollen
dabei die Funktion der Programm- bzw. Maßnahmenplanung übernehmen. Die Projektpläne wiederum determinieren innerhalb des Projektmanagements die notwendigen
Teilaufgaben und die Verwendung knapper Ressourcen. Schlussendlich haben die
Budgets die durchzusetzende Strategie für die einzelnen Organisationseinheiten des
Unternehmens zu operationalisieren.[20] HAHN unterstreicht ebenfalls die Bedeutung
des Projektmanagements zur Umsetzung von strategischen Vorhaben.[21] Auch KOLKS
sieht eindeutige Vorteile in der Umsetzung von Strategien mit Hilfe von Projektteams
und belegt dies auch anhand einer Expertenbefragung.[22] GRIMMEISEN hebt in diesem Zusammenhang hervor, dass die strukturelle Unterstützung der Implementierung

---

[16]   Vgl. Tarlatt (2001) S. 201 mit weiteren Nachweisen.
[17]   Scheurer (2000) S. 383.
[18]   Vgl. Scheurer (2000) S. 383f.
[19]   Vgl. zu den obigen Ausführungen Steiger (1989) S. 153f.
[20]   Vgl. Steiger (1989) S. 172ff.
[21]   Vgl. Hahn (1991) S. 136f.
[22]   Vgl. Kolks (1990) S. 232 und 247ff.

durch die Primärorganisation nur im Falle von sehr begrenzten Vorhaben stattfinden kann. Er hebt hervor, dass sich die zu unterstützenden Programme und Ressourcen von größeren Implementierungsvorhaben so sehr von den für Routineprozesse zuständigen Strukturen unterscheiden, dass eine organisatorische Anpassung zu erfolgen hat.[23]

Eine kritische Bewertung der Eignung von Projekten zur Implementierung von Strategien vollzieht RAPS. Er vertritt zunächst den Standpunkt, dass anhand der konstitutiven Anforderungskriterien an Projekte[24] der Strategieimplementierung keinesfalls ein vollständiger Projektcharakter beizumessen ist. Dennoch kommt auch er am Ende seiner Argumentation zu dem Schluss, dass sich vor dem Hintergrund praktischer Überlegungen rechtfertigen lässt, dass die Implementierung Projektcharakter aufweist.[25]

Neben der allgemeinen Eignung der projektorientierten Umsetzung von Strategien finden sich in der Literatur zahlreiche Autoren, die auf die Bedürfnisse einer Abstimmung dieser unterschiedlichen strategischen Projekte hinweisen. Ebenso wird die Notwendigkeit einer Konzeption mit Abstimmungs- und Kontrollaufgaben gesehen, vor allem vor dem Hintergrund, dass Großunternehmen ihre Strategien zunehmend im Rahmen von strategischen Projekten implementieren. LORANGE stellt in diesem Zusammenhang fest: „Increasingly, strategic initiatives are reffered to task forces on a project-by-project basis."[26] Aufgrund dieser Entwicklung besteht die Strategieimplementierung somit zunehmend aus einem „continously changing portfolio of projects evolving towards completion".[27]

Andere Autoren verweisen ebenfalls auf diese Aspekte und stellen heraus, dass eine Abstimmung von Implementierungsprojekten in unterschiedlichen Bereichen von Großunternehmen erfolgen muss.[28] Dies ist auch gerade deshalb notwendig, da strategische Vorhaben oftmals im Rahmen eines Programm-Managements in mehrere

---

[23]   Vgl. Grimmeisen (1998) S. 229.

[24]   Einmaligkeit, Zielvorgabe, zeitliche Begrenzung, Ressourcenbegrenzung und projektspezifische Organisation.

[25]   Vgl. Raps (2003) S. 105f.

[26]   Lorange (1998) S. 19; inhaltlich übereinstimmend: Lord (1993) S. 76. Er weist darauf hin, dass Projekte oftmals auch zur Quantifizierung und Kontrolle von Ausgaben genutzt werden. Vgl. Lord (1993) S. 81. Ebenso Levene/Braganza (1996) S. 331 und 336.

[27]   Lorange (1998) S. 19. Eine gleich lautende Aussage trifft auch Pellegrinelle (1993) S. 143. Er verweist explizit auf die Vorteile einer Steuerung des gesamten Portfolios zur Umsetzung von Change-Management-Projekten. Ebenso äußern sich Federer/Griglio (1998) S. 78.

[28]   Vgl. Veasey (1994) S. 124.

kleinere Projekte übersetzt werden.[29] PELLEGRINELLI/BOWMAN stellen Folgendes fest: „*The Integration of the projects is often the root of successful strategy imple-mentation*".[30] Auch TARLATT unterstreicht diese Argumente und empfiehlt die Ver-wendung von Projektportfolios zur Reduktion der Komplexität in Fällen, in denen unterschiedliche Bereiche an der Implementierung beteiligt sind.[31]

TOURNEAU geht davon aus, dass strategische Investitionsprojekte organisatorisch zusammengefasst werden, mit der Konsequenz, dass sowohl die konzernweite als auch bereichsbezogene strategische Programmplanung den Charakter eines Multiprojekt-managements annimmt. Aufgabe ist es somit, eine Integration von Projektanregung und -verfolgung sicherzustellen und hierbei für eine saubere ablauforganisatorische Regelung zu sorgen, um die unnötige Prolongation bereits genehmigter Projekte zu verhindern.[32]

LORANGE betont dies ebenso: „*Above all, top management must be heavily involved in monitoring and reviewing the progress of each strategic program*".[33] Er weist zu-sätzlich darauf hin, dass die gesamte Strategieentwicklung inkrementaler wird und oftmals auf den Erfahrungen der Vorprojekte beruht.[34] Gleichzeitig sind Erfahrungen im Projektportfolio durch Personalwechsel zwischen den Projekten auszutauschen. Ebenso ist auf eine Ausgewogenheit des Projektportfolios zu achten.[35] Diese Sicht-weise widerlegt somit die Argumentation von RAPS, da dieser der projektorientierten Strategieumsetzung unterstellt, sie sei nicht fähig zu lernen.[36]

---

[29]   Vgl. zur Vorgehensweise McElroy (1996) S. 328. Zur Einbindung von Projekten aus Program-men in das Projektportfolio siehe Crawford (2002) S. 229ff.

[30]   Pellegrinelli/Bowman (1994) S. 129.

[31]   Vgl. Tarlatt (2001) S. 203.

[32]   Vgl. Tourneau (1995) S. 176ff.

[33]   Lorange (1998) S. 27.

[34]   Ebenso Pellegrinelli/Bowman (1994) S. 129. Gleichzeitig hilft das Aufspalten großer Projekte in mehrere Unterprojekte, das Risiko einer fehlschlagenden Implementierung zu verringern. Weiterhin können durch die außenstehenden Projekte die bestehenden Unternehmensstrukturen leichter geändert werden (S. 131).

[35]   Vgl. Lorange (1998) S. 20ff.

[36]   Vgl. Raps (2003) S. 106. Er unterstellt, dass im Falle der projektorientierten Umsetzung keine Abstimmung zwischen strategischer Stoßrichtung und Organisation des Unternehmens gegeben ist. Er betrachtet als Ausweg die Schaffung eines Chief Administration Officers, um somit dem Topmanagement die Verantwortlichkeit für die Strategieimplementierung zu übertragen. Er be-zieht sich dabei jedoch auf Lorange (1998) S. 28, dort wird der Chief Strategy Implementation Officer in dem Sinne verstanden, dass er als letztes Glied eines „project network" agiert. Inso-fern widerspricht sich die Argumentation von RAPS mit der Grundaussage von LORANGE.

Zusammenfassend kann festgehalten werden, dass in der Literatur die Bedeutung von Projekten zur Implementierung von Strategien weitgehend akzeptiert ist. Weiterhin besteht Einigkeit, dass aufgrund der Vielzahl der Projekte zur Implementierung von Strategien sowie der inhaltlichen Verknüpfung dieser untereinander eine Führungsfunktion die Abstimmung und Kontrolle der Projektgesamtheit übernehmen sollte. Das Multiprojektmanagement entspricht somit einer Führungsfunktion und kann als strategisch bedeutend eingestuft werden. Diese Erkenntnis wird treffend von FOSCHIANI formuliert: *„Für die Effektivität und Effizienz eines projektorientierten strategischen Management ist ein leistungsfähiges Multiprojektcontrolling eine wesentliche Voraussetzung."*[37] Die bereits oben angesprochenen Aufgaben werden dabei regelmäßig dem Multiprojektmanagement zugesprochen, ohne dass dabei zwingend dieser Begriff genutzt wird. Um ein klares Bild von den bisherigen konzeptionellen Vorarbeiten zeichnen zu können, wird im Folgenden die historische Entwicklungslinie des Multiprojektmanagements in der Literatur nachgezeichnet. Es können auf diesem Wege sowohl der strategische Charakter des Multiprojektmanagements als auch die Eigenschaft einer Führungsfunktion aufzeigen werden.

2.1.2 Historische Entwicklungslinie in der Literatur

Innerhalb der betriebswirtschaftlichen Literatur findet das Multiprojektmanagement seit Ende der 60er-Jahre Beachtung. Zu diesem Zeitpunkt stehen vor allem Aspekte der Ressourcenallokation mit Hilfe von Methoden der mathematischen Programmierung im Fokus der Betrachtung. Das Problem bei diesem „Scheduling" besteht in der Bestimmung der Bearbeitungsreihenfolge von Projekten, die um knappe Ressourcen konkurrieren, um so die Gesamtlaufzeit der Projekte möglichst gering zu halten.[38] Weiterhin steht die einzelprojektbezogene Kontrolle von Projektgesamtheiten im Mittelpunkt.[39] HOWELL berichtet von der erstmaligen Einführung einer Multiproject-Control im Jahre 1962. Durch die damals neue Methode der Kontrolle von Projekten konnte der Anteil der Projekte im „roten Bereich" von ca. 30 Prozent in zwei Divisio-

---

[37] Foschiani (1999) S. 133. Der von ihm genutzte Begriff des Multiprojektcontrollings ist inhaltlich dem Begriff des Multiprojektmanagements gleichzusetzen.

[38] Vgl. Pritsker/Watters/Wolfe (1969) S. 96 und 107.

[39] Vgl. Howell (1968) S. 67ff. HOWELL beschreibt ein Grafiksystem („Project Status Report") zur Verdeutlichung von Projektfortschritten. Mit Hilfe des Systems können nicht planungsgerecht laufende Projekte frühzeitig erkannt werden. Weiterhin wird ein ausdifferenziertes, monatlich aktualisiertes Detail-Reportingsystem dargestellt. Ähnlicher Vorgehensweisen bedienen sich auch heute noch Unternehmen, beispielsweise die DaimlerChrysler AG im Rahmen ihrer „Post-Merger-Integration"-Kontrolle. Vgl. Grube/Koch/Lamparter (1999) S. 598ff.

nen im Zeitraum von zwei Jahren auf nahezu null heruntergefahren werden.[40] In Deutschland beschäftigt sich RÜSBERG in den 70er-Jahren ebenfalls mit der kapazitätsorientierten Planung von simultan auszuführenden Projekten.[41] Er greift weitere Gestaltungsmerkmale des Multiprojektmanagements auf, die auch in der aktuellen Diskussion relevant sind. Hierzu zählen insbesondere Fragestellungen der organisatorischen Verankerung, der Durchführung von Fortschrittskontrollen sowie der genaueren Beschreibung des Aufgabenspektrums eines Multiprojektmanagers.[42] Erste praktische Berichte zur Gestaltung eines Multiprojektmanagements liefern GÖTZEN/ KIRSCH mit der Beschreibung der Multiprojektplanung innerhalb des Unternehmens Fichtel & Sachs Ende der 70er-Jahre.[43]

Zu Beginn der 80er-Jahre wird von NAUMANN die Bedeutung von einzelnen Projekten zur Implementierung von Strategien im Rahmen strategischer Programme erkannt.[44] STONICH weist darüber hinausgehend erstmals auf die Bedeutung eines *„coordinated portfolio of projects"*[45] für die Durchsetzung von Strategien hin. Auf diesen Erkenntnissen aufbauend zeigt GREBENC Mitte der 80er-Jahre die Notwendigkeit der inhaltlichen Abstimmung und Ausrichtung dieser „Strategischen Projekte" am strategischen Rahmen des Unternehmens. Er kennzeichnet das Multiprojektmanagement erstmals als auch politischen Prozess, in dem nicht nur Fragestellungen der Ressourcenausstattung über die Bearbeitungsreihenfolge der Projekte Ausschlag geben dürfen. Vielmehr schlägt er vor, dass solche Projekte bevorzugt ausgeführt werden sollen, die dem Unternehmen helfen, eine Lücke innerhalb der strategischen Zielerreichung zu schließen.[46] GREBENC richtet sich somit explizit gegen die bis zu diesem Zeitpunkt vorherrschende Diskussion um das Scheduling-Problem. Die reine Fortschrittskontrolle der Projekte ist seiner Meinung nach zu kurz gegriffen, es muss die strategische Perspektive im Rahmen der fortlaufenden Bewertung der Projekte mit einbezogen werden. Ähnlich argumentiert auch PEARSON, der einen generellen Ab-

---

[40]   Vgl. nochmals Howell (1968) S. 69f.

[41]   Vgl. Rüsberg (1973) S. 607.

[42]   Vgl. Rüsberg (1973) S. 613 und 616f. sowie Rüsberg (1976) S. 232 und 237. Weiterhin behandelt Rüsberg auch die Problematik der Ressourcenbelegung.

[43]   Die Autoren beschreiben die Priorisierung und Steuerung eines Portfolios von ca. 1.200 Projekten. Vgl. Götzen/Kirsch (1979) S. 166f. Die Autoren sprechen zwar von „Multiprojekt-Konfiguration", inhaltlich ist aber der Begriff Multiprojektmanagement gerechtfertigt.

[44]   Vgl. Naumann (1982) S. 172ff. Er stellt dies im Rahmen seiner Ausführungen zur strategischen Steuerung und integrierten Unternehmensplanung fest.

[45]   Stonich (1980) S. 37.

[46]   Vgl. Pearson (1986) S. 20ff.

schlag (Strategic Discount) bei der Berechnung des Cash-Flows von neuen Geschäftsprojekten fordert, um einer zu operativen Betrachtungsweise, welche oftmals Projekte mit kurzfristiger Cash-Flow-Generierung bevorzugt, entgegenzutreten. Mit dieser Vorgehensweise sollen erst langfristig wirksame strategische Projekte nicht weiter in der Projektauswahl benachteiligt werden.[47]

Als wesentliche Aufgabe der Multiprojektplanung wird neben einer sachlichen und zeitlichen Abstimmung der konkurrierenden Projekte untereinander auch der Abgleich mit den Zielsetzungen der strategischen Programme gesehen. Dabei bildet die Festlegung strategischer Budgets eine wesentliche Voraussetzung zur Durchführung der Multiprojektplanung.[48] Diese Forderung nach einer strategischen Perspektive innerhalb der Multiprojektplanung geht erheblich über den damaligen Diskussionsstand hinaus und ist somit auch als eine mögliche Grundlage der aktuellen Entwicklungen des Multiprojektmanagements einzustufen.[49] Dennoch sprechen GREBENC et al. der Multiprojektplanung implizit nur eine derivative Bedeutung zu, da ihr eine planungslogische Verknüpfung zur Zielbestimmung des Gesamtunternehmens und seiner organisatorischen Teilbereiche fehlt. Die Eignung zur strategischen Steuerung ist somit fraglich, zumal ihr das Aufgabenfeld der operativen Planung zugewiesen wird. Als Abstimmungsinstrument der Multiprojektplanung wird die Lücken-Analyse gewählt.[50]

In den 90er-Jahren ist eine sprunghafte Zunahme der Publikationen zum Multiprojektmanagement zu erkennen. Im Schrifttum wird eine Reihe neuer Verfahren zum Multiprojekt-Scheduling entwickelt, die erstmals die Planung zusammenhängender Projektgesamtheiten ex ante ermöglichen.[51] Weitere Modelle beziehen nicht nur rein ressourcen- und zeitbezogene Daten in ihre Überlegungen mit ein, sondern berücksichtigen explizit betriebswirtschaftliche Größen wie den Cash-Flow und maximieren

---

[47] Vgl. Grebenc (1986) S. 184 und Grebenc et. al. (1989) S. 225ff. Diesen Gedanken greift KIRSCH wieder auf und weist auf die Bedeutung der inhaltlichen Interdependenzen zwischen den einzelnen Projekten im Rahmen der Erfüllung strategischer Programme hin. Vgl. Kirsch (1991) S. 672.

[48] Vgl. Grebenc (1986) S. 195.

[49] BASON zeigt am Beispiel des Telekommunikationsunternehmens SaskTel, dass in der Unternehmenspraxis bereits in den 80er-Jahren die reine Bewertung nach Cash-Flow-Kriterien durch eine an strategischen Wettbewerbsvorteilen ausgerichtete qualitative Bewertung ergänzt wurde. Vgl. Bason (1988) S. 38ff.

[50] Grebenc et al. (1989) S. 227ff.

[51] Vgl. Wiley/Deckro/Jackson (1998) S. 492ff.

diese.[52] Ebenso werden Modelle entwickelt, welche die Abhängigkeit der Höhe des Projekt-Cash-Flows von dem Zeitpunkt der Projektrealisierung berücksichtigen.[53] Dass die Betrachtung des projektindividuellen Cash-Flows im Falle von gemeinsam genutzten Ressourcen zu Fehlallokationen aus Sicht des Gesamtunternehmens führen kann, weisen MOOLMAN/FABRYCKY nach und empfehlen, auf Modellrechnungen gestützt, den gesamten Cash-Flow des Projektportfolios zu optimieren.[54] CHILDS/ OTT/TRIANTIS zeigen weiterhin, dass mit Hilfe des Realoptionenansatzes die Durchführungsreihenfolge bzw. -art (sequenziell oder parallel) von Projekten eines Portfolios anhand des erwarteten Net Present Value in Abhängigkeit der Korrelation der Projekte zueinander bestimmt werden kann.[55] Diese Verfahrensneuentwicklungen profitieren dabei ohne Zweifel von der größeren Leistung der IT-Infrastruktur. Ebenso werden unterschiedliche Projekt-Software-Anwendungen entwickelt, die in den aktuellen Versionen auch Möglichkeiten zur Steuerung von gegenseitig abhängigen Projekten zur Verfügung stellen.[56]

Neben diesen eher verfahrenstechnischen Weiterentwicklungen aus Sicht des Operational Research, die zudem eine investitionstheoretische Sichtweise beinhalten, wird der Ansatz des Multiprojektmanagements auch aus Sicht der strategischen Unternehmensführung eingehender beleuchtet.[57] Die Bedeutung von Projekten im Rahmen der Strategieimplementierung wird deutlich herausgestellt[58] und es werden dementsprechend auch allgemeine strategiebezogene Projekt-Bewertungsverfahren entwickelt[59]. Zusätzlich werden spezifische Anwendungsgebiete des Multiprojektmanagements, wie bei-

---

[52] Für eine Übersicht über die unterschiedlichen methodischen Ansätze zur Maximierung des Net Present Value von abhängigen Projekten vgl. Herroleon/Dommelen/Demeulemeester (1997) S. 103ff.

[53] Vgl. Etgar/Shtub/LeBlanc (1996) S. 90ff.

[54] Vgl. Moolman/Fabrycky (1997) S. 111ff.

[55] Vgl. Childs/Ott/Triantis (1998) S. 305ff.

[56] Die Anwendung der Standard-Softwarepakete sind zum damaligen Zeitpunkt problembehaftet und die Möglichkeiten nicht vollständig zufrieden stellend. Vgl. hierzu Foschiani (1999) S. 133.

[57] So bezeichnet beispielsweise HÜGLER die Projektpolitik, verstanden als denjenigen Teil der Unternehmenspolitik, welcher die Ausrichtung der Projekte an der strategischen Zielrichtung des Unternehmens sicherstellt, als Hauptaufgabe des Multiprojektmanagements. Vgl. Hügler (1988) S. 140.

[58] Vgl. grundlegend hierzu Lorange (1993) S. 19 und 27; Pellegrinelli/Bowman (1994) S. 129 und Scheurer (2000) S. 383.

[59] Diese Bewertung erfolgt oftmals mit Hilfe von Portfolio-Methoden. Siehe als grundlegendes Beispiel Federer/Griglio (1998) S. 81f. Diese Art der Projektbewertung weicht in ihren Kriterien stark von den bisherigen Bewertungsverfahren, wie sie beispielsweise in Rüsberg (1973)

spielsweise die Steuerung mehrerer Forschungs- und Entwicklungs-Projekte[60], die Durchführung komplexer IT-Projekte in Dienstleistungsunternehmen[61] oder die projektorientierte Integration von Unternehmen im Rahmen von Fusionen[62] beschrieben. Ebenso werden die organisatorische Verankerung[63] des Multiprojektmanagements sowie die Aufgabengebiete des Multiprojektmanagements[64] eingehend diskutiert.

Zusammenfassend kann somit festgehalten werden, dass sich das Multiprojektmanagement in der Literatur von einer Methodik zur Abstimmung von Ressourcenbedarfen zu einer strategischen Führungsfunktion entwickelt hat. Vor allem die Erkenntnis, dass der inhaltlichen Abstimmung der strategischen Projekte untereinander eine hohe Bedeutung zukommt, unterstreicht die theoretische Relevanz des Multiprojektmanagements.[65] Um auch die praktische Relevanz und Anwendbarkeit des Grundgedankens des Multiprojektmanagements zu untermauern, werden im folgenden Abschnitt gesicherte Erkenntnisse der praktischen Anwendung des Multiprojektmanagements dargestellt.

2.1.3 Anwendung in der Unternehmenspraxis

Die Unternehmenspraxis hat die oben beschriebene theoretische Entwicklung des Multiprojektmanagements in hohem Maße beeinflusst und auch adaptiert. Dementsprechend ist in der Literatur auch eine ganze Anzahl von Veröffentlichungen zur praxisorientierten Anwendung des Multiprojektmanagements aufzufinden. Analysiert man die neueren Veröffentlichungen[66] (Abbildung 2–1), so können die folgenden explorativen Befunde konstatiert werden.

S. 608, aber auch später noch in Lachnit (1994) S. 52ff. im Rahmen von entscheidungsorientierten Projektgruppen-Erfolgsrechnungen erfolgen, ab.

[60]   Vgl. hierzu beispielsweise Möhrle/Voigt (1992) S. 974ff.

[61]   Vgl. als Beispiel Mahlen (1997).

[62]   Vgl. Grube/Koch/Lamparter (1999).

[63]   Vgl. als originäre Quelle zu den aktuellen Veröffentlichungen Platje/Seidel (1993) S. 212 sowie ausführlich Rickert (1995) S. 164ff.

[64]   Vgl. Pradel (1997) S. 104ff.

[65]   Vgl. hierzu zusammenfassend Kunz (2006a) S. 367f.

[66]   An dieser Stelle wird nur Bezug auf Veröffentlichungen ab ca. 1985 genommen, da erst ab diesem Zeitpunkt die hier vertretene strategische Ausprägung des Multiprojektmanagements konstatiert werden kann. Die Übersicht in Abbildung 2–1 ist dabei als nicht abschließend zu betrachten.

Quelle	Unternehmen	Branche	Inhaltlicher Fokus
Bason (1988)	SaskTel	Telekommunikation	Projektportfolio-Konfiguration
Becker (1997)	k. A.	Chemie	Konfiguration eines F&E-Projektportfolios
Büscher/Simon (1999)	General Accident Versicherung	Versicherung	Projekt-Office
Cooper/Edgett/ Kleinschmidt (2001)	3M, Celanese, DuPont, Hewlett-Packard, Procter &Gamble, Bayer, Royal Bank of Canada	diverse	Einzelprojektbewertung und Konfiguration eines F&E-Projektportfolios
Crawford (2002)	diverse	diverse	Strategic Project-Office
Cusumano/Nobeoka (1998)	17 Automobil-Unternehmen	Automobilindustrie	Steuerung von F&E-Projektportfolios
Federer/Griglio (1998)	ESEC Holding, k. A.	Systemhersteller, Dienstleistung	Projektbewertung mit Portfolio-Methoden
Grube/Koch/Lamparter (1999)	DaimlerChrysler	Industrie	Management/Kontrolle eines Reorganisations-Projektportfolio
Gulliver (1988)	British Petroleum	Rohstoffindustrie	Nachbewertung innerhalb des Projektportfolios
Gysler/Bloch (1998)	UBS Zürich	Finanzdienstleistung	Projektportfolio-Bewertung
Hanssen/Remmel (1996)	Daimler-Benz	Automobilindustrie	Projektpriorisierung mit Portfoliomethoden
Hendricks/Bastian/Sexton (1992)	Caterpillar	Industrie	Projektportfolio-Kontrolle
Islei et al. (1991)	ICI Pharmaceuticals	Pharmazie	Projektportfolio-Planung im F&E-Bereich
Jantzen-Homp (2000)	diverse	diverse	Management eines Organisations-Projektportfolios
Lindenberg (1998)	Daimler-Benz	Automobilindustrie	Multiprojektmanagement im Konzern
Lukesch (2000)	k. A.	Versicherung	Praxisorientierte Konzeption
May/Chrobok (2001)	Münchner Verein	Versicherung	Projektportfolio-Planung
Pellegrinelli/Bowman (1994)	British Telekom, British Rail	Telekommunikation, Transport	Projekt-Office/Direktor, Projektportfolio-Planung
Pradel/Südmeyer (1996/1997)	Gerling-Konzern	Versicherung	Projektportfolio-Planung
Prahalad/Krishnan (2002)	GE Electrocs u.a.	diverse	Konfiguration eines IT-Projektportfolios
Rapp (2002)	Lurgi Life Science	Großanlagenbau	Projektbudgetierung
Ross/Beath (2002)	30 große US-Unternehmen	diverse	Konfiguration eines IT-Projektportfolios
Schmelzer/Friedrich (1997)	Siemens	Industrie	Multiprojekt-Kontrolle
Schön (1997)	k. A.	Bauindustrie	Multiprojekt- und Ergebnisplanung
Schönwalder et. al. (2000)	Mercedes Benz	Automobilindustrie	Steuerung eines IT-Projektportfolios
Sharep/Keelin (1998)	Smithkline Beecham	Pharmazie	Projektportfolio-Planung
Wheelwright/Clark (1992)	k. A.	Industrie	Planung eines F&E-Projektportfolios

Abbildung 2–1   Multiprojektmanagement in der Unternehmenspraxis

Zunächst ist festzustellen, dass in der praktischen Anwendung zwar funktionsbe-
zogene, aber keine branchenbezogenen Schwerpunkte gesetzt werden. Die funktions-
bezogenen Schwerpunkte betreffen vor allem die F&E- und IT-Bereiche der beschriebenen Unternehmen. Die Häufung von Veröffentlichungen für diese Bereiche ist
nachvollziehbar, da es sich hierbei durchgängig um Anwendungsfälle handelt, in denen eine projektorientierte Arbeitsweise üblich ist. Dies ist für die F&E- sowie IT-
Bereiche der Unternehmen sofort einsichtig. Die häufige Anwendung des Multiprojektmanagements in Dienstleistungsunternehmen ist damit zu begründen, dass
gerade hier die Informationstechnologie eine hohe Bedeutung als Produktionsfaktor
genießt und weiterhin häufig organisatorische Veränderungen bzw. Mitarbeiter-
schulungen in Projektform durchgeführt werden. Grundsätzlich kann jedoch kein
branchenspezifischer Schwerpunkt der Anwendung des Multiprojektmanagements
ausgemacht werden. Insgesamt sind Anwendungsfälle aus allen Unternehmensbereichen und Branchen vorhanden, sodass insgesamt von einer universellen Nutzung
in der Unternehmenspraxis gesprochen werden kann.

Betrachtet man nun zusätzlich den inhaltlichen Fokus der einzelnen Beiträge, so kann
als Ergänzung festgestellt werden, dass unterschiedliche Aktivitätsfelder des Multiprojektmanagements zur Anwendung kommen. Neben der Planung und Konfiguration
von Projektportfolios ist dies vor allem die Bewertung von Projekten im Kontext der
Zusammenstellung von Projektportfolios. Auch die laufende Kontrolle der einzelnen
Projektportfolios wird in den Beiträgen thematisiert.

Daneben werden auch Hinweise zur organisatorischen Ausgestaltung des Multiprojektmanagements sowie der genutzten IT-Infrastruktur in der Praxis geliefert.
Somit zeigt sich, dass eine breite Vielfalt an Aufgabengebieten des Multiprojektmanagements in der Unternehmenspraxis tatsächlich angewandt wird. Weiterhin kann
davon ausgegangen werden, dass eine noch bedeutend höhere Anzahl von Unternehmen die Vorgehensweise des Multiprojektmanagements anwendet, als dies aus
Abbildung 2–1 ersichtlich ist. Der Grund hierfür ist vor allem die oftmals nicht explizit
vorhandene und somit aus externer Sicht nicht methodisch erfassbare Strukturierung
der Multiprojektmanagementprozesse. Die unterschiedlichen Methoden und Instrumente werden gegebenenfalls in einem anderen terminologischen Zusammenhang
verwendet und sind damit auch empirisch nur schwer ermittelbar.

In der jüngsten Vergangenheit ist die strategische Bedeutung eines umfassenden
Multiprojektmanagements auch von der Unternehmenspraxis erkannt worden. Mittlerweile sind in der Literatur einige Fallstudien zur individuellen Ausgestaltung des

Multiprojektmanagements veröffentlicht worden. AHLEMANN zeigt beispielsweise diese Ausgestaltung unter Anderem für die Unternehmen Henkel KGaA, Infineon Technologies AG, Bayerische Hypo- und Vereinsbank AG, BASF AG, T-Systems International GmbH, ThyssenKrupp Stahl AG, EADS Deutschland GmbH und Vattenfall Europe anhand von strukturierten Fallstudien bzw. anhand eines strukturierten Interviewleitfadens auf. Die Großzahl der genannten Unternehmen besitzt demnach ein zumindest den grundlegenden Anforderungen entsprechendes Multiprojekt- bzw. Projektportfolio-Management.[67] Weiterhin ist beispielsweise im Geschäftsbereich UBS Global Wealth Management & Business Banking mit dem PECON-Framework ein den strategischen Ansprüchen des Multiprojektmanagements entsprechender Prozess zur Strategieumsetzung etabliert worden.[68]

2.1.4   Zwischenfazit: Inhaltliche Basisanforderungen an die Konzeption

Die bisherigen Ausführungen zeigen, dass die Entwicklung einer Konzeption für ein strategisches Multiprojektmanagement die folgenden Zusammenhänge berücksichtigen muss. Die zunehmende Nutzung von Projekten zur Implementierung von Strategien ist als konzeptioneller Ausgangspunkt anzusehen. Damit verbunden ist eine zunehmende Zahl von strategischen Projekten, die in Unternehmen um knappe Ressourcen konkurrieren.

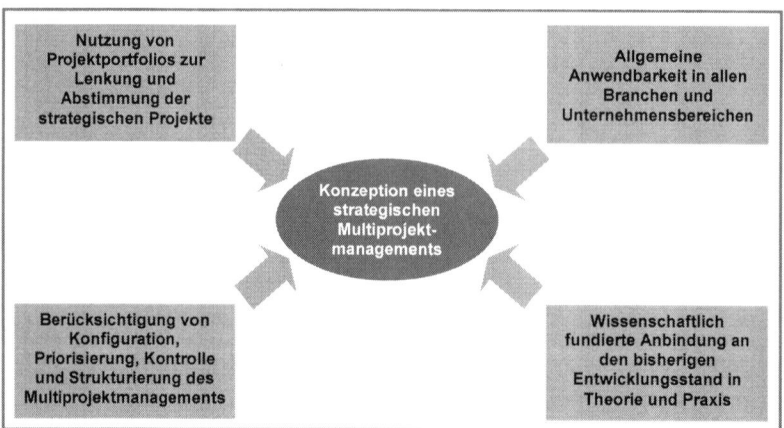

Abbildung 2–2   Inhaltliche Basisanforderungen an die zu entwickelnde Konzeption

---

[67]   Siehe hierzu die Fallstudien in Ahlemann (2006) S. 273ff.

[68]   Vgl. Hunziker/Hügel (2007) S. 14f. PECON bedeutet hierbei Projekt Ergebnis Controlling.

Dazu ist es in der Literatur unumstritten, dass eine inhaltliche Abstimmung der einzelnen Projekte notwendig ist. Zu diesem Zweck wird die Nutzung von Projektportfolios zur Lenkung der Projektgesamtheit vorgeschlagen. Projektportfolios helfen dabei, die oftmals sehr hohe Anzahl an Projekten für die Unternehmensführung beherrschbar zu machen.

Weiterhin kann aus der Analyse der Veröffentlichung von praktischen Anwendungsfällen abgeleitet werden, dass eine Konzeption derart gestaltet sein muss, dass sie sowohl in unterschiedlichen Branchen als auch Funktionsbereichen einsetzbar ist. Zudem sind innerhalb der Konzeption sämtliche Aktivitätsfelder des Multiprojektmanagements – von der Konfiguration über die Priorisierung bis zur Kontrolle von Projektportfolios – zu berücksichtigen, da dies in den vorliegenden Ansätzen oft nicht der Fall ist. Zusätzlich ist die Strukturierung des Multiprojektmanagements innerhalb der Konzeption zu behandeln. Nur hierdurch kann der tatsächliche Anwendungsstand des Multiprojektmanagements in der Praxis auch adäquat durch die Konzeption abgedeckt werden. Abschließend ist eine wissenschaftlich fundierte Anbindung der Konzeption an den bisherigen Entwicklungsstand des Multiprojektmanagements zu fordern, da nur hierdurch die bereits vorhandene Kenntnisbasis widerspruchsfrei genutzt werden kann. Die in Abbildung 2–2 aufgezeigten Zusammenhänge stellen somit die inhaltlichen Basisanforderungen seitens der wissenschaftlichen Literatur und Wirtschaftspraxis an die zu entwickelnde Konzeption dar und bilden die inhaltliche Grundlage für die im Folgenden zu entwickelnde Konzeption.

2.2 Entwicklung der Konzeption

Ziel dieses Abschnitts ist es, eine auf den bisherigen Ausführungen basierende Konzeption eines strategischen Multiprojektmanagement zu entwickeln. Hierzu werden zunächst die für die Konzeptionalisierung bedeutsamen Begriffe genau gefasst und mit dem in der Literatur bestehenden Verständnis abgeglichen. Daran anschließend werden sowohl spezifische Problemfelder des strategischen Multiprojektmanagements als auch die daraus resultierenden bedeutenden Aufgabenfelder dargestellt. Diese Aufgabenfelder begründen dabei die unterschiedlichen Elemente der Konzeption, die im darauffolgenden Abschnitt näher beschrieben werden.

2.2.1 Abgrenzung zu inhaltlich verwandten Begriffen

Aufgrund der zunehmenden Anzahl an Veröffentlichungen zum Themengebiet des Multiprojektmanagements werden in der Literatur vielfältige inhaltlich verwandte

Begriffe genutzt. Diese sind zunächst auf ihre Bedeutung für die Arbeit hin zu untersuchen.

Der Begriff des strategischen Projektes umfasst dabei Projekte, die als strategisch relevant zu klassifizieren sind. Dies bedeutet, dass diese Projekte ein oder mehrere strategische Ziele unterstützen, eines oftmals längerfristigen Einsatzes von hochwertigen Ressourcen bedürfen und gegebenenfalls substanziell den Unternehmenswert ändern können.[69] In diesem Zusammenhang sind die in der Literatur zur Anwendung kommenden Begriffe Multiprojektplanung, Strategic Project Office und Projektportfolio-Management inhaltlich dem Multiprojektmanagement gleichzusetzen.[70] Neuere Veröffentlichungen gehen aber zum Teil auch davon aus, dass das Multiprojektmanagement inhaltlich über das Projektportfolio-Management hinausgeht. Insbesondere wird hier auf die Notwendigkeit zur Etablierung einer spezifischen Aufbau- und Ablauforganisation verwiesen.[71] Versteht man das Multiprojektmanagement als strategisch orientierte und Interdependenzen zwischen Projekten berücksichtigende Lenkung von Projektgesamtheiten[72], so können viele der in der Literatur genutzten Begriffe damit in Einklang gebracht werden.

Demgegenüber beinhaltet der Begriff des Multiprojekt-Controllings häufig nur die „Maßnahmen konzeptioneller, informatorischer und methodischer Art zur Unterstützung von Planung und Kontrolle der Projektgesamtheit bzw. des Projektportfolios"[73]. Das Multiprojektmanagement ist aber weiter zu fassen und beinhaltet vor allem auch eine organisatorische Perspektive. Dennoch setzen einige Autoren[74] die

---

[69] Vgl. Federer/Griglio (2000) S. 80.

[70] Siehe zu den Begriffen Multiprojektplanung: Grebenc (1986) S. 181f.; Strategic Project Office: Crawford (2002) S. 227ff.; Projektportfolio-Management: Harms (2006) S. 459f.; Jantzen-Homp (2000) S. 15ff. und Patzak/Rattay (1993) S. 405f. Weiterhin wird oftmals der Begriff des Portfolio-Managements im Sinne eines Multiprojektmanagements synonym verwendet. Vgl. exemplarisch Crawford (2002) S. 233ff. und Cooper/Edgett/Kleinschmidt (2001) S. 3.

[71] Vgl. Dammer/Gemünden/Lettl (2006) S. 154.

[72] Daneben hat das Multiprojektmanagement „auch die Steuerung auf der Ebene der einzelnen Projekte" mit einzubeziehen, um eine erfolgreiche Steuerung, die eine optimale Nutzung der vorhandenen Ressourcen auch auf unteren Hierarchieebenen sicherstellt, gewährleisten zu können. Vg. Rickert (1993) S. 12. Ähnlich äußert sich Grebenc (1989) S. 192: „Zugleich wird deutlich, dass die Verbindung zwischen Einzelprojektplanung und Multiprojektplanung sehr intensiv ist."

[73] Pradel/Südmeyer (1996) S. 1550 sowie inhaltlich übereinstimmend Pradel/Südmeyer (1997) S. 298 und Lachnit (1994) S. 51. Darüber hinausgehend wird dem Multiprojektmanagement auch die Planung und Kontrolle des Projektportfolios als Aufgabe zugerechnet. Vgl. Schmelzer/Friedrich (1997) S. 342f.

[74] Vgl. beispielsweise Pradel (1997) oder Foschiani (1999).

Begriffe Multiprojektmanagement und Multiprojekt-Controlling gleich. Dieser Vorgehensweise soll jedoch nicht gefolgt werden.

Weiterhin ist das Multiprojektmanagement vom Programm-Management bzw. -Controlling sowohl inhaltlich als auch begrifflich abzugrenzen. In der Literatur werden Programme als eher unbefristete und mehrfachen Zielsetzungen folgende Gruppen von Projekten[75] bezeichnet. Weiterhin wird Programm-Controlling als auf die Umsetzung einzelner Unternehmensziele ausgerichtete, langfristig orientierte Top-down-Steuerung von Projekten und Routineprozesse auf der obersten Unternehmensebene verstanden.[76] Diese inhaltlichen Ausrichtungen sind nur bedingt mit dem inhaltlichen Verständnis des Multiprojektmanagements in dieser Arbeit zu vereinbaren.[77] Es ist vielmehr der von LOMNITZ vertretenen Sichtweise zu folgen. Demnach ist Programm-Management immer eine zeitlich befristete, meist an der Budgethöhe gemessene erhebliche Anordnung vieler Teilprojekte, die insgesamt ein Großprojekt darstellen und mit Ergebnisverantwortung verbunden sind. Nach Beendigung des Programms wird auch die temporäre Struktur des Programm-Managements abgebaut.[78] Demgegenüber stellt das Multiprojektmanagement eine dauerhafte Steuerungseinrichtung im Unternehmen dar, die eng mit dem restlichen Führungssystem des Unternehmens verbunden ist. Wie in Abbildung 2–3 ersichtlich wird, besteht ein Projektportfolio somit sowohl aus Einzelprojekten als auch aus Projekten, die Bestandteil eines Programms sind.[79]

---

[75] Exemplarisch hierzu: Pellegrinelli/Bowman (1994) S. 129f.; Reiss (1996) S. 9ff. und Gray (1994) S. 5f.

[76] Vgl. Crawford (2002) S. 234. Nach Brabandt (2002a) S. 137ff. und 146ff. wird dem Multiprojekt-Controlling nur eine Bottom-up ausgerichtete Ressourcenabstimmung der einzelnen Projekte zugerechnet, welche zudem nur mittelfristig und auf unteren Hierarchieebenen angesiedelt ist. Dieser Sichtweise ist hier nicht zuzustimmen, da gerade die Kombination von strategieorientiertem Top-down- und ressourcenorientiertem Bottom-up-Vorgehen einen besonderen Vorteil des Multiprojektmanagements ausmacht.

[77] Jedoch bestehen auch Definitionen, die inhaltlich eine Deckung zum hier genutzten Begriff des Multiprojektmanagements aufweisen. Vgl. Platje/Wadman/Seidel (1994) S. 100 sowie originär Turner/Speiser (1992) S. 197.

[78] Programm-Management unterstützt somit anders ausgedrückt die Umsetzung strategischer Veränderungen, indem es für einen abgegrenzten Zeitraum thematisch zusammenhängende Projekte betrachtet, die ein gemeinsames strategisches Oberziel haben. Es orientiert sich somit an der inhaltlichen Lösung einer konkreten und komplexen Herausforderung. Vgl. Crawford (2002) S. 234 und Dobiéy/Köplin/Mach (2004) S. 17.

[79] Vgl. Lomnitz (2001) S. 22ff. Inwieweit Teilprojekte eines Programms auch innerhalb des Multiprojektmanagements mitgesteuert werden, ist unternehmensindividuell zu entscheiden, da Teilprojekte eines Programms auch erhebliche Auswirkungen (inhaltlich und ressourcenbezogen) auf außerhalb des Programms laufende Projekte des Projektportfolios haben können.

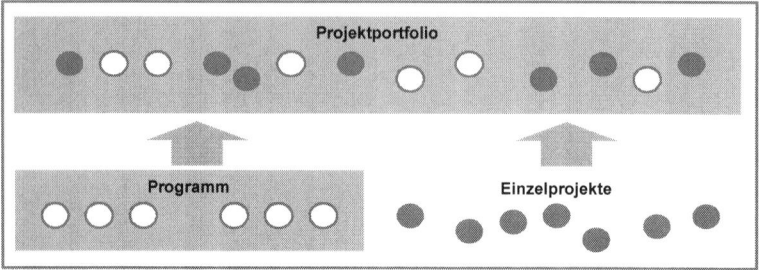

Abbildung 2-3   Zusammenhang von Einzelprojekten, Programm und Projektportfolio

Das Multiprojektmanagement steht dabei innerhalb einer Prozessarchitektur auch in einem prozessualen Verhältnis zum Einzelprojektmanagement. In diesem Verständnis ist dabei der Projektmanagement-Prozess für die Gestaltung, Lenkung und das Controlling von einzelnen Projekten zuständig. Dieser Führungsprozess ist deutlich vom eigentlichen Projektprozess zu unterscheiden, in dessen Verlauf sich die sachliche und technische Bearbeitung des Projektgegenstandes vollzieht. Der Multiprojektmanagement-Prozess wiederum führt alle einzelnen Projektmanagement-Prozesse, indem er die im weiteren Verlauf der Arbeit noch genauer zu beschreibenden Aufgaben der Konfiguration, Priorisierung und Kontrolle von Projektportfolios vollzieht. Der hohen Anzahl an Projekten in einem Unternehmen Rechnung tragend können zudem regelmäßig wiederkehrende Aktivitäten in Unterstützungsprozessen zusammengefasst und somit aus dem eigentlichen Projektmanagement-Prozess ausgelagert werden.[80]

Zusätzlich ist das Multiprojektmanagement inhaltlich vom Investitionsmanagement[81] zu unterscheiden.[82] Im Rahmen der Realisierung von Projekten zeigt sich, dass Verbindungen vom Investitionsmanagement zum Projektmanagement bestehen, da zumindest Großinvestitionen regelmäßig in Projektform durchgeführt werden.[83] Es stellt sich daher die grundsätzliche Frage, weshalb die beiden Forschungsfelder Investitions- bzw. Multiprojektmanagement in der betriebswirtschaftlichen Literatur voneinander

---

[80] Vgl. zum Aufbau der Prozessarchitektur für das Führen und Ausführen von Projekten Becker/ Bogendörfer/Daniel (2006) S. 142.

[81] Die Begriffe Investitions-Controlling und Investitionsmanagement werden im Folgenden als gleichwertig behandelt, da in der Literatur keine eindeutige Trennung der beiden Begriffe vollzogen wird. Eine Trennung der beiden Begriffe ist an dieser Stelle zudem nicht zielführend.

[82] Vgl. zu einem ersten Vergleich von Multiprojekt- und Investitionsmanagement Pradel (1997) S. 104.

[83] Dies zeigt sehr deutlich Rösgen (2000) S. 270f. Er geht jedoch davon aus, dass die Strukturplanungen für ein Projekt erst nach der Durchführungsentscheidung erfolgen.

relativ isoliert existieren. Der Hauptgrund dürfte darin zu suchen sein, dass bis Ende der 90er-Jahre das Konzept des Investitionsmanagements vor allem für Investitionen in Industrieunternehmen angewendet wurde, in denen hauptsächlich Investitionen in Sachanlagen bewertet wurden. Demgegenüber hat sich das Multiprojektmanagement zusätzlich mit Blick auf Dienstleistungsunternehmen – vornehmlich Versicherungen und Kreditinstitute – entwickelt. Hier spielen vermehrt Investitionen in immaterielle Vermögensgegenstände wie Software, Markenimage, Mitarbeiterwissen oder prozess-orientierte (Re-)Organisationsmaßnahmen eine herausragende Rolle. Die Ankopplung des Multiprojektmanagements an das Investitionscontrolling ist in der letzten Zeit aber auch von Dienstleistungsunternehmen adaptiert worden. So ist beispielsweise im Geschäftsbereich Global Wealth Management & Business Banking der UBS der bereits weiter vorne erwähnte PECON-Framework dem Investitionscontrolling übertragen worden.[84]

Die Ansätze des Multiprojekt- und Investitionsmanagements werden zwar beide zur Umsetzung bzw. Implementierung von Strategien herangezogen.[85] Es zeigt sich aber, dass die im Multiprojektmanagement hervorgehobenen Aufgaben der Abstimmung unterschiedlicher Projekte beim Vorliegen von Interdependenzen und der kontinuierli-chen Kontrolle von Projekten im Rahmen des Investitionsmanagements in weit gerin-gerem Umfang thematisiert werden. Das Investitionsmanagement legt seinen Schwer-punkt vielmehr auf die finanzwirtschaftlichen Aspekte der Bewertung von Investitio-nen.[86]

Im Rahmen der Vorauswahl werden im Investitionsmanagement, ähnlich wie im Multiprojektmanagement, auch qualitative Instrumente wie Argumentenbilanzen, Nutzwertanalysen und Balanced Scorecards genutzt, um die Menge der rechnerisch zu bewertenden Investitionsvorhaben möglichst eng eingrenzen zu können.[87] Insgesamt bilden jedoch monetäre Bewertungsverfahren den Schwerpunkt der im Investitions-management genutzten Instrumente. Dies liegt aber nicht daran, dass etwa nur, wie

---

[84] Vgl. Hunziker/Hügel (2007) S. 14.
[85] Siehe hierzu Rösgen (2000) S. 86ff.; Bosse (2000) S. 24f. und Betge (2000) S. 16ff.
[86] Vgl. Bosse (2000) S. 33f.; Schwellnuss (1991) S. 12ff. und Rösgen (2000) S. 284ff.
[87] Auf die Problematik dieser Eingrenzung weisen insbesondere Schwellnuss (1991) S. 32f. sowie Bosse (2000) S. 31f. hin. Zur Anwendung von Argumentenbilanzen und Nutzwertanalysen siehe Rösgen (2000) S. 121ff. Die in der Vorauswahl genutzten qualitativen Kriterien dienen dabei, wie im Multiprojektmanagement, der Überprüfung der Zielerreichung des Projektes im Zeitablauf.

von PRADEL[88] behauptet, vor allem bilanzierungsfähige Realinvestitionen als In-
vestitions- und somit auch als Bewertungsobjekte gesehen werden.[89] Die im Investitionsmanagement genutzten Bewertungsverfahren stellen dabei vornehmlich direkt
auf die Wirkung der Investition auf den Unternehmenswert ab.[90] Daher muss man
konstatieren, dass qualitativ orientierte Zielgrößen wie Qualitätssicherheit bzw.
-empfinden der Kunden, Mitarbeiterzufriedenheit oder eher qualitativ zu bewertende
Wettbewerbsvorteile (z.b. Marketing, Branding, intangible Kernkompetenzen) nur
unzureichend im Investitionsmanagement berücksichtigt werden. In diesem Punkt
bestehen somit z. T. große Unterschiede zum Multiprojektmanagement, da diese
Aspekte dort eine größere Berücksichtigung finden.

Ein wichtiger Unterschied zwischen den beiden Ansätzen besteht weiterhin bezüglich
der abzustimmenden Ressourcen: Während das Multiprojektmanagement jegliche
Ressourcen des Unternehmens im Rahmen der Auswahlentscheidung bezüglich eines
Projektes berücksichtigt, stellt das Investitionsmanagement hauptsächlich auf die
finanziellen Ressourcen des Unternehmens ab. Auch werden im Investitions-
management erheblich weniger Interdependenzen auf der Leistungsebene erfasst.
Insofern ist das Multiprojektmanagement als nicht deckungsgleich mit dem Konzept
des Investitionsmanagements einzustufen. Es geht in weiten Teilen über die in der
Literatur zum Investitionsmanagement vorhandenen konzeptionellen Vorschläge zur
Führung von Projektgruppen hinaus.

2.2.2 Ableitung von Aufgabenfeldern und Elementen

Die zunehmende Bedeutung und intensivierte Anwendung von Projekten zur Umsetzung von strategischen Vorhaben stellten eine neue Herausforderung an die betroffenen Unternehmen dar. Die sich daraus ergebenden Problemlagen können dabei ganz
unterschiedlicher Natur sein, weshalb es zunächst notwendig erscheint, diese zu typo-

---

[88]   Vgl. Pradel (1997) S. 104. Der Grund für diese Fehleinschätzung liegt offensichtlich darin, dass
       sich innerhalb des Investitionsmanagements die Bedeutung von immateriellen Investitions-
       objekten erst seit Mitte der 80er-Jahre deutlich gesteigert hat.

[89]   Bosse (2000) S. 21 und Betge (2000) S. 8f. beziehen als einzige Autoren auch nicht bilan-
       zierungsfähige immaterielle Investitionen in ihre Betrachtungen mit ein.

[90]   Hierzu ausführlich Kusterer (2000) S. 112ff. RÖSGEN schlägt im Rahmen einer geschäftsfeld-
       bezogenen Beurteilung ebenfalls das Marktwert-Kriterium vor, lässt jedoch auch eine Verknüp-
       fung von monetären und nicht monetären Zielgrößen im Rahmen von Balanced Scorecards zu.
       Vgl. Rösgen (2000) S. 230ff. Adam (2000) S. 53 sieht im Rahmen der Auswahlentscheidung
       auch die Projekte an sich noch als veränderbar an. Eine ähnliche, gruppendynamisch orientierte
       Vorgehensweise im Zuge der Auswahl von unsicheren F&E-Projekten in der Pharmaziebranche
       siehe Sharpe/Keelin (1998) S. 46ff.

logisieren, um resultierende Aufgabenfelder einer Multiprojektmanagement-Konzeption formulieren zu können. Die im Folgenden anzusprechenden konkreten Problemlagen ergeben sich vor allem aus der Vielzahl und Differenziertheit der strategischen Projekte in den Unternehmen. Allgemeine Probleme der Strategieimplementierung, denen auch eine hohe Bedeutung im Kontext des strategischen Managements zuzusprechen ist, sollen an dieser Stelle nicht explizit berücksichtigt werden. Der Fokus liegt vielmehr auf der Entwicklung eines konkreten Konzeptes für das Multiprojektmanagement, allgemeine Fragestellungen der Strategieimplementierung werden dabei nur am Rande behandelt.[91]

2.2.2.1 Spezifische Problemfelder und resultierende Aufgabenfelder

Die im Folgenden abzuleitenden Aufgabenfelder zielen auf die Bewältigung bzw. Verhinderung der aufgeführten Problemlagen ab und sind zunächst noch nicht speziell auf das Multiprojektmanagement bezogen. Den hierbei vorgelagerten Problemfeldern ist gemein, dass sie entweder eine wertoptimale Zusammenstellung des Projektportfolios von Beginn an verhindern oder die Realisation von Erfolg versprechenden Projekten bzw. den Abbruch von nicht mehr aussichtsreichen Projekten erschweren bzw. verhindern.[92] Die aufzuzeigenden Problemfelder sind dabei nicht zwingend separat voneinander zu betrachten, da sie teilweise bedeutsame Details eines großen Problemkomplexes darstellen.

Machtpolitische Friktionen innerhalb der Projektauswahl

Bei der Projektauswahl gilt es, unterschiedliche Interessensgruppen innerhalb des Unternehmens untereinander abzustimmen. Da es sich im Rahmen der Projektauswahl fast immer um eine Situation handelt, die auf eine Entscheidung zur Allokation von knappen Ressourcen bzw. Budgetvorgaben hinausläuft, können hier unterschiedliche Betroffene identifiziert werden: die Projektleiter, welche unter Umständen bereits lange Zeit an ihrem Projektvorschlag arbeiten und sich damit persönlich identifiziert haben. Weiterhin die Unternehmensführung, die ihre eigenen Vorhaben innerhalb des Projektportfolios aus persönlichen Gründen oder Machtüberlegungen realisieren

---

[91] Zur konzeptionellen Behandlung der allgemeinen Strategieimplementierung vgl. umfänglich Kolks (1990), Tarlatt (2001) und Raps (2003).

[92] Vgl. als Überblick Elonen/Arrto (2003) S. 396ff.

möchte, auch wenn eine objektive Bewertung gegen die Durchführung dieser Projekte spricht.[93]

Somit ist an dieser Stelle dafür Sorge zu tragen, dass ein für alle Projekte einheitlicher und objektiv gestalteter Bewertungs- und Entscheidungsprozess initialisiert wird. Hierdurch werden die Interessenslagen der unterschiedlichen Beteiligten offen gelegt. Eine negativ zu beurteilende Manipulation der Projektbewertung und der Entscheidungsfindung durch einzelne Funktionsträger wird somit erschwert.

Überschreitung von strategischen Budgets

Weit reichende strategische Vorhaben werden oftmals angestoßen und durchgeführt, ohne dass die genauen Ressourcenanforderungen bekannt sind. Häufig werden diese unterschätzt bzw. als zu gering angegeben. Dies hat im Zuge der Durchführung dieser strategischen Projekte oftmals die Überschreitung von Budgets zur Folge. Wäre der tatsächliche Ressourcenbedarf vorher bekannt, würde die Durchführungsentscheidung oftmals revidiert bzw. im Falle einer strategischen Notwendigkeit zur Durchführung spezifischer Vorhaben die Verteilung von Ressourcen innerhalb des Unternehmens anders geordnet. Ebenso kann es der Fall sein, dass in voneinander getrennten Bereichen strategierelevante Projekte angestoßen werden, ohne dass die finanziellen und ressourcenseitigen Konsequenzen für das Gesamtunternehmen bekannt sind.[94]

Zur Vermeidung dieser Problemlagen ist eine Abstimmung von Projektvorhaben und strategischen Budgets auf der Unternehmensebene sicherzustellen. Die Überschreitung von strategischen Budgets und der damit verbundene Projektabbruch sind hierbei als letzte Konsequenz einer ganzen Reihe von möglichen Unzulänglichkeiten innerhalb der Verteilung von strategischen Budgets auf Projekte zu sehen. Somit ist im Zuge der Zusammenstellung von Projektportfolios dafür Sorge zu tragen, dass die Ressourcenanforderungen der einzelnen Projekte richtig erfasst werden. Diese Erfassung muss,

---

[93]   Diese Problemlagen treten insbesondere im Zuge der Verwendung von Scoring-Modellen auf, können aber auch in diesem Rahmen verallgemeinert werden. Vgl. Weber/Krahnen/Weber (1995) S. 1626 sowie grundsätzlich zu den politischen Prozessen in der strategischen Unternehmensführung Bone-Winkel (1997). GEIGER bemängelt daher auch zutreffend, dass reine Operations-Research Planungsmethoden, wie sie im Rahmen des Multiprojekt-Schedulings vorhanden sind, in der praktischen Anwendung oftmals keine optimalen Erfolge erzielen, da „die Voraussetzungen dieser Planungsansätze in der Realität nicht gegeben sind, nämlich Konfliktfreiheit, Möglichkeit der Elimination subjektiver Wertvorstellungen der Planungsbeteiligten und Planungsbetroffenen usw." Geiger (1986) S. 39. Zu den Möglichkeiten eines situativen Konfliktmanagements innerhalb der Phase der Strategiewahl und -implementierung siehe Jeschke (1993) S. 94ff. Aus Praxissicht beleuchtet Lukesch (2000) S. 22f. dieses Problemfeld.

[94]   Vgl. Elonen/Artto (2003) S. 397.

ebenso wie die Verteilung der Budgetmittel, unternehmensweit einheitlich erfolgen, da nur so die insgesamt notwendigen Ressourcen bzw. Budgets ermittelt werden können.

Unzweckmäßige Ressourcenzuteilung zu Projekten

Im Rahmen der Projektdurchführung besteht die Problematik der Nutzung von knappen materiellen oder personellen Ressourcen durch die Projekte. Insbesondere im Falle von terminlichen Verzögerungen oder drohenden Einbußen der Qualität des Projektergebnisses ist die (Um-)Verteilung von knappen Ressourcen zwischen Projekten kritisch.[95] Oftmals sind in solchen Fällen die hierarchischen Zuständigkeiten der Ressourcenzuteilung unzulänglich geregelt und mögliche Ressourcenengpässe im Vorhinein nicht planerisch antizipiert worden. Im Nachgang wird dann häufig festgestellt, dass der optimale Wertbeitrag des Projektportfolios selbst unter Berücksichtigung der Ressourcenknappheit nicht erreicht wurde, da die vorherrschenden Machtstrukturen gegen eine wirtschaftlich sinnvolle Anpassung des betroffenen Projektportfolios gewirkt haben. Insbesondere die oftmals nicht überschneidungsfreie Kompetenzverteilung zwischen Projekt- und Linienmanagement führt zu diesen Ineffizienzen.[96]

Zur Lösung dieses Problemfeldes ist neben der überschneidungsfreien Gestaltung der Entscheidungskompetenzen vor allem eine engpassbezogene Zuteilung von Ressourcen zu strategischen Projekten erforderlich. Im Falle des Eintritts von Ressourcenengpässen kann dann entschieden werden, welche Projekte momentan weitergeführt werden können und welche Projekte zunächst angehalten werden sollten.

Auswahl nicht wertschöpfender Projekte

Innerhalb des Auswahlprozesses kann es im Falle einer nicht durchgängigen Anwendung von adäquaten Bewertungsinstrumenten dazu kommen, dass Projekte ausgewählt werden, welche neben einer etwaigen Strategie-Inkonformität[97] vor allem keinen Beitrag zur Wertschöpfung des Unternehmens leisten oder sogar Wertschöpfung verzehren.[98] Dies kann insbesondere der Fall sein, wenn die Bewertung der Projekte zwar

---

[95] LUKESCH stellt vor allem auf die oftmals in diesem Falle bestehenden Abstimmungsprobleme zwischen Projekt- und Linienorganisation ab. Vgl. Lukesch (2000) S. 15. Ebenso Hiller (2002) S. 3.

[96] Zur Problematik einer ungeeigneten Ressourcenzuteilung siehe Federer/Griglio (1998) S. 79; Lukesch (2000) S. 15f.; Elonen/Artto (2003) S. 397 und Cooper/Edgett/Kleinschmidt (2001) S. 4f. und 12.

[97] Zum Problem eines nicht mit Strategien des Unternehmens abgestimmten Projektportfolios vgl. Cooper/Edgett/Kleinschmidt (2001) S. 11.

[98] LUKESCH weist hier darauf hin, dass in der Praxis oftmals Projekte angestoßen werden, deren wirtschaftlicher Nutzen für das Unternehmen nicht im Detail betrachtet wird. Der Autor be-

auf finanzieller Basis erfolgt, aber keine qualitativen Wirkungen der Projekte im Bewertungsprozess berücksichtigt werden.[99]

Um diese Probleme im Vorhinein vermeiden zu können, ist vor allem die Sicherstellung einer adäquaten Nutzung von Instrumenten im Zuge der Projektbewertung anzuraten. Dabei ist es von besonderer Bedeutung, dass neben eindimensional finanziellen Bewertungsverfahren auch mehrdimensionale Methoden eingesetzt werden, um auch qualitative Kriterien in der Bewertung berücksichtigen zu können.

Fehlende Strategieorientierung der Projekte

Werden Projekte nur nach rein finanz- oder erfolgswirtschaftlichen Kennzahlen ausgewählt, können sich weit reichende Problemlagen ergeben: Die kurzfristig zwar rentablen Projekte können auf lange Sicht dem Unternehmen keinen entscheidenden Mehrwert verschaffen, weil sie nicht mit dem langfristigen Zielsystem des Unternehmens abgestimmt sind.[100] Dies kann insbesondere bei „weichen" Projekten, wie dies Organisations- oder Marketingprojekte sind, der Fall sein.[101]

Dieses Problem kann auch bei Anwendung von adäquaten Bewertungsinstrumenten auftreten. Somit ist für eine Ausrichtung der Projektpriorisierung auf strategische Erfordernisse zu sorgen, damit im Rahmen der Bewertung auch Kriterien berücksichtigt werden, welche die Strategiekonformität sicherstellen. Diese Kriterien können z.B. auf den Aufbau von Erfolgspotenzialen oder die spezifische Wettbewerbssituation des Unternehmens abzielen.

---

richtet von einem Beispielunternehmen, in welchem nur ein Drittel der Projektleiter den wirtschaftlichen Nutzen ihrer Projekte benennen konnten. Vgl. Lukesch (2000) S. 19.

[99]   Dies kann beispielsweise im Rahmen der Bewertung von IT-Projekten der Fall sein. Die rein finanziell beste Lösung stellt unter Umständen aufgrund von mangelnden Funktionalitäten hohe Anforderungen an die betroffenen Mitarbeiter, was zu Zeit- und Qualitätseinbußen in den innerbetrieblichen Prozessen führen kann oder mit erheblichen Schulungskosten kompensiert werden muss. Vgl. als Beispiel einer solchen Bewertung und zu diesem Problemfeld allgemein Schönwalder/Schulze-Döbold/Lapp (2000) S. 23 und 27ff.

[100] Ebenso ist auf das Problem hinzuweisen, dass durch eine ungleiche Verteilung der Projekte auf unterschiedliche Strategiebereiche die strategische Entwicklung des Unternehmens gehemmt wird, da manche Strategien durch zu wenige Projekte unterstützt werden, andere Strategien durch zu viele. In letzterem Fall ergeben sich damit oftmals ungewollte Abhängigkeiten der Projekte untereinander. Vgl. Lukesch (2000) S. 16.

[101] LUKESCH beschreibt beispielsweise die Situation, dass vor Einführung eines Multiprojektmanagements in einem Versicherungsunternehmen die einheitliche und ausgewogene Verfolgung von strategischen „Key-Tasks" faktisch nicht sichergestellt war. Vgl. Lukesch (2000) S. 16.

Nichtberücksichtigung von Wechselwirkungen zwischen Projekten

Werden innerhalb der Projektauswahl die bereits oben angesprochenen Problemlagen vermieden, besteht immer noch die Gefahr, dass die Sicht auf die Gesamtheit der Projekte verdeckt ist und somit Wechselwirkungen zwischen Projekten nicht erkannt und folglich nicht berücksichtigt werden. Dies kann dazu führen, dass Projekte nicht ihre eigentliche Zielwirkung entfalten können, da sie z.b. auf Ergebnisse von Projekten angewiesen sind, die nicht durchgeführt werden.[102] Es kann auch der Fall auftreten, dass die Durchführung von Projekten, die womöglich in anderen Unternehmensbereichen initiiert wurden, die Ergebnisse anderer Projekte inhaltlich oder wertmäßig konterkariert.

Um diese Problemlagen vermeiden zu können, sind im Vorfeld der Zusammenstellung der Projektportfolios geeignete Maßnahmen zu treffen. Insbesondere bei der Bewertung von Projekten müssen Interdependenzen mit anderen Projekten des Unternehmens visualisiert und im Bewertungsprozess berücksichtigt werden. So ist neben dem Wert eines Projektes aus dessen singulärer Sicht vor allem auch eine Priorisierung der Projekte vor dem Hintergrund der gegenseitigen Beeinflussung vorzunehmen. Hierbei können sowohl rechnerische als auch grafische Methoden zum Einsatz kommen.

Verlust der Kontrolle über die Projektgesamtheit

Insbesondere fehlende bzw. zu spät gelieferte Informationen über den Status der Projekte verhindern ein schnelles Eingreifen der Unternehmensführung bzw. des Portfolio-Boards im Falle der nicht planungskonformen Projektdurchführung. Dieser Umstand verhindert, dass die Wirkungen von Projektverzögerungen schon frühzeitig im Zuge von Änderungen sowohl der Ressourcenplanung als auch der inhaltlichen Planung von interdependenten Projekten berücksichtigt werden können. Weiterhin können Probleme bezüglich der Projektdurchführung immer dann auftreten, wenn der Rhythmus der Projektkontrollen nicht festgelegt wird bzw. in zu großen Zeitabständen erfolgt. Im Zuge der Kontrolle der Projektfortschritte sind somit auch strategisch relevante Entwicklungen der Projektrealisation oftmals nicht zeitnah ermittelbar. Weiterhin besteht die Gefahr, dass Projekte für sich genommen zwar zum Zeitpunkt der Projektauswahl eine spezifische Strategie des Unternehmens unterstützen, sich aber im

---

[102]   Vgl. hierzu mit weiteren Praxisbeispielen Lomnitz (2001) S. 14f. Ebenso weist LUKESCH darauf hin, dass durch eine mangelnde Übersicht aller Projekte und deren Verknüpfungen untereinander oftmals inhaltliche Mehrarbeiten zu leisten sind. Vgl. Lukesch (2000) S. 14 und 20.

Zuge der Projektdurchführung Änderungen der Unternehmensstrategie ergeben und somit diese Projekte entweder nicht mehr strategiekonform sind oder sogar die Implementierung der neuen bzw. aktualisierten Strategie behindern.[103]

Im Zuge der Durchführung mehrerer Projekte ist neben der Sicherstellung der Ressourcenverfügbarkeit auch die Kontrolle des Projektfortschritts der einzelnen Projekte von herausragender Bedeutung für den Wertbeitrag des gesamten Projektportfolios. Somit muss die Kontrolle der Entwicklung der einzelnen Projektportfolios bezüglich der Zielerreichung erfolgen. Ebenso müssen aus strategischer Sicht problematische Entwicklungen zum frühestmöglichen Zeitpunkt erkannt werden. Hierzu ist die Einrichtung einheitlicher und methodengestützter Monitoring- und Reviewprozesse von herausragender Bedeutung.

Verlust von projektbezogenem Erfahrungswissen

Im Zuge der Projektrealisation ergeben sich spezifische Probleme, die entweder bereits in früheren Projekten aufgetreten sind oder aber einen solchen Neuigkeitsgrad besitzen, dass noch keinerlei Erfahrung im Unternehmen dazu vorhanden ist. Im ersten Fall kann oftmals nicht auf das im Unternehmen vorhandene Wissen, beispielsweise über spezifische Kostenansätze oder typische Ressourcenverbräuche von Projekten, zurückgegriffen werden. Im zweiten Fall ist oftmals keine Möglichkeit vorhanden, die Erfahrungen mit beispielsweise neuen Bewertungsverfahren oder -situationen im Unternehmen zu sichern. Ebenfalls von Interesse könnten dabei auch projektartenspezifische Gründe für das Scheitern von Projekten sein, die im Zuge der Bewertung von neuen Projekten berücksichtigt werden müssten. Insgesamt können diese Umstände zu einer nicht optimalen Auswahl von Projektportfolios und zur Fehlinterpretationen von Kontrollinformationen innerhalb der Multiprojekt-Kontrolle führen.[104]

Aus diesen Gründen ist ein Wissensmanagement zu etablieren, welches die projektbezogene Wissens- und Erfahrungssicherung in Unternehmen garantiert. Hierzu sind neben geeigneten Instrumenten und Wissensmedien vor allem auch prozessuale Maß-

---

[103] Vgl. zu dieser Problematik aus Praxissicht nochmals Lomnitz (2001) S. 15ff. Im Bereich des Investitionscontrollings wird ebenfalls die Frage der optimalen Anzahl bzw. Häufigkeit der Investitionskontrolle, insbesondere mit Hilfe der Methodik der Investitionsnachrechnung, diskutiert. Vgl. stellvertretend Schwellnuss (1991) S. 13ff.

[104] Vgl. hierzu aus der Sicht des Multiprojektmanagements: Pöppl (2002) S. 143ff. Die hohe Bedeutung dieses Problemfeldes unterstreichen auch Lukesch (2000) S. 16f. und Hiller (2002) S. 3. GULLIVER zeigt zudem in einem Praxisbericht auf, dass durch die Nachberechnung von Investitionsvorhaben, welche ihre Erwartungen nicht vollständig erfüllen konnten, die Kosten für neue Projekte wesentlich genauer abgeschätzt werden konnten. Vgl. Gulliver (1988), insbesondere S. 103ff.

nahmen zur Wissenssicherung während der Projektdurchführung einzusetzen. Schließlich ist für die Sicherstellung eines einfachen Zugriffs auf die vorhandenen Wissenspools zu sorgen.

Fehlende organisatorische Regelungen

Als weiteres Problemfeld können nicht vorhandene bzw. ungenau ausgestaltete organisatorische Regelungen bezüglich der Verteilung von Weisungs- und Entscheidungsrechten identifiziert werden. Dieses Manko zeigt sich vor allem während der Zusammenstellung von Projektportfolios, wenn einzelne Interessenträger die Entscheidungsgewalt an sich ziehen möchten und somit Konflikte vorprogrammiert sind. Eine fehlende Zuordnung von Verantwortungen führt dann auch zu einer nicht adäquaten Kontrolle der Projektportfolios. Daneben ist vor allem die Frage der unterjährigen Ressourcenzuteilung während der Projektrealisation zu beantworten, da sich hier oftmals Konflikte zwischen Linien- und Projektinstanzen ergeben können.[105]

Daher ist eine für Projektportfolios zuständige Führungsorganisation im Unternehmen zu etablieren, die bis in die oberste Führungsebene des Unternehmens verankert ist. Damit ist auf der einen Seite das Machtpotenzial dieser Struktur gesichert, zum anderen werden strategische Überlegungen der Unternehmensführung direkt in diese Organisationsstruktur hinein übertragen.

Keine zeitnahen projekt- und portfoliobezogenen Informationen

Fehlende zeitnahe projekt- und portfoliobezogene Informationen stellen ein weiteres Problemfeld dar. Durch die nicht rechtzeitige oder überhaupt nicht stattfindende Informationsbereitstellung werden wichtige projekt- und portfoliobezogene Aktivitäten erheblich verzögert bzw. vollständig behindert. So kann die Projektpriorisierung und Interdependenzanalyse der einzelnen Projekte aufgrund fehlender Informationen nur eingeschränkt vorgenommen werden. Eine zeitnahe Kontrolle der Projektfortschritte und die Überprüfung der strategischen Relevanz von Projektportfolios werden durch die fehlenden Informationen ebenfalls erschwert.[106]

Aus diesen Gründen ist die Etablierung eines Multiprojekt-Informationssystems als unbedingte Voraussetzung zur Sicherstellung des Erfolgs eines Multiprojektmanagements anzusehen. Neben der zeitnahen Erfassung der Realisationsdaten sind

---

[105] Vgl. Lukesch (2000) S. 22f.

[106] Vgl. Hiller (2002) S. 3.

auch die Bewertungskriterien sowie die Prioritäten der einzelnen Projekte für die jeweiligen Aufgabenträger zeitnah bereitzustellen.

2.2.2.2 Zusammenfassung von Aufgabenfeldern zu Elementen

Die oben aufgeführten Problem- und Aufgabenfelder stellen die Notwendigkeit eines
fundierten Konzeptes für ein strategisches Multiprojektmanagement außer Zweifel.
Eine Konzeption muss demnach die bereits skizzierten Aufgabenfelder sinnvoll zu-
sammenfassen, um die Prozesse, Methoden und Strukturen des Multiprojektmanagements strukturiert darstellen zu können. Die Elemente, zu denen die einzelnen
Aufgabenfelder zusammengefasst werden können, sollen sich in diesem Fall an den
Phasen des Management-Zyklus, welcher exemplarisch von WILD dargestellt wird,
anlehnen. In seiner allgemeinen Form beinhaltet das Grundmodell des Management-
Zyklus die wesentlichen Phasen der Planung, Entscheidung, Durchsetzung und Kontrolle.[107] Dieses Grundmodell wird für die spezifischen Belange des Multiprojektmanagements abgewandelt und erweitert (Abbildung 2–4).

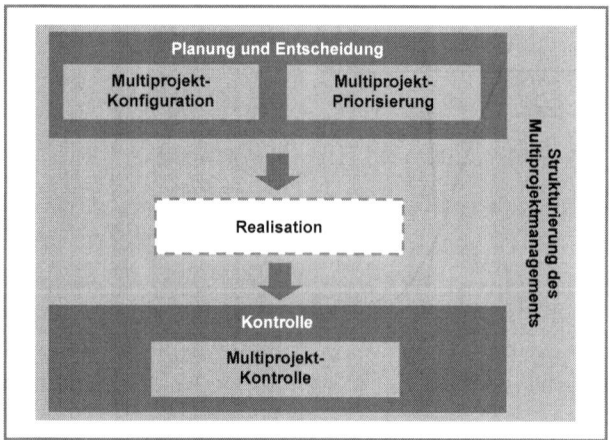

Abbildung 2–4   Ableitung von Elementen der Konzeption

Die Multiprojekt-Konfiguration beinhaltet, wie die Phase der Planung im Grundmodell, die Aktivitäten der Zielbildung, Problemerkenntnis und Alternativensuche. An
dieser Stelle werden jedoch die Teilphasen der Prognose und Bewertung heraus-
genommen und aufgrund ihrer großen Bedeutung und des hohen Arbeitsaufwandes als
eigenständiges Element der Multiprojekt-Priorisierung dargestellt. Somit umfasst die

Planungsphase die Multiprojekt-Konfiguration und –Priorisierung. Faktisch vollzieht sich in dieser Phase auch ein Großteil der Entscheidungsfindung[108] bezüglich der Auswahl durchzuführender Projekte.

Weiterhin ist die Phase der Realisation in ihrer ursprünglichen Form nicht Bestandteil des Multiprojektmanagements.[109] Zum einen sollen die operativen Probleme der Realisation einzelner Projekte durch ein auf Einzelprojekte bezogenes Projektmanagement gelöst werden. Zum anderen werden Sachverhalte, die WILD dieser Phase zuordnet, innerhalb der anderen Elemente der Konzeption bereits berücksichtigt.[110] Als eigenständige Phase wird die Strukturierung des Multiprojektmanagements innerhalb der Konzeption angelegt. Diese im ursprünglichen Modell von WILD nicht vorgesehen Phase beinhaltet vor allem die laufende organisatorische und informationstechnische Gestaltung des Multiprojektmanagements. Fragen der Budgetierung und Motivation werden hingegen im Rahmen der Multiprojekt-Konfiguration behandelt.

Die Multiprojekt-Kontrolle kann als weitgehend deckungsgleich mit der Kontrollphase im Grundmodell von WILD angesehen werden. Vor allem sind alle drei Kontrollarten – Prämissenkontrolle, Fortschrittskontrolle und Endkontrolle – in der für das Multiprojektmanagement spezifischen Ausprägungen des Multiprojekt-Monitorings, -Reviews und -Wissensmanagements enthalten. Die im Grundmodell getrennt betrachtete Abweichungsanalyse erfolgt, soweit sie inhaltlich durch Funktionsträger des Multiprojektmanagements durchzuführen ist, auch in der Multiprojekt-Kontrolle.[111]

Demnach besteht die Konzeption eines strategischen Multiprojektmanagement in der hier vertretenen Auffassung aus den Teilelementen Multiprojekt-Konfiguration,

---

[107] Vgl. Wild (1982) S. 37ff.

[108] WILD erläutert dies in seiner Abhandlung an mehreren Stellen äußerst deutlich. „Wird nämlich ... unter Bewertung die Herstellung einer Rangfolge von Handlungsalternativen nach dem Grad ihrer Zielwirksamkeit verstanden, so schrumpft die Entscheidung im Grenzfall auf den abschließenden Auswahlakt" (S. 41). Weiter führt er aus: „Denn wenn eine eindeutige Rangordnung der Handlungsalternativen in der Bewertung gefunden wird, in der die Alternative mit dem höchsten Zielerreichungsgrad ... den höchsten Wert (Rang) erhält, steht damit die „optimale" Alternative, für die man sich rationalerweise entscheiden müsste, bereits fest." (S. 42). Da die Multiprojekt-Priorisierung genau eine solche Rangfolge an zu bewertenden Projekten bildet, können die Aussagen von WILD direkt auf die Belange des Multiprojektmanagements übertragen werden. Vgl. Wild (1982) S. 41ff.

[109] BECKER sieht die Phase der Realisation ebenfalls nicht als Bestandteil des Managementzyklus an. Vgl. Becker (2001b) S. 24.

[110] Vgl. zu den Inhalten der Realisation Wild (1982) S. 43.

[111] Vgl. zu diesem Punkt Wild (1982) S. 44f.

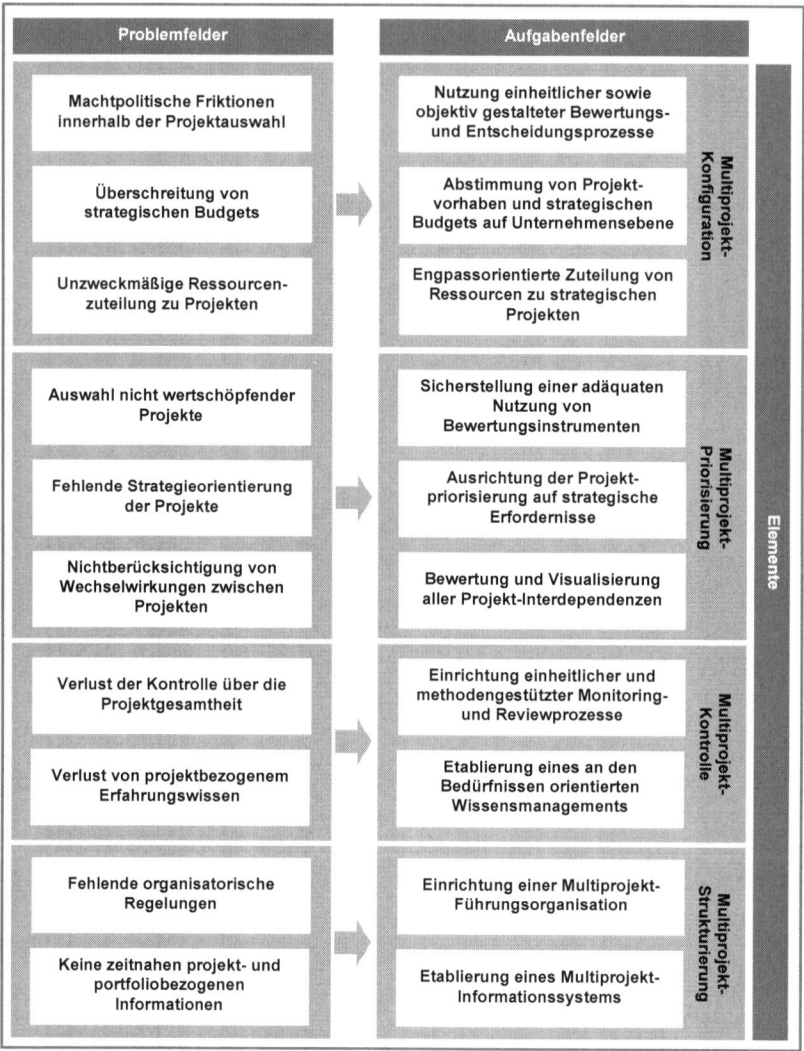

Abbildung 2–5   **Problemfelder, Aufgabenfelder und Elemente der Konzeption**

Multiprojekt-Priorisierung, Multiprojekt-Kontrolle und Strukturierung des Multiprojektmanagements. Die in den vorhergehenden Ausführungen bereits betrachteten
Problemfelder und die damit zusammenhängenden Aufgabenfelder können dabei, wie
in Abbildung 2–5 aufgezeigt, den unterschiedlichen Elementen zugeordnet werden.

2.2.3 Darstellung der Elemente

Ziel dieses Abschnitts ist es, die im letzten Abschnitt abgeleiteten vier Elemente der Konzeption in ihren Grundzügen inhaltlich darzustellen. Eine detaillierte Erläuterung und Diskussion der in den jeweiligen Elementen zu nutzenden Methoden und Instrumente erfolgt dabei in den folgenden Kapiteln. Zunächst ist jedoch auf die zentralen Ziele und Aufgaben des Multiprojektmanagements einzugehen, da diese für alle Elemente der Konzeption von Bedeutung sind.[112]

Die primäre Betrachtungsdimension des Multiprojektmanagements bilden die Projektportfolios, also die Gesamtheit aller Projekte eines Unternehmens bzw. eines umfassenderen Unternehmensbereichs.[113] Das Multiprojektmanagement hat in diesem Zusammenhang für eine wertschöpfungsorientierte Ausrichtung der Projektportfolios im Unternehmen zu sorgen. Dies bedeutet, dass nur solche Projekte in ein Portfolio aufzunehmen sind, welche auf die Geschäftszielsetzung bzw. Strategien des Unternehmens fokussiert sind.[114] Die einzelnen Elemente des Multiprojektmanagements sollen, den aufgezeigten Aufgabenfeldern folgend, vor allem sicherstellen, dass sämtliche Projekte nach einheitlichen Maßstäben behandelt werden.

2.2.3.1 Multiprojekt-Konfiguration

Den Ausgangspunkt der Multiprojekt-Konfiguration bildet die Festlegung des gesamten strategischen Budgetrahmens und der strategischen Bewertungskriterien in den vorgelagerten Prozessschritten des strategischen Managements. Als für das Multiprojektmanagement wichtigster Schritt ist vor allem die Ableitung von strategischen Projektbudgets für die einzelnen Projektportfolios anzusehen. Diese Budgets determinieren, einer Top-down Betrachtung folgend, den Auswahlspielraum für die unterschiedlichen Projekttypen. Eine Anpassung dieser Vorgaben an die realen Gegebenheiten des Unternehmens ist in einem dem Bottom-up Gedanken folgenden Überarbeitungsschritt durchzuführen. Insgesamt wird die Verteilung des strategischen Budgets eines Unternehmens also in einem gegenstromorientierten Prozessablauf vollzogen.

---

[112] Vgl. zu den folgenden Zielsetzungen: Turner/Speiser (1992) S. 197; Pradel/Südmeyer (1996) S. 1550; Pradel/Südmeyer (1997) S. 291; Gysler/Bloch (1998) S. 595; Howell (1968) S. 63; Nobeoka/Cusumano (1997) S. 169; Balzer (1998) S. 32 und Patzak/Rattay (1998) S. 405f.

[113] Zum Begriff des Projektportfolios siehe insbesondere Jantzen-Homp (2000) S. 17f. mit ausführlichem Verweis auf Gemeinsamkeiten zur finanzwirtschaftlichen Portfolio-Theorie und Turner/ Speiser (1992) S. 197.

[114] Vgl. McElroy (1996) S. 328.

Die Verteilung des strategischen Budgets eines Unternehmens auf die verschiedenen Projektportfolios läuft im Rahmen der horizontalen Konfiguration von Projektportfolios ab und sichert somit eine unternehmensweite und zentrale Abstimmung von Projektvorhaben und strategischen Projektbudgets. Die Verteilung der finanziellen Ressourcen innerhalb der Projektportfolios vollzieht sich im Rahmen der vertikalen Konfiguration von Projektportfolios. Dieser Prozess ist durch seine teamorientierte Vorgehensweise so gestaltet, dass eine objektive Bewertung und Entscheidung über die zukünftig zu verfolgenden Projekte sichergestellt sind. Die Verbindung von Projekt- und Linienstrukturen wird durch eine Übertragung der strategischen Projektbudgets in die operativen Budgets der beteiligten Organisationseinheiten der Primärorganisation erreicht. Insbesondere durch eine engpassbezogene Projektpriorisierung und Ressourcenzuteilung ist sichergestellt, dass in Konfliktfällen zwischen Linien- und Projektmanagement klare Handlungsrichtlinien bestehen.

2.2.3.2 Multiprojekt-Priorisierung

Die grundsätzliche Aufgabe der Multiprojekt-Priorisierung besteht in der Bewertung der unterschiedlichen strategischen Projekte nach adäquaten Kriterien, um somit als Endergebnis eine Rangfolge zu erhalten, die als Grundlage der endgültigen Realisationsentscheidung dient. Da es in Unternehmen regelmäßig zu Engpässen bezüglich der verfügbaren monetären, personellen aber auch infrastrukturellen Ressourcen kommt, sind in diesem Schritt die unterschiedlichen Projekte nach ihrem potenziellen Wertschöpfungsbeitrag für das Unternehmen zu bewerten, um Richtwerte für die Zuordnung von Ressourcen der Höhe und der Zeit nach zu erhalten. Dieser zugrunde gelegte Wertschöpfungs-Beitrag muss nicht unbedingt in Form eines sofort realisierbaren, mit erfolgs- oder finanzwirtschaftlichen Werten des operativen Rechnungswesens belegbaren Betrages nachzuweisen sein. Vielmehr werden insbesondere Kenngrößen zur Messung von zukünftigen Erfolgspotenzialen Eingang in die Bewertung finden. Auch qualitative Bewertungskriterien kommen somit in der Projektpriorisierung zur Anwendung. Folglich kann die Projektbewertung einen entscheidenden Beitrag zur strategischen Ausrichtung der verschiedenen Projektportfolios leisten. Diese Zielsetzung wird dabei durch die Auswahl von umfassenden Bewertungsinstrumenten, insbesondere Scoring-Modellen und Portfolios, unterstützt.

Weiterhin ist es erforderlich, die Abhängigkeiten zwischen Projekten bezüglich Ziele und verfügbaren Kapazitäten zu visualisieren und abzustimmen. Die oftmals komplexen inhaltlichen Interdependenzen, wenn Projekte beispielsweise aufeinander aufbauen bzw. an gleichartigen Strukturen des Unternehmens wirken, sind ebenfalls zu erfassen und zu koordinieren.[115] Somit können Synergien zwischen Projekten – z.B. Technologietransfer – ermöglicht werden und im Ergebnis einen effizienten und effektiven Einsatz der Projekte gewährleisten. Darüber hinaus ist der projektübergreifende Ressourceneinsatz zu gewährleisten. Auswirkungen von Änderungen eines Projektes auf das Projektportfolio sind zu berücksichtigen und Engpassregelungen sicherzustellen. Im Ergebnis ist eine endgültige Rangfolge sowohl auf den Erkenntnissen der Einzelprojektbewertung als auch der Interdependenzanalyse aufzustellen. Die schlussendliche Bearbeitungsreihenfolge richtet sich dann bei Vorlage von Engpässen nach der tatsächlichen Verfügbarkeit der benötigten Ressourcen.

2.2.3.3 Multiprojekt-Kontrolle

Die Multiprojekt-Kontrolle – bestehend aus Multiprojekt-Monitoring, Multiprojekt-Review und Multiprojekt-Wissensmanagement – hat zunächst sicherzustellen, dass der Unternehmensführung immer ein möglichst aktueller Stand der Projektdurchführung in den einzelnen Projektportfolios vermittelt werden kann. Weiterhin sind Routinen vorzusehen, die im Falle einer Änderung des strategisch relevanten Umfeldes bzw. der Zielsetzung des Unternehmens eine rasche Anpassung der Projektlandschaft an diese neuen Gegebenheiten ermöglichen.

Im Rahmen des Multiprojekt-Monitorings werden Informationen von allen im Portfolio enthaltenen Projekten generiert, um den Fortschritt der einzelnen Projekte verfolgen zu können. Mittels geeigneter Methoden sollen Projekte schnell identifiziert werden, die strategisch relevante Problemfälle darstellen. Der Multiprojekt-Review untersucht dagegen regelmäßig das gesamte Projektportfolio auf seine Ausgewogenheit und Stimmigkeit mit der strategischen Ausrichtung des Unternehmens hin. Er soll sicherstellen, dass die in den Projektportfolios enthaltenen Projekte weiterhin den aktuellen strategischen (Bewertungs-)Vorgaben entsprechen. Hierzu sind gegebenenfalls die einzelnen Projekte neuerlich zu priorisieren. Im Zuge des Multiprojekt-Reviews werden auch alle unterjährigen Entscheidungen über Fortsetzung und Abbruch von strategischen Projekten getroffen. Neben diesen Kontrollaktivitäten, die vor allem auf die Sicherstellung der zielgerichteten Durchführung von Projekten abzielen, ist weiterhin die Erfahrungssicherung eine Aufgabe der Multiprojekt-Kontrolle. Durch die Zusammenführung von Ergebniskontrolle und während der Projektdurchführung mitlaufender Wissensgenerierung in einem Multiprojekt-Wissensmanagement kann eine wirtschaftlich sinnvolle Weitergabe des für das Multiprojektmanagement relevanten

---

[115] Vgl. McElroy (1996) S. 328 und Levene/Braganza (1996) S. 336f.

Wissens sichergestellt werden. In diesem Zusammenhang müssen regelmäßig die abgeschlossenen Projekte auf ihre Zielerreichung hin untersucht werden. Positive wie negative Ergebnisabweichungen sind auf die Ursachen hin zu analysieren und gegebenenfalls Reaktionsmaßnahmen einzuleiten. Daneben ist aber auch die Erfahrungssicherung in laufenden Projekten von hoher Bedeutung, insofern ist die Wissenssicherung auch auf die aktuell durchzuführenden Projekte auszudehnen.

2.2.3.4 Strukturierung des Multiprojektmanagements

Zur Erfüllung der Aufgaben der drei erstgenannten Elemente der Konzeption ist zudem eine Multiprojekt-Führungsorganisation zu implementieren. Diese stellt sicher, dass den einzelnen Aufgaben auch eindeutig Aufgabenträger zugeordnet werden können, welche mit den erforderlichen organisatorischen Machtbefugnissen ausgestattet sind. Ein besonders wichtiger Punkt hierbei ist die direkte Anbindung des Multiprojektmanagements an die Unternehmensleitung, da hierdurch das notwendige Machtpotenzial auf die Multiprojekt-Führungsorganisation übertragen wird. Weiterhin sind auch Unterstützungsstrukturen zu etablieren, welche die Führungsgremien von Beratungs- und Routineaufgaben entlasten. Daneben sind in den Portfolio-Boards Mitglieder der betroffenen Unternehmensbereiche beteiligt, um somit die Akzeptanz der Entscheidungen in der Primärorganisation zu erhöhen. Zusätzlich hat diese Besetzung der Portfolio-Boards den Vorteil, dass auf das Fachwissen der spezialisierten Führungskräfte unmittelbar zurückgegriffen werden kann. Durch die Einführung eines unternehmensübergreifenden Fachbereichs Projektmanagement bzw. von operativen Projekt-Offices in den einzelnen Projektportfolios können methodische Fragen der Projektbeteiligten umgehend gelöst werden.

Weiterhin ist für die Erfüllung der Aufgaben des Multiprojektmanagements die Sicherstellung einer ausreichenden Informationsversorgung notwendig. Die Schaffung einer spezifischen, auf die Belange des Multiprojektmanagements und der Unternehmensführung ausgerichteten Informationskongruenz aus Informationsangebot, Informationsnachfrage und Informationsbedarf kann durch die Etablierung eines Multiprojekt-Informationssystems prinzipiell gewährleistet werden. Dieses Informationssystem wird in der Regel durch Enterprise Projekt Management Systems (EPMS) realisiert und beinhaltet neben der Informationserfassung insbesondere Teilsysteme zur Dokumentation und Analyse der projektbezogenen Daten. Weiterhin helfen diese Informationssysteme bei der unternehmensübergreifenden Steuerung der Ressourcenzuteilung und dienen als Kommunikationsplattform für die einzelnen Aufgabenträger des Multiprojektmanagements.

3   Multiprojekt-Konfiguration

Ziel des dritten Kapitels ist es, die unterschiedlichen Aspekte der Multiprojekt-Konfiguration detailliert aufzuzeigen. Hierzu wird in Abschnitt 3.1 die grundlegende Gestaltung der Multiprojekt-Konfiguration dargestellt und anhand wissenschaftlich gesicherter Erkenntnisse fundiert. Die konkrete Vorgehensweise der horizontalen Konfiguration von Projektportfolios wird anhand eines eigenständig entwickelten Modells, das auf Prinzipien einer Balanced Scorecard basiert, in Abschnitt 3.2 aufgezeigt. Weiterhin erfolgt eine Ableitung der notwendigen Prozessschritte innerhalb der vertikalen Konfiguration von Projektportfolios in Abschnitt 3.3. Die Diskussion dynamischer Aspekte der Konfiguration von Projektportfolios in Abschnitt 3.4 bildet den Abschluss dieses Kapitels.

3.1   Konzeptionelle Gestaltung

Die Gestaltung der Multiprojekt-Konfiguration bildet den inhaltlichen Schwerpunkt dieses Abschnitts. Die Multiprojekt-Konfiguration hat die Grundaufgabe, die Projektportfolios eines Unternehmens zu konfigurieren, d.h. die Zusammensetzung der einzelnen Projektportfolios zu bestimmen. Hierzu sind zunächst die Prinzipien der Konfiguration von Projektportfolios aus der Literatur abzuleiten. Da die Konfiguration von Projektportfolios inhaltlich auch die Verteilung des projektorientierten Anteils des strategischen Budgets eines Unternehmens auf die unterschiedlichen Projektportfolios bezweckt, werden im darauf folgenden Abschnitt die Grundlagen dieser strategischen Projektbudgetierung dargelegt. Anschließend folgen in einem weiteren Abschnitt Ansatzpunkte zur Bestimmung der optimalen Anzahl an Projektportfolios innerhalb eines Unternehmens. Überlegungen zur Prägung von unternehmensweit geltenden Prioritätsklassen für strategische Projekte bilden den Abschluss des Kapitels.

3.1.1   Prinzipien der Konfiguration von Projektportfolios

Die Konfiguration von Projektportfolios soll sicherstellen, dass die Projektlandschaft eines Unternehmens die ursprünglichen strategischen Intentionen der Unternehmensführung adäquat abbildet, indem eine Allokation von strategischen Projektbudgets für spezifische Projektportfolios vorgenommen wird.[116] Dieser Zusammenhang kann auch

---

[116]   Eine Berücksichtigung der erforderlichen Ressourcen einzelner Aktivitäten ist demnach notwendig, um strategischen Plänen die Berücksichtigung in der operativen Budgetierung zu ermöglichen. Vgl. Steiner (1989) S. 179.

plakativ mit der Aussage: *„Where the money is spent mirrors the business strategy and the strategic priorities"*[117] ausgedrückt werden.

Somit soll erreicht werden, dass die strategischen Projektbudgets durch entsprechende Projekte ausgeschöpft werden, denn nur so ist gewährleistet, dass die strategischen Intentionen tatsächlich umgesetzt werden. Ebenso müssen die strategischen Bedürfnisse der unteren Hierarchieebenen des Unternehmens, z.B. auf der Bereichs- oder Abteilungsebene, berücksichtigt werden, um sich ergebende Möglichkeiten zur Steigerung der Wertschöpfung des Unternehmens wahrnehmen zu können. Diese können z.B. durch die Realisierung eines realistisch bewerteten Unternehmenskaufes oder einer schnellen Produktentwicklung zur Befriedigung einer plötzlich aufgetretenen Marktnachfrage genutzt werden. Dies bedarf allerdings einer angemessenen Anpassung der zuvor festgelegten Budgethöhen und -strukturen. Im Zuge der Multiprojekt-Konfiguration sind darüber hinausgehend adäquate Bewertungsmethoden zur Priorisierung der Einzelprojekte anzuwenden. Die fallspezifische Modifikation bzw. Anpassung von geeigneten Bewertungsmethoden, die im vierten Kapitel dargestellt werden, ist dabei im Zuge der Projektpriorisierung vorzunehmen, die einen Teilprozess der Portfolio-Konfiguration darstellt.

Die Konfiguration von Projektportfolios kann, einer Systematik der Budgetierung folgend,[118] in unterschiedliche Ebenen aufgeteilt werden. Somit hat sowohl eine horizontale Konfiguration im Sinne der Verteilung von strategischen Teilbudgets („Strategic Funds") auf einzelne Projektportfolios und deren Projekttypen, als auch eine vertikale Konfiguration im Zuge eines Abstimmungsprozesses zwischen den Projektanträgen und den tatsächlich zur Verfügung stehenden Ressourcen zu erfolgen.[119]

---

[117]   Cooper/Edgett/Kleinschmidt (2001) S. 123.

[118]   Zu den unterschiedlichen Ebenen der Budgetabstimmung vgl. grundlegend Dambrowski (1986) S. 60ff.

[119]   Zu den Begriffen der horizontalen bzw. vertikalen Koordination von Budgets siehe Dambrowski (1986) S. 198 bzw. S. 196 sowie für die strategische Budgetierung Lehmann (1993) S. 146ff. und 153ff. LEHMANN betont dabei, dass zumindest die Grundprinzipien der vertikalen Abstimmung der operativen Budgetierung gleichwertig auch auf die strategische Budgetierung übertragen werden können. Vgl. Lehmann (1993) S. 151. Bezüglich der Differenzierung und Detaillierung des strategischen Budgets bemerkt er: „Das Budget ist sowohl in vertikaler Richtung, etwa mit der Teilung in mehrere Sub-Budgets, wie in horizontaler Richtung, etwa durch die Trennung in zwei gleichrangige Budgets, differenzierbar." Lehmann (1993) S. 113. Eine Detaillierung bis auf die Ebene einer Kostenstelle hält er demgegenüber nicht angebracht für ein strategisches Budget. In dieser Denkweise vollzieht die horizontale Konfiguration somit die Verteilung des strategischen Budgets auf gleichrangige Projektportfolios, während die vertikale Konfiguration diese Budgets der einzelnen Projektportfolios auf untergeordnete Projekte zuteilt.

Ebenso sind dynamische Aspekte der Portfolio-Konfiguration zu berücksichtigen. Diese umfassen die Anpassungen des Budgetrahmens und der Budgetverteilung auf die unterschiedlichen Projektportfolios infolge von Änderungen der Strategie oder des Unternehmensumfeldes. Ebenso ist eine Abstimmung von überjährigen Projektbudgets mit dem meist unterjährig stattfindenden Budget- und Kontrollzyklus vorzunehmen.[120]

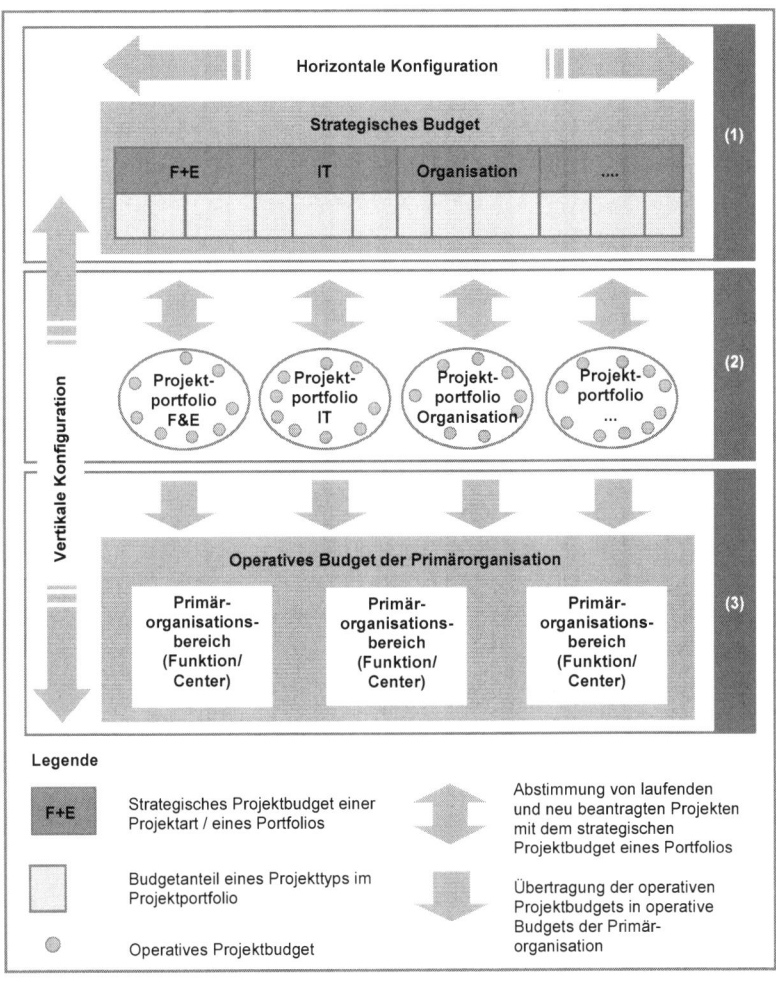

Abbildung 3–1   Konfiguration von Projektportfolios

---

[120]   Vgl. Dambrowski (1986) S. 198f.

Das Hauptziel der horizontalen Konfiguration (Abbildung 3–1) ist eine Sicherstellung der sachgerechten Aufteilung des für Projekte vorgesehenen strategischen Budgetrahmens auf die unterschiedlichen strategisch relevanten Tätigkeitsfelder des Unternehmens.[121] Die horizontale Konfiguration spielt sich auf zwei Ebenen ab (1).[122] Zunächst sind die einzelnen Projektportfolios zu definieren. In der hier verfolgten Konzeption werden diese Portfolios anhand der Projektarten – IT, F&E, Organisation, Marketing und Investition – unterteilt. Den einzelnen Projektportfolios sind dann strategische Projektbudgets zuzuweisen. Diese strategischen Projektbudgets können nochmals in sich strukturiert werden. Hierzu werden den unterschiedlichen Projekttypen – Projekte der Ressourcen-, Prozess- und Marktebene – einer Projektart Anteile am betreffenden strategischen Projektbudget zugeordnet. Die Zuteilung dieser Budgets zu strategischen Projekten ist dabei die Aufgabe der vertikalen Portfolio-Konfiguration. Werden im Zuge dieser Zuteilung Änderungsbedarfe erkannt, können sowohl die Anteile der einzelnen Projekttypen am strategischen Projektbudget eines Portfolios als auch die Gesamthöhe eine strategischen Projektbudgets verändert werden. An dieser Stelle besteht somit der Berührungspunkt zwischen vertikaler und horizontaler Portfolio-Konfiguration, da Erkenntnisse der vertikalen Portfolio-Konfiguration Anpassungen in der horizontalen Portfolio-Konfiguration verursachen können.

Die vertikale Konfiguration (Abbildung 3–1) dient der Abstimmung zwischen den nunmehr detailliert vorgegebenen strategischen Projektbudgets eines Projektportfolios auf der einen sowie den neu beantragten und bereits in der Realisierung befindlichen Projekten auf der anderen Seite (2). Hierzu sind den einzelnen Projekten anhand ihrer Priorität operative Projektbudgets zuzuordnen. Diese Zuordnung führt dazu, dass die Projekte mit der höchsten Priorität auch ausgeführt werden. Gleichzeitig wird sichergestellt, dass die Projekt-Portfolios in ihrer Zusammensetzung den Vorgaben der horizontalen Portfolio-Konfiguration entsprechen. Falls große Abweichungen zwischen

---

[121]   Weiterhin kann die horizontale Konfiguration auch die Erkennung und Hebung von Synergieeffekten zwischen unterschiedlichen Projektportfolios zum Ziel haben. Vgl. Lehmann (1993) S. 153. Diese Verbundvorteile können auch außerhalb des Unternehmens liegen, z.B. wenn spezifische Projekte (z.B. F&E-Projekte) mit externen Partnern in Form von Allianzen durchgeführt werden. Siehe zum Management von solchen Allianzportfolios und den sich daraus ergebenden Synergieeffekten Hoffmann (2001) S. 157ff. und insbesondere S. 202ff. zur Nutzung von Verbundvorteilen.

[122]   Normalerweise werden die einzelnen Ebenen der horizontalen Abstimmung (Konfiguration) auf die unterschiedlichen Hierarchieebenen der Unternehmung bezogen. Somit erfolgt an dieser Stelle ein Analogieschluss, indem nun die unterschiedlichen Hierarchieebenen der Projektgesamtheit (Portfolios und Unterportfolios) als Betrachtungsobjekte dienen. Vgl. dazu auch Ott (2000) S. 181.

den Vorgaben und den potenziell zu realisierenden Projekten bestehen, sind diese Vorgaben gegebenenfalls wie bereits oben beschrieben anzupassen. Neben der Festlegung der vorherrschenden Konfigurationsdynamik ist auch die Anbindung der einzelnen operativen Projektbudgets an die operative Budgetierung von Bedeutung.[123] Es ist durchaus üblich, dass strategische Projekte aufgrund ihres bereichsübergreifenden Charakters Ressourcen in mehreren Organisationseinheiten der Primärorganisation nutzen. Daher sind die einzelnen operativen Projektbudgets in die operativen Budgets der einzelnen Organisationseinheiten der Primärorganisation zu übertragen (3). In dynamischer Betrachtungsweise muss ebenfalls geklärt werden, wie langfristige strategische Projektbudgets auf periodische operative Budgets übertragen werden können.

Sämtliche Überlegungen sind vornehmlich auf den Fall ausgerichtet, dass mehrere Projektportfolios mit detaillierten Strukturvorgaben bezüglich ihrer geplanten Zusammensetzung existieren.[124] Trotz dieser Strukturvorgaben ist es erforderlich, Hinweise auf notwendige Anpassungen der Projektportfolio-Konfiguration beim Vorliegen nur eines singulären oder mehrerer nicht detailliert strukturierter Projektportfolios zu geben. Dies betrifft sowohl die horizontale Konfiguration, die sich einfacher gestalten lässt, als auch die vertikale Konfiguration, die im Falle eines einzelnen Projektportfolios die Strategiekonformität der bewilligten Projekte sicherstellen muss. Zunächst ist jedoch auf die Bedeutung und Vorgehensweise der strategischen Projektbudgetierung für die Konfiguration von Projektportfolios einzugehen.

3.1.2 Grundlagen der strategischen Projektbudgetierung

Im Verständnis dieser Arbeit stellt die strategische Projektbudgetierung[125] die Schnittstelle zwischen strategischem Management und der Umsetzung von Strategien mit Hilfe von strategischen Projekten dar.[126] Wie bereits an anderer Stelle erwähnt,

---

[123] Vgl. hierzu auch Wittmann (1998) S. 85. Er betont nochmals, dass der Übergang von der strategischen zur operativen Budgetebene am besten mit Hilfe von Projektbudgets zu gestalten ist.

[124] Unter einer Strukturvorgabe wird an dieser Stelle die Festlegung von Anteilen der verschiedenen Projekttypen innerhalb eines Projektportfolios verstanden. Eine solche Vorgabe könnte z.B. aussagen, dass 10 Prozent des strategischen IT-Projektbudgets für Projekte der Ressourcenebene aufgewendet werden sollen.

[125] Den Begriff der strategischen Projektbudgets nutzen z.B. auch Gleich/Voggenreiter (2003) S. 68. Die Autoren sehen dabei ebenso die strategischen Projektbudgets als Übersetzung der strategischen Ziele in projektorientierte Maßnahmen an.

[126] Insofern kann diese Vorgehensweise auch mit dem Ansatz der HOSHIN-KANRI Planung in Einklang gebracht werden. Im Zuge dieser Planung werden strategische Aussagen in Form von Projekten in die operative Planung übersetzt. Vgl. zu diesem Ansatz Goeldel (1996) S. 170ff. mit weiteren Quellennachweisen.

begründet der bereichsübergreifende Charakter der strategischen Projekte ein hohes Problempotenzial. Neben sich überschneidenden Linienverantwortungen im Rahmen dieser Projekte stellt sich vor allem die Problematik der adäquaten Budgetierung, um eine strategieorientierte Mittelzuteilung innerhalb des Unternehmens zu gewährleisten.[127] Bevor im Weiteren die grundlegende Bedeutung der strategischen Projektbudgetierung für das Multiprojektmanagement diskutiert wird, sollen zunächst die relevanten Begriffe für den weiteren Verlauf der Arbeit definiert werden.

Der Begriff des strategischen Budgets beinhaltet sämtliche Budgetmittel, die für die Durchführung von strategischen Aktivitäten eines Unternehmens eingeplant sind.[128] Ein strategisches Projektbudget stellt denjenigen Teil des gesamten strategischen Budgets eines Unternehmens dar, der für die Durchführung von Projekten in einem spezifischen Projektportfolio vorgesehen ist. Die Summe aller strategischen Projektbudgets ergibt daher den Anteil des strategischen Budgets, welcher für die projektorientierte Umsetzung von Strategien bestimmt ist. Schließlich beschreibt der Begriff des operativen Projektbudgets denjenigen Teil eines strategischen Projektbudgets, der einem einzelnen Projekt für die Realisation zugeteilt wird und somit in die operativen Budgets von Linienfunktionen weiterverrechnet werden muss. Von den hier im Weiteren behandelten strategischen Projektbudgets sind allerdings die strategischen Budgets zu unterscheiden, die direkt spezifischen Organisationseinheiten der Primärorganisation zugeteilt werden.[129] Sie sollen im Weiteren nicht näher betrachtet werden.

3.1.2.1 Projektorientierung der strategischen Budgetierung

Innerhalb des Schrifttums existieren mehrere Quellen, die zur Fundierung einer auf strategische Projekte bezogenen strategischen Budgetierung geeignet sind. Neben Schriften zum strategischen Management und zur strategischen Budgetierung können auch Quellen aus dem Bereich des Investitions-Controllings bzw. des Investitionsmanagements genutzt werden. Analysiert man die diesbezüglichen Veröffentlichungen, zeigt sich, dass im Rahmen des Investitions-Controllings strategische Projekte

---

[127] So weist TOURNEAU darauf hin, dass eine operative Investitionsprogramm-Planung nur die Projekte eines spezifischen Bereichs erfassen kann, jedoch bereichsübergreifende Projekte und Konzernprojekte einer eigenen Investitionsprojektplanung bedürfen. Vgl. Tourneau (1995) S. 164f.

[128] Ein strategisches Budget kann somit als ein Plan zur langfristigen Existenzsicherung eines Unternehmens verstanden werden. Vgl. Lehmann (1991) S. 324 und Kaplan/Norton (2001) S. 255.

[129] So können z.B. im Bereich der zentralen Grundlagenforschung ungerichtete strategische Budgets verabschiedet werden. Vgl. Völkers (2000) S. 175ff.

oftmals als strategische Investitionen bezeichnet werden.[130] Der strategische Charakter erwächst einer Investition dadurch, dass sie dem Aufbau oder Erhalt von Erfolgspotenzialen[131] dient. Diese Investitionen erfolgen normalerweise aufgrund ihres Umfangs und der damit verbundenen Komplexität in Projektform, entweder als Einzelprojekt oder im Rahmen eines Programms, das mehrere Investitionsvorhaben zusammenfasst.[132] Die diesbezüglichen Erkenntnisse der Literatur können, zum Teil in modifizierter Form, für diese Arbeit übernommen werden.[133]

Als konstituierendes Merkmal der strategischen Budgetierung ist zunächst die Trennung zur operativen Budgetierung zu sehen.[134] Dies ist erforderlich, da bereichsübergreifende Maßnahmen nicht direkt in operativen Funktionsbudgets abgebildet werden können. LEHMANN argumentiert weiterhin, dass innerhalb eines dezentral organisierten Unternehmens Entscheidungen mit einem sehr hohen Finanzbedarf nicht von einzelnen Abteilungen verantwortet werden können und es somit zu einer Trennung von strategischem und operativem Budget kommen muss.[135] Die Trennung ist auch deswegen erforderlich, um nicht ein „Versanden" der strategischen Aktionen im Tagesgeschäft zu riskieren.

Der Prozess zur Erstellung von strategischen Budgets kann dabei analog zum Strategic Fund Programming[136] ausgerichtet werden und soll dem Unternehmen helfen, die Lücke zwischen der Strategieformulierung und der Ressourcenallokation zu schließen. Ziel ist es, in einem Umfeld der gegeneinander um die Ressourcen des Unternehmens

---

[130] Vgl. Ott (2000) S. 47f. Zur Wirkung eines „budgetary slack" - also eines Puffers, der in wirtschaftlich schwierigen Zeiten als Ressourcen-Reserve dienen kann - auf die (externe) Wettbewerbssituation innerhalb einer Branche vgl. Wielenberg (1999) S. 4f. Als Kernaussage kann festgehalten werden, dass durch den Aufbau und die Kommunikation von budgetary slack an die Konkurrenz eines Unternehmens einer Marktverdrängung mit Hilfe von geringen Produktpreisen auf der Basis von investitionsbasiert ausgeweiteten Produktionskapazitäten entgegengewirkt werden kann.

[131] Zum Begriff des Erfolgspotenzials siehe Becker (2001a) S. 23f. mit weiteren Quellennachweisen.

[132] Vgl. Ott (2000) S. 52.

[133] Insbesondere handelt es sich dabei um folgende Teilgebiete: Investitions-Controlling, -budgetierung sowie Investitionsmanagement im internationalen bzw. konzernweiten Kontext.

[134] Vgl. hierzu auch Steiner (1989) S. 175f. mit grundlegenden Quellennachweisen aus der Zeit von 1980 bis 1990.

[135] Vgl. Lehmann (1993) S. 135f. Für den Bereich des strategischen Investitions-Controllings kommt Ott (2000) S. 182 zu demselben Ergebnis. Er zeigt auch die Notwendigkeiten der Unterscheidung von operativen und strategischen Budgets aus der Sicht der Konzernführung auf (S. 183).

[136] Vgl. Stonich (1980) S. 36f.

(z.B. Geld, Mitarbeiter, Managementaufmerksamkeit) konkurrierenden Unternehmensaktivitäten den vornehmlich zukunftsorientierten und langfristig ausgerichteten Aktivitäten der strategischen Projekte einen entsprechenden Anteil zu sichern.[137]

Im Rahmen des Strategic Fund Programming wird die bereits erwähnte Trennung von
operativem und strategischem Budget dadurch erreicht, dass zwischen den „Baseline
Expenditures" und den „Strategic Funds" unterschieden wird. Hierbei werden die
Baseline Expenditures im Rahmen der normalen operativen Budgetierung auf die
unterschiedlichen Funktionsbereiche verteilt, während die Strategic Funds anhand der
strategischen Ausrichtung auf die verschiedenen strategischen Projekte aufgeteilt
werden.[138] Diese Projektbudgets werden dann wiederum auf die operativen Organisationseinheiten der primären Unternehmensorganisation – häufig sind dies die Funktionsbereiche – verteilt, sodass sich für jeden Funktionsbereich ein Gesamtbudget
ergibt, das aus operativem Basisbudget und strategischen Ressourcen besteht. Diese
Vorgehensweise, welche im Ursprung auf LORANGE[139] beruht, hat dabei auf der
einen Seite den Vorteil, den Aufwand für jedes strategische Projekt zu ermitteln und
damit später kontrollieren zu können. Auf der anderen Seite können die Konsequenzen
bezüglich der Ressourcenkapazität für die beteiligten Bereiche erkannt werden.[140]

Die Nutzung von strategischen Budgets innerhalb des Multiprojektmanagements kann
somit aufgrund der nachfolgenden Charakterisierung der strategischen Budgetierung
befürwortet werden.[141] Die grundsätzliche Strategieorientierung des Budgets wird
aufgrund des situativen Kontextes des Unternehmens sichergestellt, indem die Höhe
des strategischen Budgets aus den strategischen Überlegungen der Unternehmens-

---

[137] WELGE/AL-LAHAM sprechen in diesem Zusammenhang von einer mittelfristigen Budge-
       tierung. Vgl. Welge/Al-Laham (1999) S. 562. Siehe zu diesem Gesamtkomplex aus Sicht der
       Strategiedurchsetzung auch Steiger (1988) S. 231ff.

[138] Vgl. hierzu nochmals Stonich (1980) S. 37. KAPLAN/NORTON betonen dabei, dass nur ein
       geringer Teil des Gesamtbudgets eines Unternehmens überhaupt flexibel zu gestalten ist, da z.B.
       die meisten Aufwendungen durch die Menge und das Sortiment der Produkte, durch Be-
       reitstellung von Dienstleistungen und dergleichen festgelegt sind. Kaplan/Norton (2001)
       S. 255f.

[139] Vgl. Lorange (1980) S. 48.

[140] Vgl. Munari/Naumann (1997) S. 809. Dieser Vorgehensweise wird innerhalb der Arbeit vor
       allem im Zuge der Übertragung von Projektbudgets in die operativen Budgets von Funktions-
       bereichen gefolgt. Siehe hierzu auch Abschnitt 3.3.3.

[141] Vgl. hierzu Ishikawa (1985) S. 45ff.; Kaplan/Norton (2001) S. 258ff. und Lehmann (1993)
       S. 109ff. Auch GLEICH/VOGGENREITER sehen im Konzept des Better Budgeting das Multi-
       projektmanagement (dort: Multiprojektplanung) als zentrales Bindeglied zwischen operativem
       und strategischem Budget. Vgl. Gleich/Voggenreiter (2003) S. 68. Vgl. auch Gleich/Kopp/Leyk
       (2003) S. 321f. Die Autoren sprechen den Projekten eine Brückenfunktion zu.

führung heraus festgelegt wird, z.B. durch den Rückgriff auf eine Balanced Score-card.[142] Die Festlegung erfolgt somit nicht hauptsächlich aufgrund von konkurrieren-den Interessen einzelner Unternehmensbereiche, obwohl anzumerken ist, dass in un-ternehmenspolitischen Prozessen niemals eine vollständige Ausblendung von Interes-senskonflikten der beteiligten Entscheidungsträger möglich ist. Weiterhin können strategische Budgets horizontal auf unabhängige Teilbudgets aufgeteilt werden.[143] Dies hat zur Folge, dass individuelle Analysen und Bewertungen vorgenommen, sowie spezifische Durchführungsgrenzen (Budgetschnitte, „Cut-off Lines") bestimmt werden können. Im Endergebnis kann somit mit einer klaren, wenngleich mit Unsicherheit behafteten, Liste von Teilbudgets gearbeitet werden, die aufgrund von Umweltver-änderungen auch nachträglich individuell angepasst werden können. Diese Eigenschaft der Aufteilbarkeit des strategischen Budgets ist für das Multiprojektmanagement von herausragender Bedeutung, da den unterschiedlichen Projektportfolios eigene strate-gische Projektbudgets zugewiesen werden können. Somit sind diese Portfolios auch weitgehend unabhängig voneinander, z.B. im Zuge der Einzelprojektbewertung oder Multiprojekt-Kontrolle, zu behandeln.

Die Übertragung des Grundgedankens der strategischen Budgetierung auf die Budge-tierung von Projekten erfolgt unter der Annahme, dass der überwiegende Teil der strategischen Budgets im Rahmen strategischer Projekte genutzt wird[144]. Dabei ist die Nutzung von strategischen Projektbudgets bereits in den 70er-Jahren von amerika-nischen Autoren vorgeschlagen worden.[145] ISHIKAWA stellt in der 80er-Jahren erst-mals eine dem Multiprojektmanagement verwandte Vorgehensweise vor. Dabei sollen „strategic packages", die strategische Projektbudgets[146] im Sinne dieser Arbeit darstel-len, aus dem strategischen Budget abgeleitet werden. Er schlägt weiterhin die Priori-sierung der einzelnen strategischen Projekte vor, um eine bestmögliche Allokation der

142   Vgl. zum grundsätzlichen Vorgehen Kaplan/Norton (2001) S. 254ff.

143   Vgl. Lehmann (1993) S. 113.

144   KAPLAN/NORTON gehen davon aus, dass die strategischen Budgets durch projektorientierte Arbeiten (Aktionsprogramme) ausgefüllt werden. Vgl. Kaplan/Norton (2001) S. 258. FRANZ betont ebenfalls, dass strategische Programme eine Vielzahl an Projekten nach sich ziehen. Dieser großen Anzahl kann von Seiten der Unternehmung nur mit der Etablierung von Projekt-budgets begegnet werden. Vgl. Franz (1993) S. 27f.

145   Für Nachweise vgl. Lehmann (1993) S. 137; Naumann (1982) S. 206ff. und Lorange (1980) S. 40ff.

146   Cooper/Edgett/Kleinschmidt (2001) S. 123 bezeichnen die strategischen Projektbudgets auch als „Strategic Buckets". Der bedeutungsgleiche Begriff der „Packages" wurde bereits weiter oben verwandt.

limitierten Ressourcen des Unternehmens sicherzustellen.[147] Problematisch stellt sich an dieser Stelle die organisatorische Zuordnung der Verantwortung von strategischen Projektbudgets heraus. SCHMIDT möchte dieses Problem durch die langfristige und persönliche Bindung der Entscheidungsträger an den langfristigen Projekterfolg lösen.[148] LEHMANN befürwortet diese Vorgehensweise grundsätzlich, sieht aber die am Markt für Führungskräfte vorherrschende vergangenheitsorientierte Erfolgsbeurteilung als problematisch für den Fall an, dass ein Entscheidungsträger frühzeitig das Unternehmen wechselt. Aus diesem Grund schlägt er, ebenso wie LORANGE, die Auflösung der strategischen Budgets in Projektbudgets vor. Somit ist eine Integration der beiden Budgetsysteme, operatives Budgetsystem und strategisches Budgetsystem, nur über die Höhe der Unternehmensressourcen möglich. Das operative Budgetsystem bleibt in seiner detaillierten Form erhalten und es erfolgt gleichzeitig eine Zuordnung der zur Erfolgspotenzialbildung nutzbaren Mittel.[149]

In den 90er-Jahren hat SCHMIDT die Nutzung strategischer Budgets, nun verstanden als die Bereitstellung von finanziellen Ressourcen zur Durchführung von strategischen Investitionen in Projektform, als Mittel zur Entkopplung von operativem Ergebnisdruck und langfristig ausgerichteter Unternehmensentwicklung beschrieben.[150] Als Grundlage dieses Konzeptes ist somit von einer Trennung des operativen und strategischen Budgetsystems auszugehen. Diese Betrachtungsweise wird von weiteren Autoren gestützt und hat sich im Schrifttum durchgesetzt, wenngleich auch praktische Erfahrungen die Probleme dieser Methodik, insbesondere die schwierige Durchführung einer durchgehenden Kontrolle, aufzeigen.[151] Dennoch kann in heutiger Zeit

---

[147] Vgl. Ishikawa (1985) S. 77ff. Eine ähnliche Vorgehensweise wird auch im Konzept des Zero Base Budgeting gewählt. Jedoch werden dort nicht strategische Projekte, sondern primäre Organisationseinheiten des Unternehmens in eine Rangfolge gebracht. Vgl. Joos-Sachse (2001) S. 219ff. Eine ausführliche Darstellung des Zero Based Budgeting als ein Instrument der Strategieimplementierung findet sich bei Glaschak (2006) S. 47ff.

[148] Vgl. Schmidt (1990) S. 94f.

[149] LEHMANN schlägt diese Vorgehensweise im Rahmen des Aufbaus eines strategischen Budgetierungssystems in einem Beispielunternehmen vor. Er geht davon aus, dass mit Hilfe dieser Vorgehensweise die Akzeptanz des Budgetsystems bei den Budgetträgern erhöht und gleichzeitig das auch von SCHMIDT herausgestellte Risiko der „Versandung" von strategischen Aktivitäten im operativen Geschäft gemindert wird. Vgl. Lehmann (1993) S. 136ff.

[150] Vgl. Schmidt (1990) S. 91f. Der Autor geht insbesondere davon aus, dass strategische Budgets Unternehmensbereiche zur Durchführung besonders innovativer und risikoreicher Projekte veranlassen. Eine ähnliche Sichtweise vertreten Chakravarthy/Lorange (1991) S. 104ff.

[151] Im Thyssen-Konzern ist z.B. Anfang der 90er-Jahre eine Trennung in operative und strategische Investitionsbudgets durchgesetzt worden. Diese wurde aber nach kurzer Zeit wieder rückgängig gemacht. Vgl. Tourneau (1995) S. 129.

in Konzernen eine strategische Budgetierung in Form einer langfristigen projektspezifischen Investitionsbudgetierung angetroffen werden. OTT kommt deshalb zu
dem Schluss: „*Die verbindliche für die gesamte Projektlaufzeit geltende Budgetierung
einzelner strategischer Investitionsmaßnahmen kann damit sicherlich als Allgemeingut
gelten.*"[152]

3.1.2.2 Projektbudgetierung und moderne Budgetierung

Innerhalb der Literatur zur modernen Budgetierung[153] wird die Budgetierung innerhalb
des Unternehmens kritisch beurteilt. HOPE/FRASER hinterfragen dieses Instrument in
ihrem Ansatz des Beyond Budgeting[154] kritisch. Vor allem verweisen sie auf den
erheblichen Ressourcenverzehr, der mit dem Betrieb eines detaillierten Budgetsystems
verbunden ist. Die Autoren führen Praxisbeispiele an, in denen die Budgetierung nach
traditionellem Muster[155] verworfen wurde und die einzelnen Unternehmensbereiche,
begünstigt durch eine flache Unternehmensorganisation mit ausgeprägter Profit-
Center-Struktur, eine weitgehend eigenverantwortliche Mittelverwendung betreiben.
Als Zielvorgaben dienen dabei entweder relative Vorgaben der Unternehmensführung
(z.B. Renditekennzahlen, Kosten/Erlös-Verhältnis oder Time-to-market) und
Benchmarks anderer unternehmensinterner Bereiche bzw. Vorgaben, die durch externe
Institute erstellt wurden. Die Vorteilhaftigkeit dieser Vorgehensweise wird von HOPE/
FRASER mit einer weit über dem jeweiligen Branchendurchschnitt liegenden Kosten-
effizienz (Kosten/Erlös-Verhältnis) begründet.[156] Den Argumenten der Autoren ist in
Bezug auf die Budgetierung des operativen Geschäfts zu folgen, da hier oftmals un-
flexible Budgetsysteme mit den damit verbundenen Nachteilen vorliegen.

---

[152]   Ott (2000) S. 241. Er bezieht sich dabei auf die empirischen Erkenntnisse seiner explorativen
Untersuchung. Diese beinhaltete die acht größten Chemiekonzerne Deutschlands im Jahr 1998
(S. 216f.).

[153]   Die moderne Budgetierung umfasst im Wesentlichen die Konzepte des Better Budgeting sowie
des Beyond Budgeting.

[154]   Zur beschreibenden Darstellung der Ansätze der traditionellen Budgetierung, des Better
Budgeting und des Beyond Budgeting vgl. Weber/Linder (2003) S. 8ff. Die Autoren sehen dabei insbesondere aus Implementierungssicht den Ansatz des Beyond Budgeting aus einer kritischen Perspektive und sind eher dem Konzept des Better Budgeting zugeneigt (S. 59).

[155]   Vgl. zur Ausprägung der Budgetierung nach traditionellem Muster als aussagekräftigste Quelle
Dambrowski (1986) S. 33ff.

[156]   Vgl. Hope/Fraser (2003a) S. 108ff., Hope/Fraser (2003b) sowie Fraser/Hope (2001) S. 439ff.
zur Grundidee des Beyond Budgeting. Die vielfältig in anderen Quellen zitierten Praxisbeispiele
sind originär in Hope/Fraser (2003a) S. 113ff. zu finden.

Dies bedeutet jedoch nicht, dass eine Budgetierung von strategischen Projekten ebenfalls abzulehnen ist. Strategische Projekte benötigen oftmals einen erheblichen
Ressourceneinsatz und sind auch dadurch gekennzeichnet, dass sie bereichsübergreifend, also auch über mehrere Profit-Center hinweg, wirksam sind.[157] Es ist somit
eine Abstimmung dahingehend erforderlich, welche Ressourcen auf der Gesamtunternehmensebene am wirtschaftlich sinnvollsten eingesetzt werden können. Diese Abstimmung kann regelmäßig nur über strategische Budgets erfolgen.[158] Der von HOPE/
FRASER geforderten Berücksichtigung von relativen Zielwerten während der Mittel-
vergabe wird dabei im Zuge der Zuteilung der Budgets zu den einzelnen Projekten
innerhalb des Priorisierungsprozesses Rechnung getragen.

Darüber hinaus kann der Erfolg strategischer Projekte oftmals nur aus der Sicht des
Gesamtunternehmens beurteilt werden. Schließlich betrifft die strategische Projektbudgetierung nicht die Realisierung von spezifischen Umsatzzielen mit bestehenden
Produkten, sondern sie dient vor allem dazu, Aktivitäten der proaktiven Zukunfts-
sicherung mit finanziellen Mitteln zu hinterlegen. Insofern ist GLEICH/KOPP zu
folgen, wenn sie im Konzept des „Better Budgeting" für die strategischen Aktivitäten
Globalbudgets fordern, die dann in relevante strategische Detailbudgets aufgeteilt
werden sollen.[159] Weiterhin ist die Anwendung der strategischen Projektbudgetierung
weitestgehend kompatibel mit der Nutzung einer Balanced Scorecard. KAPLAN/
NORTON zeigen auf, dass aus der Balanced Scorecard abgeleitete Programme zur
Schließung eventueller Planungslücken bzw. zur Erreichung der abgebildeten strategischen Ziele in Form von projektierten Aktionsplänen in die Budgetierung einflie-

---

[157]   Vgl. Weber/Lindner/Spillecke (2003) S. 119f. zu der Anwendungsproblematik des Beyond
        Budgeting-Ansatzes in Unternehmen mit Verbundbeziehungen und den daraus abgeleiteten
        Schlussfolgerungen, die an dieser Stelle Bedeutung gewinnen. Die Kernaussage ist dabei, dass
        aufgrund von Motivations- und Anreizproblemen Tätigkeiten mit Verbundwirkungen bzw.
        Wirkungen auf das gesamte Unternehmen ohne direkte Bereichsverantwortlichkeit weiterhin in
        einem Budgetsystem zu behandeln sind. Der Analyse von Weber/Lindner (2003) S. 59 folgend
        ist das Konzept des Beyond Budgeting dabei nur für Unternehmen mit mittlerer Komplexität –
        gleichbedeutend mit wenigen Verbundbeziehungen – geeignet.

[158]   LEHMANN führt in diesem Zusammenhang aus: „Ein gewisser Grad an Zentralisation der
        Entscheidung zur Wahrnehmung von Fähigkeitspotentialen [!] ist daher erforderlich." Lehmann
        (1991) S. 136. Mit Fähigkeitspotenzialen ist in diesem Zusammenhang das Finanzierungs-
        volumen des Unternehmens gemeint.

[159]   Vgl. Gleich/Kopp (2001) S. 433. REINECKE/FUCHS sprechen sich ebenfalls für eine detail-
        lierte Budgetierung von strategischen Einzelmaßnahmen bzw. Projekten innerhalb des Marke-
        ting aus. Vgl. Reinecke/Fuchs (2003) S. 30.

ßen.[160] Dieser Punkt ist von Bedeutung, da sich HOPE/FRASER gerade auch auf die Balanced Scorecard als ein Instrument zur Vermeidung der bisherigen Budgetierung beziehen und somit indirekt die dort vorgesehene strategische Budgetierung von Projekten befürworten.[161]

Ergänzend führt BUCH ein weiteres wichtiges Argument für die Budgetierung von strategischen Projekten an, indem er die Notwendigkeit von Projektbudgets zur Steuerung und Kontrolle insbesondere komplexer Projekte betont.[162] Schließlich erfüllt die strategische Projektbudgetierung auch die Forderung von HOPE/FRASER nach einer langfristig und fortlaufend angepassten Planung, da sie vom Charakter her an langfristigen Zielen ausgerichtet ist und Ähnlichkeiten mit dem Zero Base Budgeting aufweist.[163]

Die strategische Budgetierung von Projekten kann somit aus verschiedenen Perspektiven als eine entscheidende Schnittstelle zwischen strategischem Management und Multiprojektmanagement verstanden werden.[164] Die strategische Projektbudgetierung wird somit in dieser Arbeit verstanden als: Zuteilung von strategischen Budgets zu abgegrenzten Projektportfolios, die ihrer Art nach dem Aufbau und Erhalt von Erfolgspotenzialen dienen.[165] Auch praxisorientierte Argumente sprechen für eine Anwendung dieser Budgetierungsmethode als Ausgangspunkt der Portfolio-Konfiguration. Für das Spezialgebiet der Produktentwicklung zeigen COOPER/EDGETT/

---

[160] Vgl. Kaplan/Norton (2001) S. 252 (Praxisbeispiel ABB Schweiz) sowie S. 258ff. zur theoretischen Fundierung.

[161] Vgl. Fraser/Hope (2001) S. 441.

[162] Vgl. Buch (1991) S. 156ff. Es wird insbesondere die Notwendigkeit der frühzeitigen Erstellung von Projektbudgets betont. Den komplexen Charakter von strategischen Projekten betont auch Alter (1990) S. 99.

[163] Vgl. zu den Anforderungen Hope/Fraser (2003a) S. 111. Zu den diesbezüglichen Eigenschaften der strategischen Budgetierung siehe Ishikawa (1985) S. 55ff. Er spricht insbesondere davon, dass sich die strategische Budgetierung an einem „long-term viewpoint" orientiert. Weiterhin sagt er interessanterweise schon 1985 die Entwicklung voraus, wie sie sehr viel später von HOPE/FRASER als neue Budgetierungsmethode angepriesen wird. „In order to meet this need, a several-year-budget, preferably three or more years, has to be designed and developed. This trend is expected to grow among private companies, regardless of size and experience level." Ishikawa (1985) S. 56.

[164] Vgl. Franz (1993) S. 27f. In der Projektplanung werden dabei die in den strategischen Programmen bzw. strategischen Handlungsplänen festgelegten Maßnahmen konkretisiert und operationalisiert. Ebenso äußert sich Oehler (2002) S. 88.

[165] Diese Definition lehnt sich dabei vornehmlich an LEHMANN an, der mit Hilfe von (allgemeinen) strategischen Budgets Fähigkeits- und Erfolgspotenziale von Unternehmen koordinieren möchte. Vgl. Lehmann (1993) S. 80f. und Lehmann (1991) S. 324f. Zu einer umfänglichen

KLEINSCHMIDT exemplarisch anhand einer empirischen Untersuchung auf, dass im Rahmen von Produktentwicklungsprojekten die Abstimmung der Business Strategy mit den Projektportfolios bei den Unternehmen mit den höchsten Erfolgen im Untersuchungs-Sample die dominante Abstimmungsmethodik innerhalb des Multiprojektmanagements darstellt.[166]

Als Zwischenergebnis kann somit festgehalten werden, dass strategische Projektbudgets eine wertmäßige Übersetzung der strategischen Planung darstellen und somit für die Verfolgung der Unternehmensziele hilfreich sind. Ihre Verwendung ist trotz teilweise berechtigter Kritik an den vorhandenen (operativen) Budgetsystemen nicht abzulehnen. Weiterhin dienen die einzelnen strategischen Projektbudgets als wertmäßige Vorgabe für die Konfiguration der unterschiedlichen Projektportfolios und geben somit den Handlungsrahmen bezüglich der Ressourcennutzung vor. Bevor auf die Möglichkeiten zur Verteilung des strategischen Budgets eines Unternehmens auf die einzelnen strategischen Projektbudgets im Zuge der horizontalen Konfiguration von Projektportfolios eingegangen wird, ist zunächst die optimale Anzahl der im Unternehmen einzurichtenden Projektportfolios zu bestimmen.

3.1.3 Bestimmung der Anzahl an Projektportfolios

Die strategischen Projektbudgets sind zunächst nicht einzelnen Projekten zugeordnet, dies ist erst mit Abschluss der Portfolio-Konfiguration möglich. Somit bilden die strategischen Projektbudgets zunächst wert- bzw. ressourcenorientierte Vorgaben in Bezug auf strategische Aktivitäten. Zu Beginn dieser Ressourcenzuteilung im Rahmen der strategischen Projektbudgetierung ist zu entscheiden, wie viele strategische Projektbudgets und somit Projektportfolios im Unternehmen existieren sollen. Diese Entscheidung ist richtungsweisend für den Ablauf der Portfolio-Konfiguration. Projektportfolios können sich dabei typischerweise auf unterschiedliche Dimensionen des strategischen Handelns (z.B. Märkte, Produkttypen, Technologien, Produktplatt-

---

Übersicht unterschiedlicher Begriffsinhalte der strategischen Budgetierung siehe Lehmann (1993) S. 51.

[166] Vgl. Cooper/Edgett/Kleinschmidt (2001) S. 156, Exhibit 6.8 (Dominant Portfolio Methods Employed). Die Ableitung der strategischen Projektbudgets aus einem umfassenden strategischen Betrachtungsrahmen fordern auch Archer/Ghasemzadeh (1999a) S. 208 und Archer/ Ghasemzadeh (1998) S. 106ff. KHURANA/ROSENTHAL belegen jedoch, dass in der Unternehmenspraxis (hier in der Produktentwicklung) diese strategische Planung oftmals vernachlässigt wird. Vgl. Khurana/Rosenthal (1997) S. 105ff.

formen) beziehen, die von der Unternehmensführung im Zuge der strategischen Umfeld- bzw. Branchen- und Unternehmensanalyse als relevant erachtet wurden.[167]

Die meisten älteren deutschen Veröffentlichungen zum Multiprojektmanagement gehen dabei überwiegend von einem einzigen Projektportfolio innerhalb eines Unternehmens aus und richten ihre Vorgehensweise dementsprechend aus.[168] Im Falle dieser Vorgehensweise erfolgt die Zuteilung von Ressourcen zu strategischen Aktivitäten somit erst in der Phase der Projektpriorisierung. Dies hat zur Folge, dass lediglich über die Gestaltung des Auswahlmechanismus (Methoden und Bewertungskriterien) die Ausrichtung des Portfolios auf die strategischen Zielrichtungen gewährleistet werden kann. Der Vorgabecharakter des strategischen Budgets geht dabei größtenteils verloren. So fehlt z.B. der Hinweis bei nicht vollständig genutzten strategischen Projektbudgets auf eine fehlende Umsetzung einer Teilstrategie im Unternehmen. Andererseits kann eine solche Vorgehensweise, nur ein einzelnes Projektportfolio zu etablieren, auch eine emergente Strategieentwicklung unterstützen, indem die im Unternehmen vorhandenen Projektideen, im Sinne eines ressourcen- und kompetenzorientierten Vorgehens, anhand eines allgemeingültigen Bewertungsrahmens ausgewählt werden. Ein weiterer Vorteil dieser Vorgehensweise kann in der vereinfachten Nutzung von Synergieeffekten zwischen den Projekten gesehen werden, da keine Verknüpfungen über Portfolio-Grenzen hinweg berücksichtigt werden müssen.[169]

Neuere Veröffentlichungen gehen gleichwohl von der Etablierung mehrerer Projektportfolios und somit auch strategischer Projektbudgets aus. Diese Portfolios enthalten meistens Projekte einer Projektart, also IT-, Organisations-, Forschungs- und Entwicklungs-, Marketing- oder Investitionsprojekte. Diese Vorgehensweise hat dem ersten Anschein nach den Nachteil, dass mehrere Portfolios im Rahmen des Multiprojektmanagements gesteuert werden müssen, was zu einer Verzettelung führen

---

[167] Vgl. zu Zielsetzungen, Ablauf und Methoden der strategischen Diagnose im strategischen Management Becker (2001a) S. 53ff. oder Steinmann/Schreyögg (1997) S. 149ff.

[168] Implizit Scheurer (2000) und May/Chrobok (2001); explizit Pradel/Südmeyer (1996) S. 1550; Pradel/Südmeyer (1997) S. 291 und Gysler/Bloch (1998) S. 595. Grund für diese einseitige Betrachtung ist vor allem die Fokussierung der Autoren auf Dienstleistungsunternehmen (Versicherungen/Banken). Diese Unternehmen haben üblicherweise eine relativ homogene Projektgesamtheit, weswegen ein einziges Projektportfolio aus Sicht der Autoren ausreichend erscheint. Dennoch ist festzuhalten, dass oftmals nicht sämtliche Projektarten im Zuge dieser Praxiskonzepte berücksichtigt werden. Dieser Vorgehensweise kann nicht gefolgt werden, da dies der inhaltlichen Basisanforderung einer allgemeinen Anwendbarkeit der Konzeption widerspricht.

[169] Vgl. Lomnitz (2001) S. 23f.

könnte. Ebenso wird die daraus resultierende Notwendigkeit zur Abstimmung der unterschiedlichen Einzelportfolios als kostenintensiver Nachteil gesehen.[170]

Die Gruppierung der unterschiedlichen Projektarten in mehrere Portfolios weist aber auch entscheidende Vorteile auf. So wird neben der Sicherstellung einer strategie-konformen Mittelverwendung vor allem den unterschiedlichen Bewertungserforder-nissen der Projekte in der Teilphase der Projektpriorisierung Rechnung getragen.[171] PAYNE/TURNER haben weiterhin in Fallstudienforschungen und Befragungen nach-gewiesen, dass eine uniforme und somit nicht angepasste Anwendung von Manage-mentprozeduren auf inhomogene Projektgesamtheiten zu geringeren Projekterfolgen führt.[172]

Die Festlegung der im Unternehmen zu nutzenden Projektportfolios ist zudem stark situativ bedingt. Unternehmen, die nur eine geringe Anzahl von strategischen Projek-ten zur gleichen Zeit oder eine große Anzahl an homogenen Projekten eines Projekt-typs ausführen, können auf die Unterteilung in unterschiedliche Projektportfolios weitgehend verzichten. Demgegenüber werden vor allem Unternehmen mit einer hohen Anzahl an inhomogenen strategischen Projekten im Regelfall mehrere Projekt-portfolios aufbauen. Betrachtet man zusätzlich noch den Vernetzungsgrad der Projekte untereinander, erkennt man, dass das Vorhandensein mehrerer Gruppen von jeweils stark miteinander vernetzten Projekten ebenfalls die Bildung von unterschiedlichen Projektportfolios bedingt. Somit können die Interdependenzen der Projekte innerhalb einer solchen Projektgruppe besser abgestimmt werden. Weiterhin ist es denkbar und auch zu fordern, dass die Struktur der Projektportfolios im Zeitablauf inhaltlich revi-diert und bei gegebenem Anlass auch faktisch geändert wird.

---

[170]   Vgl. Lomnitz (2001) S. 24 und 84 sowie Wollmann (2002) S. 31.

[171]   Z.B. können Zeit- und Kostengrößen im Rahmen von Konstruktionsprojekten als quantitative Bewertungsmaße verwendet werden. Im Rahmen der Entwicklung neuer Produkte („Advanced New Products") sind jedoch auch weitere qualitative Bewertungsgrößen von Bedeutung. Vgl. hierzu Archer/Ghasemzadeh (1999a) S. 208. LEYENDECKER hebt ebenfalls den Vorteil der Etablierung von unterschiedlichen Projektportfolios („Projektecluster") hervor, um die Priori-sierung der Projekte nach Ressourcengesichtspunkten durchführen zu können. Vgl. Leyendecker (2002) S. 85.

[172]   Vgl. Payne/Turner (1999) S. 55ff. Vor allem wurden Unterschiede bei der Gruppierung der Projekte nach Größe und Projektart festgestellt. Jedoch erhöht sich durch angepasste Manage-mentprozeduren nicht die Chance des Projekterfolgs, es wird lediglich das Risiko des Scheiterns des Projekts gesenkt. Da in dieser Konzeption vornehmlich strategische Projekte mit eher gro-ßem Volumen betrachtet werden, wird vor allem auf die Unterschiedlichkeit der Projektarten abgestellt. Vgl. zu Fragen der angepassten Bewertung von Projekten Wollmann (2002) S. 33.

Die unternehmensadäquate Bewertung der Projekte im Zuge der vertikalen Konfiguration basiert auf der Anzahl und strategischen Bedeutung der Projektportfolios. Diese strukturellen Voraussetzungen legen die Art und Weise der Einzelprojektbewertung fest. Existiert im Unternehmen nur ein Projektportfolio, so sind die Bewertungskriterien und Bewertungsverfahren allgemein und strategiebezogen auszurichten. Demgegenüber sind Bewertungskriterien und Bewertungsverfahren im Falle mehrerer Projektportfolios an unterschiedliche Projektarten und -typen anzupassen. Da im Regelfall jedoch von mehreren Projektportfolios ausgegangen werden muss und der Basisanforderung der Allgemeingültigkeit der Konzeption gefolgt werden soll, wird im Folgenden der Fall nur eines Projektportfolios als Sonderfall behandelt. Weil die spezifische Gestaltung der Projektportfolios innerhalb eines Unternehmens immer auch stark vom situativen Kontext – z.B. Branchenzugehörigkeit, Produktprogramm oder interne Struktur des Unternehmens – abhängt, kann an dieser Stelle nur eine idealtypische, aber dennoch für viele Großunternehmen bedeutsame Konfiguration dargestellt werden. In der Literatur werden unter diesen Gesichtspunkten unterschiedliche Vorschläge zur Strukturierung des strategischen Projektbudgets vertreten. Diese sollen im Folgenden zur Begründung der horizontalen und vertikalen Konfiguration von Portfolios herangezogen werden.

3.1.4 Bildung von Prioritätsklassen

Weiterhin sind im Zuge der Multiprojekt-Konfiguration die im Unternehmen anzuwendenden Prioritätsklassen zu definieren. Diese Definition sollte über alle Projektportfolios hinweg einheitlich geschehen, da im Falle von Projekten mit extern induzierter Priorität A die Budgetzuteilungen aus allen vorhandenen Projektportfolios in einem Umlageverfahren erfolgen sollten. Zunächst sind jedoch die unterschiedlichen Gestaltungsvorschläge der Literatur zu analysieren.

LEYENDECKER geht davon aus, dass die unterschiedlichen Projekte eines Portfolios („Projektecluster") in A-, B- und C-Prioritäten kategorisiert werden. Projekte der Priorität A sollen hierbei zu 100 Prozent der projektindividuell notwendigen Ressourcen ausgestattet werden und haben unbedingten Vorrang vor Linienaufgaben. Demgegenüber sollen Projekte der Priorität B nur ca. 50 Prozent der projektindividuell benötigten Ressourcen erhalten. Schließlich haben Projekte der Priorität C nur einen geringen Anspruch auf Ressourcenzuteilung und müssen somit, ebenso wie Projekte der Priorität B, mit erheblichem Zeitverzug rechnen. Weiterhin geht die Autorin davon aus, dass die Projekte zwischen den einzelnen Prioritätsklassen in etwa gleich verteilt sein sollten, um der Tendenz entgegenzuwirken, dass zu viele Projekte der Priorität A zugerechnet werden.[173] Diesem Ansatz ist jedoch nur bedingt zuzustimmen. Hier besteht nämlich das Problem, dass die Ressourcen in den Projektprioritäten B und C sehr wahrscheinlich nicht wirtschaftlich genutzt werden, und es somit zu einer Ressourcenverschwendung kommt. Wenn einem Projekt ein Budget zugesprochen wird, dann sollte dieses Projekt auch mit hoher Wahrscheinlichkeit seine Planwerte einhalten können.[174] Ebenso ist die strikte Gleichverteilung innerhalb der Prioritätsklassen nicht praxisgerecht, da so eine willkürliche Klassenbildung unterstützt wird.

CASPERS sowie PRADEL/SÜDMEYER gehen in ihren Vorgehensmodellen ebenfalls von drei Prioritätsklassen (hier I bis III) aus. Die inhaltliche Ausprägung ist jedoch gänzlich anders gelagert als bei oben dargestellter Vorgehensweise. Die Projekte der Priorität I müssen unter allen Umständen durchgeführt werden, da Projekte dieser Prioritätsklasse eine hohe Bedeutung für das Unternehmen haben. Projekte der Prioritätsklasse II können durchgeführt werden. Diese Projekte haben durchaus positive Auswirkungen auf das Unternehmen, ihre Bedeutung stellt sich im Vergleich zu den Projekten der Prioritätsklasse I jedoch als signifikant geringer dar. Schließlich sind Projekte der Klasse III auf keinen Fall durchzuführen, da ihre positiven Auswirkungen auf das Unternehmen nur gering sind und im Vergleich mit anderen Projekten eine Ressourcenzuteilung nicht wirtschaftlich erscheint.[175]

Eine ähnliche Vorgehensweise zur Priorisierung der Projekte eines Portfolios schlagen COOPER/EDGETT/KLEINSCHMIDT vor. Die Autoren empfehlen ebenfalls eine Klassenbildung mit drei Prioritäten. Hierbei sollen ebenfalls „Must-do-Projects" innerhalb der Priorität I eingeordnet werden. Die Autoren argumentieren, dass diese Projekte aus strategischer Sicht als kritisch zu bewerten sind. Als neuer Aspekt sind

---

[173] Vgl. Leyendecker (2002) S. 86f.

[174] Dieses Problem gesteht die Autorin ein, indem sie die Forderung aufstellt, Projekte der Priorität B und C sollten öfter auf ihre Wirtschaftlichkeit hin überprüft werden, da aufgrund der in Kauf genommenen Verzögerungen sowohl Kosten als auch Risiken von Projekten steigen. Vgl. Leyendecker (2002) S. 87. KÜHN/HOCHSTRAHS/PLEUGER stellen fest, dass es besser ist, kürzere Projekte schnell und hintereinander abzuwickeln als viele Projekte gleichzeitig. Dahinter steckt die Erkenntnis, dass die oftmals vermuteten positiven Synergieeffekte zwischen simultan durchgeführten Projekten durch die hohen Abstimmungs- und Komplexitätskosten überkompensiert werden. Vgl. Kühn/Hochstrahs/Pleuger (2002) S. 76f.

[175] Vgl. Pradel/Südmeyer (1997) S. 306, Pradel/Südmeyer (1996) S. 1552 sowie Caspers (1996) S. 84f. Gleichzeitig können Projekte aber auch eine gewisse operative Dringlichkeit besitzen, wie z.B. IT-Projekte oder Instandhaltungsprojekte. Deshalb wird unter Umständen eine eher pragmatische Priorisierung der Projekte vorgenommen. BÜSCHER/SIMON etwa unterteilen die Projekte grundsätzlich nur in drei Klassen: (1) Gesetzliche/technische Notwendigkeiten, Sonderprojekte des Vorstands und Anforderungen der Muttergesellschaft – (2) Strategische

innerhalb dieser Kategorie ebenfalls diejenigen Projekte einzuordnen, die bereits vor dem aktuellen Priorisierungszyklus innerhalb des betreffenden Portfolios durchgeführt wurden und weiterhin die damaligen Durchführungsbedingungen erfüllen (z.B. Einhaltung des Business-Plans einer Produktentwicklung). Weiterhin beinhaltet die Prioritätsklasse II die „Should-do-Projects", die dem Unternehmen einen wirtschaftlichen Beitrag liefern können. Die Durchführung dieser Projekte richtet sich demzufolge nach den vorhandenen Ressourcen des Unternehmens, im Falle des hier verfolgten Vorgehensmodells also nach den vorhandenen strategischen Projektbudgets. Die Prioritätsklasse III wird von den Autoren nicht explizit erwähnt, jedoch beinhaltet diese diejenigen Projekte, die grundsätzlich nicht innerhalb der Portfolio-Konfiguration berücksichtigt werden.[176]

Im Folgenden soll dieser Vorgehensweise gefolgt werden (Abbildung 3–2), die Prioritätsklassen werden jedoch im Weiteren mit A (hoch), B (mittel) und C (niedrig) bezeichnet. Zusätzlich wird die Prioritätsklasse für Projekte mit extern induzierter Priorität A eingeführt. Diese Projekte erhalten ihren Status aufgrund unternehmensexterner dringlicher Umstände. Dies können z.B. durch Änderung von Aufsichtsgesetzen in staatlich regulierten bzw. beaufsichtigten Branchen, wie Kreditwesen, Versicherung oder Telekommunikation, ausgelöste Anpassungsprojekte sein.

Priorität	Bedeutung für das Unternehmen	Behandlung in der Multiprojekt-Konfiguration
A extern induziert	Projekte sind aufgrund externer Einflüsse unbedingt durchzuführen, da sie für das Unternehmen existenznotwendig sind.	Vollständige Durchführung aller Projekte dieser Projektklasse, jedoch Zuteilung der Budgets mittels Umlageverfahren über alle Projektportfolios hinweg.
A	Projekte sind strategisch motiviert und für das Unternehmen von sehr hoher wirtschaftlicher Bedeutung und daher oftmals existenznotwendig.	Vollständige Budgetzuteilung zu allen Projekten dieser Prioritätsklasse aus dem strategischen Projektbudget des betreffenden Projektportfolios.
B	Projekte sollten durchgeführt werden, da sie einen positiven wirtschaftlichen Beitrag für das Unternehmen erbringen.	Budgetzuteilung zu den am höchsten bewerteten Projekten dieser Prioritätsklasse, abhängig von der Ressourcenausstattung.
C	Projekte sollen nicht durchgeführt werden, da ihr Beitrag für das Unternehmen nur gering positiv bzw. negativ ausfällt.	Keine Budgetzuteilung, Projektvorschläge können evtl. überarbeitet werden.

Abbildung 3–2   Übersicht der in der Konzeption verwendeten Prioritätsklassen

Zum einen müssen die Projekte somit innerhalb der Projektpriorisierung in die unterschiedlichen Prioritätsklassen eingeordnet werden, zum anderen müssen insbesondere

---

Projekte – (3) sonstige und Ad-hoc-Projekte. Innerhalb dieser Klassen werden dann unterschiedliche Bewertungsverfahren herangezogen. Vgl. Büscher/Simon (1999) S. 171.

innerhalb der Prioritätsklasse B Rangfolgen der Projekte gebildet werden. Daneben ist jedoch eine Priorisierung der Projekte der Klasse A vor allem in Fällen von Bedeutung, in denen die unterschiedlichen Projekte dieser Klasse auf nicht beliebig teilbare Ressourcen zugreifen und mit dem Auftreten von Ressourcenengpässen gerechnet werden muss.

3.2 Horizontale Konfiguration von Projektportfolios

Das Ziel dieses Abschnitts ist es, bedeutsame Aspekte der horizontalen Konfiguration von Projektportfolios aufzuzeigen. Hierzu sind in einem ersten Schritt die Möglichkeiten zur inhaltlichen Gestaltung von Projektportfolios und die sich daraus ergebenden Konsequenzen für die horizontale Konfiguration darzustellen. Weiterhin wird mit der Entwicklung einer strategischen Projektbudget-Scorecard eine Methode vorgestellt, die den Verteilungsprozess der strategischen Projektbudgets auf unterschiedliche Projektportfolios und die in diesen enthaltenen unterschiedlichen Projekttypen unterstützt.

3.2.1 Typologisierung von Projektportfolios

Besteht in Unternehmen aufgrund der hohen Anzahl und Heterogenität der strategischen Projekte die Notwendigkeit, mehrere Projektportfolios zu implementieren, stellt sich in einem ersten Schritt die Frage nach der Einteilung dieser Portfolios. Es muss dabei festgelegt werden, welche Projektarten mit einem eigenständigen Portfolio auszustatten sind. In einem weiteren Schritt ist dann festzulegen, wie die Zusammensetzung innerhalb der Portfolios auszusehen hat. Es stellt sich hier die Frage, welche Teilbudgets den einzelnen Projekttypen einer Projektart zuzuordnen sind.

3.2.1.1 Projektarten in der Literatur

Einen ersten Ansatzpunkt zur Typologisierung von Projektportfolios bietet ALTER, dessen Ausführungen sich „*vorrangig auf diejenigen Projekte konzentrieren, die als strategische Projekte durch hohe Komplexität und besondere Bedeutung für die Vermögens- und/oder Erfolgsentwicklung*"[177] des Unternehmens von Bedeutung sind. Er unterteilt die strategischen Projekte nach Teilkomplexen der strategischen Planung, in denen diese ihren Ursprung haben. Innerhalb der Geschäftsfeldplanung sind dies insbesondere oft miteinander verknüpfte Produkt-, Verfahrens- und Potenzialprojekte.

---

[176]   Vgl. Cooper/Edgett/Kleinschmidt (2001) S. 259.
[177]   Alter (1990) S. 99f.

Innerhalb der Führungssystemplanung unterscheidet er Management-Development- und Informationssystemprojekte sowie innerhalb des gleichnamigen Planungs- komplexes Organisations- und Rechtsstrukturplanungsprojekte.[178] Eine ähnliche Vor- gehensweise wählt RADKE. Er zeigt einzelne Budgets für wichtige Projektarten auf.[179] Dieser Ansatz wird in der Literatur weitgehend verfolgt und kann somit einen ersten Ansatzpunkt zur Bildung unterschiedlicher Projektportfolios bilden. Analysiert man die entsprechenden Quellen, erhält man eine Typologisierung der Projekte nach ihrem Projektinhalt. Man unterscheidet die Projekte also danach, wie ihre spezifische Leistungssphäre geartet ist. Diese Projektarten sind dabei in weiten Teilen innerhalb der Literatur (Abbildung 3–3) berücksichtigt, sodass man davon ausgehen kann, dass die Verwendung dieser Projektarten einen Konsens der einschlägigen Literatur dar- stellt.

Autor	Berücksichtigte Projektarten				
	IT	F&E	Organisation	Marketing	Investition
Alter (1990)	●	●	●	●	
Balzer (1998)	●	●	●	●	●
Franz (1993)	●	●	●		
Hiller (2002)	●	●			●
Holland (202)	●		●		●
Leyendecker (2002)	●	●	●		
Lomnitz (2002)	●	●	●	●	●
Radke (1989)	●			●	●
Wittmann (1998)		●		●	●

Abbildung 3–3   Projektarten in der Literatur[180]

Diese Typologisierung von strategischen Projektbudgets stellt eine, auch in der Unter- nehmenspraxis verbreitete Möglichkeit zur Unterteilung von Projektportfolios dar. Hierbei ist immer der Grundgedanke einer möglichst überschneidungsfreien Eintei-

---

[178]   Vgl. Alter (1990) S. 110 sowie inhaltlich ähnlich Gromnitz (2001) S. 24 und Federer/Griglio (1998) S. 82.

[179]   Vgl. Radke (1989) S. 225.

[180]   Fundstellen, die sich nur mit Fragen eines spezifischen Projektportfolios beschäftigen, sind in den spezifischen Unterabschnitten berücksichtigt. Beispiele zur Typologisierung von strategi- schen Projekten innerhalb der konzernbezogenen Projektplanung der Unternehmenspraxis lie- fert Tourneau (1995) S. 82. Investitionsprojekte im engeren Sinne beinhalten bei einigen Auto- ren auch Projekte zur Erweiterung bzw. Modernisierung der Potenzialbasis. Die Einteilung der einzelnen Projektarten wird jedoch auch kontrovers diskutiert. HILLER ordnet z.B. IT-Projekte

lungsmöglichkeit zu verfolgen, welchem an dieser Stelle weitgehend entsprochen wird. Daher soll diese Typologisierung der fünf Projektarten im weiteren Verlauf der Argumentation in dieser Form genutzt werden. Ein weiterer Vorteil einer Unterteilung der Projektportfolios nach Projektarten zeigt sich im Hinblick auf organisatorische Fragestellungen. Da für jedes Projektportfolio ein Portfolio-Board einzurichten ist[181] und in diesem Portfolio-Board auch spezifische Führungskräfte der betroffenen Bereiche Mitglieder sind, ist hier auch von einer Überschneidung auszugehen, welche positiv zu betrachten ist. Um diese Art der Typologisierung jedoch sinnvoll einsetzen zu können, muss gewährleistet sein, dass Regeln und vor allem Methoden zur Verteilung von strategischen Projektbudgets auf die unterschiedlichen Projektportfolios existieren.

3.2.1.2 Budgetierungsmethoden und Typen unterschiedlicher Projektarten

Im Folgenden sollen die in der Literatur vorhandenen Vorgehensweisen zur inhaltlichen Strukturierung von strategischen Projektbudgets auf ihre allgemeine Anwendbarkeit in der Multiprojekt-Konfiguration hin bewertet werden. Ebenfalls erfolgt in diesem Zuge eine knappe Darstellung von typischerweise in den unterschiedlichen Projektportfolios enthaltenen Projekttypen.

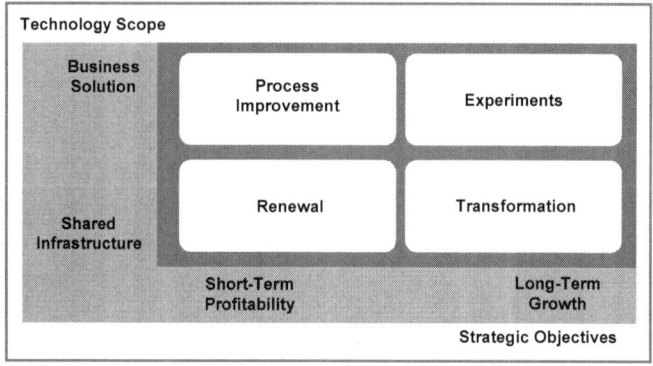

Abbildung 3–4   Grundraster für unterschiedliche IT-Projekttypen[182]

---

grundsätzlich den Organisationsprojekten zu, da erstere seiner Meinung nach immer dem Ziel einer effizienten Arbeitsorganisation dienen. Vgl. Hiller (2002) S. 8f.

[181]   Zu Fragen der Multiprojekt-Führungsorganisation siehe Abschnitt 6.2.

[182]   Quelle: Ross/Beath (2002) S. 53.

Diese Darstellung der einzelnen Typen der Projektarten ist insbesondere im Hinblick auf die vertikale Portfolio-Konfiguration von hoher Bedeutung. Zunächst ist jedoch festzustellen, dass in der Literatur ausschließlich Ansätze zur Strukturierung von Projektportfolios vorhanden sind, die sich sehr eng auf eine einzelne Projektart beziehen. ROSS/BEATH unterscheiden in ihrem Ansatz zur Strukturierung der Projekte im IT-Bereich vier idealtypische Grundtypen an Projekten, die anhand der beiden Kriterien Strategic Objective (Short-Term Profitability vs. Long-Term Growth) sowie Technology Scope (Shared Infrastructure vs. Business Solution) unterschieden werden (Abbildung 3–4). Die sich aus der Unterteilung ergebenden Projekttypen haben spezifische Eigenschaften bezüglich der Bewertung bzw. der Höhe der involvierten Projektbudgets.[183]

Projekte des Typs *Transformation* beinhalten eine Anpassung der bestehenden IT-Struktur des Unternehmens an geänderte Anforderungen seitens des Marktes oder der Konkurrenzsituation. Z.B. kann die Umstellung des gesamten Buchungssystems einer Fluggesellschaft als ein Projekt dieses Typs angesehen werden. Demgegenüber werden im Rahmen von Projekten des Typs *Renewal* Software-Updates bzw. Erweiterungen an Hardware-Kapazitäten oder Wechsel zu anderen Software-Plattformen vorgenommen. Das Hauptziel der Projekte vom Typ *Process Improvement* ist die Realisierung von Zeit- und Kostenersparnissen innerhalb von IT-dominierten Prozessen. Das Testen neuer Möglichkeiten im IT-Bereich, z.B. neue webbasierte Dienstleistungen, beinhalten die Projekte vom Typ *Experiments*. Der Ansatz von ROSS/BEATH ist dabei für die Belange des hier vertretenen Konzeptes des Multiprojektmanagements nur teilweise geeignet. Er zielt zwar explizit auf die Unterteilung der IT-Projektgesamtheit nach Gesichtspunkten der Projektbudgetierung im Sinne einer inhaltlichen Gruppierung von strategischen Aktivitäten ab. Die Autoren geben auch Empfehlungen zur konkreten Verteilung der Projektbudgetanteile im IT-Projektportfolio. Zusätzlich werden in dem Ansatz auch explizit die Vorteile einer getrennten Priorisierung[184] der

---

[183] Vgl. zur Beschreibung der unterschiedlichen Projekttypen sowie zu den Praxisbeispielen Ross/Beath (2002) S. 53ff. Die Autoren unterstreichen, dass eine Unterscheidung der Typen im Praxisfall nicht immer trennscharf möglich ist.

[184] Hierbei können unterschiedliche Ansätze zur Priorisierung von IT-Projekten genutzt werden. PRAHALAD/KRISHNAN unterbreiten mit ihrer Application-Portfolio Scorecard ein Instrument, das die strategische Bedeutung der im Unternehmen genutzten IT-Anwendungen aufzeigt. Anhand einer mit diesem Instrument erstellten Priorisierung können die mit den jeweiligen Anwendungen verbundenen Projekte in eine Rangfolge gebracht werden. Vgl. zum Konzept Prahalad/Krishnan (2002) sowie insbesondere S. 29ff. zur Bewertung von Anwendungen.

unterschiedlichen Projekttypen[185] hervorgehoben.[186] Dennoch kann die Vorgehensweise nicht allgemein auf alle Projektportfolios übertragen werden.

Eine weitere Möglichkeit zur Bündelung von IT-Projekten in unterschiedliche Portfolios stellt BONHAM vor. Er empfiehlt aus einer risikoorientierten Sichtweise heraus diejenigen Projekte in Teil-Portfolios zusammenzufassen, die eine ähnliche Risikoposition für das Unternehmen darstellen. Als mögliche Unterteilungsvarianten nennt er das Departmental Bucketing (Finance, Marketing, Human Resources, etc), das Technological Bucketing (Outsourcing, Telephony, Internet, etc.) und das Customer/ Supplier Bucketing (International, Employees, New Customers, etc.). Die Risikoposition solcher Portfolios bestimmt sich nicht nur aus dem Risikogehalt der einzelnen enthaltenen Projekte, sondern auch aus dem gemeinsamen systematischen Risiko aller Projekte einer Unterkategorie.[187]

Bezüglich der F&E-Projekte[188] eines Unternehmens existieren zwei bedeutsame Ansätze, von denen jedoch nur einer zur Strukturierung von Projektportfolios geeignet erscheint.[189] Den Anteil an risikoreichen und innovativen Projekten festzulegen, ist das Ziel des „F&E-Programm-Portfolio" von MÖHRLE/VOIGT.[190] Insgesamt bietet diese Portfoliomethode eine Grundlage zur Entscheidung über die Gesamtattraktivität von F&E-Projekten. Als Schwachpunkt muss aber angesehen werden, dass keinerlei Unterscheidung nach dem Projekttyp, also z.B. in Grundlagenforschung oder Anwendungsentwicklung, erfolgt. Ebenso werden keine Empfehlungen zur Gestaltung der Budgetstruktur eines F&E-Projektportfolios gegeben.

An diesen Kritikpunkten setzt das Portfoliomodell von WHEELWRIGHT/CLARK an, indem es davon ausgeht, dass im Rahmen der F&E ein Gleichgewicht zwischen Entwicklungsprojekten, die zu einem neuen bzw. verbesserten Produkt bzw. Prozess

---

[185]   Vgl. Ross/Beath (2002) S. 57f. In einem Beispiel zeigen die Autorinnen, dass je nach Unternehmenstyp (Industrieunternehmen gegenüber Versicherung) die Anteile der einzelnen Projekttypen am strategischen Budget des IT-Projektportfolios erheblich voneinander abweichen können.

[186]   Eine dem obigen Vorgehen ähnliche Strukturierung von Projekten im Rahmen des IT-Projektportfolios zeigen OCHSS/BAYERLEIN am Beispiel der Deutschen Bank AG. Hier werden die IT-Projekte in vier Kategorien (Entwicklung, Maintenance, Support und Organisation/Management) eingeordnet. Vgl. Ochß/Bayerlein (2000) S. 44ff.

[187]   Vgl. Bonham (2005) S. 211ff.

[188]   Zur Bedeutung von Technologien für Unternehmen und deren Bewertung siehe Becker (2002) Sp. 1947ff.

[189]   Vgl. Specht/Beckmann (1996) S. 26ff.

[190]   Vgl. Möhrle/Voigt (1993) S. 975ff.

führen, und (Grundlagen-)Forschungsprojekten, welche als zukünftige Erfolgsquelle genutzt werden können, gegeben sein sollte. Es kommt somit auf die Zusammensetzung des Projektportfolios an.[191] Im Rahmen dieser Strukturierungs-Matrix werden die existierenden bzw. geplanten Projektvorhaben in unterschiedliche Kategorien eingeteilt (Abbildung 3–5).[192]

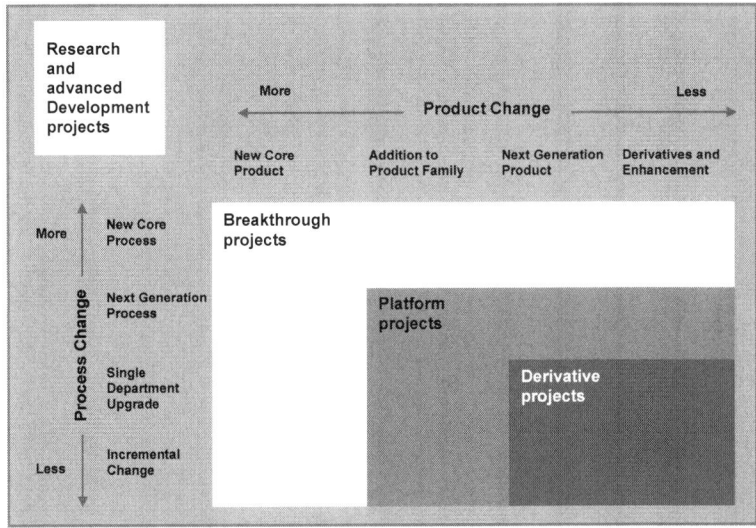

Abbildung 3–5   **F&E-Projekt-Matrix von WHEELWRIGHT/CLARK[193]**

Research and advanced Development projects stellen die eigentliche Grundlagenforschung dar. *Breakthrough projects* beinhalten signifikante Erneuerungen bzw. Änderungen bereits bestehender Marktleistungen, während *Platform projects* oftmals eine signifikante Verbesserung auf der Ebene von Qualität, Kosten oder Funktionalitäten anstreben. Schließlich stellen die *Derivative projects* diejenigen Projekte dar, in deren Verlauf nur minimale Änderungen am Produkt- bzw. Prozessgefüge des Unternehmens vorgenommen werden. Es sollte im Normalfall zu keiner Häufung von Projekten in einer der Kategorien kommen. Zusätzlich kann diese Portfoliodarstellung auch dafür genutzt werden, zukünftige Ressourcenbedarfe bzw. Schwächen im aktu-

---

[191]   „No single Project defines a company future or is market growth over time; the set of project does." Wheelwright/Clark (1992) S. 72.

[192]   Vgl. Wheelwright/Clark (1992) S. 72ff.

[193]   In Anlehnung an: Wheelwright/Clark (1992) S. 74 und 77. Die im Original vorhandene Kategorie der Allianz-Projekte mit anderen Unternehmen wird hier nicht explizit berücksichtigt.

ellen Projektprogramm zu identifizieren.[194] Die vorgestellte Unterteilung der F&E-
Projekte kann sowohl eine getrennte Priorisierung der Projekte als auch die typspezifi-
sche Steuerung der einzelnen Projektportfolios mit Hilfe von spezifischen Kennzahlen
unterstützen.[195]

Bezüglich der Strukturierbarkeit von Organisations-Projektportfolios[196] ist innerhalb
der Literatur zwar unbestritten, dass gerade für die Implementierung von ausgewählten
Change-Management-Maßnahmen regelmäßig eine projektorientierte Vorgehensweise
gewählt wird.[197] Jedoch sind hinsichtlich der Strukturierung dieser Projektgesamtheit
keine geeigneten Konzepte vorhanden. Analysiert man unterschiedliche Projekt-
darstellungen innerhalb der Literatur, so können folgende Projekttypen identifiziert
werden, die in sich relativ homogene Gruppen bezüglich ihrer Leistungssphäre bilden.

Prozessoptimierungsprojekte gestalten unternehmerische Prozesse oder führen diese
neu ein.[198] Ziel dieser Projekte ist die Erhöhung der Prozesseffizienz. PICOT/BÖHME
zeigen auf, dass aus empirischer Sicht diese Projektart oftmals große Überschneidungen mit anderen Konzepten, wie Reengineering, Lean Management, Total Quality
Management oder der Gemeinkosten-Wertanalyse hat.[199] *Organisationsprojekte i.e.S.*
befassen sich vor allem mit der Neuordnung von Organisationen, was insbesondere im
Rahmen der Abspaltung von Unternehmensteilen und der Integration von erworbenen

---

[194]   Vgl. nochmals Wheelwright/Clark (1992) S. 81f. zu weiterführenden Aspekten.

[195]   Diesen positiven Aspekt des Ansatzes betont Völker (2000) S. 45f. SPECHT/BECKMANN
         stellen für den Spezialfall des F&E-Budgets weitgehend nach dem Top-down-Ansatz vorge-
         hende Budgetierungsregeln vor, die aber auch auf andere Bereiche des Unternehmens ange-
         wandt werden können. Demnach kann die Höhe des Budgets anhand einer Fortschreibung der
         Vorjahreswerte, basierend auf den Werten der Konkurrenz bzw. des Branchendurchschnitts,
         oder als prozentualer Anteil des Umsatzes bzw. des Unternehmensgewinns festgelegt werden.
         Diese Verfahren sind zwar vergangenheitsorientiert, jedoch bilden sie eine in der Praxis akzep-
         tierte erste Annäherung an das Budgetierungsproblem. Trotzdem ist es verwunderlich, dass nur
         ca. 40 Prozent der F&E Budgets zukunftsorientiert ermittelt werden. Im Zuge der strategischen
         Projektbudgetierung sollte dies zu einem höheren Prozentsatz geschehen. Vgl. Specht/
         Beckmann (1996) S. 207ff.

[196]   Vgl. zu einer Definition Hiller (2002) S. 9.

[197]   JANTZEN-HOMP rechnet dem Multiprojektmanagement z.B. die Rolle des Change-Agents,
         also der übergeordneten Koordinationsstelle als Integrator zu. Vgl. Jantzen-Homp (2000)
         S. 102ff. Gleichgerichtete Ausführungen bezüglich der Rolle von Projekten im Change
         Management finden sich bei Engelmann (1995) S. 134ff.; Herp/Brand (1995) S. 142;
         Crux/Schwilling (1995) S. 208 sowie Spalink (1999) S. 99f.

[198]   Vgl. als Übersicht Engelmann (1995) S. 165ff. mit weiteren Quellennachweisen.

[199]   Vgl. zu detaillierten Angaben und zur Erläuterung der Begriffe Picot/Böhme (1995) S. 227ff.
         PICOT/BÖHME identifizieren vor allem Kundenorientierung, Qualität, Kosten, Flexibilität und
         Durchlaufzeiten als Zielkategorien, in denen im Projektablauf Verbesserungen erzielt werden
         sollen. Vgl. Picot/Böhme (1995) S. 240.

bzw. neu gegründeten Unternehmensteilen der Fall ist.[200] Ebenso können Projekte, die der Vorbereitung und Durchführung dieser Vorhaben dienen, als Organisationsprojekte i.e.S. bezeichnet werden.[201] Weiterhin können *Weiterbildungs-* und *Wissensmanagementprojekte* in der Literatur identifiziert werden.[202] Fragen der IT-Umsetzung eines Wissensmanagement sind demgegenüber innerhalb des IT-Projektportfolios zu verorten.[203] Insgesamt sind jedoch keine Ansätze zu finden, die im Rahmen der strategischen Projektbudgetierung Anwendung finden könnten.

		gegenwärtig	neu
Leistungen	**neu**	**Neuausrichtungsprojekte** Einführung Kassensysteme Einführung Scannerkassen Sortimentsneupositionierung etc.	**Innovationsprojekte** Aufbau Warenwirtschaftssystem ECR-Sortimentsüberarbeitung Erstellen von Fachmarkt-Strategien etc.
	gegenwärtig	**Optimierungsprojekte** Entwicklung Vertriebskonzept Optimierung Werbeabläufe strategische Marktanalysen etc.	**Expansionsprojekte** Eröffnung neuer Standorte Etablierung neuer Distributionstypen Sortimentsveredelung etc.
		gegenwärtig	**neu**
		Märkte	

Abbildung 3–6   Projekttypen im Handelsmanagement[204]

Das Marketing-Projektportfolio beinhaltet zunächst typische Marketingfelder wie die Durchführung von strategischen Werbemaßnahmen und Kommunikationsaktivitäten. Daneben können auch die Einführung eines Customer Relationship Management (CRM) oder eines Efficient Consumer Respond Systems (ECR-Systeme), die Etablie-

---

[200]   Vgl. exemplarisch Jantzen-Homp (2000) S. 44 zur Ausgründung einer Vertriebsgesellschaft und Grube/Koch/Lamparter (1999) zur projektorientierten Integration des fusionierten DaimlerChrysler-Konzerns.

[201]   Vgl. Kübler (1996) S. 143ff.

[202]   Vgl. Roehl (2000) S. 178ff. Die dort aufgeführten Maßnahmen zur Arbeitsstrukturierung können ebenfalls in Projektform etabliert werden, jedoch erscheint ihre Relevanz für das Organisations-Projektportfolio eher untergeordnet.

[203]   Vgl. zu typischen IT-technischen Maßnahmen nochmals Roehl (2000) S. 165ff. An diesem Beispiel kann man auch die Relevanz von Portfolio-übergreifenden Projektinterdependenzen erkennen.

[204]   In Anlehnung an: Rudolph (1997) S. 16.

rung von Marketingkooperationen, die Durchführung von E-Business-Aktivitäten oder der Aufbau von Internethandelsplätzen in diesem Projektportfolio enthalten sein.[205] Weiterhin können Projekte die erforderliche Anpassung der Vertriebsstruktur sowie die Verwirklichung einer internetbasierten Werbestrategie beinhalten.[206] Diese unterschiedlichen Tätigkeiten sind derart zu strukturieren, dass zum einen ein ganzheitlicher Überblick möglich wird, zum anderen müssen die unterschiedlichen Aktivitäten den strategisch motivierten Budgets zugeteilt werden können.[207] Aus der Untersuchung von RUDOLPH zum Handelsmanagement resultiert eine umfassende Systematisierung von Marketing-Projekten, in welche die typischen Projekttypen eingeordnet werden können (Abbildung 3–6).

Diese unterteilt die Projekte des Marketing-Projektportfolios nach den Kriterien Märkte und Leistungen, wobei beide in die Ausprägungen gegenwärtig und neu unterteilt sind. Somit können die Projekttypen in *Neuausrichtungsprojekte, Innovationsprojekte, Optimierungsprojekte* und *Expansionsprojekte* unterteilt werden.[208] Diese Systematisierung stellt auf die inhaltlichen Besonderheiten der Projektdurchführung ab und erscheint somit auch teilweise für die Multiprojekt-Konfiguration geeignet. Hinweise zur konkreten Projektbudgetierung fehlen allerdings in diesem Konzept.

Investitionsprojekte i.e.S. betreffen vornehmlich aktivierungspflichtige Güter des Anlagevermögens.[209] KLINGEBIEL weist in einem verwandten Kontext auf die

---

[205]   Vgl. zu typischen Marketingprojekten und zu Fragen der Budgetierung: Preißner (1996)
         S. 219ff.; Kohl/Zimmermann (2001) und Rudolph (1997) S. 16. Weitere Beispiele für moderne
         Marketing-Projekte nennen Reinecke/Fuchs (2003) S. 24.

[206]   Vgl. hierzu Müller/Thielen (2002), insbesondere S. 550 zu Fragen der Budgetierung und
         Projektauswahl dieser Projektart.

[207]   Vgl. Reinecke/Fuchs (2003) S. 29f. Das Konzept der Autoren zur Verbindung von Marketing-
         kennzahlen und Marketingbudgetierung enthält zwar unterschiedliche Maßnahmen und
         Projekttypen, jedoch ist kein spezifisches Ordnungsschema zugrunde gelegt. Auch wird nicht
         deutlich, inwieweit dieses Schema zur Budgetierung der einzelnen Marketingprojekte beiträgt,
         da eine Priorisierung der einzelnen Projekte im Konzept der Autoren nicht vorgesehen ist.

[208]   Vgl. Rudolph (1997) S. 15f. und Rudolph (1999) S. 230ff. mit weiteren Quellennachweisen.

[209]   PERRIDON/STEINER sprechen in diesem Zusammenhang von Sachinvestitionen. Vgl.
         Perridon/Steiner (2002) S. 29f. FRANKE/HAX sehen demgegenüber die Investitionsprojekte
         vornehmlich als Veränderungen der gesamten Leistungssphäre. Folgt man dieser Sichtweise,
         so könnten z.B. auch nicht aktivierbare Organisationsprojekte als Investitionsprojekte Be-
         standteil des Investitions-Projektportfolios sein. Vgl. Franke/Hax (1999) S. 94. Diese aus Sicht
         der Finanzwirtschaft weit reichende Betrachtung resultiert dabei aus der Berücksichtigung des
         gesamten Leistungsbereiches eines Unternehmens durch die Autoren (S. 84ff.). Diese Betrach-
         tungsweise ist aber nicht zielführend, da diese Projekte hauptsächlich bereits in den anderen
         Projektportfolios abgebildet sind. Insofern kann der Sichtweise von PRADEL gefolgt werden,

Bedeutung der Produktionsstrategie für die Bewertung und Auswahl von Prozesstechnologien hin.[210] Demnach stellen *Produktinvestitionen* direkt einem Produkt zurechenbare Investitionen dar, *Kapazitätsinvestitionen* sind demgegenüber Investitionen, die aufgrund von Schätzungen der zukünftigen Absatzzahlen die bestehenden Produktionstechnologien kapazitätsmäßig ergänzen. *Strukturinvestitionen* dienen vor allem der Einrichtung von neuen Produktionsstätten bzw. der Erhaltung der betrieblichen Infrastruktur, und *Ersatzinvestitionen* sichern die Modernisierung des Produktionsbereiches.[211] Aus Sicht des Multiprojektmanagements könnte auf diese Kategorisierung zurückgegriffen werden, da sie vor allem den unterschiedlichen Bewertungsnotwendigkeiten der Projekttypen Rechnung trägt.[212] Eine Grundlage zur Strukturierung des Investitions-Projektportfolios stellt diese Kategorisierung jedoch ebenfalls nicht dar.

Als Fazit der Ausführungen kann festgehalten werden, dass in der Literatur momentan kein allgemeingültiges Verfahren zur Strukturierung von Projektportfolios existiert, das für alle vorgestellten Projektarten sinnvoll anwendbar ist. Die einzelnen Projektportfolios können zwar aufgrund ihrer spezifischen Leistungsbeschaffenheit in unterschiedliche Projekttypen unterteilt werden. Die entsprechenden Überlegungen gehen aber von völlig unterschiedlichen Unterteilungskriterien aus und werden somit nicht für ein allgemeingültiges Budgetierungsmodell übernommen. Eine konzeptionelle Unterteilung der einzelnen Projektarten kann aus Sicht des Multiprojektmanagements nämlich nur dann sinnvoll erscheinen, wenn die Strukturierung auch im Zuge der Projektbudgetierung sinnvoll nutzbar ist. Lediglich die vorgestellten Ansätze von ROSS/BEATH und WHEELWRIGHT/CLARK bieten begründete Ansatzpunkte zur

---

der darauf hinweist, dass zwar das Multiprojektmanagement über die aktivierungsfähigen Projekte hinaus wirken muss, gleichzeitig die Investitionsprojekte i.e.S. aber hauptsächlich aktivierbare Wirtschaftsgüter umfassen. Vgl. Pradel (1997) S. 104. HILLER sieht die Investitionsprojekte im Kontext des Multiprojektmanagements ähnlich, da sie der „Beschaffung und dem Einsatz von technischen Systemen für die Planung und Produktion" dienen. Hiller (2002) S. 9. Zu den unterschiedlichen Ausprägungsformen der Innovation dieser Fertigungstechnologien vgl. Wegener (1995) S. 15ff. und Klingebiel (1989) S. 64ff.

[210]   Vgl. Klingebiel (1989) S. 42ff. und Wildemann (1994) S. 521ff.

[211]   Vgl. Klingebiel (1989) S. 375f. Dabei sei darauf hingewiesen, dass die Quelle der Technologie, wie an dieser Stelle angenommen, nicht immer außerhalb des Unternehmens liegen muss, vielmehr können auch eigene F&E-Projekte zur Implementierung von neuen Prozesstechnologien innerhalb des Produktionsbereichs führen. Vgl. zu den unterschiedlichen Quellen von Technologien Wolfrum (1994) S. 379ff.

[212]   Eine der hier angewandten Kategorisierung ähnliche Strukturierung von Investitionsprojekten findet sich auch bei Radtke (1989) S. 274ff. Darüber hinaus nennt WILDEMANN in seinem Ansatz des Technologiekalenders Kriterien zur Unterscheidung von Projekttypen. Vgl. Wildemann (1994) S. 552ff.

wertmäßigen Strukturierung von Budgets für Projektportfolios. Aufgrund der spezifischen inhaltlichen Begründung dieser Modelle eignen sie sich jedoch nicht für ein universell einsetzbares Modell zur strategischen Projektbudgetierung.

3.2.2 Entwicklung einer strategischen Projektbudget-Scorecard

Aufgrund der im letzten Abschnitt festgestellten Defizite der Literatur hinsichtlich eines generell anwendbaren Modells zur strategischen Projektbudgetierung wird im Folgenden ein solches Modell deduktiv abgeleitet. Als Ausgangspunkt kann festgehalten werden, dass eine Unterteilung der Projekte in die fünf grundlegenden Projektarten sinnvoll erscheint. An dieser Unterteilung soll im Folgenden festgehalten werden, d.h., für jede dieser Projektarten wird im Folgenden ein separates Projektportfolio eingerichtet. Jedoch ist aus wissenschaftlicher Sicht zu fordern, dass neben einer Perspektive der Leistungssphäre des Unternehmens auch eine Perspektive der strategischen Wirkung der Projekte auf die Wertsphäre des Unternehmens berücksichtigt wird.[213] Die Berücksichtigung dieser Wirkungsperspektive stellt somit den Ausgangspunkt des zu entwickelnden Modells dar. Hiermit soll sichergestellt werden, dass im Zuge der Verteilung von strategischen Projektbudgets durch die Unternehmensleitung eine Lenkung des strategischen Agierens des Unternehmens möglich ist. Die zu entwickelnde Methode soll somit diejenigen Ursache-Wirkungszusammenhänge berücksichtigen, die zu einer Beeinflussung der Wertebene eines Unternehmens führen. Die Verteilung der strategischen Projektbudgets auf die unterschiedlichen Projektportfolios wird dabei anhand einer an der Balanced Scorecard[214] orientierten Methodik vorgenommen.

3.2.2.1 Grundstruktur, Führungsgrößen und Ebenen

Einen ersten Ansatzpunkt für den Nutzen eines solchen Verfahrens bietet SCHEURER mit seinem Ansatz der strategischen Projektnetzwerke. In diesem Ansatz ordnet er strategische Projekte den einzelnen Ebenen der Balanced Scorecard grafisch zu (Abbildung 3–7; Projekte sind als Kreise dargestellt). Somit erhält man seiner Ansicht nach einen Blick auf die strategische Steuerungslogik des Gesamtunternehmens.

---

[213]   „wird zu berücksichtigen sein, dass spezielle Entwicklungen in der Leistungssphäre zu typischen Konsequenzen in der Wertsphäre von Unternehmen führen." Becker (1996) S. 177.

[214]   Zu den Ebenen einer Balanced Scorecard und der prinzipiellen Darstellung siehe Kaplan/Norton (1997) S. 23ff.

In der Denkweise des Ansatzes ist bei der strategischen Projektstruktur I ersichtlich, dass sowohl eine direkte (Markt-, Wertebene) als auch eine indirekte Steuerung (Prozess-, Ressourcenebene) des Unternehmens vollzogen wird, da die strategischen Projekte eher gleichmäßig auf die Ebenen der Balanced Scorecard verteilt sind. Demgegenüber wird in der strategischen Projektstruktur II eine eher direkte Steuerung angestrebt, da sich hier die Projekte vornehmlich in der Markt- und Wertebene befinden. Hintergrund dieses Gedankens sind die kausalen Beziehungen zwischen den Ebenen einer Balanced Scorecard, die durch Pfeile in der Abbildung dargestellt sind. SCHEURER vertritt hierbei die Grundidee, dass Projekte auf der Prozess- und Ressourcenebene eine längerfristige und nachhaltigere Wirkung auf die Wertebene haben, als dies bei Projekten in der Markt- und Wertebene selbst der Fall ist. [215]

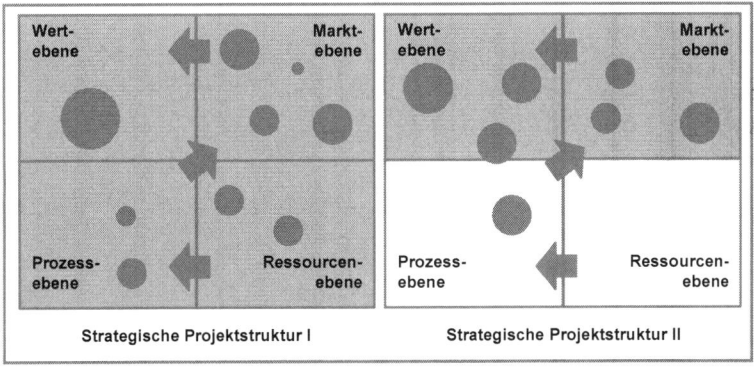

Abbildung 3–7   Strategische Projektstrukturen innerhalb einer Balanced Scorecard[216]

Die von SCHEURER entwickelte Methodik ist im Folgenden auf ihre Anwendbarkeit im Zuge der hier verfolgten Konzeption eines strategischen Multiprojektmanagements zu prüfen. Die strikte Zuteilung von Projekten zu einer spezifischen Ebene der Balanced Scorecard ist zwar kritisch zu hinterfragen, kann im Ergebnis jedoch als unproblematisch bewertet werden. Nur wenn ein strategisches Projekt einen eindeutigen Hauptnutzen in einer der Ebenen einer Balanced Scorecard nachweisen kann, ist ihm ein Projektbudget zuzuweisen. [217] Weiterhin erscheinen die Grundgedanken einer

---

[215]   Vgl. Scheurer (2000) S. 391ff. zur Vorgehensweise.

[216]   In Anlehnung an: Scheurer (2000) S. 394.

[217]   KAPLAN/NORTON, die Entwickler der Balanced Scorecard, empfehlen selbst diese Vorgehensweise. Ihrer Argumentationslogik nach hat ein Projekt, das keine Anbindung an spezifische Messgrößen einer Balanced Scorecard besitzt, keine strategische Bedeutung. Vgl. Kaplan/ Norton (2001) S. 262. Ebenso Gaiser/Greiner (2003) S. 293 (Abb. 10).

eher direkten bzw. indirekten strategischen Beeinflussung des Unternehmens als logisch und besitzen einen sinnvollen Aussagegehalt.

Hingegen sind andere Eigenschaften der Methodik als kritisch zu betrachten. Sie geht nur von einem einzelnen Projektportfolio für das gesamte Unternehmen aus, eine Aufteilung der Projekte auf mehrere Portfolios ist nicht vorgesehen. Diese Prämisse ist als realitätsfern zu bezeichnen und darüber hinaus nicht kompatibel mit der hier verfolgten Gesamtkonzeption. Als weiterer Kritikpunkt ist anzuführen, dass SCHEURER der Wertebene direkt strategische Projekte zuordnet.[218] Diese Ebene ist aber nicht als Aktivitätsebene zu verstehen, auf welcher die strategischen Projekte eines Unternehmens leistungsmäßig operieren. Die Wertebene ist vielmehr die Ebene der wertmäßigen Konsequenzen eines jeden strategischen Projektes. Die Wirkung der strategischen Projekte auf die Wertebene kann dabei direkter oder indirekter Natur sein, d.h. die Resultate eines strategischen Projektes verändern eine Kennzahl der Wertebene direkt oder durch eine kausalen Zusammenhang indirekt.[219] Schlussendlich sind in der Methodik auch keine Ansatzpunkte für eine Budgetierung der einzelnen Projektportfolios enthalten. Vor diesem Hintergrund soll der Grundgedanke des Modells von SCHEURER aufgenommen und für die reale Nutzbarkeit modifiziert bzw. erweitert werden.

Zunächst soll auf die Begründung einer ausgewogenen Verteilung der strategischen Projektbudgets eingegangen werden. Die Interpretation der Verteilung strategischer Projektbudgets lässt sich inhaltlich anhand des von GÄLWEILER dargestellten Zusammenhangs der Führungsgrößen eines Unternehmens – Erfolgspotenziale, Erfolg und Liquidität – erläutern. Dieses Beziehungsgeflecht der Führungsgrößen (Abbildung 3–8) ist dabei die Begründung für eine ausgewogene Verteilung der strategischen Projektbudgets.

Zunächst muss ein Unternehmen mit Hilfe der vorhandenen Liquidität Erfolgspotenziale aufbauen bzw. erneuern (1). Diese Erfolgspotenziale führen im Falle einer angemessenen Realisation (2) zu unternehmerischem Erfolg. Dieser kann dann dazu ein-

---

[218]   Vgl. Scheurer (2000) S. 392.

[219]   So sieht es wohl auch SCHEURER, da er der Wertebene zwar in der grafischen Darstellung Projekte zuordnet, in seinen Ausführungen aber keine Beispiele für strategische Projekte der Wertebene darstellt. Selbst die von ihm angesprochenen Kostensenkungsprojekte sind wohl eher einer Leistungsebene zuzuordnen, da diese vornehmlich auf Veränderungen an Kostentreibern abzielen. Vgl. Scheurer (2000) S. 390, dortige Abbildung 5.

gesetzt werden, die Liquidität des Unternehmens zu sichern (3).[220] Die Erneuerung von Erfolgspotenzialen erfolgt dabei vornehmlich auf der Ressourcenebene eines Unternehmens, während die Realisation von Erfolg hauptsächlich auf der Marktebene eines Unternehmens vonstatten geht. Die Prozessebene ist sowohl an der Erneuerung von Erfolgspotenzialen als auch an der Realisation des Erfolgs beteiligt. Die Sicherung der Liquidität ist demgegenüber ausschließlich der Wertebene eines Unternehmens zuzuordnen.[221]

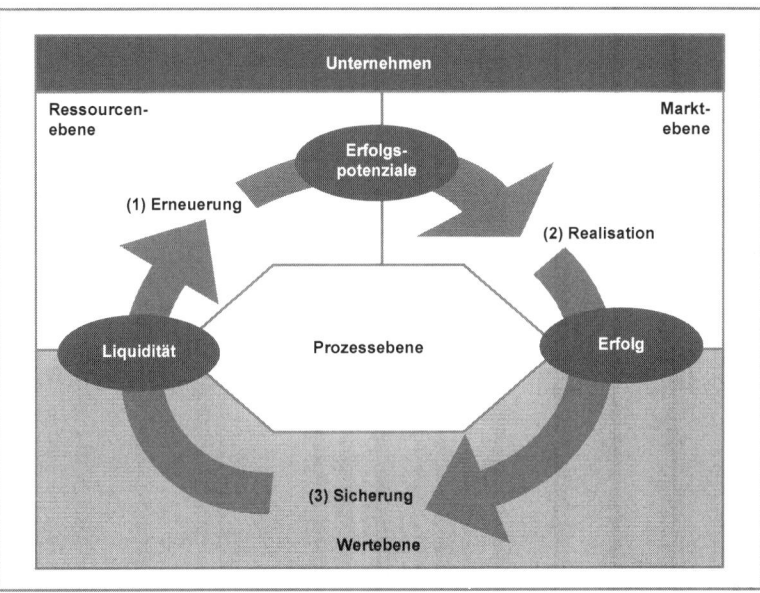

Abbildung 3–8   **Integration von Führungsgrößen und Scorecard-Ebenen**

Als besonders bedeutsam ist an diesem Punkt festzuhalten, dass dieser Zusammenhang der Führungsgrößen keinesfalls einen Automatismus darstellt, sondern in allen Bereichen aktiv und andauernd durch die Unternehmensführung beeinflusst werden muss.[222] Insbesondere sind die vermeintlich strategische Aufgabe der Beeinflussung

---

[220]   Vgl. Gälweiler (1987) S. 23ff. für eine ausführliche Erläuterung dieser Zusammenhänge. Er erläutert auch weitere, an dieser Stelle nicht aufgeführte Wechselwirkungen zwischen den einzelnen Führungsgrößen. Insbesondere der Berücksichtigung der langfristigen Liquidität schenkt er besondere Bedeutung. Dies spricht ebenfalls für eine Budgetierung der strategischen Vorhaben eines Unternehmens.

[221]   Vgl. Becker (2001a) S. 22.

[222]   BECKER bezeichnet die Aufrechterhaltung dieses Führungskreislaufes daher auch als den materiellen Gehalt der Führung. Vgl. Becker (1996) S. 100.

von Erfolgspotenzialen sowie die vermeintlich operative Aufgabe der Beeinflussung des Erfolgs zu integrieren, um eine ganzheitliche Führung eines Unternehmens zu gewährleisten.[223] Ebendies wird durch die gleichzeitige Betrachtung der Ressourcen-, Prozess- und Marktebene im Zuge der strategischen Projektbudgetierung[224] realisiert. Eine gleichmäßige Verteilung der strategischen Projektbudgets auf diese Ebenen der Scorecard entspricht somit dem Anspruch einer integrierten Beachtung der Wechselwirkungen zwischen den Führungsgrößen und zielt somit auf die langfristige Existenzsicherung des Unternehmens ab.[225] Den Vorteil einer ausgewogenen Verteilung der strategischen Projektbudgets über die genannten Ebenen hinweg sieht auch SCHEURER. Durch eine geeignete Verteilung *„kommt es zudem zu einem Ausgleich zwischen kurzfristiger Erfolgserzielung ... und zukunftsorientiertem Aufbau von direkten und indirekten Erfolgspotentialen [!]".*[226]

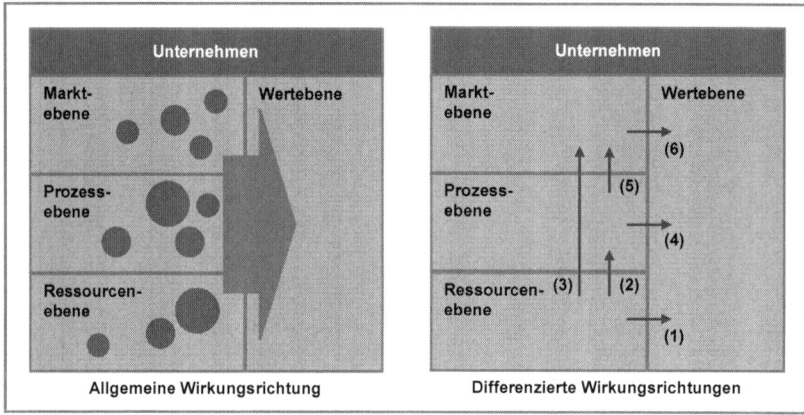

Abbildung 3–9   Direkte und indirekte Wirkung von Projekten auf die Wertebene

---

[223]   Zur Ableitung dieser Aussage vgl. Becker (1996) S. 109. Er führt dort aus: „Im Sinne einer tatsächlich ganzheitlichen Führung sind demgegenüber diejenigen Aufgabenfelder, die sich auf die Erfolgspotentiale [!] und diejenigen, die sich auf den Erfolg selbst richten, also kurz gefasst die strategische und die operative Führung gleichsam ineinander zu schieben".

[224]   So wurde auch im Rahmen der PIMS-Studie festgestellt, dass die Budgetallokation eine bedeutsame Einflussgröße des unternehmerischen Erfolgs darstellt. Vgl. Becker (1996) S. 103 mit weiteren Nachweisen.

[225]   GÄLWEILER formuliert hierzu: „Dieses oberste Ziel ist die nachhaltig, das heißt auf eine möglichst lange Sicht angelegte Sicherung der Überlebensfähigkeit der Unternehmung." Gälweiler (1987) S. 35. BECKER stimmt dem zu und sieht ebenfalls im Sinne einer auf die langfristige Existenzsicherung eines Unternehmens ausgerichteten Stabilitätspolitik die hohe Bedeutung einer dauerhaften Sicherung des oben beschriebenen Wirkungskreislaufes. Vgl. Becker (1996) S. 116.

[226]   Scheurer (2000) S. 390.

Die Sicherung der Liquidität ist damit auch kein originäres Betrachtungsobjekt der strategischen Projektbudgetierung. Insofern kann die Wertebene als Aktivitätsfeld von strategischen Projekten ausgeklammert werden. Ihre Eigenschaft als letztendliche Wirkungsebene der strategischen Projekte bleibt davon unbenommen. Daher sind im Weiteren lediglich die drei relevanten Ebenen der Scorecard im Zuge der strategischen Projektbudgetierung zu betrachten. Im Folgenden ist auf die Wirkungen einzelner Projekte einzugehen.

Grundsätzlich haben alle Projekte eines Unternehmens eine Wirkung auf die Wertebene (Abbildung 3–9; Allgemeine Wirkungsrichtung). Wie in Abbildung 3–9 (Differenzierte Wirkungsrichtung) ersichtlich, können Projekte der Ressourcenebene sowohl eine direkte Wirkung auf die Wertebene des Unternehmens entfalten (1) als auch zunächst nur in die Prozessebene (2) oder die Marktebene (3) hinein. Projekte der Prozessebene können selbst wiederum direkt auf die Wertebene (4) oder aber zunächst in die Marktebene hineinwirken (5). Projekte der Marktebene schließlich wirken direkt auf die Wertebene (6). Somit ist einsichtig, dass alle Projekte in einer direkten oder indirekten Weise auf die Wertebene eines Unternehmens wirken, solange sie eine Wirkung auf die Messgrößen der betroffenen Ebene haben.[227] Diese Messgrößen können auch als Werttreiber im weiteren Sinne verstanden werden.[228] Die oben abgeleitete Systematik kann im Weiteren für die Darstellung und Ableitung von strategischen Projektbudgets in der Form einer strategischen Projektbudget-Scorecard genutzt werden. Die Methodik der strategischen Projektbudget-Scorecard wird daher im Zuge der Multiprojekt-Konfiguration in unterschiedlicher Form angewendet.

3.2.2.2 Tabellarische und grafische Nutzung

Zunächst kann die strategische Projektbudget-Scorecard mittels einer tabellarischen Darstellung bei der wertmäßigen Verteilung der strategischen Projektbudgets auf die Dimensionen der Scorecard-Ebenen bzw. Projektarten helfen. Diese Darstellungsform kann auch als Abstimmungsinstrument genutzt werden, wenn nämlich Vorgaben der Unternehmensführung durch Rückkopplungen im Gegenstromverfahren der vertikalen Projekt-Konfiguration geändert werden müssen. Daneben kann eine ganze Anzahl grafischer Visualisierungen genutzt werden. Von hoher Bedeutung ist die Darstellung

---

[227] Damit wird direkt der Argumentation von Kaplan/Norton (1997) S. 28ff. gefolgt. Siehe auch das Praxisbeispiel dort (S. 221). Voraussetzung für die Gültigkeit der Aussage ist jedoch, dass die Messgrößen im Vorfeld korrekt abgeleitet wurden.

[228] Zum Begriff der Werttreiber siehe ausführlich Knorren (1998) S. 45ff.

der Anteile der einzelnen Projektportfolios am gesamten strategischen Projektbudget in den Ebenen der Scorecard. Diese Darstellung hat vor allem eine hohe Bedeutung für die Unternehmensführung, um die strategische Ausrichtung des Unternehmens anhand der Verteilung der strategischen Projektbudgets einschätzen zu können. Die einzelnen Aspekte einer strategischen Projektbudget-Scorecard werden im Folgenden detailliert erläutert.

Zunächst sind die unterschiedlichen strategischen Projektbudgets des Unternehmens in ihrer (vorläufigen) Höhe zu bestimmen. Die Vorgabe der Budgethöhe der einzelnen Projektportfolios und die Verteilung auf die einzelnen Ebenen der Scorecard innerhalb der Portfolios werden dabei maßgeblich durch die Unternehmenspolitik vorgegeben. Hierbei können unterschiedliche Verfahren der Budgetermittlung angewandt werden. Vor allem die Verfahren des Capital Budgeting dienen als Grundlage für die Ermittlung der Gesamthöhe des zur Verfügung stehenden strategischen Budgets. Innerhalb der einzelnen Projektportfolios können dann spezifische Verfahren zur Bestimmung der Budgethöhe zur Anwendung kommen.[229] Die Erfüllung dieser Aufgabe stellt jedoch im hier vertretenen Verständnis keine originäre Funktion des Multiprojekt-managements dar, sondern obliegt der Unternehmenspolitik. Technisch bedeutet dies, dass zunächst die Anteile der einzelnen Projektportfolios und die Anteile der drei Scorecard-Ebenen am gesamten strategischen Budget festgelegt werden.

Die Ermittlung der Budgetanteile der einzelnen Projektportfolios kann dabei grund-sätzlich auf zwei Arten erfolgen. Zunächst ist es möglich, die einzelnen Anteile durch die Multiplikation der Vorgaben für die Projektarten und die Scorecard-Ebenen als Ausgangsbasis zu ermitteln. Diese Werte können jedoch aufgrund der innerhalb der vertikalen Portfolio-Konfiguration vorgesehenen Rückkopplungen im Sinne einer gegenstromorientierten Vorgehensweise von Änderungen betroffen sein. Andererseits können auch Erkenntnisse aus der Aufstellung der strategischen Projektbudget-Scorecard dazu führen, dass die Verteilung der strategischen Projektbudgets – z.B. ist diese auf eine zu direkte Steuerung ausgerichtet – nochmals geändert wird. Ein Grund ist vor allem darin zu sehen, dass nicht alle Projektportfolios gleichmäßig stark auf Kennzahlen aller Scorecard-Ebenen wirken. Eine solche gleichmäßige Verteilung wird

---

[229]   Zu Budgetverfahren in unterschiedlichen Projektportfolios vgl. Reinecke/Fuchs (2003) S. 25ff. zum Marketingprojektportfolio; Stockbauer (1991) S. 138ff.; Bender (1998) S. 38ff. und Specht/Beckmann (1996) S. 197ff. zum F&E-Projektportfolio. Die Budgetierung anderer Projektportfolios wird dabei vor allem mit allgemeinen Budgetverfahren, wie sie im Rahmen von Investitionsentscheidungen angewandt werden, vollzogen. Vgl. zu diesen allgemeinen Budgetierungsverfahren Bosse (2001) S. 207ff.

jedoch bei einer rein rechnerischen Verteilung unterstellt. Das Multiprojektmanagement hat dabei nicht für die Inhalte der unternehmerischen Entscheidungen Sorge zu tragen, sondern vielmehr den Ablauf dieser Entscheidungsprozesse zu unterstützen.

Projektart bzw. Portfolio	Ebenen Vorgaben	Ressourcen 40%	Prozess 20%	Markt 40%	Summe	Differenz zu Vorgaben
IT	10%	5%	6%	--	11%	+1%
F&E	30%	13%	2%	12%	27%	-3%
Organisation	20%	7%	9%	5%	21%	+1%
Marketing	25%	2%	1%	23%	26%	+1%
Investition	15%	13%	2%	--	15%	--
	Summe	40%	20%	40%	100%	
	Differenz	--	--	--		

Abbildung 3–10   Verteilung von strategischen Projektbudgets

Daher wird eine individuelle Vorgabe der Verteilung der strategischen Projektbudgets vorgeschlagen. Im vorliegenden Beispiel (Abbildung 3–10) ist ersichtlich, dass sich hinsichtlich der vorgegebenen Anteile der strategischen Projektbudgets an den Scorecard-Ebenen keine Veränderungen ergeben haben. Dies ist sehr bedeutsam, da ansonsten der Steuerungsaspekt dieser Vorgaben konterkariert würde. Andererseits sind gegenüber den Vorgaben der Anteile der einzelnen Projektportfolios bzw. Projektarten am gesamten strategischen Projektbudget im Zuge der Rückkopplung im Abstimmungsprozess Veränderungen aufgetreten. Die IT-, Organisation- und Marketing-Projektportfolios haben jeweils einen Prozentpunkt mehr Budget zugesprochen bekommen, das F&E-Projektportfolio muss hingegen das geplante Budget um drei Prozentpunkte senken. Somit wird Rücksicht auf die tatsächlichen Leistungsgegebenheiten innerhalb des Unternehmens genommen.

Weiterhin kann die tabellarische Darstellung auch durch eine grafische Darstellung ergänzt werden, um die Kommunikation der Budgetverteilung innerhalb der Multiprojektmanagement-Führungsorganisation effizienter zu gestalten. Der Vorteil einer grafischen Darstellung liegt vor allem darin, dass in Großunternehmen eine Vielzahl von Personen an der horizontalen Aufteilung der einzelnen Projektbudgets beteiligt ist. Außerdem sind die Ergebnisse des Verteilungsprozesses innerhalb des Unternehmens aufgrund von Rückkopplungen zwischen horizontaler und vertikaler Portfolio-Konfiguration nicht immer zeitnah einsehbar. Grund hierfür ist, dass die Verteilung der Budgets eines Projektportfolios auf die verschiedenen Projekttypen zunächst zentral von der Unternehmensführung vorgegeben wird.[230] Es können jedoch spezifische Freiheitsgrade bestehen, sodass die Strukturierung des Budgets eines Projektportfolios, also die Aufteilung des strategischen Projektbudgets eines Projektportfolios nach Scorecard-Ebenen, erst durch die betreffenden Portfolio-Boards vorgenommen wird.[231]

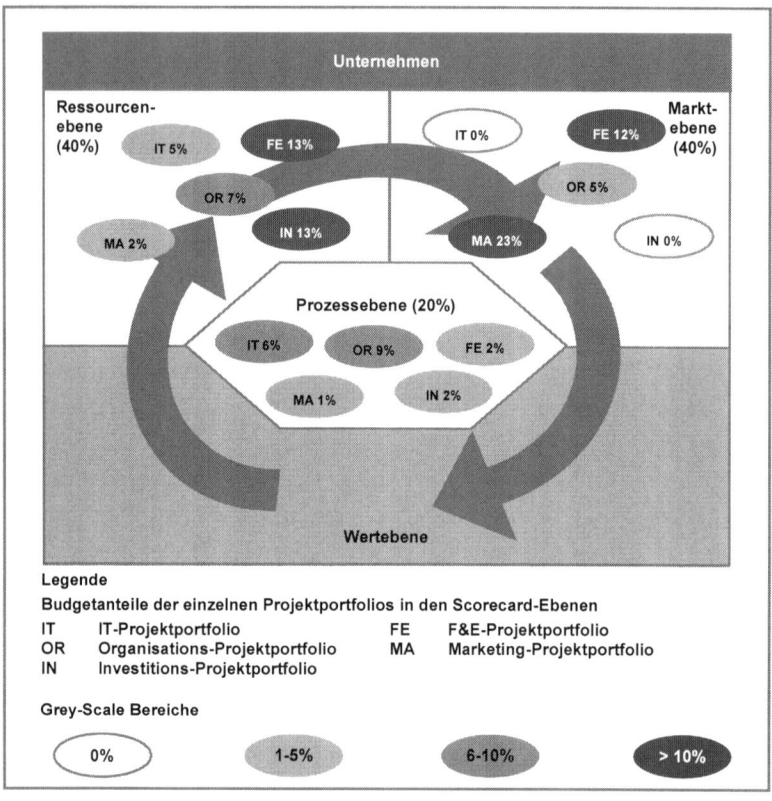

Abbildung 3–11   Grafische Darstellung der strategischen Projektbudget-Scorecard

---

[230]   Diese Vorgehensweise wird insbesondere von ROSS/WEILL vertreten, die der obersten Unternehmensführung die Verantwortung für die tatsächliche Bewilligung spezifischer IT-Projektbudgets auferlegen. Vgl. Ross/Weill (2003) S. 79 sowie S. 80 zu den Gefahren einer Delegation von strategischen IT-Entscheidungen.

[231]   Diese Vorgehensweise sieht z.b. VÖLKER im Zuge der Strukturierung des F&E-Projektportfolios, welche getrennt durch die Portfolio-Boards Forschungs- bzw. Entwicklungsprojekte bewilligt werden. Vgl. Völker (2000) S. 166.

Innerhalb der grafischen Darstellung (Abbildung 3–11) der strategischen Projekt-budget-Scorecard werden keine Einzelprojekte ausgewiesen, da die vollständige An-zahl in Großunternehmen typischerweise nicht übersichtlich darstellbar ist. Vielmehr werden die einzelnen Projektportfolio-Budgets mit ihren spezifischen Unterteilungen nach den Scorecard-Ebenen aufgezeigt. Mit der strategischen Projektbudget-Scorecard wird somit die Verteilung der strategischen Projektbudgets auf die einzelnen Einfluss-faktoren der Wertschöpfung explizit sichtbar gemacht.[232]

Hierfür wird die Methode des Grey Scale Chart[233] verwendet, d.h., in Abhängigkeit zur Höhe eines strategischen Projektbudgets wird eine spezifische Farbgebung gewählt, die nach dem relativen Anteil des Budgets am gesamten projektorientierten strategischen Budget ausgerichtet ist. Somit kann sofort erfasst werden, welche stra-tegischen Projektbudgets eine besondere Bedeutung für das Unternehmen haben.

Da die strategische Projektbudget-Scorecard vor allem die Verteilung der Projekt-budgets innerhalb der unterschiedlichen Scorecard-Ebenen darstellen soll, kann es zusätzlich sinnvoll sein, bei sehr heterogenen Projektportfolios signifikante Groß-projekte einzeln innerhalb der grafischen Darstellung zu berücksichtigen. Explizite Kausalbeziehungen zwischen den einzelnen Projektportfolios sollen innerhalb dieser Darstellung nicht aufgezeigt werden. So kann eine eindeutige Beziehung zwischen Projektportfolios, welche z.T. eine sehr große Anzahl an Projekten beinhalten, über-haupt nicht bzw. nicht übersichtlich dargestellt werden. Ebenso stellt die Systematik der Balanced Scorecard, wie bereits erläutert, kausale Zusammenhänge zwischen den einzelnen Ebenen her.[234]

Die Verteilung der einzelnen strategischen Teilprojektbudgets über die Ebenen der strategischen Projektbudget-Scorecard kann somit die strategische Grobrichtung des Unternehmens skizzieren. Erhöhte Budgetanteile von strategischen Projektbudgets in spezifischen Bereichen der strategischen Projektbudget-Scorecard geben dabei Hin-weise auf die Steuerungslogik des Unternehmens. Werden große Teile des gesamten strategischen Budgets für Projekte im Bereich der Marktebene positioniert, so spricht dies für die Unterstützung einer evtl. kurzfristig orientierten Erfolgs- und Liquiditäts-

---

[232] Die genaue Position der einzelnen Projektportfolio-Anteile innerhalb der Ebenen in der grafi-schen Darstellung hat hierbei keine Bedeutung.

[233] Diese Methode kann im Multiprojektmanagement zur Darstellung von unterschiedlichen Größenausprägungen (z.B. Kostenhöhe unterschiedlicher Kostenarten) genutzt werden. Vgl. Hiller (2002) S. 137.

[234] Vgl. zu den zwischen den einzelnen Ebenen einer Balanced Scorecard bestehenden Wechsel-wirkungen nochmals Kaplan/Norton (1997) S. 142ff.

generierung aus vorhandenen Erfolgspotenzialen. Ebenso kann ein erhöhter Anteil der strategischen Projektbudgets in der Ressourcen-Ebene für den eher langfristig ausgelegten Aufbau von Erfolgspotenzialen durch Kernkompetenzen sprechen. Die Aussagen bezüglich der strategischen Projektbudgets der Prozessebene können dabei nicht so eindeutig getroffen werden. Mit Hilfe der hier skizzierten Interpretationsmöglichkeiten ist es somit möglich, die grundlegende strategische Ausrichtung eines Unternehmens auf Basis der projektierten Strategieumsetzung zu visualisieren. Somit kann dieses Instrument die Unternehmensführung im Zuge der horizontalen wie auch vertikalen Portfolio-Konfiguration bei der Verteilung der strategischen Projektbudgets unterstützen und Ansatzpunkte für inhaltliche Diskussionen in diesen Konfigurationsprozessen geben.

Eine der strategischen Projektbudget-Scorecard ähnliche Vorgehensweise schlägt GAIDA in Form einer „Project Map" vor, die aufzeigt, in welchem Zusammenhang die Projekte zueinander stehen. Er sieht den Vorteil einer solchen Darstellung auch darin, dass – wie bereits angedeutet –auf dieser Basis auch eine Priorisierung der Projekte ermöglicht wird.[235]

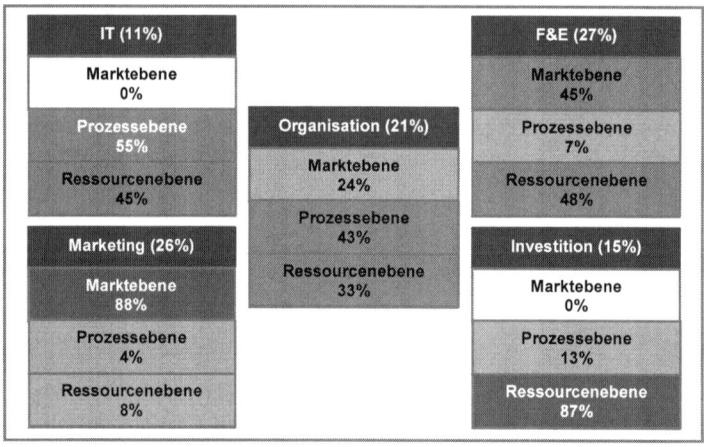

Abbildung 3–12   Relative Budgetanteile von Scorecard-Ebenen in Projektportfolios

Weiterhin ist die strategische Projektbudget-Scorecard auch als ein Berichtsinstrument im Zeitablauf nutzbar.[236] Innerhalb einer dynamischen Betrachtung können Ver-

---

[235]   Vgl. Gaida (2006) S. 38.

[236]   Man kann hier auf den Begriff des Management Approachs hinweisen, welcher aus der Segmentberichterstattung des externen Rechnungswesens abgeleitet ist. Innerhalb dieser Seg-

änderungen der Budgetaufteilung im Zeitablauf sichtbar gemacht werden. Diese dynamische Darstellung ist vor allem im Zuge der horizontalen Portfolio-Konfiguration als Argumentationsbasis für die Unternehmensführung anwendbar, etwa wenn ein spezifisches Projektportfolio schon seit längerer Zeit seinen Anteil am Gesamtvolumen stetig erhöht hat und das zuständige Portfolio-Board nun nicht bereit ist, eine relativ gesehen niedrigere Erhöhung oder eine Absenkung des Anteils am gesamten strategischen Projektbudget zu akzeptieren.

Neben diesen auf das gesamte Unternehmen bezogenen Anwendungsmöglichkeiten der strategischen Projektbudget-Scorecard kann dieses Instrument auch im Rahmen der vertikalen Projektportfolio-Konfiguration eine wichtige Rolle spielen. Die einzelnen Budgets der Projektportfolios müssen die Anteile der durch die einzelnen Projekte direkt zu beeinflussenden Ebenen der Scorecard bei der Auswahl dieser Projekte berücksichtigen. Daher ist auch eine grafische Darstellung der relativen Anteile der verschiedenen Scorecard-Ebenen (Abbildung 3–12) an den einzelnen Budgets der Projektportfolios insbesondere für die Portfolio-Boards, welche die vertikale Konfiguration vornehmlich durchführen, von herausragender Bedeutung. Im Beispiel kann das für das Organisations-Projektportfolio zuständige Portfolio-Board sofort erkennen, dass es 43 Prozent seines Budgets für Projekte verwenden muss, die vornehmlich eine Messgröße der Prozessebene beeinflussen.

3.3 Vertikale Konfiguration von Projektportfolios

Als Hauptziel der strategischen Projektbudgetierung wurde bereits die Sicherstellung einer strategiegerechten Mittel- bzw. Ressourcenzuteilung zu Projektportfolios identifiziert. Die Strukturierung der strategischen Projektbudgets einzelner Projektportfolios ist dabei eine Aufgabe sowohl der horizontalen wie auch der vertikalen Portfolio-Konfiguration. Die Vorgaben zur Verteilung der strategischen Projektbudgets auf die einzelnen Scorecard-Ebenen erfolgt dabei innerhalb der horizontalen Portfolio-Konfiguration. Die Abstimmung mit den tatsächlich vorhandenen Projekten sowie der Rücklauf bezüglich einer Anpassung der Vorgaben an die vorhandenen Projektalternativen in den einzelnen Projektportfolios erfolgt demgegenüber in der vertikalen Portfolio-Konfiguration. Im Folgenden ist auf die einzelnen Teilphasen der vertikalen Projektportfolio-Konfiguration einzugehen. Hier stellt sich insbesondere die Frage nach der Dynamik der Entscheidungsfindung und der Ausgestaltung der Ent-

---

mentierungen ist ebenfalls eine übergeordnete Einteilung von Berichtsstrukturen vorzunehmen, die sich vornehmlich an den Steuerungsbedürfnissen des Topmanagements orientiert. Vgl.

scheidungsprozesse. Im weiteren Verlauf des Abschnitts wird ein idealtypisches Modell zur vertikalen Konfiguration von Projektportfolios aufgezeigt. Anschließend werden die Möglichkeiten zur Übertragung der operativen Projektbudgets in die operative Budgetierung des Unternehmens dargestellt.

3.3.1 Prinzipien der vertikalen Portfolio-Konfiguration

Bezüglich der Dynamik stehen, wie immer im Rahmen von Budgetierungsmethoden, alternative Vorgehensweisen zur Verfügung, die nachfolgend auf ihre Eignung zur Anwendung innerhalb der vertikalen Portfolio-Konfiguration untersucht werden. Neben dem top-town orientierten Vorgehen existieren bottom-up orientierte Vorgehensweisen sowie eine gegenstromorientierte Vorgehensweise. WILD bezeichnet dabei die top-down-orientierte Vorgehensweise als retrograde Planung sowie die bottom-up-orientierte Vorgehensweise als progressive Planung.[237]

3.3.1.1 Top-down orientierte Konfigurationsdynamik

Eine top-down-orientierte Vorgehensweise[238] bedeutet im Zuge der Portfolio-Konfiguration, dass die Unternehmensführung Planbudgets vorgibt. Liegen mehrere Projektportfolios vor, so können darüber hinaus auch die Anteile von spezifischen Projekttypen am Budget des Portfolios einer Projektart festgelegt werden.[239]

Dies hat zum Ergebnis, dass die einzelnen strategischen Projektbudgets nochmals in unterschiedliche, in sich homogene Projektgruppen eingeteilt werden. Diese Einteilung wurde bereits in der horizontalen Konfiguration vorgenommen und ist als Ausgangsbasis für die vertikale Konfiguration zu verstehen. Die Unterteilung der Projekttypen nach den Scorecard-Ebenen folgt dabei dem Anspruch eines deduktiven Vorgehens, das für alle Projektportfolios eines Unternehmens universell anwendbar ist. Eine Verbindung zu den Vorschlägen der Literatur, welche grundsätzlich immer nur ein spezifisches Projektportfolio, nie aber die Gesamtheit aller Projektportfolios betrachten, ist demnach herzustellen, um eine Anbindung der Konzeption an die Vor-

---

grundlegend zu diesem Ansatz Böcking/Benecke (1998) S. 94ff.

[237]   Vgl. grundlegend zur Hierarchiedynamik in Planungssystemen Wild (1982) S. 188ff. Für die praktische Vorgehensweise innerhalb der Budgetierung in deutschen Großunternehmen siehe Dambrowski (1996) S. 196ff.

[238]   Der Begriff der Konfigurationsdynamik soll im Folgenden die spezifische Hierarchiedynamik im Rahmen der Konfiguration von Projektportfolios bezeichnen.

[239]   So kann z.B. als Vorgabe festgelegt werden, dass 20 Prozent des IT-Projektbudgets für Projekte der Ressourcenebene zu vergeben sind.

schläge der Literatur zu ermöglichen. Diese Darstellung baut dabei auf den Ausführungen zur horizontalen Konfiguration auf.

Projektarten	In der Literatur abgeleitete Projekttypen	Ressourcen-ebene	Prozess-ebene	Markt-ebene
IT	Process Improvement		■	
	Experiments		■	
	Renewal	■		
	Transformation	■		
F&E	Research			
	Breakthrough		▨	▨
	Platform			■
	Derivative			■
Organisation	Prozessoptimierung		■	
	Organisation i.e.S	▨		
	Weiterbildung	■		
	Wissensmanagement	▨		
Marketing	Neuausrichtung			
	Innovation	▨		
	Optimierung		■	
	Expansion			■
Investition	Produktinvestition			■
	Kapazitätsinvestition	▨		
	Strukturinvestition	■		
	Ersatzinvestition	■		
Legende		keine Zuordnung	mögliche Zuordnung	sichere Zuordnung

Abbildung 3–13   Zuordnung von Projekttypen zu Scorecard-Ebenen

In Abbildung 3–13 wird beispielhaft aufgezeigt, wie sich einzelne in der Literatur abgeleitete Projekttypen den drei Ebenen einer Scorecard zuordnen lassen.[240] Es ist an dieser Stelle darauf hinzuweisen, dass die Ableitung der einzelnen Projekttypen in den Projektportfolios nach unterschiedlichen Kriterien erfolgt ist. Bezüglich der Zuordnung von einzelnen Projekttypen zu Ebenen der Scorecard sind grundsätzlich drei unterschiedliche Ausprägungen möglich. Im ersten Fall kann ein Projekttyp auf eine spezifische Scorecard-Ebene nicht zugeordnet werden. Im zweiten Fall ist eine Zuteilung des Projekttyps auf eine spezifische Scorecard-Ebene möglich, jedoch stellt diese nicht die einzige Zuordnungsmöglichkeit dar. Der Projekttyp kann demnach, je nach konkreter Projektausprägung, unterschiedlichen Scorecard-Ebenen zugeordnet werden. Schließlich ist auch der dritte Fall möglich, dass nämlich eine eindeutige Zuordnung

---

[240] Die einzelnen Projekttypen wurden exemplarisch aus Abschnitt 3.2.1.1 übernommen und stellen in der Literatur abgeleitete Typen bestimmter Projektarten dar. Eine ähnliche Zuordnung von Projekttypen zu einzelnen Ebenen der Balanced Scorecard nimmt auch Scheurer (2000) S. 291f. vor. Die dort genutzten Projekttypen sind dabei noch konkreter gehalten und können somit auf keinen Fall eine allgemeingültige Aussage fundieren.

eines Projekttyps auf eine spezifische Scorecard-Ebene machbar ist und diese Zuordnung auch die einzig sinnvolle Zuordnung dieses Projekttyps darstellt.

Nachdem die inhaltliche Gestaltung der Struktur von Projektportfolios behandelt wurde, sind im Folgenden die Möglichkeiten zur wertmäßigen Verteilung von strategischen Projektbudgets zu behandeln. COOPER/EDGETT/KLEINSCHMIDT stellen, bezogen auf die Konfiguration eines F&E-Projektportfolios, den Ansatz der „Strategic Buckets" als top-down-orientierte Vorgehensweise vor.[241] Die Grundidee dieses zunächst auf ein spezifisches Projektportfolio ausgerichteten Ansatzes kann jedoch allgemein auch auf andere Projektportfolios angewandt werden und wird hier exemplarisch als eine mögliche top-down-orientierte Vorgehensweise betrachtet. Ausgehend von den strategischen Zielen des Unternehmens werden innerhalb des spezifischen Projektportfolios Teilbudgets bestimmt. Diese Teilbudgets sind als Basis für die Auswahl der einzelnen Projekte anzusehen. In der Denkweise des Modells sollte jedes Teilbudget durch ein eigenes Unterportfolio berücksichtigt werden.[242] Im Ergebnis ist für jedes Unterportfolio eine Prioritätenliste der potenziell durchzuführenden Projekte aufzustellen. Als Vorteile einer solchen Vorgehensweise sehen COOPER/ EDGETT/KLEINSCHMIDT vor allem, dass unterschiedliche Projekttypen nicht mit den gleichen Methoden bewertet werden müssen, da die einzelnen Projekttypen in eigenen Prioritätslisten erfasst werden. Ein Projektportfolio, das auf diese Art und Weise erstellt wurde, spiegelt zudem sehr genau die Vorstellungen der Unternehmensführung über die Art und Weise der strategischen Aktivitäten des Unternehmens wider.[243]

Dennoch sprechen zunächst wichtige allgemeine Argumente gegen die Anwendung der top-down-orientierten Konfigurationsdynamik. WILD weist aus Sicht der Planungslehre darauf hin, dass hier vor allem sachlich-vertikale Interdependenzen außer Acht gelassen werden.[244] Es besteht also die Gefahr, dass eine strategisch geplante Vorgehensweise, in diesem Fall die strategischen Projektbudgets, nicht operativ umgesetzt werden kann.[245] Ein weiterer kritischer Punkt besteht hinsichtlich der Moti-

---

[241]   Die Autoren gehen dabei von einer Unterteilung der Projektportfolios nach Projekttypen aus. Diese Unterteilung wird im Folgenden durch eine Unterteilung des Projektportfolios nach Ebenen der strategischen Projektbudget-Scorecard ersetzt.

[242]   Vgl. zur Vorgehensweise Cooper/Edgett/Kleinschmidt (2001) S. 124ff.

[243]   Vgl. Cooper/Edgett/Kleinschmid (2001) S. 132 und 129.

[244]   Vgl. Wild (1982) S. 189 sowie ausführlich S. 191ff.

[245]   Vgl. Mag (1995) S. 168. Dies kann auch als ein Auseinanderfallen von Ressourcenallokation und tatsächlicher Allokationskompetenz bezeichnet werden. Vgl. Dambrowski (1986) S. 198.

vation der Beteiligten, insbesondere der einzelnen Projektleiter bzw. Projektverantwortlichen, da sie kaum Mitsprachemöglichkeiten in Bezug auf die Höhe der nutzbaren strategischen Projektbudgets haben.[246]

Bezogen auf die spezifische Situation innerhalb der Phase der vertikalen Projektportfolio-Konfiguration können weitere Nachteile dieses Verfahrens angeführt werden.
Zunächst weisen COOPER/EDGETT/KLEINSCHMIDT sehr ausführlich darauf hin,
dass eine hierarchisch durchgesetzte Aufteilung der Projektbudgets, sei es auf der
Ebene von Projektportfolios oder unterschiedlichen Projekttypen, immer der Gefahr
der Willkür ausgesetzt ist. Ebenso besteht die Gefahr, dass innerhalb des Multiprojektmanagements zu viele Projektportfolios aufgebaut werden, falls grundsätzlich
innerhalb der einzelnen Projektportfolios (z.B. IT, Organisation, F&E) auch noch
weitere Unterportfolios für einzelne Projekttypen installiert werden.[247] Im Ergebnis
kann somit eine nur top-down-orientierte Vorgehensweise, vor allem in Verbindung
mit einer sehr strikten Unterteilung von Projektportfolios in weitere Unterportfolios,
als nicht allgemein geeignet angesehen werden.[248]

3.3.1.2 Bottom-up-orientierte Konfigurationsdynamik

Im Gegensatz zur top-down-orientierten Vorgehensweise geht eine bottom-up-orientierte Vorgehensweise zunächst von der Gesamtheit der beantragten und laufenden
Projekte aus. Der Bedarf an Budgetmitteln wird dann, aufbauend auf der Priorisierung
der Einzelprojekte, vom Portfolio-Board an den Konzernausschuss Multiprojektmanagement zur Bewilligung weitergeleitet. Es erfolgt somit keine Festschreibung
einer expliziten Zielstruktur der einzelnen Projektportfolios hinsichtlich der Verteilung
des strategischen Projektbudgets auf unterschiedliche Scorecard-Ebenen. Eine Überprüfung der Konformität der einzelnen Projekte mit den strategischen Zielen bzw. der
strategischen Intention des Unternehmens erfolgt nur auf der Ebene der Einzelprojektbewertung, indem innerhalb des Bewertungsprozesses strategische Bewertungskriterien genutzt werden. Somit qualifizieren sich zunächst alle Projekte, die eine
hinreichende Unterstützung der strategischen Ziele des Unternehmens beinhalten.
Über die tatsächliche Höhe des Gesamtbudgets und somit auch die Anzahl der bewil-

---

Ähnliche Kritik am Top-down-Ansatz äußert WOLBOLD. Er sieht ebenfalls die Sicherstellung
der Durchführbarkeit der Budgets als Hauptproblem an. Vgl. Wolbold (1995) S. 101.

[246] Siehe hierzu den Hinweis bei Lehmann (1993) S. 147. Seine Überlegungen können analog auf
die Situation der strategischen Projektbudgetierung übertragen werden.

[247] Vgl. ausführlich zu diesen Kritikpunkten Cooper/Edgett/Kleinschmidt (2001) S. 131f.

[248] Vgl. Lehmann (1993) S. 147f.

ligten Projekte entscheidet dann der Konzernausschuss Multiprojektmanagement in Abstimmung mit dem zuständigen Portfolio-Board.[249]

Als Vorteile dieser Vorgehensweise sind vor allem die Berücksichtigungen der aktuellen Gegebenheiten bzw. Bedarfe der unterschiedlichen Unternehmensbereiche zu nennen. Weiterhin können Interdependenzen zwischen unterschiedlichen Projektvorschlägen besser berücksichtigt werden.[250] Strategische Chancen für das Unternehmen, welche der Unternehmensführung nicht aktuell bekannt sind, können durch Hinweise der beantragenden Projektleiter wahrgenommen werden. Weiterhin ist aus Sicht der Mitarbeitermotivation davon auszugehen, dass ein im Bottom-up Verfahren erstelltes Projektportfolio eine hohe Zustimmung der Mitarbeiter erfährt, was wiederum positive Folgen für das Unternehmen hat.[251]

Die bottom-up-orientierte Vorgehensweise ist jedoch auch kritisch zu betrachten. Neben der oftmals zu hohen Budgetbedarfsmeldung innerhalb der Einzelprojekte[252] ist hier ein hoher Aufwand zur horizontalen Koordination der einzelnen Portfoliobudgets zu nennen. Ebenso kann es zu erheblichen Zieldivergenzen zwischen den einzelnen Projektportfolios kommen, die im Rahmen einer top-down-orientierten Vorgehensweise zumindest in Teilen vermieden werden können. MAG nennt in diesem Zusammenhang die Gefahr einer negativen Koordination auf den geringstmöglichen gemeinsamen Zielbeitrag.[253] Aus allgemeiner Sicht kommt WILD daher zu dem Schluss, dass „die progressive wie auch retrograde Planung nicht funktionieren kann".[254]

Der bedeutsamste Kritikpunkt betrifft jedoch die Ressourcenzuteilung zu den Einzelprojekten. Während im Zuge der Nutzung von Scoring-Modellen die allgemeine Strategieorientierung der einzelnen Projekte sichergestellt werden kann, wird in keiner Weise die Aufteilung der Ressourcen auf unterschiedliche Scorecard-Ebenen gesteuert. Dies kann zur Folge haben, dass z.B. innerhalb der F&E nur Projekte in

---

[249] Vgl. zur beispielhaften Vorgehensweise Cooper/Edgett/Kleinschmid (2001) S. 136f. sowie zum grundsätzlichen Vorgehen Dambrowski (1986) S. 61.

[250] Vgl. Specht/Beckmann (1996) S. 212.

[251] LEHMANN spricht in diesem Zusammenhang von einer „strategischen Erstformulierung", welche insbesondere der Unternehmensführung Einblicke in die Fähigkeiten der Mitarbeiter zur strategisch orientierten Arbeit im Unternehmen ermöglicht. Vgl. Lehmann (1993) S. 149.

[252] Vgl. Lehmann (1993) S. 148f. Er führt dies vor allem auf die oftmals zu positiven Zukunftserwartungen der Mitarbeiter – „Hockey-Stick-Effekt" der Planung – zurück.

[253] Vgl. Mag (1995) S. 168. Er sieht darin das Hauptargument zu Anwendung der Planung bzw. Budgetierung im Gegenstrom.

[254] Wild (1982) S. 195. Zur grundlegenden Diskussion der bottom-up-orientierten Vorgehensweise siehe dort S. 194ff. und Rösgen (1993) S. 228.

althergebrachten Forschungs- bzw. Produktentwicklungsgebieten der Marktebene in das Projektportfolio aufgenommen werden. Erfolgspotenziale schaffende neue Produkt- oder Technologiefelder, welche der Ressourcen-Ebene einer Scorecard zuzuordnen wären, werden somit nicht bearbeitet, weil keine verbindlichen Vorgaben für die Struktur des Projektportfolios von Seiten der Unternehmensführung existieren.[255]

3.3.1.3 Gegenstromorientierte Konfigurationsdynamik

Aufgrund der Nachteile der alleinigen Verwendung der beiden erstgenannten Konfigurationsdynamiken wird innerhalb der Literatur, aber auch innerhalb der Unternehmenspraxis[256], eine gegenstromorientierte Vorgehensweise propagiert. Die gegenstromorientierte Konfigurationsdynamik zeichnet sich dadurch aus, dass die Budgetvorgaben sowohl top-down wie auch bottom-up in mehreren Durchläufen festgelegt werden.[257] Dabei kann die Eröffnung der Portfolio-Konfiguration grundsätzlich sowohl bottom-up- als auch top-down-orientiert erfolgen.[258] Im Zuge einer bottom-up-orientierten Eröffnung stellt sich jedoch die Problematik, dass gegebenenfalls der situative Kontext innerhalb des Unternehmens zu sehr Einfluss auf die Struktur und Höhe der Projektbudgets hat.[259] Insbesondere neuartige strategische Veränderungen können somit nicht direkt von Anfang an in den Konfigurationsprozess eingebracht werden. Daher wird in der Literatur einstimmig eine Top-down-Eröffnung der strate-

---

[255] Eine Steuerung der Struktur von Projektportfolios nur über die Kriterien der Scoring-Modelle erscheint an dieser Stelle ebenfalls als nicht geeignet und in vielen Fällen auch als nicht möglich. Vgl. hierzu auch Cooper/Edgett/Kleinschmidt (2001) S. 137f. SPECHT/BECKMANN kritisieren weiterhin, dass innerhalb der Bottom-up-Methode keinerlei Ressourcenbeschränkungen und alternative Investitionsmöglichkeiten berücksichtigt werden. Vgl. Specht/Beckmann (1996) S. 212.

[256] DAMBROWSKI weist in einer empirischen Untersuchung nach, dass über 60 Prozent der Industrieunternehmen eine Budgetierung im Gegenstrom bevorzugen. Vgl. Dambrowski (1986) S. 196. Eine Übersicht zu gleichartigen empirischen Evidenzen liefert Mag (1995) S. 169. Ebenso stimmt er aus theoretischer Sicht zu (S. 170).

[257] Vgl. zur grundsätzlichen Vorgehensweise Wild (1982) S. 196ff. WILD betont vor allem, dass durch die Verbindung der retrograden mit der progressiven Planungsdynamik die Risiken der Suboptimierung vermieden und sachlich-vertikale Interdependenzen innerhalb der Budgetierung berücksichtigt werden. Weiterhin sprechen auch Aspekte der Planungs- und Durchführungsmotivation grundsätzlich für eine Anwendung dieser Vorgehensweise. Ebenso Franz (1993) S. 136 und Wolbold (1995) S. 102.

[258] Vgl. zu den unterschiedlichen Eröffnungsverfahren Wolbold (1995) S. 102ff.

[259] TOURNEAU stellt hierbei eine Ausnahme dar. Bezogen auf die strategische Investitionsbudgetierung argumentiert er, dass zumindest zwischen der Bereichsführung und der Konzernleitung eine progressive Vorkopplung erfolgen sollte. Dies liegt wohl auch darin begründet, dass die Bereiche autonome Wettbewerbsstrategien beschließen können. Vgl. Tourneau (1995) S. 158f. sowie S. 214f.

gischen Projektbudgetierung vorgeschlagen.[260] Innerhalb der gegenstromorientierten Vorgehensweise ist eine Abstimmung von Vorgaben der Unternehmensführung mit den Bedarfen der Einzelprojekte vorzunehmen. Im Zuge dieser Abstimmung können Anpassungen bezüglich der grundlegenden Anteile der Projekttypen an den einzelnen strategischen Projektbudgets sowie bezüglich der Mittelzuweisung zu Einzelprojekten vorgenommen werden.

Neben den bereits genannten allgemeinen Vorteilen des gegenstromorientierten Vorgehens sprechen auch spezifische Gründe aus Sicht des Multiprojektmanagements für die Anwendung dieser Dynamik. Zunächst stellt der Ansatz, strategische Projektbudgets und deren (Grob-)Struktur auf der Ebene der obersten Unternehmensführung zu verabschieden, eine top-down-orientierte Vorgehensweise dar. Dies ist an dieser Stelle des Prozesses auch notwendig, um die wertorientierte Übersetzung der strategischen Programme in den einzelnen Teilbereichen sicherzustellen. Trotz der Ableitung von strategischen Projektbudgets aus der grundlegenden Strategie des Unternehmens sind im weiteren Verlauf des Konfigurationsprozesses die Potenziale und Implementierungsfähigkeiten des Unternehmens – und somit die Projekte – zu berücksichtigen. Deshalb sind in einem weiteren Schritt zunächst die unterschiedlichen Projektanträge sowie die bereits laufenden Projekte des Unternehmens zu erfassen und in die gegenstromorientierte Konfigurationsdynamik der strategischen Projektbudgetierung einzubeziehen.[261]

Würde dies nicht geschehen, könnten sich die folgenden ungünstigen Szenarien ergeben: Im Falle der Überdimensionierung eines strategischen Projektbudgets würde nicht das gesamte Planbudget in Projekte umgesetzt. Der so entstehende Slack müsste dann in anderen Projektportfolios eingesetzt werden, da ansonsten Bereiche mit hervorragenden strategischen Projektmöglichkeiten, die eventuell den Entscheidungsgremien der strategischen Projektbudgetierung nicht bekannt sind, von einer Minderzuweisung von Finanzmitteln oder anderen umsetzungsrelevanten Ressourcen betrof-

---

[260] Vgl. Lehmann (1993) S. 151; Dambrowski (1986) S. 197; Tourneau (1995) S. 90; Lindenberg (1998) S. 99; Wittmann (1998) S. 87 sowie 94f. speziell zur F&E-Budgetierung und Rösgen (1999) S. 228f. speziell zur Investitionsbudgetierung. REINECKE/FUCHS schlagen für den Bereich der Marketing-Budgetierung ebenfalls ein gegenstromorientiertes Verfahren mit einer Top-down-Eröffnung vor. Die Vorteile dieser Vorgehensweise sehen die Autoren insbesondere darin, dass den Gewinn- und Zielvorgaben des Managements Priorität eingeräumt wird. Vgl. Reinecke/Fuchs (2003) S. 25.

[261] Diese Vorgehensweise schlagen auch Specht/Beckmann (1996) S. 213f. vor. Sie beziehen sich dabei auch auf Stockbauer (1989). Insbesondere die Hervorhebung der strategischen Notwendigkeiten zur Generierung von Erfolgspotenzialen wird als positiv beurteilt.

fen wären. Eine unterlassene Mittelumleitung würde dann zu einer nicht optimalen Ausnutzung von Unternehmensressourcen sowie einer damit einhergehenden suboptimalen strategischen Positionierung des Unternehmens führen. Andererseits kann ein nicht ausgenutztes strategisches Projektbudget auch ein starker Indikator dafür sein, dass in bestimmten Bereichen des Unternehmens die strategischen Intentionen der Unternehmensführung nicht adäquat umgesetzt werden. Ebenso hindert ein von vornherein unterdimensioniertes Projektbudget die Umsetzung wertschöpfender Projekte, da nicht grundsätzlich auf zusätzliche Budgetmittel aus anderen Projektportfolios gehofft werden kann. Es ist somit im Einzelfall zu prüfen, ob eine Umschichtung von Budgetbeträgen zwischen einzelnen Projektportfolios erfolgen soll oder aber die von der Budgetunterschreitung betroffenen Unternehmensbereiche bzw. Projektverantwortlichen zu einer stärkeren Projektinitialisierung angeregt werden müssen.

Der Einfluss der Unternehmensorganisation auf den Ablauf bzw. Aufbau der Budgetierung von strategischen Projekten soll an dieser Stelle ausgeklammert werden. Es sei aber darauf hingewiesen, dass OTT bezüglich des Einflusses der Konzernorganisation zu dem Ergebnis kommt, dass innerhalb von Stammhauskonzernen die Strukturierung der strategischen Budgets detaillierter als im Holding-Konzern ausfallen wird.[262]

3.3.2 Idealtypisches Vorgehensmodell zur vertikalen Projektportfolio-Konfiguration

Nachdem in den vorhergehenden Abschnitten wichtige Grundprinzipien der vertikalen Projektportfolio-Konfiguration erläutert wurden, wird innerhalb dieses Abschnitts ein idealtypisches Vorgehensmodell der vertikalen Projektportfolio-Konfiguration entworfen.[263] Innerhalb dieses Modells wird auch eine mögliche Rückkopplung zur horizontalen Konfiguration berücksichtigt. Dies beinhaltet die Aspekte der Abstimmung von Vorgaben bezüglich der Struktur der strategischen Projektbudgets. Im Folgenden soll unter dem Begriff eines Projekttyps diejenige homogene Projektgruppe eines Projekt-

---

[262] Vgl. Ott (2000) S. 183. Die Darstellung des Einflusses der Unternehmens- und vor allem Projektorganisation auf die Budgetierung von strategischen Projekten erfolgt im Rahmen der vertikalen Abstimmung der strategischen Projektbudgets mit der operativen Budgetierung des Unternehmens in Abschnitt 3.3.3. TOURNEAU trifft darüber hinausgehend Aussagen zur organisatorischen Zuordnung von Trägern der Planung strategischer Investitionsprojekte. Vgl. Tourneau (1995) S. 139.

[263] Als wichtige Referenzpunkte dienen hierbei die praxisorientierten Vorgehensmodelle von Lehmann (1993) S. 151ff. sowie Cooper/Edgett/Kleinschmidt (2001) S. 135ff. und 250ff. Spezifische Verweise erfolgen an gegebener Stelle.

portfolios verstanden werden, die einer spezifischen Scorecard-Ebene zugeordnet werden kann.[264]

3.3.2.1 Top-down-orientierte Vorgabe von Budgethöhe und Spending-Levels

Aufbauend auf den Erkenntnissen der vorhergehenden Abschnitte ist eine gegenstromorientierte Vorgehensweise zur vertikalen Konfiguration der Projektportfolios mit einer Top-down-Eröffnung zu wählen. Innerhalb dieses ersten Schrittes sind zunächst die grundlegenden Entscheidungen der horizontalen Konfiguration bezüglich der Anzahl der einzelnen Projektportfolios und deren Budgethöhe zu übernehmen.

Neben der bereits angesprochenen Möglichkeit der Etablierung von „Strategic Buckets" im Sinne von festen und allein stehenden strategischen Projektbudgets können auch nur Vorgaben bezüglich des Anteils spezifischer Projekttypen am strategischen Projektbudget eines Projektportfolios, Spending-Levels verstanden als relative Projekttypenanteile, vorgegeben werden. Die Verwendung von festen strategischen Projektbudgets besitzt, verbunden mit der Bildung von Unterportfolios für einzelne Projekttypen, den bereits erwähnten Vorteil, dass unterschiedliche Projekttypen nicht miteinander verglichen werden müssen und somit auch nicht um Teilbudgets konkurrieren. Demgegenüber haben feste strategische Projektbudgets den Nachteil, dass eine Anpassung der Teilbudgets bzw. der Struktur des übergeordneten Projektportfolios ungleich schwerer ist, weil bei jeder Änderung Verschiebungen zwischen faktisch etablierten Portfolios entstehen.[265] Dennoch kann die Verwendung von festen strategischen Projektbudgets und Unterportfolios insbesondere im Falle einer großen Anzahl von Einzelprojekten vorteilhaft sein. Eine Entscheidung bezüglich der Anwendung ist somit stark vom vorliegenden Einzelfall abhängig.

Innerhalb des idealtypischen Modells wird der Ansatz der relativen Projekttypenanteile verfolgt. Diese Methode bringt zwar bezüglich der Anwendung in sehr großen Projektportfolios gewisse Nachteile in der Bewertung von unterschiedlichen Projekttypen innerhalb der Projektpriorisierung mit sich. Insbesondere können die Bewertungsmethoden nur einen niedrigen Spezialisierungsgrad aufweisen, da sie für alle Projekte eines Projektportfolios nutzbar sein müssen. Dennoch sprechen bedeutsame

---

[264]   Dies kann z.B. der Projekttyp IT-Ressourcenebene sein. Hierin wären alle Projekte des IT-Projektportfolios enthalten, deren hauptsächlich zu beeinflussende Kennzahl sich in der Ressourcenebene befindet.

[265]   Cooper/Edgett/Kleinschmidt (2001) S. 130f. zeigen ein Beispiel auf, in dem das betroffene Unternehmen über 600 „Strategic Buckets" etabliert hat. Bereits geringste Änderungen innerhalb der Struktur sind dabei nach Meinung der Autoren nicht mehr zu handhaben.

Vorteile bezüglich des Konfigurationsprozesses für die Verwendung. Dies ist vor allem darin begründet, dass die relativ flexible Charakteristik der Spending-Levels für eine schnelle und unkomplizierte Anpassung der strategischen Projektbudgets innerhalb der gegenstromorientierten Vorgehensweise geeignet ist. Die Spending-Levels können dabei auch anhand unterschiedlicher Dimensionen vorgegeben werden.[266] Im vorliegenden Fall (Abbildung 3–14) sind die Dimensionen universelle Projekttypen und spezielle Projekttypen gewählt worden.[267] Die Spending-Levels können somit eine „Übersetzungsfunktion" der Vorgaben für die Budgetanteile der einzelnen Scorecard-Ebenen auf die spezifischen Projekttypen des IT-Projektportfolios darstellen.

Universelle Projekttypen	Zielwerte	Spezifische Projekttypen			
		Process Improvement	Experiments	Renewal	Trans-formation
Marktebene	0%	0%	0%	0%	0%
Prozessebene	55%	4%	26%	10%	15%
Ressourcenebene	45%	16%	4%	20%	5%
Summe	100%	20%	30%	30%	20%

Abbildung 3–14   Beispiel zur mehrdimensionalen Gestaltung von Spending-Levels in einem IT-Projektportfolio

Demnach können Spending-Levels z.B. aussagen, dass 20 Prozent des strategischen Projektbudgets für das IT-Projektportfolio für Projekte der Art Process Improvement verwendet werden soll. Gleichzeitig sind 55 Prozent des strategischen Projektbudgets für das IT-Projektportfolio Projekten der Prozessebene zuzurechnen. Somit können innerhalb dieser mehrdimensionalen Strukturierung von Projektportfolios detaillierte Vorgaben zu spezifischen Schnitten durch die unterschiedlichen Dimensionen angegeben werden. Insofern können mehrdimensionale Spending-Levels helfen, die allgemeinen Vorgaben bezüglich der Scorecard-Ebenen auf die realen Projekttypen innerhalb eines Projektportfolios zu übertragen. Diese Möglichkeit erleichtert also an dieser Stelle die Implementierung der Konzeption in die Unternehmenspraxis.

An dieser Stelle zeigt sich der Vorteil dieser Methodik gegenüber den festen strategischen Projektbudgets, da für eine neue Strukturierungsdimension keine neuen Unterportfolio-Strukturen aufgebaut werden müssen. Weiterhin ist eine derartig detaillierte Vorgabe der Budgetaufteilung mit festen strategischen Projektbudgets nicht

---

[266]   Cooper/Edgett/Kleinschmidt (2001) S. 134 und 265ff. zeigen anhand eines Beispiels aus dem F&E-Bereich, wie Spending-Levels auch mehrdimensional über Projekttypen und Produktlinien hinweg verteilt werden können.

[267]   Die universellen Projekttypen beziehen sich auf die Scorecard-Ebenen. Demgegenüber beziehen sich die speziellen Projekttypen auf die Gestaltungsvorschläge von Ross/Beath (2002) S. 53.

möglich, da für alle Tabellenfelder in obigem Beispiel eigenständige Unterportfolios etabliert werden müssten, was unter Beachtung des damit verbundenen administrativen Aufwands als unwirtschaftlich zu bezeichnen ist. Bei Nutzung von Spending-Levels reicht es vielmehr aus, wenn die Portfolio-Struktur primär anhand der Projekttypen ausgerichtet wird. Die unterschiedlichen Dimensionen können dann innerhalb der Projektpriorisierung berücksichtigt werden.

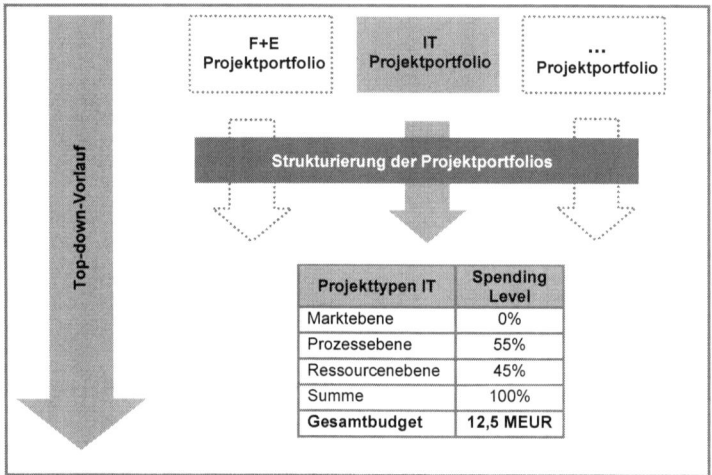

Abbildung 3–15   **Strukturierung von Projektportfolios durch die Vorgabe von Spending-Levels**

Die Vorgabe von Spending-Levels beruht auf der horizontalen Konfiguration. Hier sind die Vorgaben beispielhaft in Abbildung 3–15 für das IT-Projektportfolio darge-stellt. Projekte der Ressourcen-Ebene sollen demnach 45 Prozent des strategischen Projektbudgets ausmachen. An dieser Stelle werden auch die Verknüpfungspunkte zwischen horizontaler und vertikaler Konfiguration von Projektportfolios evident. Die horizontale Konfiguration dient vor allem im Zuge des Top-down-Vorlaufs als Grundlage für die Festlegung von Spending-Levels innerhalb der vertikalen Portfolio-Konfiguration, da sie die Anteile der universellen Projekttypen in den einzelnen Projektportfolios vorgibt.

3.3.2.2 Bottom-up-orientierte Budgetzuteilung zu Projekten

Die unterschiedlichen Prioritätsklassen werden in der vertikalen Portfolio-Konfigura-tion auch unterschiedlich berücksichtigt. Im Zuge der Projektpriorisierung sind somit die verschiedenen Einzelprojekte – sowohl die bereits innerhalb der Projektportfolios aus Vorperioden enthaltenen als auch die neu beantragten – zu bewerten.

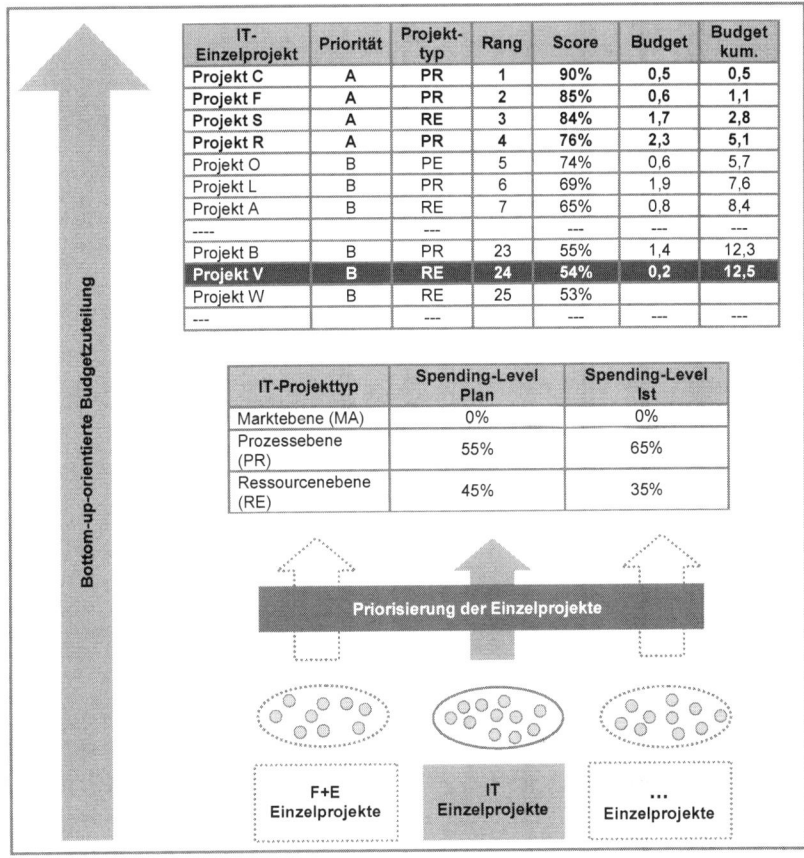

IT-Einzelprojekt	Priorität	Projekttyp	Rang	Score	Budget	Budget kum.
Projekt C	A	PR	1	90%	0,5	0,5
Projekt F	A	PR	2	85%	0,6	1,1
Projekt S	A	RE	3	84%	1,7	2,8
Projekt R	A	PR	4	76%	2,3	5,1
Projekt O	B	PE	5	74%	0,6	5,7
Projekt L	B	PR	6	69%	1,9	7,6
Projekt A	B	RE	7	65%	0,8	8,4
----	---	---	---	---	---	---
Projekt B	B	PR	23	55%	1,4	12,3
Projekt V	B	RE	24	54%	0,2	12,5
Projekt W	B	RE	25	53%		
---	---	---	---	---	---	---

IT-Projekttyp	Spending-Level Plan	Spending-Level Ist
Marktebene (MA)	0%	0%
Prozessebene (PR)	55%	65%
Ressourcenebene (RE)	45%	35%

Bottom-up-orientierte Budgetzuteilung

Priorisierung der Einzelprojekte

F+E Einzelprojekte · IT Einzelprojekte · ... Einzelprojekte

Abbildung 3–16   Bottom-up-orientierte Budgetzuteilung zu Projekten

Hierzu können allgemeine wie auch portfoliospezifische Bewertungsmethoden genutzt werden.[268] Als Ergebnis der Projektpriorisierung entsteht ein Projekt-Ranking pro Projektportfolio. Innerhalb dieser Liste sind bei Nutzung von Spending-Levels sämtliche Projekte eines Projektportfolios enthalten (Abbildung 3–16). Im Ranking der Projekte können anhand der kumulierten Budgets für jede einzelne Projektart die Anteile am Budget des Projektportfolios berechnet werden. Hierbei ist vor allem darauf

---

[268]   Die Vorgehensweise zur Priorisierung von Projekten eines Projektportfolios wird in Kapitel 4 ausführlich dargestellt.

hinzuweisen, dass zunächst alle Projekte der Prioritätsklasse A zu berücksichtigen sind.[269] Den Projekten der Priorität A wird dabei zunächst derjenige Anteil des insgesamt zur Verfügung stehenden strategischen Projektbudgets zugeteilt, der für ihre Durchführung notwendig ist. Mit dieser Vorgehensweise wird sichergestellt, dass Projekte der Priorität A immer mit ausreichenden Ressourcen ausgestattet sind. Um den restlichen Betrag der Budgets müssen dann alle Projekte der Priorität B konkurrieren.

Im vorliegenden Beispielfall eines IT-Projektportfolios werden alle Projekte bis zur Budgetgrenze von 12,5 Mio. Euro, d.h. alle Projekte bis einschließlich Rang 24 (Projekt V), zunächst in das Portfolio aufgenommen. Alle Projekte der Priorität B ab Rang 25 erhalten den Status HOLD und werden zunächst nicht mit Budgets bedacht. Falls die Plan- und Ist-Spending-Levels eines Projektportfolios bereits weitgehend übereinstimmen, kann dieses endgültig konfiguriert werden. Da dieser Fall in der unternehmerischen Praxis aber nur in seltenen Fällen vorkommt, sind weitere Abstimmungshandlungen notwendig. Im vorliegenden Fall ist insbesondere der Projekttyp „IT-Prozessebene" deutlich überrepräsentiert, während Projekte vom Typ „IT-Ressourcenebene" unter Plan berücksichtigt sind. Demzufolge muss eine Abstimmung von Plan- und Istwerten innerhalb eines Rücklaufprozesses erfolgen.

3.3.2.3 Gegenstromorientierte Abstimmung der Konfiguration von Projektportfolios

Ein erster Auslöser für eine gegenstromorientierte Abstimmung der Plan- und Ist-Budgets eines Projektportfolios besteht, wenn nicht alle Projekte der Priorität A eines Portfolios aufgrund einer zu geringen Gesamtbudgethöhe durchgeführt werden können. Es herrscht also ein absoluter Kapazitätsmangel, d.h., die vorgesehenen strategischen Budgets eines Portfolios reichen nicht aus, sämtliche Projekte der Priorität A durchzuführen. In diesem Fall muss innerhalb der Portfolio-Konfiguration eine Rückkopplung auf die Ebene der horizontalen Portfolio-Konfiguration mit dem Ziel einer Anpassung der strategischen Projektbudgets erfolgen. Im entgegengesetzten Fall eines absoluten Ressourcenüberschusses reicht das Budget eines Projektportfolios aus, um sämtliche Projekte der Priorität A und B durchzuführen. Zusätzlich könnten in diesem Projektportfolio noch weitere Ressourcen zugeteilt werden, es fehlt aber an ent-

---

[269]   Die einzelnen Prioritätsklassen wurden bereits weiter oben ausführlich beschrieben. Zu allen Projekten der Priorität A sind vollständige Budgetzuteilungen vorzunehmen. Zu den am höchsten bewerteten Projekten der Priorität B sind Budgetzuteilungen abhängig von der Ressourcenausstattung vorzunehmen. Projekte der Prioritätsklasse C sind nicht durchzuführen.

sprechenden strategischen Projekten. Hier wird die strategische Intention der Unternehmensführung nicht adäquat projektorientiert umgesetzt bzw. sind im Zuge der strategischen Projektbudgetierung falsche Planungsprämissen gesetzt worden. Auch in diesem Fall ist eine Rückkopplung zur horizontalen Portfolio-Konfiguration unabdingbar bzw. sind weitere Projekte innerhalb des Portfolios zu etablieren. Im Regelfall ist jedoch davon auszugehen, dass bezüglich der strategischen Projektbudgets nur ein relativer Mangel herrscht. Dies bedeutet, dass die Projekte der Priorität A vollzählig, Projekte der Priorität B aber nur in einem bestimmten Umfang realisiert werden können.[270]

In Projektportfolios, deren Plan- und Ist-Struktur bezüglich der Spending-Levels nicht übereinstimmt, sind weitere Abstimmungshandlungen denkbar. Zunächst können in einem ersten Rücklaufprozess die top-down vorgegebenen Spending-Levels nochmals überprüft werden. Falls sich im Zuge der Projektpriorisierung neue Erkenntnisse bezüglich der notwendigen Portfoliostruktur aufgrund von Änderungen in der Projektgesamtheit ergeben haben, kann das zu einer Anpassung der Plan-Spending-Levels führen, um besonders wichtig erscheinende Projekttypen, die einen zu niedrigen Budgetanteil innehaben, zusätzlich zu berücksichtigen. Sind keine Änderungen der Spending-Levels möglich bzw. reichen die getroffenen Änderungen nicht aus, sind in einem weiteren Rücklaufprozess die bottom-up ermittelten Einzelprojekt-Rankings zu überprüfen. Gegebenenfalls erscheinen vor dem Hintergrund der aktuellen Situation einige Projekte nicht adäquat im Ranking positioniert. Erweist sich z.B. die Durchführung von Projekten eines spezifischen Projekttyps, der noch nicht zum geplanten Anteil im vorläufigen Projektportfolio vertreten ist, als strategisch äußerst bedeutsam, können diese Projekte nachträglich in das Portfolio aufgenommen werden. Dadurch fallen andere Projekte heraus, deren Projekttyp z.B. im Portfolio überrepräsentiert ist. Weiterhin steht auch die Möglichkeit offen, dass die Höhe des Gesamtbudgets für das betroffene Projektportfolio im Rahmen der horizontalen Konfiguration erhöht wird. Inwieweit der benötigte Betrag von anderen Projektportfolios entbehrt werden muss, liegt als politische Entscheidung im alleinigen Verantwortungsbereich der Unternehmensführung. Daher ist an diesem Punkt auf die Problematik hinzuweisen, dass ein Multiprojektmanagement vor allem auch eine neutrale Beratung im Falle von politischen Entscheidungen bieten soll,[271] wobei davon auszugehen ist, dass in Konflikt-

---

[270]   Vgl. grundlegend zu der Budgetdeckung von Projekten unterschiedlicher Prioritätsklassen Caspers (1996) S. 85f.

[271]   Vgl. Pradel/Südmeyer (1997) S. 1552.

fällen die oberste Hierarchiestufe die endgültige Entscheidung bezüglich der Konfiguration von Projektportfolios trifft. Sobald eine für alle Beteiligten akzeptierbare Konfiguration der Projektportfolios getroffen wurde, können die operativen Projektbudgets genehmigt werden.[272]

Das oben dargestellte Vorgehensmodell ist grundsätzlich auch auf den Sonderfall der Existenz nur eines Projektportfolios im Unternehmen anwendbar. Es müssen jedoch einige Anpassungen vorgenommen werden. Die grundlegende Verteilung des strategischen Budgets auf einzelne Projektportfolios entfällt. Falls eine Strukturierung des Projektportfolios erwünscht ist, muss dies in Form von Spending-Levels erfolgen. Die Detaillierung der Spending-Levels kann dabei frei gewählt werden. Es ist also möglich, nur Projektarten (z.b. IT-Projekte) oder auch Projekttypen (z.b. alle Typen von IT-Projekten) als Dimensionen zu berücksichtigen. Insbesondere für den Fall, dass keinerlei Vorstrukturierung des Projektportfolios vorgenommen wurde, müssen im Zuge der Einzelprojektbewertung möglichst aussagekräftige strategische Bewertungskriterien Anwendung finden. Eine Bewertung unterschiedlicher Projektarten mit spezifischen Methoden ist daher an dieser Stelle nicht möglich. Es wird somit ersichtlich, dass die Nutzung nur eines Projektportfolios bedeutsame Nachteile aufweist, die lediglich durch operative Einsparungen aufgrund des minimierten Konfigurationsprozesses aufgewogen werden können.

3.3.2.4 Berücksichtigung von strategischen Projekten mit extern induzierter Priorität A

Projekte der Priorität A[273] sollten grundsätzlich mit dem strategischen Projektbudget des inhaltlich zugehörigen Projektportfolios finanziert werden. Innerhalb der vertikalen Konfiguration von Projektportfolios wird aber immer wieder das Problem auftreten, dass strategische Projekte der Priorität A berücksichtigt werden müssen, die ihre Priorität nicht aufgrund von strategischen Überlegungen der Unternehmensführung erhalten, sondern aufgrund von extern induzierten Einflüssen. Dies kann z.b. im Zuge der Änderung von Aufsichtsgesetzen in staatlich regulierten bzw. beaufsichtigten Branchen (z.b. Banken, Versicherungen, Telekommunikation) der Fall sein. Erschwerend kommt hinzu, dass oftmals eine Notwendigkeit zum projektorientierten Handeln durch die strategische Frühaufklärung signalisiert wird. Die genaue Vorgehensweise

---

[272]   Vgl. Tourneau (1995) S.158ff. zur gleichartigen Vorgehensweise der Unternehmenspraxis innerhalb der strategischen Investitionsplanung.

[273]   Zur Kategorisierung der unterschiedlichen Projekt-Prioritäten siehe nochmals Abschnitt 3.1.4.

bzw. der notwendige Ressourcenumfang ist aber noch nicht spezifiziert, da es sich zunächst nur um ein schwaches Signal handelt. Hierbei bietet sich zunächst die Verwendung von Dummy-Projekten an, die gleichsam als Platzhalter im Zuge der vertikalen Konfiguration von Projektportfolios berücksichtigt werden. Bezüglich der Budgetierung dieser Projekte ergeben sich folgende Möglichkeiten.

Die Budgetbedarfe dieser Projekte mit extern induzierter Priorität A werden innerhalb der inhaltlich zutreffenden Portfolio-Budgets direkt berücksichtigt, indem die Projekte im abschließenden Projektranking an die oberste Stelle gesetzt werden. Bei Verwendung dieser Methode muss jedoch sichergestellt sein, dass jedem Projektportfolio ein Budget in mindestens der Höhe dieser Projekte mit extern induzierter Priorität A zugewiesen wird. Weiterhin ist es oftmals fraglich, ob es sinnvoll ist, dass andere Projekte zurückgestellt werden, nur weil aufgrund etwaiger externer Einflüsse die Budgetmittel bereits zu einem großen Teil verplant sind. Aus diesem Grund müssen sämtliche Projektportfolios zur Finanzierung dieser Projekte mit extern induzierter Priorität A beitragen, ungeachtet der jeweils vorliegenden Projekttypologie. Ansonsten wird es im Zuge der Portfolio-Konfiguration zu mitunter starken Konflikten zwischen der Unternehmensführung und den unterschiedlichen Portfolio-Boards kommen.

Daher besteht die zweite Möglichkeit darin (Abbildung 3–17), explizit ein strategisches Projektbudget nur für Projekte extern induzierter Priorität A einzurichten. Sämtliche Projekte mit extern induzierter Priorität A werden aus diesem Teilbudget bedient, unabhängig von ihrer ursprünglichen Portfolio-Zugehörigkeit. Somit werden, falls z.B. das Teilbudget der extern induzierten Priorität A 20 Prozent des gesamten projektbezogenen strategischen Budgets ausmacht, sämtliche anderen Budgets pauschal um 20 Prozent gekürzt und der entsprechenden Umlagebeitrag in das Teilbudget eingespeist. Hierbei wird deutlich, dass alle strategischen Bereiche des Unternehmens zur Finanzierung dieser Projekte beitragen.

Es bleibt aber festzuhalten, dass diese Vorgehensweise auch problembehaftet ist, da Projektverantwortliche geneigt sind, ihren Projekten den spezifischen Status eines extern induzierten Projektes der Priorität A zu verschaffen, um eine großzügige Finanzierung sicherzustellen. Hier müssen strenge Kriterien zur Einstufung dieser Projekte von Seiten des Konzernausschusses Multiprojektmanagement geschaffen und kontrol-

liert werden, da ansonsten ein zu hoher Umlagebetrag von den einzelnen strategischen
Projektbudgets abgezogen wird.[274]

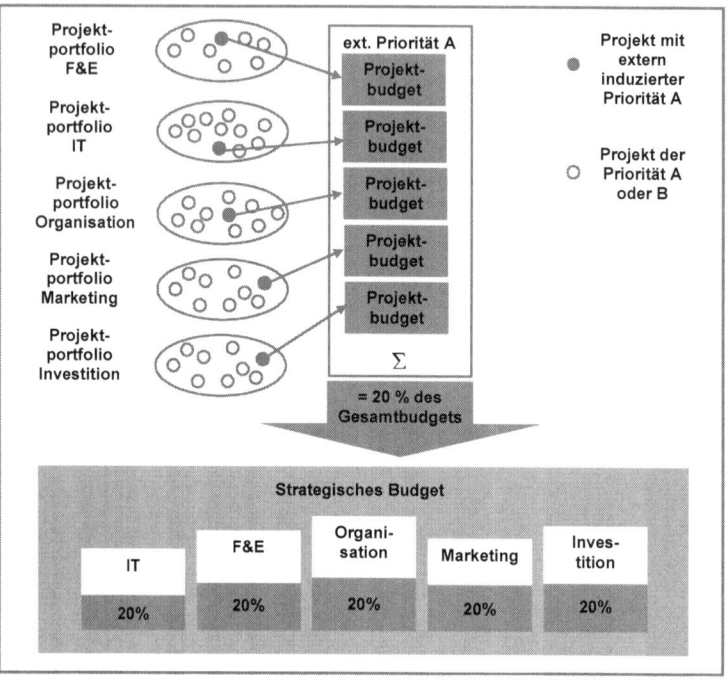

Abbildung 3–17   **Berücksichtigung eines separaten Teilbudgets für strategische Projekte
mit extern induzierter Priorität A**

Weiterhin ist zu entscheiden, ob die strategischen Projekte mit extern induzierter Priorität A in den fachlichen Projektportfolios verbleiben sollen oder eher in einem separaten Projektportfolio eingeordnet werden, dessen Portfolio-Board mit hohen Machtbefugnissen ausgestattet ist. Eine mögliche Finanzierung der Projekte mit extern induzierter Priorität A aus dem operativen Budget heraus ist zwar als weitere Alternative
grundsätzlich möglich, birgt jedoch die große Gefahr, dass wichtige Bereiche der
Wertschöpfungskette nachhaltig behindert bzw. gestört werden und somit weitere
Probleme und Konflikte innerhalb des Prozesses der Konfiguration von Projektport-

---

[274]   Solche strengen Kriterien könnten in einem spezifischen Risikowert des betreffenden Projektes
        liegen. Weiterhin ist denkbar, dass spezifische Kennzahlen genutzt werden, um den Risikowert
        zu ermitteln, der mit der Nichtausführung eines Projektes zusammenhängt. Die Grenzwerte sind
        dann der spezifischen Unternehmenssituation (z.B. Größe des Unternehmens, Wettbewerbs-
        situation, Finanzkraft) anzupassen.

folios auftreten. Weiterhin ist die Gefahr gegeben, dass durch das Aushebeln der eigentlichen Budgethierarchie Entscheidungen getroffen werden, die nicht mit den wirtschaftlichen Zielen des Unternehmens übereinstimmen. Darüber hinaus konterkariert eine direkte Berücksichtigung von strategischen Projekten in der operativen Budgetierung sämtliche Argumente für die Trennung von strategischer und operativer Budgetierung. Davon unbenommen bleibt die Tatsache, dass Projekte mit höchster Dringlichkeit, die einen operativen Charakter haben und nur in einem abgegrenzten organisatorischen Bereich des Unternehmens zu verorten sind, generell innerhalb der operativen Budgetierung des betroffenen Unternehmensbereichs zu berücksichtigen sind.[275]

3.3.3 Verteilung von Projektbudgets auf operative Budgets der Primärorganisation

Ist die Konfiguration der Projektportfolios abgeschlossen und sind somit die zu bearbeitenden strategischen Projekte bekannt, sind die strategischen Projektbudgets in operative Budgets der primären Unternehmensorganisation zu übertragen. Hierzu werden aus den strategischen Projektbudgets zunächst die operativen Projektbudgets der einzelnen Projekte abgeleitet. WITTMANN sieht die Bedeutung der operativen Projektbudgets wie folgt: *„Das operative Projektbudget ist der aus dem strategischen Budget abgeleitete und in wertmäßigen Größen formulierte Plan, der von einem/mehreren von der Unternehmensleitung beauftragten Leitungsorgan(en) mit einer oder mehreren Entscheidungseinheit(en) für die Dauer des Projektes mit dem Charakter einer verbindlichen Rahmenvorgabe abgestimmt wird."[276]* Diese operativen Projektbudgets können nun auf die an den Projekten beteiligten Organisationsbereiche des Unternehmens übertragen werden. Grundsätzlich können diese operativen Budgets dabei unterschiedlichen Organisationseinheiten des Unternehmens zugeordnet werden. Neben den Funktionsbereichen eines Unternehmens sind dabei vor allem die unterschiedlichen Arten von Center-Einheiten zu nennen, die in Center-Strukturen enthalten sind. Im Folgenden wird jedoch aus Gründen der Übersichtlichkeit von einer Weiterverrechnung der operativen Projektbudgets auf die Funktionsbereiche eines Unter-

---

[275] Vgl. auch die Ausführungen zum Pre-Screening von Projekten innerhalb der Projektpriorisierung (Abschnitt 4.1.1).

[276] Wittmann (1998) S. 85.

nehmens ausgegangen. Die im Folgenden angestellten Überlegungen lassen sich jedoch prinzipiell auch auf andere Organisationsformen übertragen.[277]

Funktions-bereiche	Operative Budgets der Funktions-bereiche	Strategisches Projektbudget				Gesamt-budgets der Funktions-bereiche
		Projekt A	Projekt B	Projekt C	Summe	
Absatz	25,0	3,0	--	1,5	4,5	29,5
Produktion	65,0	0,5	--	1,0	1,5	66,5
Beschaffung	50,0	--	1,0	2,5	3,5	53,5
F&E	30,0	6,0	2,0	--	8,0	38,0
Sonstige	20,0	1,0	5,0	--	6,0	26,0
Summe	190,0	10,5	8,0	5,0	23,5	213,5

Abbildung 3–18   **Aufteilung von strategischen Projektbudgets auf operative Budgetbereiche[278]**

Wie sich die Integration der strategischen Budgets in die operative Budgetierung dabei darstellen kann, zeigt Abbildung 3–18: Das operative Gesamtbudget in Höhe von 190,0 Mio. EUR ist im Vorgang auf die unterschiedlichen Funktionsbereiche des Unternehmens verteilt worden. Daran anschließend wird das strategische Projektbudget in der Gesamthöhe von 23,5 Mio. EUR zunächst auf die unterschiedlichen strategischen Projekte verteilt (z.b. 10,5 Mio. EUR auf Projekt A), um dann projektintern auf die von den Projektaktivitäten betroffenen Funktionsbereiche (z.B. Projekt A / Absatz 3,0 Mio. EUR) weiterverrechnet zu werden. Anhand der Tabelle können nun sowohl die Gesamtbudgets der einzelnen Projekte als auch die Anteile der einzelnen Funktionsbereiche angegeben und zu einem späteren Zeitpunkt kontrolliert werden.

Im Rahmen der Bestimmung der operativen Budgets der durchzuführenden Projekte ist weiterhin zu klären, inwieweit Aspekte einer risikoorientierten Budgetierung berücksichtigt werden. Die Grundidee der risikoorientierten Budgetierung, die ursprünglich für den Fall des reinen Projektgeschäfts entwickelt wurde, ist die Ermittlung eines plausiblen Risikopuffers im Budget. Nach RAPP ist es im Rahmen der Projektbud-

---

[277]   Dies gilt vor allem für Cost-Center. Inwieweit eine Budgetierung von Projektkosten bzw. Investments im Zuge einer Vorgabe für Profit- bzw. Investment-Center berücksichtigt werden kann, soll an dieser Stelle nicht weiter untersucht werden.

[278]   In Anlehnung an: Lorange (1980) S. 48 und Huber (1985) S. 304. Angaben in Mio. Euro. Bei Vorliegen einer Cost-Center-Struktur müssten in der ersten Spalte anstatt der Funktionsbereiche die entsprechenden Cost-Center eingetragen werden.

getierung sinnvoll, keinen pauschalen Slack zu berücksichtigen, sondern den Risiko-puffer projektindividuell zu ermitteln.[279] So können im Rahmen dieser risiko-orientierten Budgetanpassung einzelne Grundsätze auf die Vorgehensweise innerhalb des Multiprojektmanagements angewandt werden. Als wichtigste Maßnahmen sind hierbei die Bildung von Kostenreserven bezüglich von unternehmensexternen Dritt-leistungen sowie die Bildung von Reserven innerhalb des unternehmensinternen Mengengerüsts, insbesondere der zugrunde gelegten Personalkapazitäten, zu nen-nen.[280] Diese Anpassungen sind offen innerhalb des Budgetierungsprozesses zu kommunizieren und können im Falle einer adäquaten, nicht zu hohen Wertansetzung als unproblematisch angesehen werden. Demgegenüber ist der Vorschlag, eine den Beteiligten in ihrer Höhe nicht bekannte Geschäftsführerreserve zu berücksichtigen, aus Sicht eines konfliktfrei ablaufenden Prozesses der Portfolio-Konfiguration als kritisch zu beurteilen. Auf den Fall des Multiprojektmanagements übertragen würde dies bedeuten, dass in risikoreichen Projekten, die aus Sicht der Unternehmensführung bzw. des Portfolio-Boards unbedingt durchgeführt werden müssen, höhere Projekt-budgets zugeteilt und auf die operativen Einheiten aufgeteilt werden, damit im Falle des Eintritts eines z.B. Verzögerungs- oder Kostenrisikos die Durchführung des Projektes nicht gefährdet wird. Als Alternative kann überlegt werden, dass zum Auf-fangen dieser Risiken eine globale Reserve zwar projektindividuell ermittelt, jedoch im Gegensatz zur ursprünglichen Überlegung pauschal und informativ ausgewiesen und erst im Falle des Risikoeintritts an die operativen Einheiten weitergereicht wird.[281] Da bei Anwendung dieses Verfahrens das Gesamtvolumen der strategischen Projekt-budgets verringert wird, sollte grundsätzlich im Vorfeld der Portfolio-Konfiguration ein der Risikoposition des Unternehmens angemessener Slack-Puffer in der Dimensio-nierung des gesamten strategischen Budgets berücksichtigt werden.

Die Aufteilung der operativen Projektbudgets auf die einzelnen am Projekt beteiligten Funktionsbereiche kann dabei, je nach der gewählten Projektorganisation[282], unter-schiedlich interpretiert werden. So stellen die einzelnen Budgets für die Funktions-

---

[279] Vgl. Rapp (2002) S. 7, 9f. Das Konzept richtet sich ursprünglich an die projektorientierte Auftragsfertigung. Die Grundidee kann jedoch für das Multiprojektmanagement adaptiert wer-den.

[280] Vgl. Rapp (2002) S. 13ff.

[281] RAPP geht davon aus, dass im Projektgeschäft im Zuge der Angebotskalkulation eine Geschäftsführerreserve eingerechnet, jedoch den Produktionsbereichen nicht sofort mitgeteilt wird. Insofern ist der getroffene Vorschlag zu der Ursprungsidee kompatibel. Vgl. Rapp (2002) S. 16.

[282] Zur genaueren Darstellung der einzelnen Formen der Projektorganisation siehe Abschnitt 6.1.

bereiche innerhalb der Stabs-Projektorganisation gleichzeitig die von ihnen voll zu verantwortenden Realisationsbudgets dar. Budgetüberschreitungen sind hierbei der Linienführung voll anzulasten. Evtl. sind daraus resultierende Konflikte mit der Projektleitung zu bewältigen, da von ihr im Vorfeld möglicherweise die Entscheidungen, welche die Überschreitung verursachten, getroffen wurden.

Innerhalb der Matrix-Projektorganisation sind die Projektbudgets, je nach Ausprägung der Matrix, von Projektmanagement und Linienführung gemeinsam oder jeweils alleine zu beeinflussen und somit auch zu verantworten. Stehen im Projektablauf vor Projektbeendigung aufgrund von Budgetüberschreitungen keine Budgets innerhalb eines Funktionsbereichs mehr zur Verfügung, so ist der auftretende Konflikt, der typisch für die Matrix-Projektorganisation ist, unter Beteiligung des Portfolio-Boards zu bewältigen. Insofern müssen dann auch Linien- und/oder Projektmanagement für eine Aufstockung des Projektbudgets sorgen. In diesem Fall ist vor allem entscheidend, welcher Umstand die Budgetüberschreitung begründet. Hier kommen vor allem eine falsche Projektplanung, ineffiziente Ressourcennutzung oder eine fehlerhafte Ressourcenbereitstellung in Frage.

Innerhalb der reinen Projektorganisation hingegen stellen die auf die Funktionsbereiche verteilten Projektbudgets eine von der Linienführung nicht mehr zu beeinflussende Kompensation für die den Projekten bereitgestellten und somit nicht mehr für Linienaufgaben zur Verfügung stehenden Ressourcen dar. Budgetüberschreitungen sind vollständig der Projektleitung anzulasten und somit auch in diesem Verantwortungskreis zu bearbeiten. Für diese Kontrollzwecke muss neben der Übertragung von Projektbudgets auf die Funktionsbereiche zusätzlich ein separates Schattenbudget in gleicher Höhe innerhalb der Projektorganisation etabliert werden.

Im Rahmen der Umsetzung der Projekte sind abschließend einige Punkte zu bedenken. Diese operativen Budgets werden in der Unternehmensrealität selten über mehr als einen Abrechnungszeitraum verbindlich zugesagt, sodass weiterhin eine gewisse Unsicherheit bezüglich der faktischen Budgethöhen im Zeitablauf verbleibt. Rationalisierungsmaßnahmen werden in wirtschaftlich kritischen Phasen zunächst das Volumen von strategischen Projektbudgets herabsetzen. Außerdem ist oftmals unklar, wie aus Sicht der Unternehmensführung und des Portfolio-Boards verfahren werden soll, falls ein Projekt seinen Budgetrahmen bereits aufgezehrt hat, ohne zu einem erfolgreichen Abschluss gekommen zu sein. Neben dem Projektabbruch ist hierbei immer auch die weitere Finanzierung dieses Projektes aus Budgets anderer Projekte denkbar. Dies muss jedoch im Einzelfall spezifisch entschieden werden.[283] Weiterhin ist oftmals ein längerer Zeitraum zwischen der Bewilligung des Projektbudgets und dem Starttermin des Projektes festzustellen.[284] Daher kann es zu Unstimmigkeiten im Zuge der Umsetzung von strategischen Projektbudgets in operative Budgets kommen. Das weiter oben angeführte Vorgehensmodell zur Übertragung der strategischen Budgets in die operative Budgetierung ist zwar in der Literatur relativ unstrittig akzeptiert, es beinhaltet jedoch die oben angeführten Problemfelder, die vor allem die dynamische Betrachtungsweise dieser Budgetübertragung betreffen. Daher soll abschließend die Multiprojekt-Konfiguration aus dynamischer Sicht dargestellt werden.

3.4 Dynamische Aspekte

Zum Abschluss des dritten Kapitels sind neben der bereits beschriebenen Konfigurationsdynamik weitere bedeutende dynamische Aspekte der Multiprojekt-Konfiguration zu betrachten. Diese betreffen die Problematik der Abstimmung von zumeist mehrjährigen Projektbudgets mit der jährlichen operativen Budgetierung der Organisationseinheiten der primären Unternehmensorganisation. Zudem ist auf das dynamische Verhältnis von Multiprojekt-Konfiguration und Multiprojekt-Kontrolle einzugehen, da innerhalb der Multiprojekt-Kontrolle ebenfalls Anpassungen bezüglich der Projektpriorisierung und der Zusammensetzung einzelner Projektportfolios veranlasst werden können.

3.4.1 Überjährige Projektbudgetierung

Innerhalb der Literatur setzt sich zunehmend die Erkenntnis durch, dass strategische Budgets und damit verbunden auch strategische Projektbudgets einen längerfristigen Charakter haben sollten. Diese Forderung wurde bereits Mitte der 80er-Jahre von ISHIKAWA erhoben: *„Certainly, in the case of capital budgeting, where the effect of the budgeting over many years must be anticipated, annual figures are inadequate"*. Gleichzeitig erhebt er jedoch auch bezüglich der operativen Budgets die Forderung, dass *„one budget year should reflect one cycle of program planning".*[285] Daraus ergibt sich die Tatsache, dass längerfristige strategische Projektbudgets mit kurzfristigen –

---

[283]   Diese Fragestellung wird innerhalb der Ausführungen zur Multiprojekt-Kontrolle in Kapitel 5 detailliert aufgegriffen.

[284]   Ein diesbezügliches Beispiel zur Integration der Projektbudgetierung in die Unternehmensbudgetierung im Rahmen von F&E-Aktivitäten schildert Mörsdorf (1998) S. 242ff.

[285]   Ishikawa (1985) S. 56.

im Normalfall jährlichen – operativen Budgets abgestimmt werden müssen.[286] Die
Umsetzung von strategischen Budgets in die operative Budgetierung wird gefordert,
weil sich in vielen Fällen die strategischen Überlegungen der Unternehmensführung
nicht in den stark an rein finanziellen Grundüberlegungen ausgerichteten operativen
Budgets der Unternehmen widerspiegeln.[287] Nach WOLBOLD haben die operativen
Budgets somit die Aufgabe, Meilensteine für die Gesamtzielerreichung auszuweisen.
Aufgrund der Abweichung zwischen operativem Budgetzeitraum und unterschied-
lichen Projektphasen, die sich nicht in Einklang bringen lassen, wird die Definition
von Meilensteinen überwiegend in Projektplänen erfolgen.[288] Dies hat insbesondere
Bedeutung für die Multiprojekt-Kontrolle, da diese auch auf den einzelnen Projekt-
verläufen aufbaut. Diese Überlegungen führen dazu, dass innerhalb der Portfolio-
Konfiguration eine überjährige Projektbudgetierung etabliert werden muss.

Die Budgets der einzelnen strategischen Projekte sind hierbei, wie bereits dargestellt,
den operativen Budgets zuzurechnen, um zum operativen Gesamtbudget des Unternehmens zu gelangen. Insofern kann mit Hilfe dieser Darstellungsweise auch eine
Vorschau auf die Entwicklung des gesamten Unternehmensbudgets gegeben werden.
Dies ist von Bedeutung, weil somit das Problem der unterschiedlichen Fristigkeiten
von Projektplänen auf der einen und periodischer Budgetierung auf der anderen Seite
gelöst werden kann. Um diese zeitliche Abstimmung sicherzustellen, ist der Zyklus
der Portfolio-Konfiguration dabei an dem operativen Budgetierungszyklus des Unternehmens auszurichten. Dies bedeutet, dass die Portfolio-Konfiguration im Regelfall in
einem jährlichen Rhythmus ausgeführt wird. Sind diese Voraussetzungen gegeben,
kann in einem weiteren Schritt innerhalb der einzelnen Jahresbudgets eine zusätzliche
zeitliche Detaillierung erfolgen, indem die einzelnen Teilbudgets der Projekte anhand
von Meilensteinen auf die einzelnen Monats- bzw. Quartalsbudgets aufgeteilt werden.

---

[286] Ein kürzerer Budgetierungszyklus als ein Jahr wird vor allem aus wirtschaftlichen Gründen
infrage gestellt. Vgl. Wolbold (1995) S. 59. Demgegenüber bestehen jedoch auch Forderungen,
dass in sehr dynamischen Branchen, z.B. der New Economy, Budgets nur für ein Quartal detailliert verabschiedet werden sollten. Weiterhin sind in dieser Denkweise strategische Maßnahmen und Projekte eher detailliert, Basisaktivitäten eher global zu budgetieren. Vgl. für den
Spezialfall der Marketingbudgetierung Reinecke/Fuchs (2003) S. 30 sowie allgemein Gleich/
Knopp (2001) S. 432f. Die letztgenannten Autoren verbinden diese Sichtweise zudem mit dem
Konstrukt einer dynamisch rollierenden Sichtweise der Budgetierung. Gleich/Voggenreiter
(2003) S. 69f. weisen darüber hinaus auf eine branchenspezifische Anpassung der Budget-
rhythmen hin. Ebenso Gleich/Kopp/Leyk (2003) S. 324ff.

[287] Vgl. Gleich/Knopp (2001) S. 430 und Kaplan/Norton (2001) S. 259.

[288] Vgl. Wolbold (1995) S. 59.

Diese Aufteilung kann insbesondere mit dem oben dargestellten Modell der Aufteilung von strategischen Projektbudgets auf operative Bereiche vorgenommen werden.

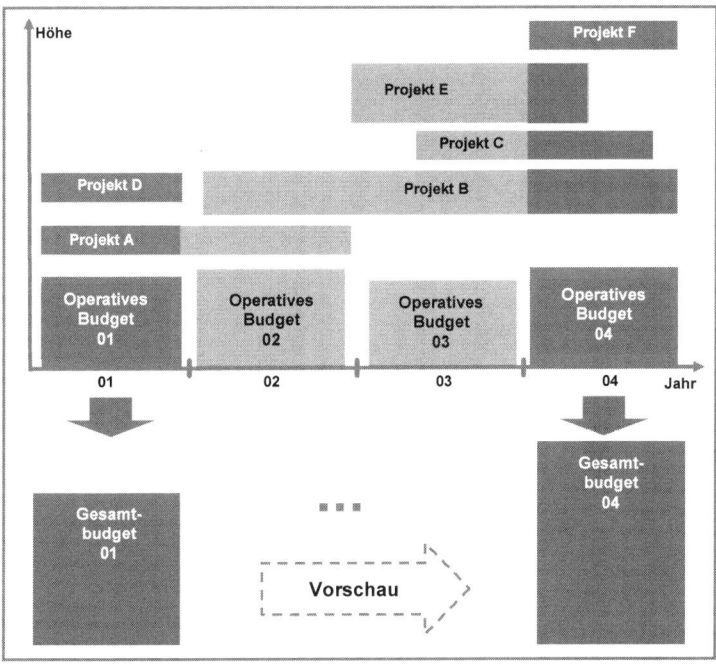

Abbildung 3–19   Überjährige Projektbudgetierung

In Abbildung 3–19 kann man z.b. erkennen, dass im aktuellen Jahr 01 sowie im Jahr 04 das operative Gesamtbudget in etwa den gleichen Betrag ausmacht, jedoch durch die erhöhte strategisch motivierte Projekttätigkeit das Gesamtbudget des Jahres 04 insgesamt deutlich höher ausfällt. Eine Ursache hierfür könnte z.B. ein zunehmend dynamisches Unternehmensumfeld darstellen, das eine erhöhte Projekttätigkeit bedingt.
289

---

289   Bei Automobilherstellern kann es zu diesem Phänomen kommen, wenn eine Baureihe, die als einzelnes strategisches Projekt (Laufzeit ca. 6-10 Jahre) innerhalb des Rechnungswesens des Unternehmens geführt wird, durch veränderte Marktbedingungen einen erhöhten Finanzbedarf zur Durchführung von Produktoffensiven äußert. Vgl. zu dieser Problematik und der Vorgehensweise zur unterjährigen Abstimmung von Projektergebnisrechnung und Periodenerfolgsrechnung in Unternehmen mit hoher Projekttätigkeit Adelt/Ruf (2003) S. 647. Das Beispiel dort gilt für den VW-Konzern. Die Vorgehensweise darf jedoch als typisch für den Automobilsektor angesehen werden.

Insbesondere für die Flexibilitätssicherung des Multiprojektmanagements ist es notwendig, Änderungen des Umfeldes bzw. der eher langfristig ausgerichteten strategischen Planung innerhalb der Portfolio-Konfiguration sicherstellen zu können. Dieser grundlegende Gedanke wird auch von den Vertretern einer modernen Budgetierung aufgenommen, die vor allem den Begriff einer „dynamischen Budgetierung" nutzen. Diese dynamische Budgetierung beinhaltet vor allem die Idee, dass ein „Rolling Forecast" die Grundlage der Budgetierung bilden sollte.[290] Dieser Forecast stellt die Grundlage für die Dimensionierung und Modifikation der einzelnen strategischen Projektbudgets dar und kann somit auch als ein Instrument zur Umsetzung der strategischen Prämissenkontrolle angesehen werden.[291] Die strategischen Projektbudgets haben dabei die Aufgabe, im ersten Jahr die Entwicklung innerhalb der Organisation anzustoßen, damit die am Ende der mehrjährigen strategischen Budgetierungsperiode stehenden strategischen Ziele erreicht werden können.[292] LEHMANN spricht sich bezüglich der Flexibilitätssicherung der strategischen Budgetierung ebenfalls für die Nutzung einer rollenden Budgetierung aus. Diese hat den Vorteil, dass die Budgets der einzelnen Perioden mit einem unterschiedlichen Detailgrad versehen werden. Somit sind durch die Festsetzung von Rahmenbudgets die Grenzen der Flexibilität abgesteckt.[293]

3.4.2 Dynamisches Zusammenspiel von Multiprojekt-Konfiguration und Multiprojekt-Kontrolle

Es stellt sich nun die Frage, welche Auswirkungen die Umsetzung der oben beschriebenen Erkenntnisse auf die dynamische Gestaltung des Multiprojektmanagements hat. Zum einen müssen innerhalb der Multiprojekt-Konfiguration bestehende Jahresbudgets den einzelnen Projekten mit einer gewissen Planungssicherheit zugewiesen werden. Auf der anderen Seite muss aber eine wirtschaftlich zu vertretende Flexibilität innerhalb der Umsetzungsphase der Projekte sichergestellt werden, um auf Änderun-

---

[290] Vgl. Fraser/Hope (2001) S. 441. „rolling forecasts always look the same distance in the future, allowing the company to see whether performance is on trajectory to meet goals that are a year or more away." Dabei bestehen diese Forecasts aus wenigen strategisch relevanten Kennzahlen. Hope/Fraser (2003a) S. 112.

[291] Vgl. zur praktischen Bedeutung der strategischen Prämissenkontrolle Becker/Piser (2003) S. 27ff. Mit Hilfe des Rolling Forecast können somit die methodischen und organisatorischen Probleme der strategischen Prämissenkontrolle teilweise gelöst werden.

[292] Vgl. Kaplan/Norton (2001) S. 249.

[293] Vgl. zu diesem Komplex ausführlich Lehmann (1993) S. 115ff. Das strategische Rahmenbudget erstreckt sich dabei nach seiner Einschätzung auf 5 bis10 Jahre.

gen von Strategien, die sich in der Höhe und Struktur von strategischen Projektbudgets bzw. der Projektpriorisierung niederschlagen, reagieren zu können.

VÖLKER beschreibt diesen Prozess als Reallokation von Projektressourcen und betont dabei, dass die Multiprojekt-Konfiguration und die damit einhergehende Projektbudgetierung keine einmaligen definitiven Ressourcenfestlegungen darstellen. Vielmehr sind während der Durchführung der einzelnen Projekte unterjährige Ressourcenentscheidungen zu treffen. So kann es z.b. bei F&E-Projekten durch technische und marktliche Risiken zu Neubeurteilungen kommen, die zu einer Budgetkürzung bzw. zum Abbruch des Projektes führen. Weiterhin kann der Fall eintreten, dass innerhalb einer Budgetperiode, also zwischen zwei Portfolio-Konfigurationszyklen, neue Projektideen generiert werden, die dringend umgesetzt werden müssen. Hier besteht die Möglichkeit, ein zusätzliches Budget für diese neuen Projekte zu etablieren bzw. das Projekt in die Prioritätsliste des Portfolios einzuordnen und somit den Finanzbedarf des Projektes gegebenenfalls durch Budgetkürzung von niedriger priorisierten Projekten zu finanzieren.[294]

Um diese dynamischen Gesichtspunkte adäquat berücksichtigen zu können, ist die Multiprojekt-Konfiguration somit dynamisch mit der Multiprojekt-Kontrolle zu verbinden. Die Ableitung der strategischen Projektbudgets aus den strategischen Zielen des Unternehmens erfolgt, ebenso wie die horizontale Portfolio-Konfiguration, jährlich. Die im Zuge dieser Ableitung erfolgte Aufstellung von strategischen Projektbudgets für unterschiedliche Projektportfolios ist dabei vom Prinzip her für den gesamten operativen Budgetzeitraum festgelegt und kann nur in Ausnahmefällen das Objekt von Anpassungsmaßnahmen darstellen. Dies ist zum einen damit zu begründen, dass diese strategischen Projektbudgets die Grundlage für die vertikale Portfolio-Konfiguration darstellen. Zum anderen sind die strategischen Projektbudgets grundsätzlich langfristig ausgelegt und sollten somit relativ unabhängig von kurzfristigen Überlegungen sein. Die unterjährige Berücksichtigung von Projekten mit extern induzierter Priorität A sollte daher nach dem weiter oben dargestellten Umlageverfahren erfolgen. Zudem sollten im Sinne der risikoorientierten Budgetierung in den einzelnen strategischen Projektbudgets Puffer bzw. Reaktions-Slacks enthalten sein, sodass aus Sicht der horizontalen Portfolio-Konfiguration im Normalfall keine Bedarfe zur unterjährigen Änderung der Budgetstruktur bestehen. Änderungen der Struktur von

---

[294] Vgl. Völker (2000) S. 31f.

strategischen Projektbudgets sollten sich im Normalfall erst aus Strategieanpassungen im Zuge eines gegebenenfalls jährlich durchzuführenden Strategiereview ergeben.

Anders liegt der Fall innerhalb der vertikalen Portfolio-Konfiguration. Hier ist nicht so sehr die Struktur der einzelnen Projektportfolios von Interesse als vielmehr die Aufteilung der einzelnen strategischen Projektbudgets auf die Projekte. Dabei sollte im Zeitablauf die einmal festgelegte Struktur der einzelnen Portfolios nur in geringem Rahmen geändert werden. Es wäre z.b. denkbar, dass die Portfolio-Boards einen gewissen Rahmen (z.b. +/- 10 Prozentpunkte) eingeräumt bekommen, in dem sie die Ausgangsstruktur des betreffenden Portfolios unterjährig anpassen können. Den Ausgangspunkt der Änderungen von Portfolio-Strukturen kann dabei insbesondere der unterjährig durchzuführende Multiprojekt-Review[295] darstellen. Ebenso können auch die Prioritäten der einzelnen Projekte, die normalerweise für den gesamten Budgetzyklus gelten sollen, bei Bedarf überarbeitet und angepasst werden. Neben dem Multiprojekt-Review, der vor allem das gesamte Portfolio betrachtet, ist das Multiprojekt-Monitoring[296] als monatlich laufende Überprüfung der einzelnen Projekte ebenfalls als Ausgangspunkt für Anpassungsmaßnahmen denkbar. Werden innerhalb der Multiprojekt-Kontrolle Abweichungen der Projekte festgestellt, können darauf aufbauend Anpassungen der Portfolio-Konfiguration vollzogen werden. Diese Anpassungen sind nach den Prinzipien und mit Hilfe der in diesem Kapitel vorgestellten Verfahren durchzuführen. Somit stellen Multiprojekt-Konfiguration und Multiprojekt-Kontrolle aus dynamischer Sicht eine Zwillingsfunktion dar.[297]

---

[295]   Siehe hierzu auch Abschnitt 5.3.

[296]   Siehe hierzu auch Abschnitt 5.2.

[297]   Vgl. zu dieser Zwillingsfunktion grundlegend Wild (1982) S. 44f.

4 Multiprojekt-Priorisierung

Innerhalb der Multiprojekt-Priorisierung werden die Projekte eines Projektportfolios in eine Rangfolge gebracht. Diese Rangfolge bildet die Grundlage für die im vorhergehenden Kapitel erläuterte Konfiguration von Projektportfolios. Ebenso kommt die Multiprojekt-Priorisierung im Zuge des Multiprojekt-Review zum Einsatz. In diesem Kapitel werden daher bedeutsame Aspekte der Multiprojekt-Priorisierung dargestellt. Zunächst wird in Abschnitt 4.1 auf die Grundlagen der Multiprojekt-Priorisierung eingegangen. Daran anschließend stellt Abschnitt 4.2 die wichtigsten Methoden der Projektbewertung vor. Zum Abschluss des Kapitels werden die Verfahren zur Analyse von Projektinterdependenzen in Abschnitt 4.3 aufgezeigt.

4.1 Konzeptionelle Gestaltung

In diesem Abschnitt wird die konzeptionelle Gestaltung der Multiprojekt-Priorisierung dargestellt. Zunächst ist auf die Entwicklung eines Vorgehensmodells der Multiprojekt-Priorisierung einzugehen. Neben den grundsätzlichen Anforderungen an ein solches Rankingverfahren werden die einzelnen Schritte des hier zur Anwendung kommenden Verfahrensmodells vorgestellt. Im folgenden Abschnitt werden grundlegende Gestaltungsparameter der Projektbewertung aufgezeigt. Schließlich stellt der letzte Abschnitt die Grundlage für die Durchführung von Interdependenz-Analysen dar und zeigt neben Gründen für die Durchführung dieser Analysen auch die beiden zu berücksichtigenden Typen von Interdependenzen auf.

4.1.1 Vorgehensmodell

Die Projektpriorisierung stellt, wie bereits in der Darstellung der Portfolio-Konzeption ersichtlich, einen bedeutsamen Schwerpunkt des Multiprojektmanagements dar. Innerhalb der Projektpriorisierung werden die zur Auswahl stehenden Projekte eines Projektportfolios im Zuge der Multiprojekt-Konfiguration in eine Rangfolge gebracht, die dann die Grundlage für die Aufnahmenentscheidung einzelner Projekte in das Projektportfolio darstellt. Ebenso kann die Multiprojekt-Priorisierung innerhalb der Multiprojekt-Kontrolle genutzt werden, wenn im Zuge eines Multiprojekt-Review die unterschiedlichen Projekte eines Projektportfolios neu bewertet werden müssen.

In die Multiprojekt-Priorisierung werden sowohl die bereits laufenden und in den Vorperioden mit einem Budget versehenen Projekte als auch neue Projektvorschläge bzw. in Vorperioden nicht berücksichtigte Projekte mit einbezogen.[298] Insofern stellt die Multiprojekt-Priorisierung eine weitere wichtige Weichenstellung für die effektive Strategieimplementierung dar.[299] Nicht dem spezifischen Projektportfolio angepasste Bewertungsverfahren bzw. die fehlerhafte Anwendung dieser haben somit eine direkte Auswirkung auf die Gesamtheit der im Unternehmen durchgeführten strategischen Projekte. Werden an dieser Stelle nicht diejenigen Projekte ausgewählt, die dem Unternehmen den größten strategischen bzw. wirtschaftlichen Nutzen spenden, gehen dem Unternehmen durch die Fehlallokation von Ressourcen wichtige Mittel zur Existenzsicherung verloren.[300] Das Ergebnis einer korrekt durchgeführten Projektpriorisierung stellt demnach eine Rangfolge der unter wirtschaftlichen Gesichtspunkten vorteilhaftesten Projekte eines Projektportfolios dar.[301]

Die grundlegende Herausforderung der Projektpriorisierung besteht in der Berechnung eines möglichst realistischen und vor allem auch objektiv nachprüfbaren, zumindest aber vom gesamten Portfolio-Board akzeptierbaren Wertes von Projekten. Dabei ist nicht nur die Wahl des „richtigen" Bewertungsinstrumentariums von Bedeutung, vielmehr spielen auch die unterschiedlichen Prämissen und die darauf aufbauenden Prognosen über den Erfolg einzelner Projekte eine entscheidende Rolle. Es handelt sich aufgrund des Zukunftsbezugs und des grundsätzlichen Neuigkeitsgrades von strategischen Projekten hier immer um Bewertungsentscheidungen unter Unsicherheit. Demnach muss mit Eintrittswahrscheinlichkeiten gerechnet werden. Insofern müssen für die interne Projektbewertung Grundregeln innerhalb des Multiprojektmanagements etabliert werden, um eine möglichst objektive und intersubjektiv nachvollziehbare Projektbewertung sicherstellen zu können.[302] Diese Grundregeln können teilweise aus

---

[298]   FEDERER/GRIGLIO sprechen davon, dass die strategischen Projekte aufgrund definierter Kriterien evaluiert und der Beitrag einzelner Projekte zur Strategieumsetzung und zur Kernkompetenzentwicklung abgeschätzt werden soll. Weiterhin soll die Ressourcenallokation durch klare Prioritäten optimiert werden. Siehe hierzu Federer/Griglio (1998) S. 79.

[299]   Vgl. Lukesch (2000) S. 110f.

[300]   Diese Hauptzielsetzung der Projektpriorisierung sieht auch ISHIKAWA: „The ultimate objective of reviewing and priorizing each strategic package is to accomplish the best allocation of limited ressources." Ishikawa (1985) S. 78.

[301]   Siehe nochmals Abschnitt 3.1.4 zur Bildung von Prioritätsklassen.

[302]   Die Bedeutung eines formalisierten Vorgehens innerhalb des Multiprojektmanagements weisen COOPER/EDGETT/KLEINSCMIDT für den Bereich von F&E-Projekten empirisch nach. Von den untersuchten Unternehmen mit einer überdurchschnittlich positiven Projekt-Performance wendeten 77,5 Prozent eine Formalisierung im Multiprojektmanagement an, wohingegen die Unternehmen mit einer unterdurchschnittlichen Performance nur zu 41,5 Prozent eine Formalisierung im Multiprojektmanagement genutzt haben. Vgl. Cooper/Edgett/Kleinschmidt (2001)

dem internen Rating von Kreditengagements abgeleitet werden. Während es dort inhaltlich um die Bewertung von Kreditausfallwahrscheinlichkeiten geht und somit eine andere Bewertungsfrage im Vordergrund steht, sind die Beschaffenheit von Ausgangsdaten sowie das Erfordernis einer einheitlichen Datenverwertung mit den innerhalb der Projektpriorisierung vorherrschenden Gegebenheiten verwandt.

Im Zuge des internen Ratings wird dabei mit (Ausfall-) Wahrscheinlichkeiten gerechnet (POD – Probability of Default), und als Endergebnis des Bewertungsprozesses steht eine Priorisierung in Form einer Klassenbildung der Bewertungseinheiten, wie sie auch das Ziel der Projektpriorisierung ist. Es werden hierbei hauptsächlich Scoring-Verfahren angewandt.[303] Grundgedanke der Bewertungsregeln ist die Sicherstellung einheitlicher und vergleichbarer sowie intersubjektiv nachvollziehbarer Bewertungen über eine große Zahl von Bewertungsentitäten hinweg. Unter diesem Gesichtspunkt können die folgenden, das Bewertungssystem als Ganzes betreffenden Grundregeln von KRAHNEN/WEBER modifiziert auf die Multiprojekt-Priorisierung übertragen werden (Abbildung 4–1).

Grundregeln der Projektbewertung im Multiprojektmanagement
Das Bewertungssystem soll alle momentanen und zukünftigen Projekte bewerten können.
Das Unternehmen muss alle Projekte bewerten.
Innerhalb des Multiprojektmanagements sollen nur so viele unterschiedliche Bewertungsmethoden wie notwendig genutzt werden. Die Auswahl der Methoden sollte immer transparent gemacht werden.
Die im Bewertungsprozess genutzten Eintrittswahrscheinlichkeiten sind genauestens zu definieren. Insbesondere ist der Zeithorizont genau abzustimmen.
Das Bewertungssystem soll immer so fein unterstuft sein wie notwendig.
Die Projektbewertung soll informationseffizient sein, d.h. alle verfügbaren Informationen müssen aktuell in die Bewertung einfließen.
Das Bewertungssystem soll ständig verbessert werden.
Sämtliche für die Projektbewertung relevanten Daten sollten einfach und schnell verfügbar sein.
Die Bewertungsergebnisse sollen von Controllern bzw. Außenstehenden in zufälligen Abständen kontrolliert werden.

Abbildung 4–1   Grundregeln der Multiprojekt-Priorisierung[304]

Diesen Grundregeln folgend sollte die Bewertung innerhalb der Projektpriorisierung so ausgestaltet werden, dass alle Projekte des Unternehmens theoretisch bewertet

S. 152f. Die grundlegende Bedeutung eines formalisierten Vorgehens im Zuge der Projektbewertung betonen auch Pradel/Südmeyer (1996) S. 155f.

[303]   Vgl. grundlegend zum internen Rating Krahnen (2001).

werden können und dies auch in der praktischen Umsetzung vollzogen wird. Dies setzt vor allem eine lückenlose Erfassung aller Projekte voraus. Bezüglich der anzuwendenden Bewertungsmethoden soll den unterschiedlichen Bewertungsansprüchen der Projekte Rechnung getragen werden. Es ist aber eine zu Konfusion führende Überbeanspruchung der am Bewertungsprozess beteiligten Personen durch eine zu große Anzahl an unterschiedlichen Bewertungsmethoden unbedingt zu vermeiden, da so eine effiziente Umsetzung der Konzeption eines Multiprojektmanagements konterkariert wird. Weiterhin sind im Falle des Rechnens mit Eintrittswahrscheinlichkeiten diese nachprüfbar zu definieren. Die zugrunde liegenden Prämissen der Prognosen müssen auch im Nachhinein nachprüfbar sein. Ebenso ist im Zuge der Projektbewertung eine fallspezifisch angepasste Bewertungsgenauigkeit einzuhalten, um auch weniger signifikante Unterschiede zwischen einzelnen Projekten aufzeigen zu können. Diese ist jedoch vor dem Hintergrund drohender Scheingenauigkeiten nicht übermäßig zu erhöhen. Die Projektbewertung hat weiterhin möglichst aktuelle Informationen zu verarbeiten. Dies bedeutet, dass im Falle von Änderungen bewertungsrelevanter Projektdaten im Zeitraum zwischen Projektdatenerfassung und dem eigentlichen Bewertungshandeln Aktualisierungen des Datenbestandes unbedingt vorzunehmen sind. Dies gilt im Übrigen auch für den Zeitraum nach der Projektpriorisierung, insbesondere wenn aufgrund von drastischen Änderungen die Fortführung bereits bewilligter strategischer Projekte in Zweifel gezogen werden kann. Schließlich ist das Bewertungssystem ständig, insbesondere mit Hilfe der Erkenntnisse des Multiprojekt-Wissensmanagements, weiterzuentwickeln, indem Erfahrungen in der Anwendung spezifischer Bewertungsverfahren mit der tatsächlichen Projektentwicklung ex post abgeglichen und die Schlussfolgerungen für die zukünftige Bewertung von Projekten genutzt werden.

Der Datenhaltung innerhalb der Projektbewertung muss auch eine hohe Bedeutung zugesprochen werden, da sie für eine schnelle und fehlerfreie Durchführung der einzelnen Bewertungsmethoden unabdingbar ist. Es besteht im Falle der Projektrealisation das dringende Erfordernis, die zur Bewertung herangezogenen Kenngrößen zeitnah und kontinuierlich zu ermitteln, da diese Kenngrößen innerhalb der Projektkontrolle herangezogen werden. Schließlich unterstützt dies auch die unbedingt in zufälligen Zeitabständen vorzunehmende Kontrolle der Bewertungsergebnisse durch nicht direkt betroffene externe Instanzen. Dieser Punkt ist insofern wichtig, als dass

---

[304]   Zu den Grundregeln des internen Ratings siehe Krahnen/Weber (2001) S. 10ff. Im Rahmen dieser Arbeit wird vor allem auf den allgemeinen Charakter von Anforderungen an Bewertungssysteme abgestellt.

hierdurch eine im Zeitablauf denkbare Eigenjustierung des Bewertungssystems verhindert wird. Somit kann durch eine kontinuierliche Kontrolle eine auch zukünftig möglichst objektive Bewertung sichergestellt werden.[305]

Auf die Priorität eines einzelnen Projektes nehmen unterschiedlichste Faktoren Einfluss. Neben dem monetären Wert des einzelnen Projektes, z.B. ermittelt als Kapitalwert, haben auch qualitative Kriterien eine hohe Bedeutung für die Priorität des Projektes. Insbesondere der strategische Fit bzw. der strategische Nutzenbeitrag des Projektes hat Einfluss auf die Projektpriorität. Dieser strategische Nutzen, dessen Wert oftmals nicht genau zu quantifizieren ist, kann hierbei in der Schaffung von Erfolgs- oder Marktpotenzialen liegen, die Bildung bzw. Weitergabe von Kernkompetenzen betreffen oder generell in der Unterstützung spezifischer Strategien liegen.[306] Darüber hinaus sind Risikogesichtspunkte der einzelnen Projekte zu berücksichtigen, die relativ zum erwarteten Beitrag des Projektes zu sehen sind. Die Flexibilität eines Projektes ist dabei in den Überlegungen zum Risikokalkül mit zu berücksichtigen. Zu beachten sind weiterhin die Restkosten von bereits laufenden Projekten, da sie den noch benötigten Ressourceneinsatz bis zur Beendigung des Projektes darstellen. Bereits angefallene Kosten werden hierbei nach dem Prinzip der sunk costs nicht mehr berücksichtigt, der Beitrag eines Projektes kann somit relativ zum zukünftigen Ressourcenverzehr bewertet werden. Ebenso kann die politisch motivierte Durchsetzung von strategischen Vorhaben durch die Unternehmensführung eine Rolle innerhalb der Projektpriorisierung spielen.[307]

Neben diesen auf das singuläre Projekt bezogenen Einflussfaktoren spielt weiterhin die relative Position eines Projektes innerhalb des Portfolios eine entscheidende Rolle.

---

[305] Diese Anforderung ist von herausragender Bedeutung, da es keine Möglichkeit gibt, das Bewertungsergebnis marktmäßig zu testen. Es muss daher alles wirtschaftlich Mögliche unternommen werden, um die Neutralität und somit auch Objektivität der Bewertung sicherstellen zu können. Vgl. zu diesem Punkt Krahnen/Weber (2001) S. 20.

[306] Vgl. zum strategischen Nutzenbeitrag von Projekten grundlegend Wollmann (2002) S. 30ff. und Pradel/Südmeyer (1997) S. 304. Letztgenannte sehen die strategische Bedeutung insbesondere darin, dass „mittel- bis langfristig ein nachhaltiger Wettbewerbsvorteil gegenüber Konkurrenten erzielt oder ein Nachteil aufgeholt werden kann".

[307] Vgl. Pradel/Südmeyer (1997) S. 306. Diese Willensdurchsetzung der Unternehmensführung ist insbesondere dann notwendig, wenn aufgrund der objektiven Kriterien ein strategisches Projekt nicht berücksichtigt würde. Diese Art der Projektauswahl steht damit zwar gegen den hier vorgeschlagenen objektiv nachvollziehbaren Priorisierungsprozess, ist aber aufgrund der tatsächlichen Ausübung in der Unternehmenspraxis auch in diesem Konzept als Einflussfaktor zu berücksichtigen. MEREDITH/MANTEL bezeichnen den negativen Fall dieses Vorgehens, wenn also ein nicht wertschaffendes Projekt nur aufgrund der Verfügungen der Unternehmensführung

Somit können auch rein komparative Vergleiche, z.B. in Form von Paarvergleichen, einen Einfluss auf die Priorität eines Projektes haben. Zudem ist die Wechselwirkung des einzelnen Projektes mit anderen Projekten des Portfolios bzw. der gesamten Projektlandschaft von großer Bedeutung.[308] Diese Wechselwirkungen, im Folgenden Projekt-Interdependenzen genannt, werden dabei in der Literatur unterschiedlich behandelt. Zum einen können die Projekt-Interdependenzen direkt innerhalb der Projektbewertung berücksichtigt werden, zum anderen können diese auch erst dann Berücksichtigung finden, wenn die Reihenfolge der Projektabwicklung festgelegt wird.[309]

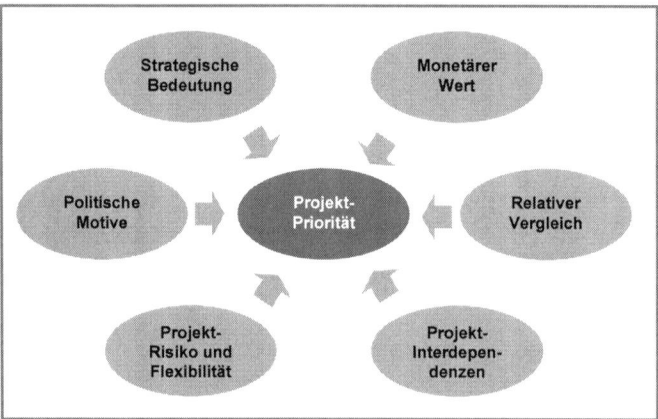

Abbildung 4–2   Bedeutsame Einflussfaktoren der Priorität eines Projektes

Die unterschiedlichen Einflussfaktoren der Priorität eines Projektes (Abbildung 4–2) müssen somit innerhalb der Projektpriorisierung berücksichtigt werden.[310] Daher sind neben einer rein monetären Bewertung der Projekte, die typischerweise anhand von

---

          bewilligt und durchgeführt wird, als „Sacred Cow"-Auswahl von Projekten. Vgl.
          Meredith/Mantel (1999) S. 141.

[308]   Insofern ist hier der Aussage von HARMS zu folgen: „Die Priorisierung wird weiter dadurch
          erschwert, dass in der Regel ressourcenbezogene und inhaltliche Abhängigkeiten bestehen."
          Harms (2006) S. 461.

[309]   Vgl. exemplarisch für den ersten Fall Kaplan/Norton (2001) S. 265; Kühn/Hochstahs/Pleuger
          (2002) S. 65 sowie für den zweiten Fall May/Chrobok (2001) S. 111; Foschiani (1999) S. 132
          und Pradel/Südmeyer (1997) S. 306. Letztgenannte betonen, dass aufgrund der Abhängigkeiten
          zwischen Projekten unterschiedlicher Prioritäten auch Projekte mit ursprünglich niedriger Prio-
          rität aufgrund von Interdependenzen in eine höhere Priorität eingestuft werden können, falls sie
          eine Grundlage für Projekte von hoher Priorität sind. Insofern erfolgt dann faktisch die Berück-
          sichtigung einer ganzen Projektkette.

[310]   Die zweifelsfrei zwischen diesen Einflussfaktoren bestehenden Beziehungen werden hier nicht
          betrachtet, um die Komplexität der Darstellung zu begrenzen.

Kennzahlen erfolgt und in der Literatur ausgiebig dargestellt wird, auch weitere Methoden zur Berücksichtigung nicht-monetärer Einflussfaktoren anzuwenden. Die Methoden sind dabei innerhalb eines logischen Ablaufs zu nutzen. Daher sollten die unterschiedlichen Aktivitäten der Projektpriorisierung auch in abgeschlossenen und aufeinander folgenden Schritten abgearbeitet werden.

Zur Strukturierung des Vorgehens kann dabei auf den Gestaltungsvorschlag von ARCHER/GHASEMZADEH zurückgegriffen werden. Die Autoren sehen eine drei-stufige Vorgehensweise vor,[311] welche für die Verwendung in dieser Arbeit modifi-ziert wird. Im Folgenden werden die einzelnen Schritte der Multiprojekt-Priorisierung aufgezeigt (Abbildung 4–3). Hierbei wird auf den Schritt Projektdatenerfassung und Pre-Screening ausführlicher eingegangen, die weiteren Prozessschritte sind dann Inhalt der folgenden Abschnitte.

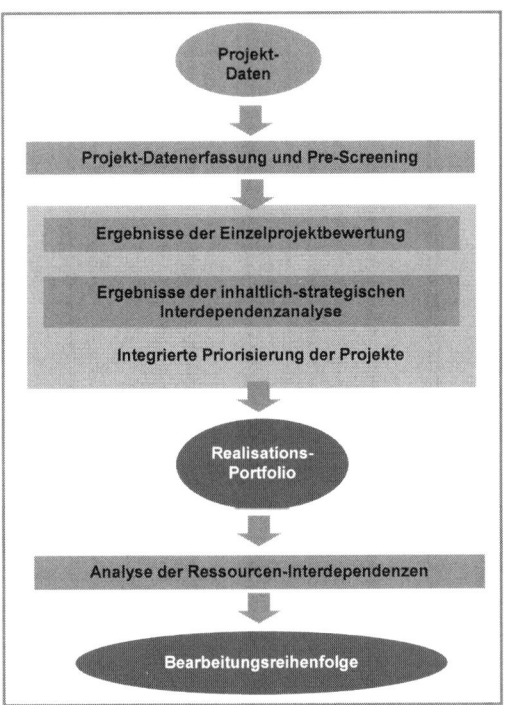

Abbildung 4–3   Idealtypischer Ablauf der Multiprojekt-Priorisierung

---

[311]   Vgl. zur Vorgehensweise detailliert Archer/Ghasemzadeh (1999b) S. 226ff.

Zu Beginn des Priorisierungsprozesses sind sowohl die Bewertungsmethoden als auch die für jedes Projektportfolio entscheidenden Bewertungskriterien festzulegen. Den ersten Prozessschritt stellen die Projektdatenerfassung und das Pre-Screening dar. Sollen die Grundregeln der Projektpriorisierung in der Praxis des Multiprojekt-managements befolgt werden, muss innerhalb des Unternehmens festgelegt werden, wie neue Projektanträge erfasst werden.

Zunächst können die „Projektideen" vom oberen Management angestoßen werden. Es können aber auch Projekte selbstständig von einzelnen Abteilungen bzw. Unter-nehmensbereichen beantragt werden. Um die objektive Bewertung gewährleisten zu können, ist vor allem festzulegen, welche Daten im Rahmen der Projektbeantragung angegeben und in einem Projekt-Datenbanksystem erfasst werden müssen. Zum Bei-spiel können dies vom Antragsteller schon berechnete (Wert-)Kennzahlen, geplante Aktivitäten, betroffene Organisationseinheiten und, soweit bereits absehbar, eventuell bestehende Interdependenzen zu anderen Projekten sein. Weiterhin sind die Ressour-cenbedarfe detailliert darzustellen sowie Vorschläge für eine etwaige Bereitstellung von externen Ressourcen zu liefern. Die vollständige Angabe der unterschiedlichen Daten kann dabei auch eine Bedingung zur Aufnahme des betreffenden Projektes in den Priorisierungsprozess darstellen.[312]

Bevor Projekte in den eigentlichen Priorisierungsprozess einbezogen werden können, müssen sie im Zuge des Pre-Screenings unterschiedliche inhaltliche Anforderungen erfüllen. Zunächst kann die Forderung nach einer Mindestrentabilität die Bedeutung eines grundsätzlich positiven wirtschaftlichen Beitrags eines Projektes herausstellen.[313] Durch die Berücksichtigung dieser Kennzahl – es können auch andere Werte wie z.B. der Kapitalwert oder eine Cash-Flow-Größe genutzt werden – wird schon zu Beginn einer Projektbeantragung der Fokus auf die wirtschaftliche Ausprägung des Projektes aus monetärer Sicht gelenkt. Weiterhin ist die Konformität eines Projektes mit der in seinem Wirkungsbereich vorherrschenden strategischen Ausrichtung des Unter-nehmens zu überprüfen. Projekte, die in ihrer grundlegenden Ausrichtung nicht mit der verfolgten Strategie übereinstimmen, werden in diesem Schritt abgelehnt bzw. zur Überarbeitung an den Antragsteller zurückverwiesen. Diese ersten groben Über-prüfungsschritte stellen sicher, dass nur Projekte mit Erfolgsaussichten in den Priori-sierungsprozess geleitet werden. Zugleich stellt das Pre-Screening aber auch einen

---

[312]   Zur möglichen Struktur von Projekt-(Stamm-)Daten siehe Ochß/Bayerlein (2000) S. 46; Schönwälder/Schulze-Döbold (2000) S. 45f.; Stadler (1999) S. 198f. und Lukesch (2000) S. 48.

[313]   Vgl. Lukesch (2000) S. 49.

wichtigen Entscheidungspunkt dar, da fälschlicherweise abgelehnte Projekte nicht mehr in der nachfolgend beginnenden Projektbewertung berücksichtigt werden und somit eine ungenutzte Chance darstellen.

Es existieren jedoch auch Ausnahmen von dem oben genannten Vorgehen. So werden Projekte, die aufgrund von gesetzlichen Vorgaben bzw. starkem Wettbewerbsdruck durchgeführt werden müssen, auf alle Fälle innerhalb des Multiprojektmanagements berücksichtigt.[314] Das Problem bei diesen Projekten stellt sich regelmäßig in der Ermittlung von monetären Werten[315] bzw. in einem zunächst nicht ermittelbaren Nutzen, was gegebenenfalls zur Nichtberücksichtigung dieser Projekte führen würde. Dennoch ist die Berücksichtigung unabdingbar, da die Folgen einer Nichtdurchführung für das Unternehmen kurz- oder langfristig existenzbedrohend sind.[316] Aus diesem Grund fallen auch Projekte mit einer hohen operativen Dringlichkeit ebenfalls in diese Kategorie.[317]

Hierbei scheint die Unternehmenspraxis diese Vorgehensweise zur Bewertung von Projekten positiv zu betrrachten. Im DaimlerChrysler-Konzern wird beispielsweise bereits im Zuge der Projektplanung die Profitabilität einzelner Projekte überprüft und eine Integration in die Gesamtstrategie des Gesamtkonzerns bzw. der einzelnen Geschäftsfelder sichergestellt. Zur Erfüllung des Verzinsungsanspruches der Kapitalgeber wird die Projektinvestitionsrechnung auf Basis des Discounted Value Added – er zeigt die Erwirtschaftung der Kapitalkosten an – durchgeführt. Die Projektgenehmigungen basieren dabei auf einem konzernweit standardisierten Projektinvestitionsantrag.[318]

Um die Zahl der schlussendlich im Prozess des Multiprojektmanagements zu berücksichtigenden Projekte auf eine wirtschaftlich sinnvolle Größe reduzieren zu können, ist es zunächst ratsam, eine Mindestgröße für die Projekte eines Portfolios zu definieren. Projekte, welche diese Mindestgröße, z.B. definiert als Gesamtbudget des Projektes, nicht erreichen, können somit gar nicht innerhalb des Multiprojektmanagements be-

---

[314] Im DaimlerChrysler-Konzern sind beispielsweise alle Projekte, die zu wesentlichen Veränderungen der Geschäftsfelder führen (Markteinstieg, Restrukturierungsprojekte, Mergers & Acquisitions, etc.) und signifikante Auswirkungen auf das Produktportfolio haben unabhängig von den finanziellen Auswirkungen zur Genehmigung vorzulegen. Vgl. Kauffmann (2007) S. 210.

[315] Teilweise können für diese Projekte aber Opportunitätskosten ermittelt werden.

[316] Vgl. Lukesch (2000) S. 50f. Auf diese Projekte muss weiterhin ein besonderes Augenmerk im Zuge der Multiprojekt-Kontrolle gelegt werden.

[317] Vgl. zur Bedeutung von operativ dringlichen Projekten Pradel/Südmeyer (1997) S. 305.

[318] Vgl. detailliert Kauffmann (2007) S. 209ff.

rücksichtigt werden, weil der angenommene strategische Nutzen für das Unternehmen oftmals zu gering ist.[319] Eine Möglichkeit, diese Projekte trotzdem zu berücksichtigen, besteht darin, sie als Sammelposten innerhalb des Priorisierungsprozesses zu belassen und im weiteren Vorgehen als ein großes Projekt bzw. Projektgruppe zu betrachten. Schließlich kann neben dem eher auf strategische Projekte fokussierten Multiprojekt-management ein weiteres Steuerungssystem für Kleinprojekte eingeführt werden. Dieses weitere System ist dabei von seinem Aufbau an die Strukturen des strategisch orientierten Multiprojektmanagement angelehnt, wird aber durch eine rechnergestützte Automation mit wenigen festgelegten Regelungen und somit einem geringeren Personalaufwand pro Projekt durchgeführt.[320]

Abteilungs- bzw. bereichsinterne Projekte, welche die oben genannten Bedingungen erfüllen, sollten nicht weiter im Multiprojektmanagement berücksichtigt werden, wenn sie nur Ressourcen einer Abteilung bzw. eines Bereichs nutzen, keine unmittelbaren Auswirkungen auf das Gesamtunternehmen haben und im finanziellen Kompetenz-bereich des Abteilungs- bzw. Bereichsleiters liegen. Die vornehmlich lokale Wirkung dieser Projekte rechtfertigt den wirtschaftlichen Aufwand einer unternehmensweiten Berücksichtigung nicht. Als positive Folge dieses Vorgehens können außerdem zusätzliche Friktionen zwischen dem verantwortlichen Linienmanagement und den Führungsstrukturen des Multiprojektmanagements vermieden werden.[321]

Im Prozessschritt der Projektbewertung sind die unterschiedlichen Projekte zunächst individuell zu bewerten und in eine vorläufige Rangfolge zu bringen. Die oftmals bestehenden Wechselwirkungen zwischen den Projekten werden innerhalb der sich anschließenden inhaltlich-strategischen Interdependenzanalyse berücksichtigt. Die Ergebnisse der Einzelprojektbewertung und der darauf aufbauenden inhaltlich-strate-gischen Interdependenzanalyse bilden in Form eines integrierten Projekt-Rankings die

---

[319] Vgl. Lukesch (2000) S. 51. Die Beschränkung der Anzahl an zu bewertenden Projekten zur
       Sicherstellung einer wirtschaftlichen Durchführung des Multiprojektmanagements sieht auch
       HILLER in seinem Konzept vor. Vgl. Hiller (2002) S. 68.

[320] Die Steuerung und Kontrolle von kleinen Projekten stellen dabei auch andere Anforderungen an
       den anzuwendenden Prozess. WESTNEY weist darauf hin, dass die Bedeutung von kleinen
       Projekten insbesondere in produktionsintensiven Unternehmen eine sehr bedeutende Größen-
       ordnung annehmen kann. Aufgrund der sehr hohen Anzahl von Projekten pro Projektmanager
       ist dabei auf spezifische Managementtechniken zurückzugreifen Vgl. Westney (1992) S. 3ff. Er
       entwickelt hierzu verschiedene Prozeduren, die computergestützt die einzelnen Projektphasen
       begleiten. Siehe dort S. 155ff. zur spezifischen Ausgestaltung der einzelnen Schritte des Multi-
       projektmanagements von kleinen Projekten sowie S. 295ff. zur informationstechnologischen
       Unterstützung dieser.

[321] Vgl. zu diesem Vorschlag auch Lukesch (2000) S. 52.

Grundlage für die Auswahl der zu realisierenden Projekte eines Portfolios. Die Bearbeitungsreihenfolge der ausgewählten Projekte, die somit auch ein operatives Projektbudget zugeteilt bekommen, richtet sich vorrangig nach dieser Rangfolge. Bestehen jedoch Ressourcen-Interdependenzen, d.h., greifen mehrere Projekte gleichzeitig auf knappe Ressourcen des Unternehmens zu und kommt es dadurch zu einer Unterkapazität dieser Ressourcen, ist mit Hilfe einer Analyse dieser bestehenden Ressourcen-Interdependenzen die schlussendliche Bearbeitungsreihenfolge zu bestimmen.

4.1.2 Projektbewertung

Grundsätzlich ist im Rahmen der Projektbewertung eine einfache wirtschaftliche Betrachtung gefordert: Es muss der (Zusatz-)Nutzen eines Projektes unter Berücksichtigung des spezifischen Mitteleinsatzes festgestellt werden. Der Erfolg bzw. Wertbeitrag eines Projektes kann immer dann direkt gemessen werden, wenn die Erfolgsbzw. Wertgrößen eines Projektes (Kosten/Erlöse bzw. Ein- /Auszahlungen) ermittelt werden können und keine Auswirkungen auf andere Bereiche der Leistungsebene haben.[322] Ist die Unabhängigkeit des Projektes vom übrigen Leistungsbereich des Unternehmens nicht gegeben, was im Rahmen von strategischen Projekten häufig der Fall ist, kann der Erfolgs- bzw. Wertbeitrag eines Projektes eigentlich nur als relative Größe gemessen werden. Hierbei geht man vom Status quo aus und berücksichtigt als positive Ausprägungen z.B. zusätzliche Einzahlungen bzw. entfallende Auszahlungen und auf der negativen Seite entfallende Einzahlungen bzw. zusätzliche Auszahlungen, die durch die Projektdurchführung verursacht werden.[323] Als Nachteil der relativen Projektbewertung ist dabei der Vergleich zur verwendeten Basis zu sehen. Die Durchführung eines relativ vorteilhaften Projektes[324] bedeutet nicht zwangsläufig eine zufrieden stellende Erhöhung des Erfolges/Wertes des Leistungsbereiches. Gegebenenfalls muss nach weiteren Projektalternativen bzw. Möglichkeiten zur Erhöhung des Projekterfolgs gesucht werden

---

[322] FRANKE/HAX nennen hier als Beispiel eine Neuprodukteinführung mit einer eigenen neuen Personal- und Produktionsplanung, die unabhängig vom bestehenden Produktionsbereich ist. Vgl. Franke/Hax (1999) S. 97.

[323] Vgl. Franke/Hax (1999) S. 98. Es können selbstverständlich auch erfolgswirtschaftliche Größen Berücksichtigung finden.

[324] Vgl. Franke/Hax (1999) S. 98f.

In der finanzwirtschaftlichen Literatur existieren weiterhin unterschiedliche Vorschläge zur Behandlung von Projektportfolios innerhalb der Projektbewertung.[325] Dabei schlagen FRANKE/HAX vor, im Vorgang der Projektbewertung die unterschiedlichen (Teil-) Projekte eines Investitionsprogramms in möglichst unabhängige Gruppen aufzuteilen, sodass es im Rahmen der Bewertung einer Projektgruppe unerheblich ist, wie sich die Auswahlentscheidung bei anderen Projektgruppen darstellt. Somit können, da nun die Erfolge einer Projektgruppe nahezu unabhängig von den Erfolgen anderer Projektgruppen sind, die Einzelentscheidungen unabhängig und somit effizienter getroffen werden.[326] ALTROGGE hält diesem theoretisch aus seiner Sicht wünschenswerten Vorschlag, möglichst nur interdependenzübergreifende Investitionsprogramme zu bewerten, entgegen, dass gerade die Verwendung von Programmansätzen hohe Ansprüche an die Datenbeschaffung und Organisation stellt. Diese Voraussetzungen sind seiner Ansicht nach in der Praxis nicht gegeben. Er plädiert daher für eine grundsätzlich individuelle Projektbewertung.[327]

Eine differenzierte Sicht dieser Problematik aus dem Blickwinkel des Multiprojektmanagements stellt LUKESCH dar. Er argumentiert zutreffend, dass immer dann Einzelprojekte eines Programms als Bewertungsobjekte behandelt und in das Portfolio übernommen werden sollen, wenn das Projekt einen auch außerhalb des Programms sinnvollen Nutzen stiften kann. Ihm werden dann, soweit dies möglich ist, die individuellen Kosten, Nutzengrößen und Risiken zugerechnet. Darüber hinaus wird zusätzlich das gesamte Programm, inklusive der etwaigen Einzelprojekte, mit in den Bewertungsprozess übernommen, da es eine Alternative zur Durchführung des Einzelprojektes darstellt. Problematisch erscheint hierbei jedoch der vom Autor nicht bedachte Fall, wenn sich ein Programm und darin enthaltene Einzelprojekte separat zur Realisierung qualifizieren. In diesem Fall sind dann Sonderregelungen zu treffen.[328]

---

[325]   In der hier zitierten Literatur aus dem Bereich der Finanzwirtschaft wird der Begriff des Investitionsprogramms für miteinander in Beziehung stehende Projektgruppen genutzt. Im Folgenden sollen diese Überlegungen auf den Bereich der Multiprojekt-Priorisierung übertragen werden. Ein Investitionsprogramm soll dabei als Projektportfolio, eine Projektgruppe als Programm im Sinne der Definition aus Abschnitt 2.2.1 interpretiert werden.

[326]   Vgl. Franke/Hax (1999) S. 164.

[327]   Vg. Altrogge (1996) S. 19f.

[328]   Vgl. Lukesch (2000) S. 52. LUKESCH erwähnt bezüglich der zu treffenden Sonderregelungen lediglich, dass die herausgelösten Einzelprojekte als einem spezifischen Programm zugehörig markiert werden müssen. Als Beispiel nennt er die Einführung eines SAP/R3-Moduls zur Berichterstellung, das unabhängig vom Programm „Umstellung der Rechnungslegung auf US-GAAP" einen Nutzen stiftet.

Unternehmensindividuell sollte somit entweder dem Ansatz von ALTROGGE oder dem von LUKESCH gefolgt werden.

4.1.3 Interdependenzanalyse

Nachdem innerhalb der Einzelprojektbewertung eine vorläufige Rangfolge der einzelnen Projekte gebildet wurde, ist mittels des jeweils portfoliospezifischen Budgetschnittes absehbar, welche einzelnen Projekte für eine Aufnahme in das Portfolio in Frage kommen. Die Bewertung der Projekte stellt aufgrund der zwischen den einzelnen Projekten bestehenden Interdependenzen noch nicht die endgültige Projektbearbeitungsfolge dar, weil die Interdependenzen während der Einzelprojektbewertung noch nicht berücksichtigt wurden. Im Gegensatz zur Einzelprojektbewertung, die auf den singulären Wert eines Projektes abstellt, steht innerhalb der Interdependenzanalyse das Beziehungsgeflecht der unterschiedlichen potenziell durchzuführenden Projekte eines Portfolios im Untersuchungsmittelpunkt. Die grundsätzliche Bedeutung der getrennten Analyse von Projektinterdependenzen für die Multiprojekt-Priorisierung wird dabei in der Literatur vorwiegend als sehr hoch eingestuft.

LUKESCH empfiehlt die Berücksichtigung der einzelnen Projektinterdependenzen in der Projektauswahl. Er argumentiert, dass insbesondere Projekte mit einer hohen positiven Abhängigkeit von anderen Projekten durch eine Nichtrealisation dieser stark an ihrem Projektwert verlieren. Gleichzeitig können dabei auch Projekte, die nur einen geringen Projektwert innehaben, durch die Beeinflussung anderer Projekte an Bedeutung gewinnen. Weiterhin stellt er darauf ab, dass die vorhandene Ressourcenausstattung des Unternehmens auch eine Auswirkung auf die Rangfolge der Projekte haben kann.[329]

Diesen Punkt unterstreichen auch MAY/CHROBOK, indem sie ebenfalls die Analyse von Interdependenzen separat nach erfolgter Einzelprojektbewertung vornehmen. Insbesondere die Abhängigkeiten der Projekte untereinander stellen für sie einen Haupteinflussfaktor auf die tatsächliche Bearbeitungsreihenfolge von Projekten dar. Dabei sollen vor allem Projekte, die einen hohen positiven Einfluss auf andere Projekte haben, vorrangig realisiert werden. Dies führt dann zu einer höheren Priorität solcher aktiven Projekte.[330]

---

[329] Vgl. Lukesch (2000) S. 45.
[330] Vgl. May/Chrobok (2001) S. 111.

Auch HILLER spricht sich grundsätzlich für eine Berücksichtigung von Projektinter-
dependenzen aus. Er bezieht sich dabei vor allem auf synergetische bzw. konfliktäre
Beziehungen. Für die Durchführung der Interdependenzanalyse nach der eigentlichen
Projektbewertung sprechen seiner Meinung nach vornehmlich pragmatische Gesichts-
punkte.[331] Die detaillierte Analyse und Beschreibung der Vernetzung der unter-
schiedlichen Projekte untereinander sowie das Aufzeigen der Konsequenzen und
Maßnahmen erfolgen bei ihm aufgrund des damit verbundenen Aufwands nach der
Auswahl der potenziell umzusetzenden Projekte.[332]

Die Priorisierung von Projekten ist nach FOSCHIANI ebenfalls noch nicht mit der
Einzelprojektbewertung beendet. Er spricht sich auch für die Durchführung einer
Interdependenzanalyse aus, vor allem um die inhaltlichen Abhängigkeiten der unterschiedlichen Projekte zu ermitteln und so eine Bearbeitungsreihenfolge festzulegen,
die wiederum Auswirkungen auf die Projektpriorität haben kann.[333] Die Gestaltung
des durch die Projektpriorisierung entstandenen strategischen Projektnetzwerkes sieht
SCHEURER ebenfalls als eine Aufgabe der Interdependenzanalyse an. Im Gegensatz
zu anderen Autoren betrachtet er aber in seinem Konzept keine direkte Auswirkung
der im Netzwerk vorherrschenden Ursache-Wirkungszusammenhänge auf die
abschließende Priorisierung der einzelnen Projekte.[334]

Auch PRADEL/SÜDMEYER sprechen sich für eine der Projektbewertung nachge-
lagerte Interdependenzanalyse aus, jedoch fokussieren sie ihr Vorgehen stark auf die
Regelung von Ressourcen-Interdependenzen, die sich in Kapazitätsengpässen widerspiegeln. Das Multiprojektmanagement hat ihrer Meinung nach an dieser Stelle vor
allem für eine ergebnisoptimale Auslastung der vorhandenen Kapazitäten durch die
einzelnen Projekte zu sorgen.[335] Weiterhin sehen ARCHER/GHASEMZADEH die
Berücksichtigung von Ressourcen-Interdependenzen als einen wichtigen Bestandteil

---

331   Diese Reihenfolge im Zuge der Projektpriorisierung wird insbesondere in neueren Literatur-
      stellen vorgeschlagen. Vgl. Foschiani (1999) S. 131; Scheurer (2000) S. 400f. und May/
      Chrobok (2001) S. 111f.

332   Vgl. Hiller (2002) S. 65.

333   Vgl. Foschiani (1999) S. 131f. Er sieht die Notwendigkeit, dass Projekte, von deren Ergebnissen
      weitere Projekte abhängen, zeitlich möglichst früh ausgeführt werden.

334   Vgl. Scheurer (2000) S. 394f. Das an die Balanced Scorecard angelehnte Instrument ordnet
      dabei jeder Ebene die entsprechenden Projekte zu und stellt darauf aufbauend die vorherrschen-
      den Abhängigkeiten dar.

335   Vgl. Pradel/Südmeyer (1997) S. 307f. Daneben nennen die Autoren als weitere Aufgaben noch
      das Aufzeigen von Kapazitätsengpässen sowie das Unterbreiten von Lösungsvorschlägen an das
      Linienmanagement zur Behebung dieser Engpässe.

der Projektpriorisierung an. Insbesondere die Beanspruchung von limitierten Ressourcen durch mehrere Projekte ist ihrer Meinung nach nur in wenigen Konzepten zur
Projektpriorisierung berücksichtigt.[336]

Die gedankliche Abkopplung der Interdependenzanalyse von der Einzelprojektbewertung wird somit fast durchgängig in der Literatur empfohlen. Ebenso ist es weitgehend unstrittig, dass die Interdependenzanalyse in der prozessualen Anordnung nach
der Projektbewertung durchgeführt wird. Diesen in der Literatur geäußerten
Gestaltungsvorschlägen wird daher im Wesentlichen gefolgt, wobei im Zuge einer
integrierten Vorgehensweise eine Berücksichtigung beider Prozesse notwendig
erscheint. Alle in der Literatur vorhandenen Konzepte zur Durchführung einer Interdependenzanalyse berücksichtigen die hier zu betrachtenden zwei Interdependenzen-
typen. Zum einen werden inhaltlich-strategische Interdependenzen identifiziert, zum
anderen bilden Ressourcen-Interdependenzen die zweite Kategorie von Projektinterdependenzen.[337]

Inhaltlich-strategische Interdependenzen können dabei auf mehrfache Weise in
Erscheinung treten. LUKESCH nennt exemplarisch die Möglichkeit,[338] dass unterschiedliche Projekte sich auf die gleiche Nutzergruppe beziehen und insofern eine
Abstimmung der Projektumsetzung notwendig ist. Weiterhin können Projekte inhaltlich von den Ergebnissen zeitlich vorgelagerter Projekte abhängig sein, wenn z.B. im
F&E-Bereich Ergebnisse der Grundlagenforschung für ein spezifisches Produkt-
entwicklungsprojekt benötigt werden.[339] Ebenso ist im Bereich von IT-Projekten
daran zu denken, dass die Installation von spezifischen IT-Systemen auf die Implementierung eines anderen IT-Systems aufbaut, wie dies etwa in der Verknüpfung
unterschiedlicher Anwendungssysteme der Fall sein kann. Diese inhaltlichen

---

[336] Vgl. Archer/Ghasemzadeh (1999a) S. 210. Sie führen dort aus: „Many portfolio selection
techniques do not consider the time-dependent resource requirements of projects".

[337] HILLER unterscheidet in seinem Konzept demgegenüber zwischen ressourcen-, ergebnis- und
umfeldbasierten Interdependenzen. Während die ersten beiden Typen im Weiteren berücksichtigt werden, stellen die umfeldbasierten Interdependenzen, auf welche der Autor in der
Ursprungsquelle selber nicht eingeht, eine Besonderheit dar und sind durch das Multiprojektmanagement nur teilweise zu beeinflussen. Insofern werden sie im Weiteren nicht näher behandelt. Vgl. Hiller (2002) S. 69.

[338] Vgl. Lukesch (2000) S. 44f.

[339] CUSUMANO/NOBEOKA stellen gerade diesen letzten Aspekt als bedeutende Zukunftsstra-
tegie der plattformorientierten Entwicklung in der Automobilindustrie heraus. Neben der inhaltlichen Abhängigkeit belegen die Autoren, dass vor allem das zeitliche „Timing" eine entscheidende Rolle im Zuge des „technologie transfers among multiple projects" spielt. Vgl.
Cusumano/Nobeoka (1998) S. 9ff.

Abhängigkeiten können auch in parallel ablaufenden Projekten auftreten, etwa wenn die Ergebnisse einzelner Arbeitspakete miteinander korrespondieren. Hierbei ist auch auf die Etablierung von adäquaten Datenschnittstellen zwischen den Projekten zu achten.

Neben diesen eher sequenziellen Abhängigkeiten können auch netzwerkartige Abhängigkeiten mit multiplen Beziehungen zwischen den unterschiedlichen Projekten bestehen. Im Rahmen dieser Wirkungsnetzwerke können sich unterschiedliche Projekte gegenseitig beeinflussen. Weiterhin kann die Möglichkeit bestehen, dass die Konzeption eines bereits laufenden Projektes aufgrund des Einflusses von (Zwischen-) Ergebnissen anderer Projekte nachgearbeitet werden muss.[340]

Andere Interdependenzen zwischen Projekten können von ihrem Charakter her auch als strategisch eingestuft werden. FOSCHIANI sieht solche Interdependenzen z.B. dann als gegeben an, wenn Projekte (mehrere) Strategien des Unternehmens beeinflussen.[341] Ebenso können unterschiedliche, parallel laufende Projekte eine inhaltlich ähnlich gelagerte Zielsetzung verfolgen und somit gegenseitig von den unterschiedlichen Erfahrungen profitieren. Diese Interdependenzen werden auch als Wissenssynergien bezeichnet.[342] SCHEURER geht in seinem Konzept der strategischen Projektnetzwerke ebenfalls vom Bestehen strategischer Interdependenzen zwischen Projekten aus.[343] Im Zuge der bisherigen Ausführungen wird auch ersichtlich, dass eine theoretisch begründete und trennscharfe Unterscheidung zwischen rein inhaltlichen und rein strategischen Projektinterdependenzen kaum möglich ist. Insofern sollen diese im Folgenden als ein gemeinsamer Interdependenztyp behandelt werden, der sich vor allem auf Informationen und den Austausch bzw. die Wirkung von Projektergebnissen bezieht.

Neben den inhaltlich-strategischen Interdependenzen stellen die Ressourcen-Interdependenzen[344] den zweiten Interdependenztyp dar. Im Gegensatz zu den oben behandelten inhaltlich-strategischen Interdependenzen ist die Abhängigkeit der unter-

---

[340]   Vgl. May/Chrobok (2001) S. 111.

[341]   Vgl. Foschiani (1999) S. 132. Als Beispiel kann die Beeinflussung von strategischen Kooperationsprojekten durch die Ausführung eines strategischen Marketingprojektes zur Bearbeitung von Teilmärkten genannt werden.

[342]   Vgl. zum Begriff Lukesch (2000) S. 45.

[343]   Vgl. Scheurer (2000) S. 394. Zu der genauen Beschaffenheit der Interdependenzen innerhalb des strategischen Projektnetzwerkes gibt er jedoch keine stichhaltigen Hinweise.

[344]   Der explizite Ausweis von Ressourcen-Interdependenzen als eigenständiger Typ von Interdependenzen findet sich z.B. bei Engwall/Jerbrant (2003) S. 405.

schiedlichen Projekte voneinander hier nicht direkt, sondern vielmehr durch den gleichzeitigen Zugriff auf limitierte Ressourcen des Unternehmens begründet. Dies ist insbesondere beim Vorliegen von Unterkapazitäten kurzfristig schwer zu beschaffender Ressourcen, wie personellen Fachkräften oder technologischen Anlagen, der Fall. Die Verteilung dieser knappen Ressourcen auf die unterschiedlichen Projekte kann dabei nicht im letzten Detail durch das Multiprojektmanagement geleistet werden. Es ist vielmehr an dieser Stelle der Projektpriorisierung dafür Sorge zu tragen, dass eine potenzielle Umsetzung des betreffenden Projektportfolios vor dem Hintergrund der vorhandenen Unternehmensressourcen überhaupt möglich ist.[345] Somit kann bei Vorliegen eines Ressourcenengpasses auch der Extremfall eintreten, dass ein Projekt mit einer hohen Priorität aufgrund dieses Engpasses nicht durchgeführt werden kann. Eine kurzfristige Ausräumung des Engpasses, z.B. durch die Inanspruchnahme externer Mitarbeiter oder die Anmietung von Rechenkapazität, ist dabei streng nach wirtschaftlichen Kriterien durchzuführen.

Es sei daher darauf hingewiesen, dass die Ressourcen-Interdependenzen explizit nicht in die gesamthafte inhaltliche Bewertung der Projekte mit einbezogen werden. Im Normalfall stellen Ressourcen-Interdependenzen nur selten inhaltlich bewertbare Effekte dar, vielmehr gilt es aufgrund von Belastungsszenarien die Ausführungsreihenfolge der einzelnen Projekte so zu gestalten, dass der Ergebnis-Output des gesamten Projektportfolios optimiert werden kann. Zudem ist das Projekt-Ranking, das sich aus der gesamthaften inhaltlich-strategischen Bewertung der einzelnen Projekte ergibt, als Ausgangslage zu verstehen, um in Verbindung mit den noch zu ermittelnden Ressourcen-Interdependenzen die tatsächliche Bearbeitungsreihenfolge der Projekte eines Portfolios festzulegen.

4.2 Methoden der Projektbewertung

An dieser Stelle sollen Methoden zur Projektbewertung vorgestellt werden. Dies soll vor allem aus dem Blickwinkel der Entscheidung zur Aufnahme von Projekten in das Projektportfolio geschehen. Zunächst sind innerhalb einer Synopse von potenziell geeigneten Bewertungsmethoden diejenigen zu identifizieren, die eine besondere Eignung für die Projektbewertung besitzen. Daran anschließend werden sowohl klassische Investitionsmethoden als auch Methoden zur Berücksichtigung von Budgetbeschränkungen, Flexibilität und Risiko dargestellt. Neben diesen eher monetären Verfahren sind mit Scoring- und Portfolio-Modellen Verfahren zur Berücksichtigung

---

[345]   Vgl. Lukesch (2000) S. 106.

mehrerer auch qualitativer Bewertungskriterien aufzuzeigen. Dabei ist davon auszugehen, dass die Projektbewertung immer eine spezifische Subjektivitätskomponente
beinhaltet. Dies stellt zwar eine aus theoretischer Sicht nicht befriedigende Lösung
dar, ist aber aufgrund der oftmals schlecht strukturierten Planungssituation von strategischen Projekten nicht auszuräumen.[346]

4.2.1 Synopse potenziell geeigneter Bewertungsmethoden

Grundsätzlich besteht im Rahmen der Projektbewertung das Problem der adäquaten
Methodenauswahl. Es existiert eine Reihe von unterschiedlichen Methoden, die grundsätzlich innerhalb der Projektbewertung zur Anwendung kommen können. Weiterhin
besteht oftmals das Erfordernis, unterschiedliche Projektarten mit unterschiedlichen
Methoden zu bewerten. Dies ist immer dann möglich, wenn im Unternehmen nicht nur
ein einziges, sondern mehrere getrennte Projektportfolios angelegt sind.[347] Die Anwendung der Bewertungsverfahren sollte eine weitgehend widerspruchsfreie, ver-
gleichbare und sachlich zutreffende Bewertung von Projekten ergeben.[348] Die Aufgabe
der Methoden ist es somit, eine objektiv nachvollziehbare Priorisierung der einzelnen
Projekte zu ermöglichen. Im Folgenden sollen übersichtsartig potenziell anwendbare
Bewertungsverfahren aufgezeigt werden, bevor eine detaillierte Darstellung der
bedeutsamsten Methoden erfolgt. Dabei wird insbesondere auf eine breite Anwendbarkeit der Verfahren Wert gelegt. Es sollen solche Verfahren aufgezeigt werden, die
einen komparativen Vergleich mehrerer Projekte explizit vorsehen und sich somit für
die Priorisierung von Projekten in Projektportfolios besonders eignen.

Innerhalb der Literatur finden sich unterschiedliche Kategorisierungen von Methoden
zur Projektbewertung.[349] Die unterschiedlichen Bewertungsmethoden können dabei in

---

[346]   Vgl. Pradel/Südmeyer (1997) S. 305. Insbesondere die Bewertung des strategischen Beitrags
        bzw. die qualitative Untermauerung der operativen Dringlichkeit eines Projektes ist hierfür aus-
        schlaggebend.

[347]   Dennoch sollte im Sinne einer portfolioübergreifenden Vergleichsmöglichkeit, die im Rahmen
        der unternehmensweiten strategischen Budgetierung von Bedeutung ist, auf eine zu große Dif-
        ferenz hinsichtlich der Bewertungsmethoden und -kriterien verzichtet werden. Vgl. Payne/
        Turner (1999) S. 56.

[348]   Um die Auswahl geeigneter Bewertungsmethoden zu unterstützen, stellen SPECHT/
        BECKMANN weiterführende Kriterien für die Auswahl von Bewertungsinstrumenten auf, die
        allgemeine Gültigkeit im Multiprojektmanagement besitzen. Vgl. Specht/Beckmann (1996)
        S. 220f. Ähnliche Kriterien zeigen auch Meredith/Mantel (1999) S. 137. Sie gehen dabei von
        sechs Kriterien aus: Bewertungsrealismus, Mehrdimensionalität, Flexibilität, einfache Anwend-
        barkeit, Kosten der Anwendung sowie Möglichkeit der IT-gestützten Durchführung.

[349]   Vgl. zu den im Text angesprochenen Bewertungsmethoden: Cooper/Edgett/Kleinschmidt (2001)
        S. 29ff.; Specht/Beckmann (1996) S. 220ff.; Meredith/Mantel (1999) S. 141ff.; Archer/

drei Typen (Abbildung 4–4) eingeteilt werden. Die eindimensionalen Bewertungsmethoden sind auf eine monetäre Bewertung ausgerichtet. Komparative Bewertungsmethoden unterstützen methodisch den Vergleich von Projekten. Mehrdimensionale Methoden berücksichtigen vorrangig qualitative Bewertungskriterien.

Eindimensionale Bewertungsmethoden	Komparative Bewertungsmethoden	Mehrdimensionale Bewertungsmethoden
Interner Zinsfuß	AHP	Scoring-Modelle
Kapitalwert (NPV)	Q-Sort	Portfolio-Modelle
Optionspreisbewertung	Paarvergleiche	Simulationsmodelle
Entscheidungsbäume	Lineare Programmierung	Checklisten
Risikoanalysen		
Amortisationsdauer		
Projekt-ROI		
Expected Commercial Value		
Productivity Index		
Restkosten-Rentabilität		
Sensitivitätsanalyse		

Abbildung 4–4   Bewertungsmethoden zur Priorisierung strategischer Projekte

Innerhalb der eindimensionalen Bewertungsmethoden sind zunächst die klassischen Investitionsrechenmethoden wie Kapitalwert bzw. Net Present Value, Interner Zinsfuß bzw. Internal Rate of Return (IRR) und Amortisationsmethode zu nennen. Grundsätzlich wird davon ausgegangen, dass sich keine statischen Investitionsmodelle für die Bewertung und Priorisierung von strategischen Projekten eignen.[350] Daneben werden in der Literatur aber auch spezifische Projektkennzahlen wie Projekt-ROI, Expected Commercial Value, Productivity-Index und Restkosten-Rentabilität aufgeführt. Diese Methoden sind grundsätzlich auch aus der allgemeinen Investitionsrechnung abgeleitet und werden deshalb im weiteren Verlauf der Arbeit nicht bzw. nur

---

Ghasemzadeh (1999a) S. 211ff., Thoma (1989) S. 91ff.; Völker (2001) S. 121ff. sowie Rösgen (2000) S. 184ff. und 230ff.

[350]   Im Rahmen der Multiprojekt-Priorisierung werden nur dynamische Methoden der Investitionsrechnung betrachtet. Dies ist mit den Anwendungsvoraussetzungen dieser Verfahren begründet. Sie eignen sich vor allem für Projekte, die nicht durch unterschiedliche Zahlungsströme gekennzeichnet sind. Zudem haben die statischen Methoden Nachteile, wenn Interdependenzen zu anderen Projekten und/oder Unternehmensbereichen bestehen. Vgl. Thommen/Achleitner (2001) S. 597.

kurz erläutert. Darüber hinaus können Risiken und Flexibilität von Projekten mittels Risikoanalysen, Methoden der Optionspreisbewertung, Entscheidungsbäume sowie Sensitivitätsanalysen ermittelt und monetär bewertet werden. Da diese Methoden ebenfalls den Erfordernissen der Projektpriorisierung entsprechen, sind sie im Weiteren wenigstens kurz darzustellen.

Demgegenüber sind die komparativen Bewertungsmethoden nur bedingt für die Belange der Projektpriorisierung geeignet und sollen daher im Weiteren auch nicht innerhalb der Konzeption berücksichtigt werden. Bezüglich der AHP-Methode (Analytical Hierarchy Process) ist vor allem eine mangelnde Behandlung von Projektinterdependenzen, wie sie z.B. im Rahmen der linearen Programmierung berücksichtigt werden, zu beanstanden.[351] Weiterhin besteht hier, wie auch bei den Methoden des Paarvergleichs und des Q-Sort-Algorithmus[352] das Problem, dass bei einer großen Anzahl von Projekten ein hoher Aufwand bei der vergleichenden Bewertung von Projekten betrieben werden muss, der aber oftmals zu nicht konsistenten Einstufungen führt. Ebenso können in relativen Vergleichen keine absoluten Aussagen über die Vorteilhaftigkeit von einzelnen Projekten getroffen werden. Selbst die Projekte mit höchster Priorität könnten theoretisch nur einen kleinen strategischen Beitrag für das Unternehmen leisten.[353] Weiterhin liefern Paarvergleiche auch bei Anwendung durch erfahrene Personen nur dann eine akzeptable Qualität, wenn eine Einschätzung der gesamten Bewertungssituation mit Hilfe von wenigen Faktoren korrekt durchführbar ist und auch korrekt durchgeführt wird.[354]

Demgegenüber sind die mehrdimensionalen Bewertungsmethoden hervorragend für die Belange der Projektpriorisierung geeignet. Insbesondere Scoring-Modelle werden immer häufiger im Zuge der Projektpriorisierung angewendet, da sie vor allem den qualitativ formulierten Kriterien Rechnung tragen und somit auch im strategischen Kontext Anwendung finden können. Ebenso sind Portfolio-Modelle geeignet, da sie zum einen mehrdimensional aufgebaut sind und zum anderen die relative Vergleichbarkeit aller Projekte eines Projektportfolios anhand spezieller Kriterien ermöglichen.

---

[351]   Vgl. zur Diskussion dieser Methode Archer/Ghasemzadeh (1999a) S. 212f.

[352]   Vgl. zum Q-Sort-Algorithmus, der auch auf eine Klassenbildung der Projekte abzielt Meredith/Mantel (1999) S. 142ff. Weiterhin besteht die Problematik, dass bei jeder Hinzufügung neuer Projekte die Verfahren von Beginn an neu durchgeführt werden müssen. Vgl. Archer/Ghasemzadeh (1999a) S. 210.

[353]   Vgl. zur Kritik Archer/Ghasemzadeh (1999) S. 211. Insofern ist dem Pre-Screening der einzelnen Projekte eine besondere Bedeutung beizumessen.

[354]   Vgl. Specht/Beckmann (1996) S. 223.

Aus diesen Gründen sollen diese beiden Methoden auch im Weiteren in das Konzept integriert werden. Checklisten stellen auch eine potenziell nutzbare Bewertungsmethode im Zuge der Projektvorauswahl dar, jedoch ist die Formulierung von exakten Ausschlusskriterien oftmals nicht möglich.[355] Schließlich sind Simulationsmodelle potenziell auch zur Bewertung von strategischen Projekten geeignet, sie sollen aber wegen ihrer Anwendungskomplexität und der daraus für Außenstehende nur bedingten Nachvollziehbarkeit nicht in dieser Konzeption behandelt werden.[356]

4.2.2 Klassische Investitionsrechenmethoden

Die dynamischen Methoden des Kapitalwerts und des internen Zinsfußes von Projekten ist die am häufigsten in der Praxis verwandte Bewertungsmethode.[357] Prinzipiell wird die Differenz aus den auf den Entscheidungszeitpunkt (im Allgemeinen t=0) mit dem Kalkulationszinssatz abgezinsten Einzahlungen und Auszahlungen des Projektes als Kapitalwert bezeichnet. Ist dieser so gewonnene Kapitalwert des Projektes größer Null, ist von einer Vorteilhaftigkeit des Projektes auszugehen. Im Vergleich mit anderen Projekten sind Projekte mit einem höheren Kapitalwert als vorteilhafter anzusehen.[358] Der interne Zinsfuß stellt demgegenüber denjenigen Zinssatz dar, bei welchem der Kapitalwert eines Projektes genau den Wert Null ergibt.[359] Projekte mit

---

[355]   Vgl. Specht/Beckmann (1996) S. 225.

[356]   THOMA kann ebenfalls keine generelle Anwendung von Simulationsmodellen zur Ex-ante Beurteilung von F&E-Projekten empfehlen. Er begründet dies vor allem mit den hohen Anforderungen an die Datengewinnung und -qualität, psychologischen Widerständen bei der Anwendung des Verfahrens sowie dem hohen Aufwand der Durchführung, der sich nur in spezifischen Fällen wirtschaftlich darstellen lässt. Vgl. Thoma (1989) S. 183. Demgegenüber muss jedoch auch erwähnt werden, dass sich im Zuge der IT-Entwicklung die Leistungsfähigkeit von Rechnersystemen deutlich erhöht hat und somit keine Restriktion mehr darstellen sollte. Vgl. Meredith/Mantel (1999) S. 164.

[357]   Vgl. zu Nachweisen empirischer Ergebnisse Blohm/Lüder (1995) S. 52ff. und Thommen/Achleitner (2001) S. 607 sowie, speziell auf die Projektbewertung bezogen, Remer/Stokdyk/Van Driel (1993) S. 107ff. In neuerer Zeit hat sich auch der Begriff „Net Present Value" zur Bezeichnung der Kapitalwertmethode durchgesetzt. Vgl. Blohm/Lüder (1995) S. 58. Zur genaueren Beschreibung des Verfahrens der Kapitalwertberechnung siehe z.B. Franke/Hax (1999) S. 166ff.; Blohm/Lüder (1995) S. 58f.; Thommen/Achleitner (2001) S. 598ff.; Altrogge (1996) S. 340ff. und Schmidt/Terberger (1997) S. 128ff.

[358]   Vgl. Blohm/Lüder (1995) S. 62. Weiterhin besteht noch die Möglichkeit, den Endwert eines Projektes zu bestimmen. Hierzu werden die Zahlungen auf den Endzeitpunkt aufgezinst. Einziger Vorteil dieser Methode ist eine getrennte Berücksichtigung von Soll- und Habenzinsen. Vgl. Sachs (2000) S. 45ff.

[359]   Für eine Übersicht über alle Begriffsformen dieser Kennzahl siehe Altrogge (1996) S. 314. Zur ausführlichen Darstellung der Berechnungsmodalitäten siehe weiterhin Altrogge (1996) S. 311ff.; Blohm/Lüder (1995) S. 90ff.; Franke/Hax (1999) S. 172ff. und Thommen/Achleitner (2001) S. 603ff.

einem internen Zinsfuß, der über einer gewählten „hurdle-rate"[360] liegt, sind demnach als vorteilhaft zu bewerten. Werden unterschiedliche Projekte untereinander in Beziehung gesetzt, sind diejenigen Projekte zu berücksichtigen, welche den höchsten Zinssatz erzielen.

Wenngleich die Ergebnisse dieser Bewertungsmethoden als Grundstock einer Projektpriorisierung angesehen werden können, so sind doch im Kontext der Bewertung strategischer Projekte einige Nachteile mit ihnen verbunden. So sind die Anforderungen an die Datenqualität sehr hoch. Insbesondere im Falle von unsicheren Erwartungen sowie von extern bestimmten Einflüssen (z.B. Produkterfolg, Marktverhalten) können die dynamischen Investitionsrechenmethoden ex ante nicht zu exakten Ergebnissen führen und somit die Qualität der Entscheidung negativ beeinträchtigen. Dies ist damit zu begründen, dass die Zahlungsströme von strategischen Projekten z.T. weit in die Zukunft reichen und somit unsicher sind. Ebenso sind die Nutzenwirkungen einzelner Projekte (z.B. IT-Projekte oder Projekte zur Organisationsentwicklung) nur schwer in Zahlungsreihen zu übersetzen. Ein etwaiger negativer Kapitalwert zeigt dabei ein Problem innerhalb des Projektes an und kann somit als Warnindikator genutzt werden.[361] Insofern sind die klassischen Verfahren der dynamischen Investitionsrechnung auf die Bedürfnisse der Bewertung strategischer Projekte anzupassen. Dazu ist insbesondere ein allgemein oder für jedes Projekt speziell gültiger Kapitalkostensatz zu ermitteln.

4.2.3 Methoden zur Berücksichtigung von Budgetbeschränkungen

Die Priorisierung von Projekten erfolgt auch immer vor dem Hintergrund von Ressourcenbeschränkungen unterschiedlicher Natur. Wenngleich eine Vorauswahl von Projekten mit positivem Kapitalwert existiert, so müssen Projekte auf ihre Kosten/Nutzen-Gesichtspunkte hin untersucht werden. Dies ist vor allem dann von besonderer Bedeutung, wenn neue Projektanträge mit bereits existierenden Projekten um die gleichen Ressourcen konkurrieren. Von der Grundüberlegung her ist in diesem

---

[360]   Diese „hurdle rate" im Sinne einer Mindestverzinsung kann dabei sowohl über als auch unter dem Kapitalkostensatz des Unternehmens liegen. So kann in letzterem Fall in spezifischen Investitionsentscheidungssituationen eine genaue Quantifizierung nicht möglich sein bzw. Folgeinvestitionen oder generell geforderte strategische Handlungsfreiheit können nicht bewertet werden. Vgl. Ott (2000) S. 167f.

[361]   Vgl. Blohm/Lüder (1995) S. 232.

Fall dasjenige Projekt vorzuziehen, welches das höchste Verhältnis von Kapitalwert zu noch benötigtem Budget besitzt.[362]

Projekt	Kapitalwert in Mio. EUR	Benötigtes Budget in Mio. EUR	Kapitalwert-Budget Index	Kumuliertes benötigtes Budget nächstes Quartal (max. 11 Mio. EUR)
B	42	3,8	11,1	2,5
E	55	5,0	11,0	7,5
C	30	3,1	9,7	7,8
F	43,8	5,0	8,8	9,3
A	6,2	0,8	7,8	10,1
G	48,5	7,0	6,9	11,4
H	52	9,5	5,5	14,6
D	37,5	8,3	4,5	18,4

Abbildung 4–5   Bewertung von F&E-Projekten mit dem Kapitalwert-Budget Index[363]

Im Beispiel von COOPER/EDGETT/KLEINSCHMIDT (Abbildung 4–5) liegt eine Budgetbeschränkung im F&E-Projektportfolio für das nächste Quartal in Höhe von 11 Mio EUR vor.[364] Die Produktentwicklungsprojekte sind nach dem Kapitalwert-Budget Index absteigend sortiert, sodass die im Verhältnis zum ausstehenden Mitteleinsatz wirtschaftlichsten Projekte mit den höchsten Kapitalwert-Budget-Indices am Anfang der Rangliste stehen. Somit kann man eine engpassorientierte Priorisierung der Projekte vornehmen.[365] Jedoch sind auch in diesem Vorgehensmodell keine qualitativen Nutzengrößen enthalten. Eine Berücksichtigung von Interdependenzen der Projekte findet ebenfalls nicht statt. Auch die bisher eingesetzten Mittel werden hier nicht in die Betrachtung mit einbezogen.[366]

Einen weiteren Gestaltungsvorschlag zur Berücksichtigung von Budgetrestriktionen stellen SHARPE/KEELIN mit dem High-Value-Portfolio-Ansatz (Abbildung 4–6) vor, der sich nur auf monetäre Bewertungsgrößen beschränkt.[367] Ziele des Ansatzes sind eine rein wertoptimale Ausnutzung der knappen Ressourcen und eine einheitliche Vorgehensweise bezüglich aller Projekte. Zusätzlich kann mit diesem Ansatz ein

---

[362]   Im Folgenden soll das zur Verfügung stehende Budget als exemplarische Ressourcenbeschränkung angesehen werden.

[363]   In Anlehnung an: Cooper/Edgett/Kleinschmidt (2001) S. 30ff. Die Beispiele betreffen Neuproduktentwicklungen. Eine ähnliche Vorgehensweise schlägt auch Alter (1990) S. 227 vor.

[364]   Die Budgetrestriktionen könnten auch in Marketingkosten oder Mann-Monaten bestehen.

[365]   Vgl. zum Vorgehen Cooper/Edgett/Kleinschmidt (2001) S. 29ff.

[366]   Vgl. für die Berücksichtigung der Wartezeit eines Projektes Becker (1997) S. 36.

[367]   Der Ansatz wurde im Pharmazie-Unternehmen SmithKline Beecham für die Auswahl von F&E-Projekten entwickelt. Vgl. Sharpe/Keelin (1998) S. 45ff.

Committment sowohl zwischen Entscheidungsträgern und Antragstellern von Projekten als auch zwischen um knappe Projektbudgets konkurrierenden Projektteams erreicht werden.

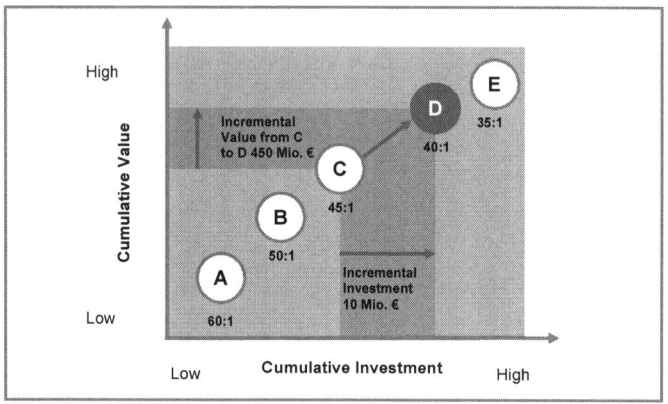

Abbildung 4–6   High-Value Portfolio-Ansatz[368]

Die einzelnen Projekte werden nach ihrem spezifischen (erwarteten) Return on Investment in eine Reihenfolge gebracht. Den Projekten mit dem höchsten Return on Investment[369] werden dabei so lange Ressourcen zugeteilt, bis die Budgetgrenze erreicht ist. Besonderheiten dieser Methode sind vor allem in der Objektivierung des Bewertungs- und Entscheidungsprozesses zu sehen. Insbesondere werden an dieser Stelle Verfahrensfehler und menschliche Unzulänglichkeiten der Entscheidungsträger minimiert.

4.2.4 Methoden zur Berücksichtigung von Flexibilität und Risiko

Neben der Berücksichtigung von Budgetrestriktionen ist im Rahmen der Bewertung den Aspekten des Risikos und der Flexibilität Rechnung zu tragen. Die Flexibilität von strategischen Projekten kann durch einen Entscheidungsbaum[370] bzw. eine Realoption abgebildet werden. Da in diesen Ansätzen immer auch mit Eintrittswahrscheinlichkeiten der Zahlungsströme von alternativen Projektverläufen gerechnet wird, werden

---

[368]   In Anlehnung an: Sharpe/Keelin (1998) S. 56.

[369]   Im Beispiel hat Projekt A den höchsten Return on Investment mit einem Verhältnis des Cumulative Value zum Cumulative Investment von 60:1.

[370]   Zur Methodik der Entscheidungsbäume siehe grundlegend Perridon/Steiner (1999) S. 127ff., aber auch Pritsch (2000) S. 154ff. bezüglich alternativ anwendbarer Instrumente (z.B. Contingent-Claim Analyse). Vgl. zum Problemkomplex ebenfalls Alter (1990) S. 218ff.

somit zugleich auch unterschiedliche Risiken – wirtschaftliches und technisches Erfolgsrisiko – berücksichtigt. Zusätzlich können im Rahmen der klassischen Investitionsmethoden Risikoaufschläge innerhalb der Kalkulationszinssätze verwendet werden. Dieses Standardvorgehen wird im Folgenden aber nicht weiter dargestellt.

Insbesondere für artbedingt unsichere F&E-Projekte schlagen COOPER/EDGETT/ KLEINSCHMIDT die Nutzung des „Expected Commercial Value" (ECV) als Bewertungskennzahl vor. Diese berücksichtigt gleichzeitig auch Budgetrestriktionen und ist somit speziell für die Anwendung im Rahmen der Projektpriorisierung ausgerichtet.[371]

Der ECV-Ansatz stellt somit eine vereinfachte Form eines Entscheidungsbaumes dar. Im Gegensatz zur herkömmlichen Kapitalwertberechnung finden jetzt die unterschiedlichen Risiken des Projektes Einfluss in die Bewertung und können so erhebliche Abweichungen in der Priorisierung der Projekte ergeben. Werden die Projekte dann nach dem Kriterium ECV/verbleibende Entwicklungskosten priorisiert, werden Projekte, welche nahe der Marktreife sind, die höchste Aussicht auf eine Mittelzuweisung haben, da sie im Regelfall nur noch geringe Restbeträge des F&E-Budgets benötigen.[372]

$$ECV = \left[\left(PV \times P_{cs} - C \right) \times P_{ts} \right] - D$$

ECV	Expected Commercial Value
PV	Abgezinste Cash-Flows der Marktphase (nur Einzahlungen)
Pcs	Wahrscheinlichkeit des wirtschaftlichen Erfolgs (0 bis 1)
C	Markteinführungskosten
Pts	Wahrscheinlichkeit des technischen Erfolgs der Entwicklung (0 bis 1)
D	Verbleibende Entwicklungskosten

Das Hauptproblem dieser Vorgehensweisen stellen die hohen Anforderungen an die Datenqualität und -integrität dar. Bereits kleine Änderungen von Wahrscheinlichkeiten können zu hohen Abweichungen führen. Die Daten der zu erwartenden Cash-Flows müssen ebenfalls als sehr unsicher betrachtet werden. Das Verfahren kann somit streng genommen erst in einer Phase eingesetzt werden, in der zumindest ein grober Businessplan erstellt wurde. Weiterhin kann mit dieser Vorgehensweise nicht sicher-

---

[371] Vgl. Cooper/Edgett/Kleinschmidt (2001) S. 34f. Im vorliegenden Fall wird das Risiko des wirtschaftlichen und des technischen Erfolgs berücksichtigt. Vgl. für einen mehrstufigen Entscheidungsprozess in der Pharma-Industrie Pritsch (2000) S. 143.

[372] Vgl. Cooper/Edgett/Kleinschmidt (2001) S. 39. Die Engpass-Ressource kann dabei auch nicht monetäre Werte, wie z.B. Personalstunden, beinhalten. Ebenfalls möglich ist eine Multiplikation des ECV mit einer strategischen Gewichtung (z.B. 3 = hoch, 2 = mittel und 1 = niedrig), um so auch qualitative Kriterien mit in die Entscheidung einzubeziehen.

gestellt werden, dass das schlussendliche Projektportfolio in Bezug auf Risiko und Produktprogrammabdeckung ausgeglichen aufgestellt ist.[373]

Insbesondere für Projektarten mit einer hohen Unsicherheit kann eine Bewertung nach dem Realoptionenansatz erfolgen. Dieser Ansatz überträgt die Denkweisen von Finanzoptionen auf reale Projektvorhaben. Realoptionen können dabei in drei Formen auftreten.[374] Wachstumsoptionen beinhalten Möglichkeiten, neue Gewinnpotenziale durch Investitionen und Folgeinvestitionen (Folgeprojekte) zu erschließen. Lernoptionen beruhen auf der Möglichkeit, Investitionsentscheidungen hinauszuzögern, um die Investitionsentscheidung und somit auch Projektdurchführung in Zukunft mit einem besseren Informationsstand zu fundieren. Versicherungsoptionen beinhalten schließlich die Möglichkeit, flexibel auf (negative) Umweltentwicklungen zu reagieren (z.b. Downsizing, Technologiewechsel oder temporäre/dauernde Stilllegung von Projekten).[375]

Im Rahmen der Multiprojekt-Priorisierung können dabei alle drei Typen auftreten. Da schon die einfachere Bewertung von Finanzoptionen große mathematische Anforderungen an den Nutzer stellt, sind die Autoren bzw. Entwickler von unterschiedlichen Bewertungsansätzen vor allem auf einen einfachen Aufbau und die Verständlichkeit bzw. Vergleichbarkeit mit dem bereits beschriebenen Kapitalwert-Verfahren bemüht.[376] Insbesondere LUEHRMANN hat in diesem Zuge eine auf unterschiedlichste Projekte anwendbare Systematik entwickelt, die innerhalb der Projektpriorisierung angewendet werden kann. Der Autor sieht den Vorteil seines Verfahrens darin,

---

[373] Siehe zur Kritik auch Cooper/Edgett/Kleinschmidt (2001) S. 39 und Wheelwright/Clark (1992) S. 72.

[374] Vgl. grundlegend: Pritsch (2000) S. 140f. und Copeland/Keenan (1998a) S. 48 und speziell bezogen auf Projekte: Lukesch (2000) S. 177f.

[375] FICHMANN/KEIL/TIWANA zeigen exemplarisch für IT-Projekte auf, wie insbesondere Wachstumsoptionen in IT-Projekten (Implementierung von zusätzlichen Sub-Systems) positiv auf den Gesamtwert eines IT-Projektes auswirken können. Die Autoren zeigen darüber hinaus auch weitere als die bisher genannten drei Typen von Optionen auf. Vgl. Fichmann/Keil/ Tiawana (2005) S. 79ff. Als Ratschlag wird herausgearbeitet, dass unter Anderem IT-Projekte ganz gezielt in aufeinander aufbauende Teilprojekte aufgeteilt werden sollten (S 92).

[376] COOPER/EDGETT/KLEINSCHMIDT haben z.B. gezeigt, dass Projekte mit hohen Risiken oftmals durch die Optionspreisbewertung höher bewertet werden. Dies wird auch von Vertretern der Firma Kodak bestätigt. Insgesamt ist durch die Optionspreisbewertung die Chance höher, dass insbesondere kreative Projekte nicht sofort abgebrochen werden, sondern eine dem potenziellen Ertragsniveau angepasste Realisierungschance erhalten. Vgl. Cooper/Edgett/ Kleinschmidt (2001) S. 42. Für einen synoptischen und durchaus kritischen Überblick über die Literatur zur Realoptionsbewertung siehe die Sammelrezension von Ballwieser (2002), insbesondere S. 190ff.

dass er die bereits vorhandenen Daten zur Berechnung eines normalen Kapitalwertes in seine Optionswertberechnungen mit einbezieht. [377]

Hinsichtlich der Anwendung des Realoptionenansatzes sind kritische Punkte zu erwähnen. Die theoretische Überlegenheit dieses Ansatzes gegenüber Entscheidungsbäumen ist äußerst umstritten.[378] Ebenso müssen die Anwender dieses Ansatzes die ermittelten Werte richtig interpretieren können. Somit wäre es bei der Verfahrensanwendung notwendig, sämtliche Beteiligten (Projektmanager, Mitglieder des Portfolio-Board) in der Anwendung dieses Verfahrens zu schulen, damit die Ergebnisse richtig interpretiert werden können.[379]

Zusätzlich zum vorgestellten Realoptionenansatz können auch Sensitivitätsanalysen bezüglich des Kapitalwertes eines Projektes und Amortisationsdauern als Verfahren zur risikoorientierten Bewertung von Projekten herangezogen werden. Im Rahmen von Sensitivitätsanalysen wird die Wirkung von geänderten Inputgrößen auf den Kapitalwert ermittelt. Problematisch ist jedoch, dass dies nur im Rahmen von prozentualen Abweichungen erfolgt, eine absolute und transparente Darstellung der Unsicherheit erfolgt nicht.[380] Demgegenüber gibt die Amortisationsdauer an, ab welchem Zeitpunkt die kumulierten Einzahlungen die kumulierten Auszahlungen erstmals übersteigen. Die Kennzahl enthält die implizite Aussage, dass aus Risikogesichtspunkten Projekte mit einer geringen Amortisationsdauer vorzuziehen sind. Über die absolute Wirtschaftlichkeit kann jedoch keine Aussage getroffen werden.[381] Insofern ist eine portfoliobezogene Risikobetrachtung notwendig.[382]

Ziel einer solchen portfoliobezogenen Risikobetrachtung ist die Beschränkung des projektbezogenen Gesamtrisikos eines Unternehmens. FRÖHLING überträgt hierzu

---

[377] Vgl. zum Verfahren Luehrmann (1998a) S. 52ff. und Luehrmann (1998b) für eine portfoliobezogene Erweiterung des Modells. Weitere Beschreibungen zu Analogien zwischen Finanz- und Realoptionen finden sich bei Pritsch (2000) S. 138; Leslie/Michaels (1997) S. 6ff. und Amram/Kulatilaka (1999) S. 47ff. BALLWIESER belegt in diesem Zusammenhang, dass theoretisch das Entscheidungsbaumverfahren sowie der Realoptionenansatz zu einem identischen Projektwert kommen müssen. Er weist jedoch auf die seiner Sicht nach unterschiedlichen Schwerpunkte der Verfahren hin: die Ermittlung von Cash-Flows beim Entscheidungsbaumverfahren gegenüber der Gewinnung des angepassten Kalkulationszinsfußes durch die Optionspreistheorie. Vgl. Ballwieser (2002) S. 188ff.

[378] Vgl. hierzu als kritischen Vertreter nochmals Ballwieser (2002) S. 188ff.

[379] Diese Problematik wird von Befürwortern des Realoptionenansatzes in ihrer Tragweite nicht erkannt und deshalb oft nur beiläufig behandelt. Vgl. Pritsch (2002) S. 344ff.

[380] Vgl. Alter (1990) S. 216 mit weiteren kritischen Nachweisen.

[381] Vgl. Perridon/Steiner (1999) S. 53ff.

[382] Diese Forderung stellt auch Alter (1990) S. 228 auf.

das Gedankengut der Risikobewertung von Segmenten einer Bank auf die Projektlandschaft in Industrieunternehmen. Als Budgetgrenze fungiert dabei der Gesamt-
betrag aller potenziellen Ausfallkosten der Projekte, also die Summe aller „Value at
risk". Diese Risikobudgets können dabei unterschiedlicher Natur sein. Starre Risikobudgets verbleiben über den betreffenden Budgetzeitraum hinweg unverändert,
während flexible Risikobudgets an auftretende Änderungen der Risikoprofile in
gewissem Maße angepasst werden können. Variable (bzw. relative) Risikobudgets
geben keine Absoluthöhe des Risikovolumens vor, sondern errechnen sich z.B. aus
dem erwarteten Projekterfolg multipliziert mit einem Risikofaktor. Der Nachteil dieser
Ermittlung liegt darin, dass bei hohen erwarteten Projekterfolgen die Gesamtsumme
der einzelnen Risikovolumina einen von der Unternehmensführung vorgegebenen
Höchstbetrag überschreiten kann. Demnach ist die Nutzung von kombinierten Risikobudgets als beste Lösung anzusehen. Hier wird das Risikobudget durch eine relative
Ermittlung bestimmt, gleichzeitig wird es aber auch durch einen starren Maximalwert
nach oben hin begrenzt.[383] Im Rahmen der Abschätzung dieses Risikovolumens ist
dabei mit Ermittlungsproblemen bezüglich der projektindividuellen Risikoprofile zu
rechnen.[384]

DAVIS propagiert daher die Nutzung eines angepassten „Net Present Value Risk-
Adjusted" (NPVR). Dieser Ansatz ist von ihm zunächst nur für Produktentwicklungsprojekte entwickelt worden.[385] Der Vorteil dieser Methode liegt darin, dass der Value
at Risk nicht mit Hilfe von komplizierten und somit auch schlecht im Bewertungsprozess kommunizierbaren Berechnungen ermittelt wird. Vielmehr werden spezifische
Risikofaktoren in der Berechnung berücksichtigt. Weiterhin kann die Vorgehensweise
zur Ermittlung des NPVR auch auf andere Projektarten, z.B. IT- oder Organisationsprojekte, angewendet werden. Hierzu ist jedoch eine genaue Auflistung der in Betracht
kommenden Risikofaktoren unumgänglich. Es ist somit ein kritisch hinterfragtes
Erfahrungswissen notwendig, da ansonsten die unterschiedlichen Gewichtungs-
faktoren nur ungenau berücksichtigt werden können. Gleichzeitig können im Falle
eines zu hohen NPVR eines Projektes anhand der einzelnen Faktoren Möglichkeiten

---

[383] Vgl. zu den Arten von Risikobudgets Fröhling (2000) S. 92f. Siehe dort auch die mathematische
       Ermittlung der einzelnen Budgetkennzahlen.
[384] Vgl. Fröhling (2000) S. 82. Zur Herleitung von Risikokennzahlen für den industriellen Sektor
       siehe dort S. 78ff.
[385] Vgl. Davis (2002) S. 71ff. zur detaillierten Vorgehensweise des Modells. Er nutzt Erkenntnisse
       einer Fallstudie, in welcher die Erfahrung von ca. 200 Produzenten von Medizinprodukten,
       Konsum- und Industriegütern bezüglich der typischen Risikofaktoren von F&E-Projekten zu-
       sammengestellt wurden.

gefunden werden, den Value at Risk zu senken und somit für die Einhaltung des Risikobudgets zu sorgen. Diese Möglichkeit ist im Rahmen der rein mathematischen Berechnung des Value at Risk, wie ihn FRÖHLING propagiert, nur bedingt gegeben und stellt aus Sicht des Multiprojektmanagement, selbst bei Berücksichtigung von Genauigkeitsproblemen der NPVR-Methode, einen bedeutenden Vorteil dieser Methode dar.[386]

Im Rahmen des Entscheidungsprozesses sieht sich das Entscheidungsgremium abschließend mit dem Problem konfrontiert, auf der einen Seite einen hohen Projekterfolg zu garantieren, während auf der anderen Seite das festgelegte Risikobudget möglichst nicht überschritten werden soll. Es muss an dieser Stelle insbesondere das projektindividuelle Risk-Reward-Verhältnis in Betracht gezogen werden, da ein hoher Wertbeitrag der durchzuführenden Projekte regelmäßig nicht durch ein Portfolio von dominant risikominimalen Projekten zu erreichen sein wird.[387]

Grundsätzlich besteht im Rahmen der quantitativen Bewertungsverfahren die Problematik, dass die Inputdaten für alle zu bewertenden Projekte eines Portfolios lückenlos in einer ähnlich guten Qualität vorliegen müssen. Während im Rahmen von „klassischen" Investitionsprojekten (z.B. Produktionsanlagen) nahezu sichere Ein- und Auszahlungsreihen als Entscheidungsgrundlage vorliegen, ist dies bei anderen Projektarten nicht der Fall. Gerade im Falle von strategischen Projekten können zwar die Auszahlungen der Projekte noch mit einer hinreichenden Prognosesicherheit bestimmt werden, die sichere Bestimmung der durch die Projektdurchführung ausgelösten Einzahlungen ist jedoch problematisch. Durch die komplexe Wirkungsstruktur dieser Projekte können oftmals keine genauen Ursache-Wirkungszusammenhänge bezüglich der zu erwartenden Einzahlungen gewonnen werden. Das Problem lässt sich hilfsweise lösen, indem z.B. IT-Projekten die nicht entstandenen zahlungswirksamen Ausfall-

---

[386]   Eine ähnliche Methode zur Bewertung der Projektrisiken schlägt LUKESCH mit dem Risiko-Scoring vor. Er beschränkt sich jedoch auf die Berechnung eines Punktwertes und berechnet kein monetäres Äquivalent. Vgl. Lukesch (2000) S. 88f. Dieser Nachteil kann jedoch durch die direkte Schätzung der projektindividuellen Geldwerte der einzelnen Risikofaktoren umgangen werden. Dem Ermittlungsaufwand steht dabei ein seiner Meinung nach ausreichender Aussagegehalt gegenüber. Die nochmals aufwändigere Methode der Risikoanalyse der einzelnen Projekte wird von LUKESCH als nicht effizient aus Sicht des Multiprojektmanagements beurteilt. Vgl. Lukesch (2000) S. 91f. Ein ausführlich beschriebener Scoring-Ansatz zur Berücksichtigung und Bewertung unterschiedlicher Risikokategorien findet sich auch bei Maizlish/Handler (2005) S. 218ff.

[387]   Vgl. zu dieser Problematik nochmals Fröhling (2000) S. 94. Die Projekte müssen demnach aus der monetären Sicht heraus eine Mindestrendite erwirtschaften, z.B. gemessen in der Größe RONA (Return on Net Assets) und gleichzeitig unterhalb der Risikobudgetlinie stehen.

kosten bzw. die durch höhere Prozesssicherheit, -geschwindigkeit und -qualität einge-
sparten zahlungswirksamen Prozesskosten als spezifische Einzahlungen zugerechnet
werden.[388] Eine ähnliche prozessorientierte Argumentationsweise kann z.b. bezüglich
der Organisationsprojekte erfolgen.[389] Im Rahmen von Produktentwicklungsprojekten
ergeben sich demgegenüber regelmäßig Probleme bei der Ableitung von Umsatzent-
wicklungen aus unscharfen bzw. geschätzten Marktpotenzialen. Insofern ist vor allem
in diesem Gebiet der Anwendungsbereich der Projektbewertung mit Realoptionen zu
suchen, da hier die Unsicherheiten adäquat abgebildet werden können.[390]

Abschließend ist bezüglich der monetären Bewertungsmethoden festzuhalten, dass neben der Vorgabe eines detaillierten Messwertes, der als Hard-Fact im Priorisierungsprozess genutzt werden kann, insbesondere der explizite Ausweis von wirtschaftlichen Erfordernissen, z.b. in Form einer Mindestrendite, vorteilhaft anzusehen
ist.[391] Es besteht aber die Gefahr, dass ein striktes Vertrauen auf finanzielle Daten zu
einer wirtschaftlich suboptimalen Portfolio-Konfiguration führt, weil die genutzten
Daten, z.b. aufgrund unsachgemäßer Prognosen, falsch sind.[392] COOPER/EDGETT/
KLEINSCHMIDT zeigen zudem anhand einer empirischen Untersuchung, dass bei
denjenigen Unternehmen, welche die schlechteste Projektportfolio-Performance liefern, monetäre Verfahren als die dominierenden Bewertungsmethoden angewendet
werden. Insofern ist zu fordern, dass die monetäre Bewertung durch die Berücksichti-

---

[388]   Diese Vorgehensweise lehnt sich dabei an die Fundierung von Instandhaltungsstrategien an.
         Auch hier werden Leistungsverbesserungen bzw. die generelle Leistungsbereitschaft der
         Instandhaltungsleistung als Profit zugerechnet. Bezüglich der Kosten müssen Annahmen über
         die Zahlungswirksamkeit getroffen werden. Dies kann z.b. durch den Ansatz von entgangenen
         bzw. zusätzlich realisierten Umsatzeinzahlungen geschehen. Vgl. weiterführend Alter (1990)
         S. 395ff.

[389]   So können im Rahmen von Organisationsprojekten durch Desinvestitionen kurzfristig erheb-
         liche Einzahlungen entstehen. Vgl. hierzu und zur Bewertung von Organisationsprojekten Alter
         (1990) S. 386ff.

[390]   Vgl. Pritsch (2000) S. 282ff. YEO/QIU weisen zusätzlich darauf hin, dass durch eine frühzeitige
         Einordnung von Investitionsprojekten in häufig genutzte Klassen von Realoptionen die Ent-
         scheidungsträger relativ schnell das Volumen und die relative Bedeutung des einzelnen Projek-
         tes abschätzen können. Auf dieser Basis können dann weitere, in einem angepassten Maße
         detaillierte, Bewertungen vorgenommen werden. Vgl. Yeo/Qiu (2003) S. 248. Zudem verweist
         LEHNER darauf, dass im Zuge der projektindividuellen Risikobeurteilung die Anwendung des
         Realoptionen-Ansatzes Vorteile bieten kann. Vgl. hierzu das Praxisbeispiel bei Lehner (2005)
         S. 8ff.

[391]   Vgl. Cooper/Edgett/Kleinschmidt (2001) S. 45.

[392]   Vgl. Cooper/Edgett/Kleinschmidt (2001) S. 46. Das Grundproblem liegt vor allem in der weit-
         aus zu positiven Einschätzung von projektrelevanten Daten.

gung von qualitativen Aspekten ergänzt werden sollte.[393] Ergebnisse einer empirischen Untersuchung von GLASCHAK im deutschsprachigen Raum – allerdings mit kleiner Fallzahl und nicht repräsentativ – geben Hinweise darauf, dass vornehmlich in großen Unternehmen finanzielle Kennzahlen genutzt werden. Zudem wird positiv festgehalten, dass in der Praxis eine große Bandbreite an unterschiedlichen Faktoren in der Projektbewertung genutzt wird.[394] Die Ergebnisse einer Studie der London Business School zeigen zudem, dass die Bedeutung der finanzwirtschaftlichen Bewertungsmethoden und Kennzahlen auch im internationalen Kontext hoch ist.[395]

4.2.5 Mehrdimensionale Projektbewertung mit Scoring-Modellen

Im Rahmen der mehrdimensionalen, also nicht nur auf monetäre Gesichtspunkte beschränkten, Bewertung können Scoring-Modelle[396] genutzt werden. In einem weiteren Schritt besteht die Möglichkeit, spezifische Werte der Scoring-Modelle zunächst zu aggregieren und dann grafisch als Portfolio-Modelle darzustellen.[397] Insbesondere die Nutzung von Scoring-Methoden, die eine unterschiedliche Gewichtung der einzelnen Kriterien zulässt („Weighted Factor Scoring"), ist für die sich zwischen den einzelnen Projektportfolios unterscheidenden Anforderungen an die aufzunehmenden Projekte von Bedeutung.[398] Mit Hilfe von Scoring-Modellen können weiterhin Ansatzpunkte zur Optimierung von strategischen Projekten aufgezeigt werden, da die Differenz zwischen erreichtem Punktwert und maximal möglichem Punktwert für spezifische Kriterien das Optimierungspotenzial aufzeigt.[399]

---

[393] Vgl. Cooper/Edgett/Kleinschmidt (2001) S. 156. Ergänzend stellt Lukesch (2000) S. 36 und 110f. fest, dass die alleinige Nutzung von monetären Methoden keinerlei Möglichkeiten zur strategischen Einordnung von Projekten bietet. Die Nutzung eines ausgewogenen Kriterien-Sets empfiehlt auch BONHAM für die Bewertung von IT-Projektportfolios. Vgl. Bonham (2005) S. 197.

[394] Vgl. Glaschak (2006) S. 170.

[395] Vgl. *Reyck et. al.* (2005), S. 528f. Die Studie umfasst 34 große und mittelständische Unternehmen. Diese stammen vor allem aus Großbritannien und dem außereuropäischen Ausland.

[396] Zur Erstellung von Scoring-Modellen siehe grundlegend Becker/Weber (1982) S. 345ff. Rein an monetären Größen orientierte Bewertungsmodelle werden vor allem im Themenfeld Investitionscontrolling behandelt. Zu Beispielen siehe Bosse (2000) S. 127ff. oder Rösgen (2000) S. 146ff. Beispiele zu Bewertungsrastern liefert Pöppl (2002) S. 144f.

[397] JANTZEN-HOMP schlägt solch eine Verbindung von Scoring-Modellen und Portfolio-Methoden zur Bewertung von Projekten vor. Vgl. Jantzen-Homp (2000) S. 172.

[398] Vgl. Archer/Ghasemzadeh (1999a) S. 210.

[399] Vgl. Meredith/Mantel (1999) S. 150. Die Autoren sehen dies auch als einen Ansatzpunkt zur Durchführung von Scoring-basierten Sensitivitätsanalysen an.

Im Gegensatz zu den komparativen Bewertungsmethoden müssen bei Aufnahme von neuen Projekten in den Bewertungsrahmen die Punktwerte der bereits bewerteten Projekte nicht nochmals neu berechnet werden.[400] Insofern kann davon ausgegangen werden, dass die Anwendung der Scoring-Methode in Zukunft eine herausragende Rolle in der Projektpriorisierung spielen wird.[401] THOMA verdeutlicht dabei nochmals, dass qualitative Beurteilungen als den monetären Verfahren gleichrangige Methoden anzusehen sind. *„Sowohl neuere Publikationen als auch zahlreiche Diskussionen mit Praktikern weisen darauf hin, dass insbesondere Scoring-Verfahren ... geeignet sind.“*[402] Insbesondere die Berücksichtigung von qualitativen Erfolgsfaktoren in den Scoring-Modellen bietet einen herausragenden Vorteil dieser Methode.[403] Im Folgenden werden speziell für die Belange der Multiprojekt-Priorisierung entwickelte Gestaltungsvorschläge von Scoring-Modellen vorgestellt.[404]

Diese gehen dahin, die unterschiedlichen Projekte eines Projektportfolios auf ihren Beitrag zur Erfüllung bereits definierter Funktional- bzw. Unternehmensstrategien hin zu bewerten. Dabei werden sämtliche Projekte anhand der im Unternehmen verfolgten Strategien bewertet, und zwar unabhängig davon, ob die Strategien dem spezifischen Projektportfolio direkt zurechenbar sind. HILLER sieht den Vorteil dieser Vorgehensweise darin, dass z.B. F&E-Projekte auch dahingehend überprüft werden, welche Auswirkungen sie auf die Produktions- und Vertriebsstrategie haben. Positiv ist vor allem anzumerken, dass es innerhalb dieser Bewertungssystematik sofort ersichtlich wird, wenn spezifische Funktionalstrategien nicht durch strategische Projekte potenziell unterstützt werden.[405]

In der Bewertungsmethodik des House of Projects nach HILLER (Abbildung 4–7) werden die einzelnen Projekte der unterschiedlichen Portfolios anhand sämtlicher Funktionalstrategien des Unternehmens bewertet. Dabei wird davon ausgegangen, dass der Beitrag eines Projektes sowohl positiv als auch negativ ausfallen kann. Die jeweiligen Beiträge (3 bis -3) werden mit den Gewichten der Funktionalstrategie bewertet und zur absoluten strategischen Bedeutung aufsummiert.

---

[400]   Vgl. Archer/Ghasemzadeh (1999a) S. 210.

[401]   Meredith/Mantel (1999) S. 164 zeigen dies anhand von empirischen Untersuchungen auf.

[402]   Thoma (1989) S. 185.

[403]   Vgl. Cooper/Edgett/Kleinschmidt (2001) S. 47 mit praxisorientierten Beispielen.

[404]   Der Nutzen dieser Methoden ist darin zu sehen, dass sie explizit die Bedürfnisse einer Projektpriorisierung in Projektportfolios berücksichtigen.

[405]   Vgl. Hiller (2002) S. 65 und ähnlich Wollmann (2002) S. 30f.

	Strategie	Gewich-tung (Σ 100)	F&E-Projekte			Organisationsprojekte			.....
			Proj. 1	Proj. 2	Proj. ...	Proj. 1	Proj. 2	Proj. ...	
F&E	F&E-Strat. 1	5	+		++	--		+	
	F&E-Strat. 2	8		+			++		
	F&E-Strat. n	10	++		-	+		+	
IT	IT.-Strat. 1	5				+	--		
	IT.-Strat. 2	7	-		-		-		
	IT.-Strat. n	9		++		+			
...	...	...	...	...	...	...	...	...	
	Strat. Bedeutung absolut (ASB)	50	40	35	21	40	17		
	Strat. Bedeutung relativ (RSB)	10	8	7	4	8	3		

Legende: Beitrag eines Projektes zur Strategie	positiv		negativ	
	++ = 3	+ = 1	- = -1	-- = -3

Abbildung 4–7   **Projektbewertung im House of Projects nach HILLER**[406]

Um eine normierte Betrachtung aller Projekte zu ermöglichen, wird weiterhin die relative strategische Bedeutung berechnet. Diese ergibt sich aus der Division der absoluten strategischen Bedeutung durch den maximalen Wert der absoluten strategischen Bedeutung, der durch ein Projekt in der betreffenden Bewertungsrunde erzielt wurde. Die relative strategische Bedeutung kann dann innerhalb eines Portfolio-Modells zur Einordnung der Projekte innerhalb der Dimension „strategische Bedeutung" genutzt werden.[407]

Absolute Strategische Bedeutung (ASB)   Relative Strategische Bedeutung (RSB)

$$ASBj = \sum_{i=1}^{n} Gewichtung_j \times Beitrag_{ij} \qquad RSBj = \frac{ASB_j}{\max(ASB)} \times 10$$

Neben der Besonderheit, dass auch ein negativer Beitrag von Projekten zu spezifischen Strategien berücksichtigt wird, ist insbesondere die Bewertung der Projekte eines Portfolios mit den Funktionalstrategien eines anderen Portfolios bzw. Unternehmensbereichs hervorzuheben. Innerhalb von Großunternehmen mit vielen Projekten dürfte diese Methode aufgrund der mangelnden Bewertbarkeit an ihre Grenzen stoßen. KÜHN/HOCHSTRAHS/PLEUGER schlagen zur Bewertung von strategischen Projekten ein weiteres Scoring-Modell vor (Abbildung 4–8). Die Autoren haben bei

---

[406]   In Anlehnung an: Hiller (2002) S. 64.

[407]   Vgl. zur Vorgehensweise und zur Kennzahlenberechnung Hiller (2002) S. 64ff.

der Entwicklung ihres Modells die Projektanbindung von Strategien sowie die relative Bedeutung von Projekten, bezogen auf das Restbudget, als weitere Aspekte berücksichtigt.

Projekte	Budget in TEUR	Anteil Budget in %	Strategien					Strategiebezug der Projekte	
			Strat. 1	Strat. 2	Strat. 3	Strat. 4	Summe	Strategie-Ankopplung Projekte	strat. Produktivität
Projekt 1	5.000	33	1	2	3	0	6	0,50	1,52
Projekt 2	1.000	7	0	1	1	1	3	0,25	3,57
Projekt 3	2.800	19	2	2	0	1	5	0,42	2,21
Projekt 4	6.200	41	0	2	0	3	5	0,42	1,02
Summe	15.000	100	3	7	4	5	19		
Projektankopplung der Strategien			0,25	0,58	0,33	0,42		0,40	

Abbildung 4–8   **Berechnung von Strategiebezug, Projektankopplung und strategischer Produktivität**[408]

Der Beitrag der Projekte zur Unterstützung einer spezifischen Strategie wird mit Werten von 0 (gar nicht) bis 3 (sehr starke Unterstützung) im Bewertungsmodell festgehalten. Die Strategieankopplung eines Projektes errechnet sich dann aus der Summe der Punktwerte dividiert durch die maximal erreichbare Punktezahl, im vorliegenden Fall 12 (4 x 3). Somit werden Projekte, die nur eine Strategie unterstützen, mit Projekten, welche mehrere Strategien unterstützen, vergleichbar gemacht. Ebenso kann die Projektankopplung der einzelnen Strategien ermittelt werden. Sie gibt einen Hinweis darauf, wie hoch die Projektunterstützung einer Strategie ist. Ein zu geringer Wert sollte daher zur Etablierung einer verstärkten projektorientierten Umsetzung der Strategie führen. Schließlich gibt die Kennzahl der strategischen Ankopplung des Projektportfolios, berechnet aus der Gesamtsumme der Punktwerte (19) dividiert durch die maximale Punktzahl (48) – in diesem Fall also gerundet 0,40 –, die Gesamtunterstützung des Portfolios zur Umsetzung der aufgeführten Strategien an. Die Interpretation des Wertes muss dabei im Einzelfall erfolgen. Ein hoher Wert ist grundsätzlich als positiv anzunehmen (1,0 entspricht z.b. einer vollständigen Unterstützung aller Strategien). Dies ist meist nur mittels großer und komplexer, wenig fokussierter Projekte zu erreichen. Daher ist im letzten Schritt dem wirtschaftlichen Aspekt der Strategieunterstützung Rechnung zu tragen. Hierfür wird die strategische Produktivität der einzelnen Projekte berechnet, indem der Strategiebeitrag eines Projektes durch den relativen Anteil dieses Projektes am Gesamtbudget des Projektportfolios dividiert wird. Auch dieser Wert ist im Einzelfall zu interpretieren und kann sinnvoll nur als

---

[408]   In Anlehnung an: Kühn/Hochstrahs/Pleuger (2002) S. 56ff.

Vergleichsgröße zur Rangfolgenbildung innerhalb eines spezifischen Projektportfolios genutzt werden.[409]

Die Bewertungsmethoden von HILLER und KÜHN/HOCHSTRAHS/PLEUGER sind vor allem dadurch gekennzeichnet, dass sie die unterschiedlichen Projektarten bezüglich der Gewichtung der einzelnen Bewertungskriterien gleich behandeln.[410] Dies beinhaltet vor allem Vorteile in der praktischen Handhabung der Methoden, da die unterschiedlichen Bewertungsgewichte zentral vorgegeben werden können. Weiterhin ist durch die unternehmensweite Kommunikation der Kriteriengewichte eine Darstellung der tatsächlich verfolgten Strategien möglich.[411]

Während die oben dargestellten Scoring-Modelle bezüglich der Bewertung unterschiedlicher Projekte keine Rücksicht auf die spezifischen Eigenschaften der einzelnen Projektarten nehmen, können Scoring-Modelle auch an diese besonderen Erfordernisse angepasst werden. Dies ist insbesondere dann notwendig, wenn keine unternehmensweite Beurteilung der strategischen Projekte erfolgen soll. Der Beitrag von Projekten zu Strategien, die nicht direkt mit dem betreffenden Projektportfolio verbunden sind, kann auch durch die Identifikation von strategischen Projektinterdependenzen abgebildet werden. Weiterhin widerspricht die Bewertung der Projekte anhand des Beitrags zu allen im Unternehmen verfolgten Strategien auch dem hier verfolgten Ansatz der Multiprojekt-Konfiguration. Im Zuge der horizontalen Konfiguration der Projektportfolios werden nämlich schon Weichenstellungen bezüglich der verfolgten Strategien durch die Festlegung der strategischen Projektbudgets vorgenommen. Dies bedeutet, dass die strategischen Projektbudgets in dieser Phase bereits mehr oder weniger zweckgebunden sind. Eine Zuteilung dieser Budgets zu Projekten soll dann vor allem die vorher festgelegten spezifischen Strategien unterstützen und nicht etwa die gesamte strategische Entwicklung des Unternehmens möglichst breitflächig voran-

---

[409]   Vgl. zur Vorgehensweise und Berechnung der Kennzahlen Kühn/Hochstrahs/Pleuger (2002)
        S. 56ff.

[410]   Eine ähnliche Vorgehensweise zur Bewertung strategischer Initiativen zeigen auch KAPLAN/
        NORTON bei der Bewertung von Maßnahmen anhand einer Balanced Scorecard. Die unterschiedlichen Aktivitäten werden ebenfalls an allen vier Scorecard-Ebenen gemessen, obwohl
        manche Maßnahmen nur eine spezifische Ebene ansprechen. Vgl. Kaplan/Norton (1997)
        S. 230f.

[411]   So stellen auch Kühn/Hochstrahs/Pleuger (2002) S. 56 fest, dass oftmals erst durch die Begründung für den Wert und die Rangfolge von Projekten die impliziten Strategien des Unternehmens
        identifiziert werden. Weiterhin kann es vorkommen, dass Strategien, die sich in unterschiedlichen Handlungen des Unternehmens verbergen, erst durch den Dialog zwischen den an der
        Projektbewertung beteiligten Personen deutlich herausgearbeitet werden.

treiben. Eine Projektpriorisierung hat somit zunächst innerhalb der einzelnen Projektportfolios zu geschehen.

Insofern sind die oben dargestellten Scoring-Modelle in ihrer Ursprungsform vor allem
in solchen Fällen geeignet, in denen keine strategische Projektbudgetierung im Unternehmen durchgeführt wird bzw. nur ein einzelnes Projektportfolio für das gesamte
Unternehmen existiert, das vor allem im Bottom-up-Verfahren konfiguriert wird. In
diesen Fällen ist eine breite strategische Bewertung angebracht, da hierdurch erst die
strategische Ausrichtung des Projektportfolios gesichert und optimiert werden kann.
Falls mehrere Projektportfolios im Unternehmen eingerichtet werden, können die oben
dargestellten Bewertungsmethoden gleichwohl durch Anpassungen auch nur in einzelnen Projektportfolios angewendet werden. Hierzu sind dann in den Scoring-Modellen
nur diejenigen Projekte und Strategien zu berücksichtigen, die dem betreffenden
Projektportfolio direkt zugeordnet werden können.

Neben den bereits oben genannten Vorteilen lassen sich Scoring-Modelle relativ einfach an spezifische Anforderungen unterschiedlicher Projektportfolien anpassen. Diese
Anpassung kann dabei auf verschiedene Art und Weise geschehen. In der Literatur
wird vorgeschlagen, die projektartenspezifische Anpassung von Scoring-Modellen
anhand der verwendeten Kriterien vorzunehmen.[412] Dies bedeutet, dass an der bereits
gezeigten Vorgehensweise zur Handhabung der Punktwertverfahren weitestgehend
festgehalten wird, lediglich die Kriterien werden den Bewertungsanforderungen der
einzelnen Projektportfolios entsprechend ausgewählt bzw. angepasst.

Zudem können in Scoring-Modellen projekttypenspezifische Gewichtungssysteme zur
Anwendung kommen. THOMA argumentiert, dass somit den unterschiedlichen Zielsetzungen der einzelnen Projekte Rechnung getragen wird und deshalb keine Projekte
vernachlässigt werden, die nicht innerhalb eines einzelnen Standard-Bewertungsrasters
sinnvoll bewertet werden können. Dabei geht er in seinem Modellvorschlag davon aus,
dass grundsätzlich immer dieselben Kriterien genutzt werden. Da jedoch unterschiedliche Zielsetzungen bestehen, werden die Kriteriengewichte individuell angepasst. Hierbei schlägt er aus Vereinfachungsgründen vor, für typische Projekttypen
eines Projektportfolios einzelne Bewertungs-Sets zu definieren, um somit den Be-

---

[412]   Zur spezifischen Bewertung von Organisationsprojekten stellt JANTZEN-HOMP ein solches
         angepasstes Scoring-Modell vor. Vgl. Jantzen-Homp (2000) S. 177ff.

wertungsaufwand in einem wirtschaftlich vertretbaren Rahmen zu halten.[413] Genau aus diesem Grund ist eine solche flexible Anpassung von Scoring-Modellen zu empfehlen.

Neben den hier gezeigten Vorteilen in der praktischen Anwendung sind mit dieser Art der Bewertung aber auch methodische Probleme verbunden: Es werden monetäre Werte in ordinale Punktwerte umgerechnet. Eine weitere Problemlage stellt die für alle Projekte geltende Bandbreite der Bewertungsskalen dar. Es ist darauf zu achten, dass nur der wirklich von den einzelnen Projekten beanspruchte Bereich einer Bewertungs-skala im Scoring-Modell genutzt wird.[414] Die oftmals vorherrschende Unsicherheit bezüglich der zu bewertenden Projekte, resultierend aus der unsicheren Informations-lage von strategischen Projekten, wird in Scoring-Modellen zunächst nicht berück-sichtigt und kann nur über Sensitivitätsanalysen, nicht aber über Mindestabstände zu anderen Projekten in die Bewertung einbezogen werden. Dies liegt vor allem auch darin begründet, dass die Nutzenwerte nicht als absolute Werte, sondern nur als rela-tive Werte zur Bestimmung einer Rangfolge angesehen werden dürfen.[415]

Im Zuge der Anwendung von Scoring-Modellen ist dabei die Delegation der Festle-gung von Zielgewichten als kritisch anzusehen, da hierin die Präferenzen des eigent-lichen Entscheidungsträgers abgebildet werden. Diese Problematik ist besonders evi-dent im Rahmen der Offenlegung von Präferenzen im Zuge einer teamorientierten Vorgehensweise. Als Lösungsansatz sind daher externe Experten mit in den Prozess einzubeziehen.[416] Dennoch ist die Anwendung von Scoring-Modellen insgesamt posi-tiv zu beurteilen. MEREDITH/MANTEL heben hervor, dass insbesondere die schnelle Anpassung der Modelle an geänderte Unternehmensziele bzw. Umfeldbedingungen diese Methode qualifiziert. Weiterhin besteht bei ihrer Anwendung nicht die Gefahr der kurzfristigen Optimierung, wie es etwa bei der alleinigen Nutzung von Kapital-werten der Fall sein kann.[417]

---

[413] Vgl. zur Argumentation Thoma (1989) S. 191ff. Die einzelnen Standardgewichtungen werden dabei durch eine von Experten zu erstellende Präferenzmatrix gebildet. Diese Gewichtungen werden dann auf 100 normiert, sodass eine Vergleichbarkeit der Punktwerte zwischen den ein-zelnen Projektarten erreicht werden kann. Vgl. auch Becker (2001b) S. 82 zur Bestimmung von Kriteriengewichten mittels einer Präferenzmatrix.

[414] Dies stellt ein umso schwerwiegenderes Problem dar, je größer und heterogener die zu bewertenden Projekte eines Portfolios sind. Als Ausweg ist die Etablierung möglichst homoge-ner Projektportfolios vorzuschlagen.

[415] Vgl. Weber/Krahnen/Weber (1995) S. 1624.

[416] Vgl. Weber/Krahnen/Weber (1995) S. 1624f.

[417] Vgl. Meredith/Mantel (1999) S. 156. Trotz ihrer starken Befürwortung der Scoring-Methode („We strongly favour scoring models ...") gehen die Autoren jedoch auch auf die Nachteile ein,

4.2.6 Projektbewertung mit Portfolio-Methoden

In der Literatur werden ebenfalls Portfolio-Methoden zur Anwendung in der Multi-projekt-Priorisierung vorgeschlagen. Im Rahmen der Bewertung mit Hilfe von Port-folio-Methoden soll die Gesamtheit der Projekte eines Projektportfolios mit einheit-lichen Maßstäben bewertet werden. Hierzu werden die Projekte in eine Matrix einge-tragen. Diese Matrix wird durch zwei Dimensionen aufgespannt, die sich auf unter-nehmensinterne und -externe Messgrößen beziehen können. Grundlage für die Positio-nierung der einzelnen Projekte bilden dabei fast immer Punktwerte eines vorgeschal-teten Scoring-Modells. Als Vorteil der Methode wird insbesondere die gesamthafte Darstellung der Projekte gesehen. Insbesondere die Zusammensetzung des „Set" an Projekten wird in dieser Darstellungsweise ersichtlich.[418]

COOPER/EDGETT/KLEINSCHMIDT weisen darauf hin, dass Portfolio-Methoden in einer großen Anzahl von Unternehmen angewendet werden, jedoch nicht als primäre Selektionsmethode, sondern vielmehr im Sinne einer Visualisierungshilfe im Zuge des Bewertungsprozesses.[419] Bezüglich der grundsätzlich zu betrachtenden Dimensionen wird vor allem auf den Beitrag der Projekte zum Unternehmenserfolg/Strategie sowie der Ressourcenbelastung/Wirtschaftlichkeit des Projektes hingewiesen.[420] Die Krite-rien werden vom Portfolio-Board im Dialog mit dem Konzernausschuss Multi-projektmanagement abgestimmt.[421] Grundsätzlich ist die Wahl der anzusetzenden Kriterien von den einzelnen in den Portfolios enthaltenen Projektarten abhängig. So macht es einen Unterschied, ob z.B. in einem Dienstleistungsunternehmen haupt-sächlich Reorganisationsprojekte oder in einem Pharmazieunternehmen die geplanten und laufenden Forschungs- und Entwicklungsvorhaben bewertet werden sollen. Im Folgenden werden bedeutsame in der Literatur aufzufindende Vorschläge zur Gestal-tung von Portfolio-Modellen dargestellt.

Das Ressourcenbelastungs-Portfolio stellt die beiden Dimensionen „Beitrag zum Unternehmenserfolg" und „Ressourcenbelastung" durch das einzelne Projekt gegen-über (Abbildung 4–9). Diese von PATZAK/RATTEY dargestellte Portfolio-Methode trifft dabei folgende Aussagen: Projekte mit hohem Beitrag zum Unternehmenserfolg

---

        die sich mit den bereits oben beschriebenen decken. Zur generellen Diskussion von Vor- und
        Nachteilen der Scoring-Methoden vgl. Meredith/Mantel (1999) S. 152f.

[418]   Vgl. Wheelwright (1992) S. 72 und 74ff.

[419]   Vgl. Cooper/Edgett/Kleinschmidt (2001) S. 74.

[420]   Vgl. Patzak/Rattay (1998) S.432 und Pradel/Südmeyer (1996) S. 1550.

[421]   Vgl. Gysler/Bloch (1998) S. 597.

sowie niedriger oder mittlerer Ressourcenbelastung (Projekt A) sind zu forcieren und erhalten eine hohe Priorität. Projekte mit sowohl hohem Beitrag zum Unternehmenserfolg als auch hoher Ressourcenbelastung (Projekt B) erhalten, ebenso wie alle Projekte mit einem mittleren Beitrag zum Unternehmenserfolg, eine mittlere Priorität. Jedoch schlagen die Autoren vor, dass zugleich Maßnahmen zur Optimierung des Ressourceneinsatzes getroffen werden. Eine niedrige Priorität wird von den Autoren grundsätzlich denjenigen Projekten zugesprochen, die einen niedrigen Beitrag zum Unternehmenserfolg beinhalten (Projekte C und D). Insbesondere Projekte mit hoher Ressourcenbelastung und gleichzeitig niedrigem Beitrag zum Unternehmenserfolg (Projekt D) sind darüber hinaus nicht weiter zu verfolgen und müssen revidiert werden.[422] Probleme ergeben sich im Zuge der Anwendung dieser Methodik insbesondere in der Festlegung der relevanten Bewertungskriterien. Oftmals ist es aufgrund von Prognoseunsicherheiten nicht möglich, genaue Werte für zukünftige Beiträge zur Cash-Flow-Steigerung oder die Bindung von Managementkapazitäten bereitzustellen. Dieses Bewertungsproblem versucht die Methode des Bedeutungs-Dringlichkeits-Portfolios zu mildern. Für dieses Modell existieren in der Literatur unterschiedliche Varianten, die aber in ihrer Kernaussage identisch sind.

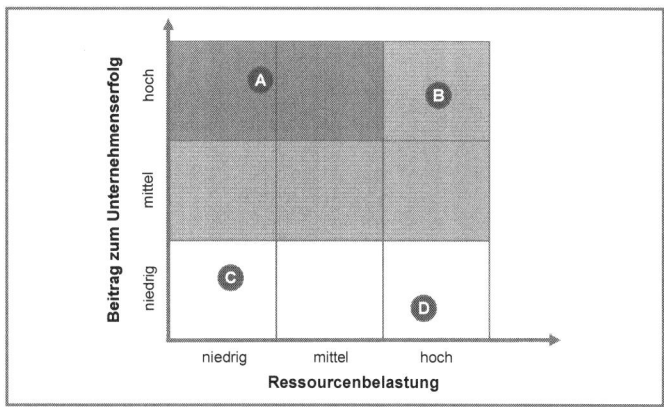

Abbildung 4–9   Ressourcenbelastungs-Portfolio[423]

---

[422] Vgl. Patzak/Rattay (1998) S. 432f. und Reiss (1996) S. 51f.

[423] In Anlehnung an: Patzak/Rattey (1998) S. 432f. und Reiss (1996) S. 51. Als weitere Darstellungsdimension schlägt REISS die Größe der Projektkreise vor. Hiermit soll das für das Unternehmen bestehende Risiko grafisch sichtbar gemacht werden. Da jedoch vom Autor nicht dargelegt wird, wie dieses Risiko genau bemessen werden kann und vor allem eine Abhängig-

PRADEL/SÜDMEYER schlagen ursprünglich vor, die Projekte nach den Kriterien Wirtschaftlichkeit, strategische Bedeutung und operative Dringlichkeit zu bewerten. Die Wirtschaftlichkeit wird dabei als Verhältnis von Kosten und quantifizierbarem Nutzen ausgedrückt. Der Nutzen umfasst alle monetär messbaren Vorteile, wie z.B. Rationalisierungs- und Leistungssteigerungsnutzen. Aufgrund des bereits angesprochenen Prognoseproblems wird zusätzlich eine Risikobetrachtung empfohlen, die eine gewisse Bandbreite der zu erwartenden monetären Werte vorgibt. Die strategische Bedeutung hingegen umfasst alle nicht monetär quantifizierbaren Nutzenaspekte[424], wie z.B. die Erzielung eines mittel- oder langfristigen Wettbewerbsvorteils. Die operative Dringlichkeit[425] bezieht sich auf entweder unternehmensintern oder vom Umfeld vorgegebene Handlungsbedarfe, die auch nur qualitativ dargestellt werden können. Die Kriterien sind je nach wirtschaftlicher Lage unterschiedlich zu gewichten.

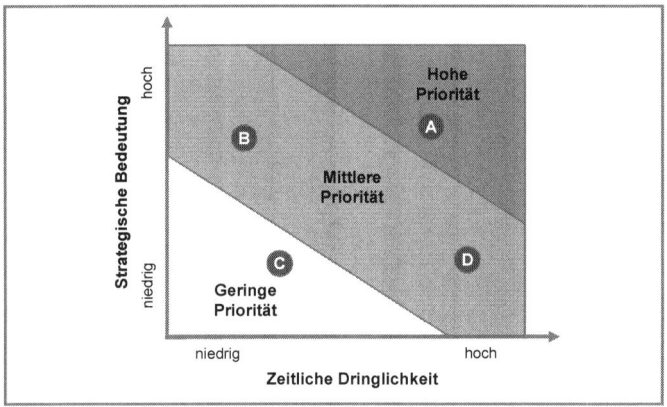

Abbildung 4–10   Bedeutungs-Dringlichkeits-Portfolio[426]

Nach Vorstellung der Autoren sind im Sanierungsfall eher Projekte mit einer hohen Wirtschaftlichkeit gefragt, wobei man hier trotzdem auf eine zukunftsorientierte

---

keit von Ressourcennutzung und projektinhärentem Risiko besteht, wird hier auf diese Dar-
stellungsvariante verzichtet.

[424] Hiermit sind Subjektivitätsprobleme verbunden, die jedoch in Kauf genommen werden müssen, da sonst Projekte mit rein monetären Ausprägungen in der Bewertung bevorzugt werden. Als Beispiel zur umfassenden Bewertung von strategierelevanten Projekten siehe Eversheim/ Schmid/Ulrich (1996) S. 758ff.

[425] Die operative Dringlichkeit wird dabei nach externem/gesetzlichem Zwang, internem Zwang/ Konzernrichtlinie oder technischem Zwang unterteilt.

Unternehmensgestaltung Wert legen sollte. Im Falle einer planmäßigen Unternehmensentwicklung sollten Projekte mit hohem strategischem Nutzen bevorzugt werden. Liegt eine unzureichende Infrastruktur vor, ist eher Wert auf die operative Dringlichkeit zu legen. Weiterhin können unterschiedliche Risikoklassen von Projekten gebildet werden, in denen je nach Risikoausprägung unterschiedlich hohe Kostenzuschläge bzw. Nutzenabschläge in die Projektbewertung eingerechnet werden.[427]

FOSCHIANI nimmt die dargestellten Grundüberlegungen auf und fasst die drei oben erläuterten Kriterien in den beiden Dimensionen strategische Bedeutung – diese umfasst jetzt auch das Kriterium der Wirtschaftlichkeit – und zeitliche Dringlichkeit – diese beinhaltet auch die operative Dringlichkeit – zusammen, sodass diese in einer Portfolio-Darstellung genutzt werden können (Abbildung 4–10). Das Kriterium der strategischen Bedeutung kann dabei die Auswirkungen auf die Wettbewerbs- oder Ertragsposition des Unternehmens beinhalten, während die zeitliche Dringlichkeit durch akute Umweltanforderungen oder sich kurzfristig ergebende Chancen begründet wird. Projekte mit einer niedrigen strategischen Bedeutung und niedriger zeitlicher Dringlichkeit (Projekt C) sind mit einer niedrigen Priorität zu belegen und sollten nur in Ausnahmefällen ausgeführt werden. Eine mittlere Priorität ist Projekten dann zuzurechnen, wenn sie entweder eine hohe zeitliche Dringlichkeit und eine niedrige strategische Bedeutung (Projekt D), oder eine niedrige zeitliche Dringlichkeit und eine hohe strategische Bedeutung (Projekt B) innehaben. Projekten mit sowohl hoher zeitlicher Dringlichkeit als auch hoher strategischer Bedeutung (Projekt A) ist demnach eine hohe Priorität einzuräumen. Abschließend ist festzustellen, dass die Grenzziehung zwischen den einzelnen Prioritätsklassen nur unternehmensindividuell und abhängig von der wirtschaftlichen Lage gestaltet werden kann.[428]

Das Unternehmenserfolg-Projektrisiko-Portfolio findet in der Unternehmenspraxis häufig Anwendung.[429] Ziel dieser Bewertungsmethode ist es, den Chancen der einzel-

---

[426] In Anlehnung an: Foschiani (1999) S. 131. MAY/CHROBOK nutzen in einer ähnlichen Darstellung die Dimensionen Strategische und Operative Dringlichkeit. Vgl. May/Chrobok (2001) S. 111.

[427] Vgl. Pradel/Südmeyer (1996) S. 1551f. und Pradel/Südmeyer (1997) S. 303ff. zum Themenkomplex der Projektbewertung mit Nachweisen der genutzten Instrumente.

[428] Vgl. Foschiani (1998) S. 131ff.

[429] Z.B. wurde in der Mercedes-Benz AG ein ähnliches Portfolio zur Projektpriorisierung genutzt. Vgl. Hannsen/Remmel (1996) S. 969ff. Weitere Anwendungsnachweise (3M, Procter&Gamble, Reckitt-Benkiser) dieser Portfolio-Methode finden sich bei Cooper/Edgett/Kleinschmidt (2001) S. 78ff. Zudem zeigte eine Untersuchung der Autoren, dass Unternehmenserfolg-Projektrisiko-

nen Projekte, hier ausgedrückt als Beitrag zum Unternehmenserfolg, eine projekt-
interne Risikokategorie – z.b. Komplexität der Projektaufgaben – zuzuordnen
(Abbildung 4–11).

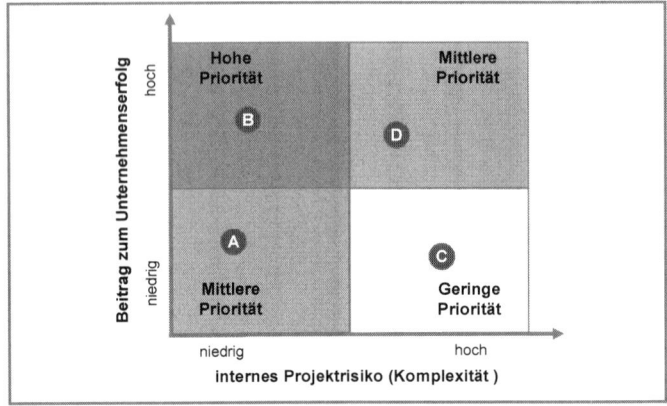

Abbildung 4–11   **Unternehmenserfolg-Projektrisiko-Portfolio[430]**

Demnach besitzen Projekte mit einem hohen Beitrag zum Unternehmenserfolg und
einem niedrigen internen Risiko (Projekt B) eine hohe Priorität, da sie die Risikoposition des Unternehmens verbessern. Demgegenüber sind Projekte mit einem niedrigen Beitrag zum Unternehmenserfolg und einem hohen Projektrisiko (Projekt C) bis
auf Einzelfälle abzulehnen, da sich normalerweise die Risikoposition nicht adäquat
auszahlt. Projekte mit einem niedrigen Projektrisiko und einem niedrigen Beitrag zum
Unternehmenserfolg (Projekt A) sowie Projekte mit einem hohen Projektrisiko und
einem hohen Beitrag zum Unternehmenserfolg sind schließlich mit einer mittleren
Priorität zu belegen. Insbesondere die Ermittlung des komplexitätsorientierten Projekt-
risikos kann bei dieser Methode zu Problemen führen, da die Entscheidungsträger
diese Kenngröße schlecht einschätzen können. Ebenso kann der Fall eintreten, dass die
detaillierte Planung eines Projektes noch nicht in dem Stadium ist, in dem die Risiken
des Projektes vollständig abgeschätzt werden können.

Das Portfolio strategischer Projekte von FEDERER/GRIGLIO zielt auf eine explizite
Berücksichtigung der Kernkompetenzen des Unternehmens im Bewertungsprozess ab.

Portfolios mit ca. 44 Prozent den höchsten Anteil an den praktisch genutzten Portfolio-Methoden haben (S. 98).
[430]   In Anlehnung an: Hannsen/Remmel (1996) S. 971 und Reiss (1996) S. 51.

Die Autoren möchten somit die Bedeutung der Kernkompetenzen[431] als zukünftige Erfolgstreiber im Prozess der Strategieimplementierung hervorheben.

Die Dimension „Relative Wirkung" (Abbildung 4–12) spiegelt den Einfluss der strategischen Projekte auf die im Unternehmen vorhandenen Kernkompetenzen wider. Ähnlich wie im Ressourcenbelastungs-Portfolio werden im Rahmen der Dimension „Ressourcenstärke" die im Unternehmen vorhandenen Ressourcen (z.B. Human-, Kapital- oder Technologieressourcen) im Rahmen ihrer Verfügbarkeit, Beschaffbarkeit bzw. Beherrschbarkeit abgetragen. Die Autoren stellen dabei insbesondere den Kommunikationsaspekt der Bewertung in den Vordergrund. Ziel des Verfahrens ist es, ein Portfolio zu generieren, das eine langfristig orientierte Nutzenmaximierung der eingesetzten Ressourcen garantiert.

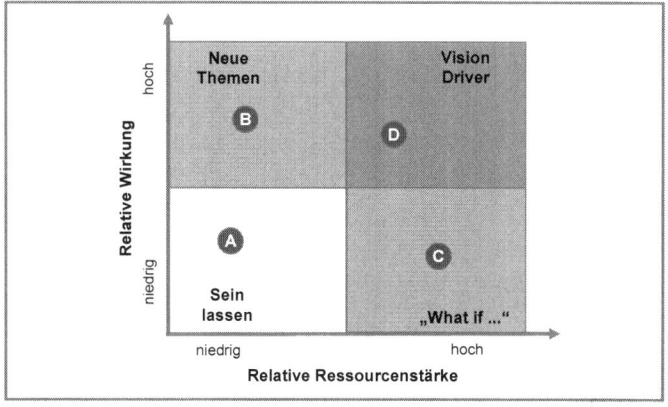

Abbildung 4–12   Portfolio strategischer Projekte von FEDERER/GRIGLIO[432]

Projekte mit sowohl niedriger relativer Wirkung als auch schwacher relativer Ressourcenstärke (Projekt A) sollen nicht durchgeführt werden. Hingegen sind die Projekte mit hoher relativer Wirkung und niedriger relativer Ressourcenstärke (Projekt B) als zukunftsträchtige Projekte durchzuführen und mit einer mittleren Priorität auszustatten. Hier sind die entsprechenden Ressourcen durch Investitionen aufzubauen, da es sich oftmals um Schrittmacher-Technologien handelt. Projekte mit einer hohen

---

[431]   Zum Konzept der Kernkompetenzen vgl. Becker (2001a) S. 81, 142f. sowie Krüger/Homp (1997). Siehe dort zur Rolle von Projekten im Rahmen des Managements von Kernkompetenzen S. 197f. und 234f. sowie insbesondere S. 282 zum Aufbau und der Steuerung von Projekten zur Generierung oder Transformation von Kernkompetenzen.

[432]   In Anlehnung an: Federer/Griglio (1998) S. 81.

relativen Ressourcenstärke und niedriger relativer Wirkung (Projekt C) sind zu überprüfen und grundsätzlich höchstens mit einer mittleren Priorität auszustatten. Sollte ein
Unterlassen dieser Projekte keinen großen Nachteil bedeuten, so können die dort ge-
bundenen Ressourcen anderweitig eingesetzt werden. Schließlich sind die Projekte mit
hoher relativer Ressourcenstärke und hoher relativer Wirkung (Projekt D) als Visions-
treiber-Projekte zu bezeichnen und mit einer hohen Priorität zu belegen.[433] Zusätzlich
können für einzelne Kernkompetenzen bzw. Ressourcen Unterportfolios gebildet
werden, um eine detaillierte Analyse spezifischer Fragestellungen zu ermöglichen.[434]
Insgesamt ist diese Bewertungsmethode an den Interessen und Bedürfnissen des Topmanagements orientiert und kann vor allem durch die Verbindung zum Kernkom-
petenz-Konzept einen neuen Aspekt in das Multiprojektmanagement einbringen.
Nachteilig ist die unklare Vorgehensweise, da sich FEDERER/GRIGLIO nicht zu den
genauen Teilkriterien äußern, welche in die beiden Dimensionen des Portfolios ein-
fließen.

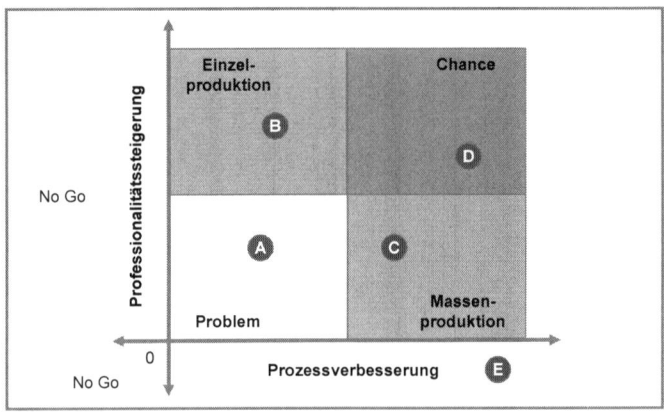

Abbildung 4–13   Projektportfolio von GYSLER/BLOCH[435]

In einem weiteren praxisorientierten Bewertungsmodell schlagen GYSLER/BLOCH
die Priorisierung von Projekten anhand der mit ihrer Durchführung verbundenen
„Professionalitätssteigerung" und „Prozessverbesserung" innerhalb des Unternehmens

[433]   Vgl. Federer/Griglio (1998) S. 80f.
[434]   Vgl. ähnlich Federer/Griglio (1998) S. 82.
[435]   In Anlehnung an: Gysler/Bloch (1998) S. 599.

vor.[436] Das Kriterium der Professionalitätssteigerung (z.B. Entscheidungsqualität, Geschäftsabwicklung, direkter Vorteil zur Konkurrenz, Auswirkungen am Markt) kann hierbei als extern gerichtete Verbesserung der Wettbewerbsposition interpretiert werden, während die Prozessverbesserung die interne Erfolgssituation des Unternehmens (z.B. Effizienzsteigerung, direkte Ertragssteigerung, Kosteneinsparungen) umschreibt (Abbildung 4–13).

Negative Werte sind in dieser Bewertungsmethode theoretisch möglich, treten nach Auskunft der Autoren jedoch nur selten ein. Erreichen Projekte dennoch einen negativen Wert in der Dimension „Projektverbesserung", sind sie demnach umgehend zu beenden („No Go"). Projekte mit niedriger Professionalitätssteigerung und niedriger Prozessverbesserung (Projekt A) sind genauestens zu überprüfen und sollten zugunsten besser gestellter Projekte zurückgestellt werden. Grundsätzlich erhalten diese Problemprojekte nur eine niedrige Priorität. Projekte mit einer hohen Professionalitätssteigerung und hohen Prozessverbesserung (Projekt D) sollten eine hohe Priorität zugesprochen bekommen, da sie eine Chance für das Unternehmen darstellen. Projekte mit hoher Prozessverbesserung aber niedriger Professionalitätssteigerung (Projekt C) zielen auf eine Massenproduktion ab und sollten genauso wie Projekte mit hoher Professionalitätssteigerung und niedriger Prozessverbesserung (Projekt B), die auf eine Qualitätssteigerung in der Einzelproduktion abzielen, mit einer mittleren Priorität belegt werden. Für Projekte, die zwar eine negative Professionalitätssteigerung, aber dennoch eine hohe Prozessverbesserung innehaben (Projekt E), sollte vor einer Realisierung genauestens überprüft werden, ob die Vorteile der hohen Prozessverbesserung die Nachteile auf Seiten der Professionalitätssteigerung aufwiegen.

Dies könnte z.B. im Falle einer massiven Stückkostensenkung geschehen. Insbesondere die Berücksichtigung der neuartigen Dimension „Prozessverbesserung" deutet an, dass diese Methode aus einem prozessorientierten Verständnis heraus entwickelt wurde.

Die in der Literatur genannten Methoden werden abschließend zusammengefasst. Im Zuge dieser Synopse wird von einem vier Felder umfassenden Grundmodell ausgegangen. Die Aussagen der einzelnen vorgestellten Portfolio-Methoden können damit normiert werden. Weiterhin sind den beiden Dimensionsachsen in jedem Portfolio die Ausprägungen „hoch" und „niedrig" gleichartig zugeordnet. Die sich daraus für die

---

[436]   Vgl. zur Vorgehensweise Gysler/Bloch (1998) S. 597ff. Das Modell ist für die UBS Bank AG entwickelt worden und wird dort auch zur Projektpriorisierung eingesetzt.

einzelnen Felder ergebenden Prioritätsklassen (hoch, mittel, niedrig) sind in Abbildung 4–14 zusammengefasst.

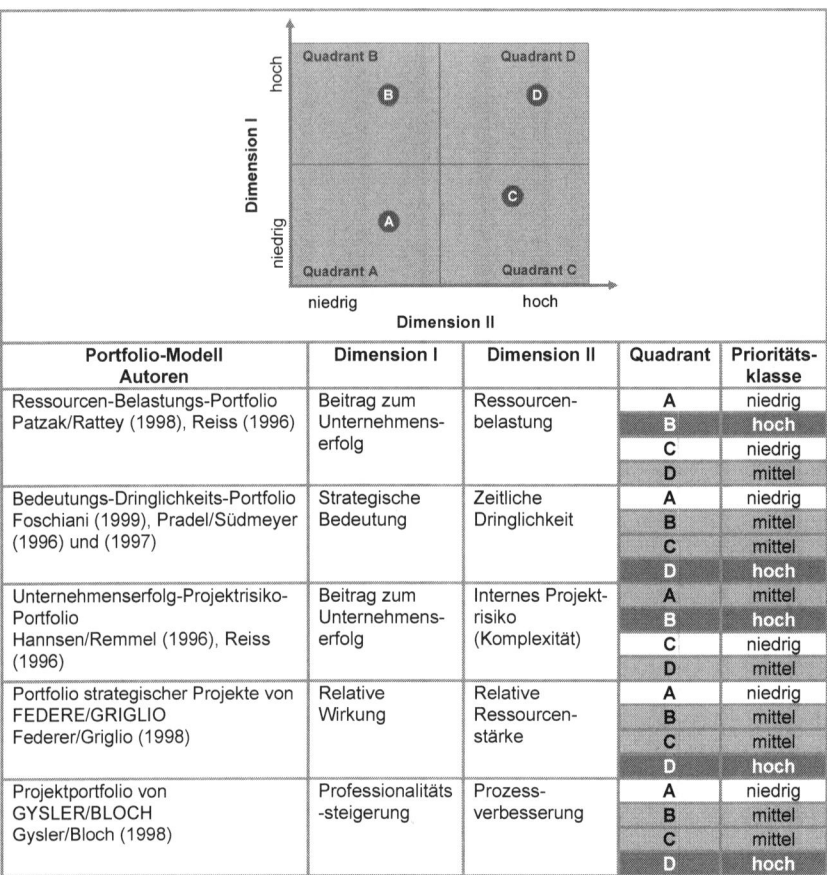

Portfolio-Modell Autoren	Dimension I	Dimension II	Quadrant	Prioritäts- klasse
Ressourcen-Belastungs-Portfolio Patzak/Rattey (1998), Reiss (1996)	Beitrag zum Unternehmens- erfolg	Ressourcen- belastung	A	niedrig
			B	hoch
			C	niedrig
			D	mittel
Bedeutungs-Dringlichkeits-Portfolio Foschiani (1999), Pradel/Südmeyer (1996) und (1997)	Strategische Bedeutung	Zeitliche Dringlichkeit	A	niedrig
			B	mittel
			C	mittel
			D	hoch
Unternehmenserfolg-Projektrisiko- Portfolio Hannsen/Remmel (1996), Reiss (1996)	Beitrag zum Unternehmens- erfolg	Internes Projekt- risiko (Komplexität)	A	mittel
			B	hoch
			C	niedrig
			D	mittel
Portfolio strategischer Projekte von FEDERE/GRIGLIO Federer/Griglio (1998)	Relative Wirkung	Relative Ressourcen- stärke	A	niedrig
			B	mittel
			C	mittel
			D	hoch
Projektportfolio von GYSLER/BLOCH Gysler/Bloch (1998)	Professionalitäts -steigerung	Prozess- verbesserung	A	niedrig
			B	mittel
			C	mittel
			D	hoch

Abbildung 4–14   Synopse der Portfolio-Methoden

4.3   Verfahren zur Interdependenzanalyse

Im Folgenden werden Verfahren zur Berücksichtigung von inhaltlich-strategischen und Ressourcen-Interdependenzen in der Projektpriorisierung aufgezeigt. Bei der Auswahl der darzustellenden Methoden ist das Augenmerk vor allem auf die allge-meine Anwendbarkeit in unterschiedlich gearteten Projektportfolios zu richten.

4.3.1 Berücksichtigung inhaltlich-strategischer Projektinterdependenzen

Im Zuge einer Interdependenzanalyse sind inhaltlich-strategische Projektinterdependenzen möglichst vollständig zu identifizieren. Weiterhin sind die identifizierten Interdependenzen auf ihre Konsequenzen für die einzelnen Projekte und somit auf die Projektpriorisierung hin zu prüfen.[437] Als Vorteile einer korrekt verlaufenden Interdependenzanalyse können inhaltliche Doppelarbeiten vermieden und Verbundvorteile bzw. Synergien genutzt werden.[438] Können diese Verbundvorteile zwischen den Projekten dann gezielt genutzt werden, lassen sich die projektbezogenen Ressourcen wirtschaftlicher einsetzen, bzw. Ergebnis und Qualität der Projektarbeit können mit gleichem Mitteleinsatz erhöht werden.[439] Ebenso ist jedoch auch auf die Vermeidung von negativen Verbundeffekten in Projektportfolios zu achten.

Die Gestaltungsvorschläge der Literatur gehen davon aus, dass Projekte, die von vielen Projekten abhängig sind, möglichst spät und mit einer niedrigen Priorität gestartet werden sollten. Demgegenüber soll Projekten, die einen großen Einfluss auf andere Projekte des Projektportfolios haben, eine möglichst hohe Priorität zugerechnet werden. Im Zuge der Multiprojekt-Priorisierung ist auch dafür Sorge zu tragen, dass in einem Projektportfolio möglichst wenige konfliktäre Beziehungen zwischen Projekten bestehen. Gleichzeitig sollte die Anzahl an synergetischen Beziehungen zwischen den Projekten eines Portfolios möglichst hoch sein. Um diesen Aufgaben zu entsprechen, können im Zuge der Multiprojekt-Priorisierung unterschiedliche in der Literatur beschriebene Analysemethoden zur Anwendung kommen.

Die unterschiedlichen Methoden zur Analyse von inhaltlich-strategischen Interdependenzen unterscheiden sich dabei vor allem hinsichtlich des Umfangs der zu betrachtenden Interdependenzen, insbesondere sehen einige Methoden auch eine mehrere Projekt-Portfolios berücksichtigende Interdependenzanalyse vor. Die vorgestellten Modelle besitzen die Gemeinsamkeit, dass sie sich vor allem der Methodik des Paarvergleichs bedienen, um die einzelnen Interdependenzen zwischen den Projekten zu ermitteln. Auf die Problematik der Nutzung dieser Methode in Projektportfolios mit

---

[437] Ein ähnliches Modell des Pharma-Unternehmens ICI stellen ISLEI et al. vor. In diesem Modell werden die Projekte von unterschiedlichen Managern im Rahmen von Teamsitzungen in einem Ranking umsortiert. Vgl. Islei et. al (1991) S. 8ff.

[438] Vgl. Hirzel (2002) S. 16f.

[439] Vgl. Abresch/Hirzel (2002) S. 110 und 116. Projekte, die eine eher geringe Synergiewirkung aufzeigen, sind, dieser Denkrichtung folgend, dann mit einer geringeren Priorität auszustatten, was sich z.B. beim Auftreten von Ressourcenengpässen bemerkbar macht.

einer hohen Projektanzahl wird dabei im Zuge der Darstellung der einzelnen Modelle eingegangen.

Wirkung von – auf	A	B	C	D	E	F	Summe Einfluss
A						✖	1
B					✖		1
C	✖				✖		2
D	✖		✖		✖	✖	4
E							0
F	✖				✖		2
Summe Beeinflussung	3	0	1	0	4	2	10

Abbildung 4–15   Einflussmatrix der inhaltlich-strategischen Projektabhängigkeiten[440]

Die einfachste Möglichkeit zur Ermittlung von Interdependenzen stellt die von MAY/ CHROBOK vorgestellte Methode zur objektiven Visualisierung von netzwerkartigen Abhängigkeiten dar.[441] Ziel dieser Methode ist es, den Grad der Vernetzung eines Projektportfolios darzustellen und eine Grundlage für die Anpassung der Projektpriorisierung zu bilden.

Zunächst werden die Wirkungen der einzelnen Projekte untereinander in die Einflussmatrix (Abbildung 4–15) eingetragen. In dieser Methode wird auf eine Unterscheidung in unterschiedliche Grade der Einflussstärke verzichtet. In der Zeilensumme lässt sich die Stärke des Einflusses eines Projektes auf andere Projekte ablesen, aus der Spaltensumme die Stärke der Einflussnahme anderer Projekte auf dieses Projekt. Um zu einer Gesamtaussage bezüglich des Projektportfolios zu gelangen, werden die Zeilen- und Spaltensummen in ein Handlungsportfolio übertragen (Abbildung 4–16).

Aus dieser Darstellung können anhand des Grades der Vernetzung direkt Hinweise zur Bearbeitungsreihenfolge von Projekten abgeleitet werden. Die Trennungslinie zwischen den Bereichen „Aktiv", „Passiv", „Träge" und „Vernetzt" wird durch die durch-

---

In Anlehnung an: May/Chrobok (2001) S. 112.

441   Vgl. May/Chrobok (2001) S. 111ff. Eine ähnliche Vorgehensweise ist ebenfalls bei Lomnitz (2001) S. 152ff. und Abresch/Hirzel (2002) S. 111ff. zu finden. Zur genaueren Steuerung von Projektsynergien schlagen die Autoren vor, die Verbundvorteile zwischen den einzelnen Projekten detailliert darzustellen. Ebenso stellt LICHTENBERG ein Berichtsblatt für Konzernunternehmen vor, in welchem die unterschiedlichen Interdependenzen eines strategischen Projektes verzeichnet sind. Diese Interdependenzen betreffen jedoch nicht andere Projekte, sondern beziehen sich auf die Auswirkungen von Projekten auf unterschiedliche Unternehmensbereiche des Konzerns. Vgl. Lichtenberg (1998) S. 103.

schnittliche Vernetzung der betrachteten Projekte bestimmt. Im vorliegenden Beispiel beträgt sie 1,67 (Summe der Vernetzungen (10) dividiert durch die Anzahl der Projekte (6)). Projekte im Aktiv-Bereich des Portfolios (Projekte C und D) erhalten die höchste Bearbeitungspriorität, da andere Projekte von ihren Ergebnissen abhängig sind und sie selber keinen signifikanten Input durch andere Projekte erhalten.

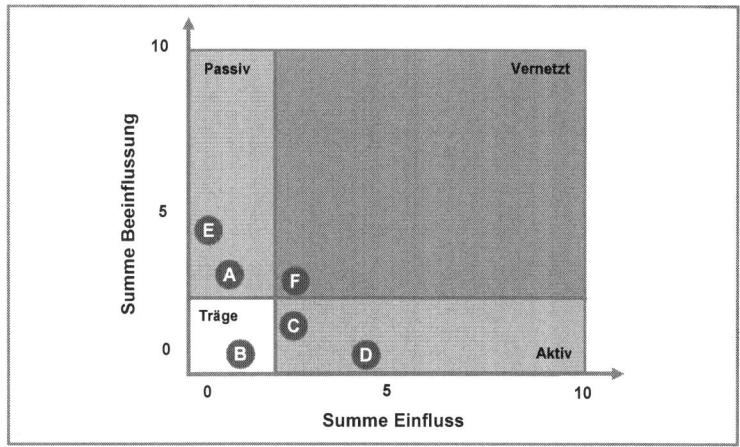

Abbildung 4–16   Handlungsportfolio[442]

Demgegenüber sollten Projekte im Passiv-Bereich des Portfolios (Projekte A und E) nicht sofort realisiert werden, da sie in erheblichem Maße von Ergebnissen anderer Projekte abhängen. Die Projekte im „Träge" Bereich des Portfolios (Projekt B) sind auf die Gesamtheit bezogen relativ unabhängig, ihre Bearbeitungsreihenfolge sollte sich rein an der Priorisierung aus der Phase der Einzelprojektbewertung orientieren. Schlussendlich sind die Projekte im Bereich „Vernetzt" (Projekt F) in Abhängigkeit ihrer Lageveränderung nach der Abarbeitung der Projekte im Bereich „Aktiv" zu priorisieren. Die Interpretation des Portfolios ist vor allem abhängig von der Lage des Koordinatenkreuzes, das die unterschiedlichen Bereiche abgrenzt. Es wird umso weiter zum Nullpunkt verschoben, je weniger Vernetzungen relativ zur Projektanzahl vorliegen.[443]

Insgesamt ist das Handlungsportfolio als hilfreich bei der Festlegung der Bearbeitungsreihenfolge anzusehen. Es ist jedoch davon auszugehen, dass die Anwendung nur

---

[442]   In Anlehnung an: May/Chrobok (2001) S. 112. Diese Art der Vorgehensweise zur Darstellung von Vernetzungen findet auch in der Szenario-Technik Anwendung.

für eine geringe Anzahl von Projekten sinnvoll ist. Bei einer zu großen Anzahl von Projekten wird die Erstellung der Einflussmatrix zum einen überproportional aufwändig, zum anderen ist kaum eine sinnvolle Aussage des Handlungsportfolios zu erwarten, da die Vernetzung der Projekte tendenziell geringer sein wird und die Grenzen zwischen den einzelnen Bereichen aufgrund der dann nahe am Nullpunkt liegenden Trennungslinien nur schwer zu ziehen sind.

FOSCHIANI nutzt eine ähnliche Darstellungsweise, um die inhaltlichen Abhängigkeiten der einzelnen Projekte transparent zu machen. Er verzichtet jedoch darauf, die Abhängigkeiten gleichartig gewichtet in einem Portfolio abzutragen, wie dies MAY/ CHROBOK in der oben dargestellten Methode vorschlagen. Vielmehr geht es ihm darum, den Input zu verdeutlichen, den ein strategisches Projekt von einem anderen Strategieprojekt erhält. Er bezeichnet seine Matrix, in welcher die Beziehungen der Projekte untereinander rein qualitativ benannt werden, daher auch folgerichtig als Matrix zur Bestimmung der Projektreihenfolge.[444]

Die oben vorgestellte Methode von MAY/CHROBOK ist als sinnvolle Methode zu verstehen, die jedoch mit einigen Kritikpunkten behaftet ist. Zum einen werden die einzelnen Wechselwirkungen keiner Bewertung unterzogen, zum anderen findet kein Vergleich von Projekten unterschiedlicher Projektportfolios statt. Diese Kritikpunkte wurden, oftmals auch implizit, von anderen Autoren aufgegriffen und führten zur Weiterentwicklung dieser Methode.

Kriterien	Ausprägung der Interdependenzen zwischen Projekt A und Projekt B			
	entfällt 0	gering 1	mittel 2	hoch 3
Skaleneffekte und Mengenvorteile	✖			
Standardisierungsvorteile				✖
Ergebnis- und Qualitätsverbesserung			✖	
Neuartiges Ergebnis		✖		
Gesamtstärke der synergetischen Beziehung	6 (von max. 12)			

Abbildung 4–17   Bewertung von Verbundvorteilen im Paarvergleich[445]

ABRESCH/HIRZEL schlagen in ihrer Methode zur Darstellung von Projektsynergien die explizite Bewertung der Stärke von Interdependenzen vor. Hierzu verwenden sie gleichfalls eine Projektmatrix zur qualitativen Bewertung von Verbundvorteilen. Da-

---

[443]   Zum gesamten Vorgehen siehe nochmals May/Chrobok (2001) S. 111ff.
[444]   Vgl. Foschiani (1999) S. 131f.
[445]   In Anlehnung an: Abresch/Hirzel (2002) S. 113.

bei wird die Ermittlung der Stärke einer Interdependenz im Zuge eines Paarvergleichs vorgenommen, um die Bewertungskomplexität zu reduzieren. Die Einschätzung der Stärke einer Interdependenz wird anhand mehrerer Kriterien ermittelt. Da das Ziel die Ermittlung von Synergien[446] – also positiven Verbundeffekten – ist, schlagen die Autoren das folgende Kriteriensystem vor (Abbildung 4–17). Im Beispielfall wird eine qualitative Einschätzung der synergetischen Beziehungen zwischen Projekt A und Projekt B vorgenommen. Die Gesamthöhe der Ausprägung (hier 6 Punkte von maximal 12)[447] kann in gleicher Weise für alle Projekte ermittelt und anschließend in eine Matrix übertragen werden. Diese Matrix (Abbildung 4–18) zeigt dann alle Interdependenzen eines Projektportfolios auf.[448]

Projekte	Projekt A	Projekt B	Projekt C	Projekt D	Projekt E
Projekt A		6	--	3	1
Projekt B	6		--	7	--
Projekt C	--	--		8	--
Projekt D	3	7	8		--
Projekt E	1	--	--	--	
Summe	10	13	8	18	1
Rang	3	2	4	1	5

Abbildung 4–18 Projektmatrix zur qualitativen Bewertung von Verbundvorteilen[449]

Die Verbundvorteile werden bei beiden daran beteiligten Projekten vermerkt. Im vorliegenden Fall sind also für die zuvor ermittelte Abhängigkeit zwischen Projekt A und Projekt B jeweils 6 Punkte in den entsprechenden Feldern der Matrix einzutragen. Die Summe der Punktwerte kann genutzt werden, um die verbundstärksten Projekte innerhalb des Portfolios zu identifizieren. Eine direkte Aussage zur Priorität eines Projektes kann daraus aber noch nicht direkt abgeleitet werden. Hier sind immer auch die jeweils an den Verbundeffekten beteiligten Partnerprojekte mit zu berücksichtigen. Es ist also im Beispielfall nicht ausreichend, nur Projekt D aufgrund der höchsten Synergie-Gesamtpunktzahl mit der höchsten Priorität zu belegen. Vielmehr muss z.B. auch Projekt C berücksichtigt werden, da diese beiden Projekte den höchsten einzelnen

---

[446] Die Autoren gehen davon aus, dass bei Vorliegen einer Abhängigkeit diese fast immer einen Synergieeffekt beinhaltet. Vgl. die tabellarische Darstellung bei Abresch/Hirzel (2002) S. 113.

[447] Die Maximalpunktzahl (12) ergibt sich aus der Multiplikation des Höchstwertes (3) mit der Anzahl der Kriterien (4).

[448] Vgl. Abresch/Hirzel (2002) S. 112. Um eine qualitativ hochwertige und neutrale Bewertung zu ermöglichen, schlagen die Autoren dabei vor, dass die Bewertung von einem Personenkreis vorgenommen wird, der die zu bewertenden Projekte kennt und eine unabhängige Position bezüglich der Projektdurchführung besitzt.

[449] In Anlehnung an: Abresch/Hirzel (2002) S. 111.

Verbundeffekt (8) im Projektportfolio begründen. Hier zeigt sich somit am deutlichsten der Unterschied zur Methode von MAY/CHROBOK.[450] Die Autoren weisen zudem darauf hin, dass diese Methode auch mit monetären Größen genutzt werden kann.[451]

ABRESCH/HIRZEL stellen weiterhin fest, dass die identifizierten Projektinterdependenzen auch inhaltlich erläutert werden müssen, um diese den unterschiedlichen Projektbeteiligten offen zu legen. Im Idealfall sollte für jedes Matrixfeld, für welches ein Punktwert ausgewiesen wird, eine qualitative Erläuterung des dahinter liegenden Verbundeffektes existieren. Die Autoren gehen aber aus praktischen Erwägungen davon aus, dass dies nicht für alle bewerteten Felder der Fall sein wird. Sie stellen vielmehr auf die gegebenen Zweckmäßigkeiten (hoher Punktwert, Beeinflussbarkeit der Synergie) ab.[452] LUKESCH sieht ebenfalls einen Interdependenz-Berichtsbogen vor, der zumindest qualitative Informationen zu spezifischen Projektinterdependenzen enthält. Er geht davon aus, dass aufgrund dieser Informationen die Bewertung und Lenkung der Projektinterdependenzen erheblich vereinfacht werden.[453]

Obwohl die vorgestellte Methode eine sinnvolle Weiterentwicklung der Methode von MAY/CHROBOK darstellt, müssen auch hier Kritikpunkte aufgeführt werden. Innerhalb der Bewertung von Projektinterdependenzen ist nur eine Berücksichtigung von positiven Effekten zwischen Projekten vorgesehen. In der Realität der Multiprojekt-Priorisierung ist aber davon auszugehen, dass sich Projekte auch konfliktär zueinander verhalten und somit statt Synergien auch Dissynergien – also negative Verbundeffekte – zwischen Projekten existieren. Bezüglich der Berücksichtigung von Projektportfoliointernen und Projektportfolio-übergreifenden Interdependenzen werden in der Methode keine Unterschiede aufgezeigt. Weiterhin wird außer der Rangfolgenbildung kein Instrumentarium vorgestellt, das Handlungsempfehlungen für einzelne Projekte ableitet. Diese Kritikpunkte werden von HILLER im Konzept des House of Projects (Abbildung 4-19) aufgegriffen. Dort werden im Zuge des Teilschrittes der Projektvernetzungsanalyse die Identifikation und Bewertung der einzelnen Projektinter-

---

[450]   SCHEURER stellt in seinem Konzept ebenfalls eine Projektematrix vor, in welcher die
        Verbundeffekte bzw. Interdependenzen von Projekten abgetragen werden. Hier ist jedoch keine
        Bewertung der Interdependenzen vorgesehen, insofern wird diese Vorgehensweise nicht näher
        erläutert. Vgl. Scheurer (1999) S. 132.

[451]   Vgl. Abresch/Hirzel (2002) S. 112.

[452]   Vgl. Abresch/Hirzel (2002) S. 114. Als Synergievorteil kann z.B. die Nutzung von gleichzeitig
        erworbenen Softwarelizenzen, Datenbanken oder auch Beratungskapazitäten genannt werden.

[453]   Vgl. Lukesch (2000) S. 94.

dependenzen vorgenommen. Auch in diesem Modell bildet der Paarvergleich der unterschiedlichen Projekte den Ausgangspunkt zur Identifizierung von Projektinterdependenzen. Gegenüber den bisherigen Methoden können dabei auch negative Werte für konfliktäre Beziehungen innerhalb der Projektmatrix eingetragen werden. Weiterhin werden die Interdependenzen eines Projektes nicht nur mit Projekten des eigenen Projektportfolios (Intra-Vernetzung) sondern auch mit Projekten anderer Projektportfolios (Inter-Vernetzung) dargestellt und bewertet.[454]

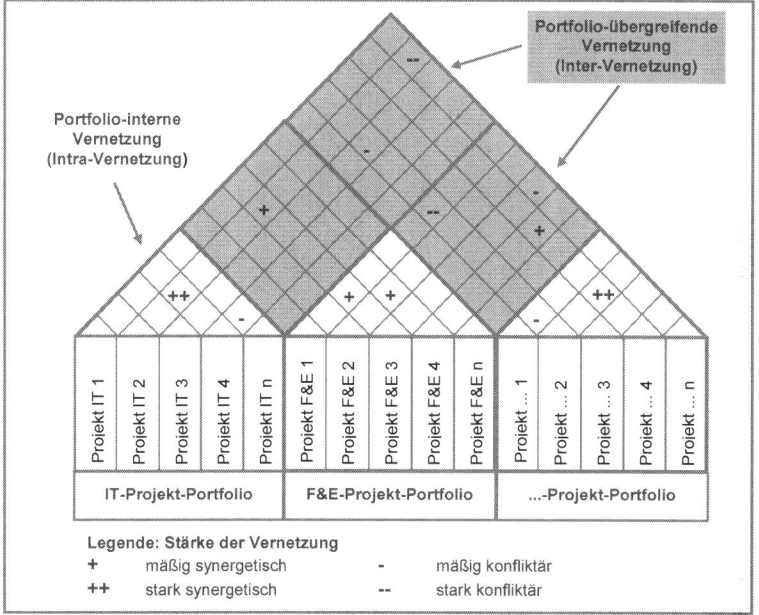

Abbildung 4–19   Darstellung von Projektinterdependenzen im House of Projects[455]

Innerhalb der Projektmatrix werden die unterschiedlichen Interdependenzen abgetragen. HILLER berücksichtigt in der Projektvernetzungsanalyse auch Ressourcen-Interdependenzen. Bezüglich dieser weist er jedoch darauf hin, dass oftmals erst im Zeitpunkt des Eintritts der Ressourcen-Interdependenz ersichtlich wird, ob es sich um eine synergetische oder konfliktäre Interdependenz handelt. Dies kann z.B. dann der Fall sein, wenn zwei Projekte auf einen Mitarbeiter zugreifen und somit zunächst eine konfliktäre Interdependenz entsteht. Ist dann jedoch der inhaltliche Wissenstransfer

---

[454]   Vgl. Hiller (2002) S. 66.

[455]   In Anlehnung an: Hiller (2002) S. 66.

zwischen den beiden Projekten durch den beanspruchten Mitarbeiter notwendig, handelt es sich um eine synergetische Interdependenz.[456] Um das Problem der Doppel-
deutigkeit zu umgehen, wird deshalb die Trennung von inhaltlich-strategischen und
Ressourcen-Interdependenzen an dieser Stelle der Interdependenzanalyse beibehalten.
Dies ist auch damit zu begründen, dass die Auflösung einer Ressourcen-Interdependenz selbst bei Vorliegen einer positiven inhaltlich-strategischen Interdependenz
vorangetrieben werden muss. Ebenso unterscheiden sich die Maßnahmen zur Behandlung der unterschiedlichen Interdependenzen stark voneinander. Schließlich ist
die Beantwortung der Frage, inwieweit eine Ressourcen-Interdependenz durch eine
inhaltlich-strategische Interdependenz in ihrer Bedeutung im Zuge der Festlegung der
Bearbeitungsreihenfolge von Projekten überboten werden kann, erst nach Ermittlung
beider Interdependenztypen möglich. Somit ist diese Fragestellung im Zuge der
Analyse und Bewertung von inhaltlich-strategischen Interdependenzen noch nicht zu
beantworten.

Ist die Analyse und Bewertung der inhaltlich-strategischen Projektinterdependenzen
vollzogen, schlägt HILLER in seinem Modell weiterhin die Abbildung der Vernetzung
der unterschiedlichen Projekte in einer Portfolio-Darstellung vor und folgt damit
prinzipiell dem Vorgehen von MAY/CHROBOK. Die Ermittlung der spezifischen
Portfolio-Position eines Projektes wird dabei anhand der Kennzahlen relatives
Synergiepotenzial und relatives Konfliktpotenzial vorgenommen.[457] Anhand der Kennzahlen kann erkannt werden, welche Projekte ein hohes relatives Synergie- bzw.
Konfliktpotenzial aufweisen.

HILLER geht in seinem Konzept jedoch nicht genau darauf ein, welche Konsequenzen
spezifische Stellungen eines Projektes innerhalb des Portfolios für das Projektranking
haben. Vielmehr sieht er die Hauptaufgabe der Synergiepotenzial-Konfliktpotenzial-
Matrix (Abbildung 4–20) sehr oberflächlich in der „Ableitung von Maßnahmen zur
Vermeidung der Konflikte und Realisierung der Synergien."[458] Schlussendlich verweist er darauf, dass vor allem Projekte mit einem hohen relativen Synergie- bzw.

---

[456]   Vgl. Hiller (2002) S. 69.

[457]   Zunächst wird das absolute Synergie- bzw. Konfliktpotenzial eines Projektes berechnet. Diese
berechnen sich aus der Bedeutung aller einzelnen Synergie- und Konfliktbeziehungen mit anderen Projekten multipliziert mit ihrer Eintrittswahrscheinlichkeit. Dann werden alle absoluten
Werte in einer Skala von 0 bis 10 normiert. Dabei wird die jeweils höchste Ausprägung aller
Projekte von beiden Werten auf den Skalenwert 10 relativiert. Diese relativen Werte werden
dann in die oben beschriebene Portfolio-Darstellung eingetragen. Vgl. zur Vorgehensweise und
den angewandten Berechnungsformeln Hiller (2002) S. 69f.

[458]   Hiller (2002) S. 70.

Konfliktpotenzial (Projekte A, B, E) in der Interdependenzanalyse berücksichtigt werden sollten, da in einem Projektportfolio mit vielen Projekten der Aufwand der Maßnahmendefinition und -verfolgung erheblich sein kann und eine Selektion vorgenommen werden muss. Über die Ausführungen von HILLER hinausgehend können bezüglich der Projekt-Matrix weitere Aussagen formuliert werden. Projekte, die eine nicht sehr hohe Einzelbewertung beinhalten, jedoch kaum relatives Konfliktpotenzial begründen und zusätzlich ein relativ hohes Synergiepotenzial beinhalten, müssen innerhalb der inhaltlich-strategischen Projektbewertung mit einer höheren Projektpriorität versehen werden.

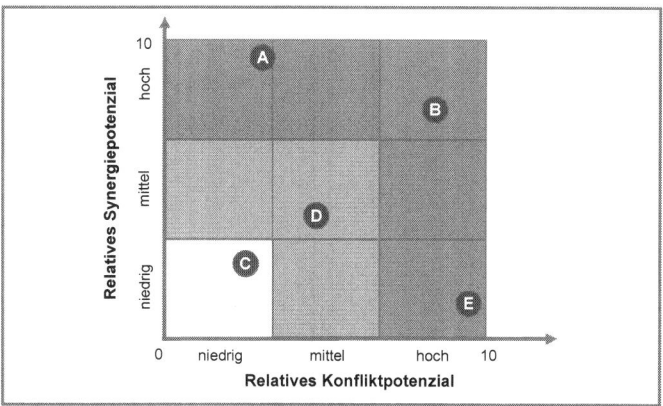

Abbildung 4–20   Synergiepotenzial-Konfliktpotenzial-Matrix[459]

Somit kann festgehalten werden, dass sich das Modell von HILLER vor allem zur Darstellung von Interdependenzen und zum Priorisieren von maßnahmenbezogenen Aktivitäten eignet. Eine direkte Beteiligung im Prozess der Projektpriorisierung kann der Methode in dieser Form nur indirekt zugesprochen werden. Da die Aspekte der Visualisierung von Projektinterdependenzen eine hohe praktische Bedeutung haben, wird nachfolgend auf eine weitere Darstellungsform eingegangen.

LUKESCH schlägt in seiner Visualisierungsmethode (Abbildung 4–21) vor, zunächst die Abhängigkeiten der einzelnen Projekte in einem Abhängigkeitsgrafen zu erfassen. Aufgrund der grafisch sichtbaren Zusammenhänge können Gruppierungen gebildet werden, die zur Koordination von Abhängigkeiten als Blackbox betrachtet werden können. Es kann nun eine komplexitätsreduzierte Koordination der Beziehungen

---

[459]   In Anlehnung an: Hiller (2002) S. 69.

innerhalb dieser Projektgruppen und der Beziehungen zwischen der Projektgruppe und anderen Projekten des Portfolios erfolgen.[460]

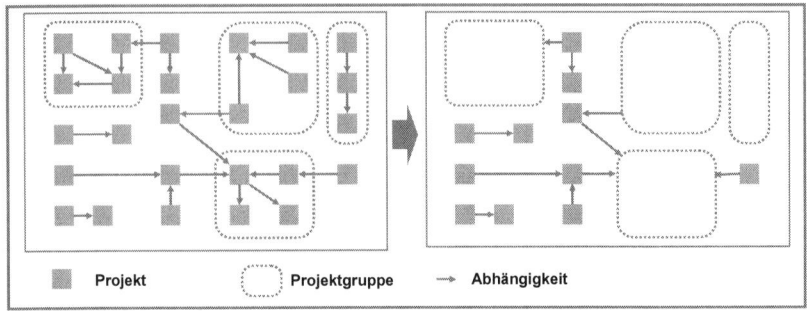

Abbildung 4–21   Gruppenbildung im Abhängigkeitsgraf eines Projektportfolios[461]

Bezüglich der Auswirkung dieser Gruppenbildung auf die Priorisierung der einzelnen Projekte stellt LUKESCH fest, dass eine gemeinsame Bewertung bzw. Auswahlentscheidung für die dargestellten Projektgruppen sinnvoll erscheint. Einzelne Projekte sollten dann aus diesem Verbund nicht mehr herausgetrennt werden. Somit ist die Auswahl in diesem Modell nur noch auf die einzelnen Projektgruppen bezogen.[462] Diese Vorgehensweise kann im Einzelfall angebracht erscheinen, zumal sich somit die Bewertungskomplexität zunächst verringert. Es ist jedoch darauf zu verweisen, dass trotz der grafisch ermittelten Verbindungen immer auch die Stärke der Interdependenzbeziehungen berücksichtigt werden muss. Diese wird jedoch in dieser Visualisierungsform nicht deutlich. Außerdem ist im Falle dieses hier gezeigten Abhängigkeitsgrafen noch keine Aussage über die auftretenden Ressourcen-Interdependenzen getroffen, die zunächst auf der Ebene der Einzelprojekte vorliegen und somit nicht bzw. nur schwer auf der Ebene von Projektgruppen behandelt werden können. Dies könnte im Einzelfall dazu führen, dass bei Konkurrenz mit einem individuell höher bewerteten Projekt dieses den Vorzug erhält und somit doch ein Einzel-

---

[460]   Vgl. Lukesch (2000) S. 44ff. Die Gruppierung von Projekten zur Vereinfachung der Steuerungsproblematik schlägt auch WOLLMANN vor. Er bildet die Gruppierung auf der Grundlage von koordinierten Leistungen. Vgl. Wollmann (2002) S. 29f. Die grafische Darstellung von Projektnetzwerken findet sich ebenso bei Abresch/Hirzel (2002) S. 115.

[461]   In Anlehnung an Lukesch (2000) S. 47. Die Projektgruppen werden dabei absichtlich nicht als Programme bezeichnet, da sich in den Gruppen auch Projekte mit sehr unterschiedlichen Projektzielen befinden.

[462]   Vgl. Lukesch (2000) S. 46f.

projekt aus einer Projektgruppe im Zuge der Projektpriorisierung herausgelöst werden muss.

Am Beispiel der Investitionsprojektplanung bei Bayer MaterialScience zeigt FRINGS et. al. die Möglichkeit zur Ergänzung von projektindividuellen Key Performance Indikatoren (KPI) um Multi Performance Indikatoren (MPI) auf, mit deren Hilfe Abhängigkeiten, Gemeinsamkeiten und Wechselwirkungen zwischen Investitionsprojekten berücksichtigt werden können. Die MPIs sind dabei KPIs, die für mehr als ein Investitionsprojekt von wesentlicher Bedeutung für den Erfolg der Investitionstätigkeit sind. MPIs können beispielsweise Energie-, Personal- und Rohstoffkosten umfassen und im Rahmen eines Scoring-Modells erfasst werden. Als besonderen Vorteil dieser Herangehensweise sehen die Autoren die Berücksichtigung von Wechselwirkungen über die Grenzen strategischer Geschäftsfelder hinweg.[463]

Innerhalb der einzelnen Ansätze, die vorgestellt wurden, ist die Bedeutung der Interdependenzen in einem eigenständigen Projektranking bzw. in Portfolio-Modellen dargestellt worden, die somit eine Priorisierung der Projekte aus Sicht der inhaltlich-strategischen Interdependenzen vornehmen. Diese Rangfolgen sind mit den Ergebnissen der Projektbewertung zu integrieren.[464] Dadurch erhält man die tatsächlichen inhaltlichen Werte der einzelnen Projekte vor dem Hintergrund der aktuellen Portfolio-Konfiguration. An dieser Stelle ist somit zu konstatieren, dass die vorgestellten Methoden zur Bewertung von inhaltlich-strategischen Interdependenzen sinnvoll im Rahmen der Multiprojekt-Priorisierung einsetzbar sind.

4.3.2 Berücksichtigung von Ressourcen-Interdependenzen

Die Analyse der Ressourcen-Interdependenzen der im vorläufigen Priorisierungsranking enthaltenen Projekte stellt den Abschluss der Interdependenzanalyse dar.[465] Das Ziel der Analyse von Ressourcen-Interdependenzen ist primär in der Festlegung einer Bearbeitungsreihenfolge der unterschiedlichen Projekte in Abhängigkeit der im Unternehmen vorhandenen Ressourcen zur Projektumsetzung zu sehen. Diese Auf-

---

[463]   Vgl. Frings et. al. (2005) S. 398f.

[464]   Über den bereits angesprochenen Ansatz der Investitionsprogrammplanung hinausgehende Methoden zur Verbindung von Projektbewertung und inhaltlich-strategischer Interdependenzanalyse zeigen Lichtenberg (1998) S. 103f. (Portfolio-Modell), Kaplan/Norton (2001) S. 262ff. (Scoring-Modell) und Kühn/Hochstrahs/Pleuger (2002) S. 64f. (Portfolio-Kapitalwert) auf.

[465]   Für eine Stellung der Analyse von Ressourcen-Interdependenzen am Ende des Priorisierungsprozesses sprechen sich dabei insbesondere Wheelwright/Clark (1994) S. 152; Specht/Beckmann (1996) S. 240 und Pradel/Südmeyer (1996) S. 1552 aus.

gabe wird im Allgemeinen als Kapazitätsmanagement bezeichnet.[466] Die Bearbeitungsreihenfolge der einzelnen Projekte richtet sich demnach zum einen nach der
inhaltlich-strategischen Priorität eines Projektes, zum anderen nach der Inanspruchnahme von limitierten Ressourcen des Unternehmens. Die Bedeutung einer solchen
Prioritätsbildung stellen insbesondere empirische Untersuchungen von ENGWALL/
JERBRANT heraus. Die Autoren belegen anhand von Fallstudien, dass Ineffizienzen
im Multiprojektmanagement durch die nicht systematisch ablaufende Verteilung von
Ressourcen innerhalb eines Projektportfolios entstehen. Hierbei ist die Prioritätsrege-
lung nicht nur im Zuge der Konfiguration eines Projektportfolios von hoher Bedeu-
tung, sondern auch bei der Anpassung der Ressourcenzuteilung für die operative
Umsetzung von Projekten, z.B. zur Anpassung von Verzögerungen in der Projekt-
durchführung. Die Autoren stellen fest, dass insbesondere die Ad-hoc-Anpassung von
Ressourcenzuteilungen einen höchst politischen Prozess darstellt, der ohne explizite
Priorisierung der Projekte bezüglich knapper Ressourcen einen Großteil der
Managementkapazitäten belegt.[467] Als Grund wird dabei die zu große Anzahl von
aktiven Projekten innerhalb eines Projektportfolios identifiziert. Die vorhandenen
Ressourcen reichen somit oftmals schon in der Ursprungskonfiguration eines Port-
folios nicht zur Durchführung aller Projekte aus.

WHEELWRIGHT/CLARK weisen in diesem Zusammenhang darauf hin, dass zwar
die Produktivität je Ressourceneinheit (z.B. Entwicklungsingenieur) zunächst mit einer
intensiveren Nutzung ansteigt, dann aber aufgrund der Überlastung der Ressourcen
überproportional abfällt. Dies spricht dafür, dass ab einem spezifischen Belas-
tungsgrad Projekte, die auf eine knappe Ressource angewiesen sind, auf einer War-
teliste zu führen sind, um ein zu starkes Absinken der Ressourcenproduktivität zu
verhindern.[468] LEYENDECKER stellt jedoch zu Recht kritisch fest, dass im Falle von

---

[466]   Zum damit angesprochenen Kapazitätsabgleich innerhalb des Multiprojektmanagements vgl.
        Pradel/Südmeyer (1996) S. 1552.
[467]   Vgl. Engwall/Jerbrant (2003) S. 406f. Die Priorität eines Projektes kann dabei auch innerhalb
        einer unterjährigen Ressourcen-Reallokation von hoher Bedeutung sein. Vgl. hierzu und zu der
        Bedeutung von Ressourcen-Reallokationen für das Multiprojektmanagement Völker (2001)
        S. 142. sowie zur Rolle von Prioritäten bei auftretenden Ressourcenengpässen Stadler (2000)
        S. 205.
[468]   Vgl. nochmals Engwall/Jerbrant (2003) S. 407. Plakativ als „Vogelkäfig-Ansatz", in dem immer
        mehr Vögel (Projekte) in einen zu engen (Ressourcen-)Käfig gesperrt werden, beschreiben die-
        ses Problem auch Wheelwright/Clark (1994) S. 127f. Dieses Argument nehmen auch ANAVI-
        ISAKOW/GOLANY auf, indem sie das Instrument einer „backlog-list" entwickeln, für jene
        Projekte, die auf die Nutzung einer knappen Ressource warten, in der Reihenfolge ihrer Priorität
        geführt werden. Weiterhin schlagen die Autoren auch die Verfahren einer konstanten Projekt-

Ressourcenengpässen Prioritäten oftmals als zu formale Entscheidungskriterien verstanden werden. Dies kann in solchen Fällen problematisch erscheinen, in denen sich die Bewertungssituation im Zeitablauf geändert hat bzw. Sonderfälle eingetreten sind. Insofern sollte die Bereitschaft der Beteiligten (z.b. Projektleiter, Multiprojektmanager, Linienmanager) zur wirtschaftlich sinnvollen Lösung von Problemen auf Basis von Verhandlungen unterstützt werden.[469]

Um diesem Phänomen entgegenzuwirken, sind die zur Durchführung der Projekte notwendigen Ressourcen mit den im Unternehmen vorhandenen Kapazitäten abzugleichen.[470] In einem ersten Schritt sind dabei die Ressourcenbelastungen der geplanten Projektportfolios zu identifizieren. Insbesondere ist die Kapazität von potenziellen Engpassressourcen detailliert zu erfassen. LEYENDECKER stellt in diesem Zusammenhang heraus, dass die in dieser Konzeption vorgeschlagene Bildung von projektartenspezifischen Projektportfolios eine effektive Fokussierung auf Engpassressourcen erleichtert.[471]

Daran anschließend sind die tatsächlich vorhandenen Kapazitäten der Fachabteilungen diesen Ressourcenbedarfen gegenüberzustellen. Dies geschieht innerhalb der Aufstellung eines Ressourcenpools, der Daten über die spezifischen Ressourcen enthält. Somit können Aussagen darüber getroffen werden, wann Ressourcen mit spezifischen Eigenschaften (z.B. Mitarbeiterqualifikation) den einzelnen Projekten zur Verfügung stehen.[472] Hierbei wird es regelmäßig zu Unter- und Überdeckungen von Kapazitätsbedarfen im Projektportfolio kommen.[473] Untererdeckungen zeigen potenzielle Ressourcen-Konflikte an, während Überdeckungen auf eine nicht wirtschaftliche Dimensionierung der projektbezogenen Ressourcen hinweisen. In diesem Zusammenhang darf jedoch die Funktion von Slack-Ressourcen zur Abpufferung von kleineren Unregelmäßigkeiten innerhalb der Projektumsetzung nicht unterschätzt werden. Einige

---

anzahl bzw. einer konstanten Bearbeitungsgesamtzeit aller Projekte vor. Vgl. Anavi-Isakow/Golany (2003) S. 11ff.

[469] Vgl. Leyendecker (2002) S. 95. Hierbei ist auch der Tatsache Rechnung zu tragen, dass insbesondere in großen Projektportfolios der Prioritätsunterschied zwischen den einzelnen Projekten oftmals nur marginal ausfällt.

[470] Dieser Prozess wird auch als Aufstellen einer Ressourcenbilanz bezeichnet. Vgl. zur Ausprägung in Form einer personellen Ressourcenbilanz: Specht/Beckmann (1996) S. 241 und Wheelwright/Clark (1994) S. 127.

[471] Vgl. Leyendecker (2002) S. 85.

[472] Vgl. Stadler (2000) S. 205. Er betont, dass die Optimierung der Ressourcenauslastung über alle Projekte und Linienaufgaben hinweg eine der zentralen Aufgaben des Multiprojektmanagements darstellt.

[473] Vgl. Bürgel (1996) S. 139.

Autoren empfehlen sogar die explizite Berücksichtigung dieser Puffer innerhalb der Ressourcenplanung.[474] Insbesondere im Falle einer Unterdeckung von Kapazitäts- bedarfen bestehen zwei prinzipielle Lösungsalternativen. Die Realisation der vom Engpass betroffenen Projekte kann zeitlich gestreckt oder verteilt werden, um etwaige Belastungsspitzen abbauen zu können. Reicht dies nicht aus, muss eine Zurückstellung von niedrig priorisierten Projekte angedacht werden. Weiterhin können auch fehlende Kapazitäten dauerhaft neu aufgebaut werden bzw. Belastungsspitzen durch kurzfristig aus externen Quellen beschaffte Kapazitäten gedeckt werden.[475] Die angesprochenen Lösungsmöglichkeiten werden im Folgenden in einem Fallbeispiel, das sich auf die Abstimmung von IT-Personalkapazitätsbedarfen in einem IT-Projektportfolio bezieht, exemplarisch aufgezeigt.

Projekt (nach Priorität sortiert)	Gesamtbedarf IT-Personal-Monate	Bedarf im Jahr 01	Bedarf im Jahr 02	Bedarf im Jahr 03
Projekt B	50	30	20	0
Projekt E	50	0	20	30
Projekt C	80	20	40	20
Projekt F	60	30	30	0
Projekt A	90	40	30	20
Projekt D	60	20	20	20
Summe Bedarf	390	140	160	90
Kapazität	360	120	120	120
Unterdeckung (+) Überdeckung (-)	30	20	40	-30

Abbildung 4–22   Ermittlung von Kapazitätsbedarf-Über- und Unterdeckung von IT- Personalkapazitäten

Zunächst sind die Ressourcenbedarfe aller im Portfolio befindlichen Projekte zu ermitteln (Abbildung 4–22). Die Projekte sind dabei in absteigender Priorität ange- ordnet. Es zeigt sich, dass sich insgesamt über den Betrachtungszeitraum von 3 Jahren hinweg eine Unterdeckung der Kapazitätsbedarfe von 30 Mannmonaten ergibt. Diese Gesamtunterdeckung resultiert aus einer Unterdeckung von 20 und 40 Mannmonaten in den Jahren 01 und 02 sowie einer Überdeckung von 30 Mannmonaten im Jahr 03. Wird diese Ausgangssituation des Belastungsszenarios grafisch abgetragen, ergibt sich die Konstellation (1) in Abbildung 4–23. Die Projekte mit der niedrigsten Priorität sind dabei an der Kapazitätsgrenze abgetragen. Man erkennt, dass Projekt D in Jahr 01 und 02 vollständig über der Kapazitätsgrenze liegt. Zusätzlich kann der Kapazitätsbedarf

---

[474]   Vgl. stellvertretend Wheelwright/Clark (1994) S. 126.

von Projekt A im Jahr 02 nur zu einem Drittel gedeckt werden. Demgegenüber verbleiben im Jahr 03 Kapazitäten ungenutzt.

Um diese aus Ressourcensicht ungünstige Konstellation zu entschärfen, werden geeignete Anpassungsmaßnahmen bezüglich der Ressourcenzuteilung zu den Projekten vorgenommen, die dann zur Konstellation (2) führen. Projekt B mindert seinen Ressourcenbedarf im Jahr 01 um 10 Mannmonate und erhöht seinen Ressourcenbedarf im Jahr 02 um 10 Mannmonate. Ebenso wird der Ressourcenbedarf von Projekt C im Jahr 02 um 20 Mannmonate verringert und im Gegenzug im Jahr 03 um 20 Mannmonate erhöht. Schließlich werden Kapazitätsbedarfe von Projekt A in Höhe von 10 Mannmonaten des Jahres 01 in das Jahr 03 transferiert.[476] In den Jahren 01 und 03 sind folglich keine Kapazitätsbedarfs-Über- und Unterdeckungen mehr vorhanden. Probleme ergeben sich aber im Jahr 02, da die Kapazitätsbedarfe von Projekt D vollständig und von Projekt A zu einem Drittel außerhalb der vorhandenen Kapazität liegen und somit eine Kapazitätsbedarfsunterdeckung besteht.

Somit sind für die Projekte D und A externe Personalressourcen zu beschaffen, um die Kapazitätsbedarfe im Jahr 02 zu decken. Auf diesem Lösungsansatz aufbauend kann eine Änderung der Projektpriorisierung in Betracht gezogen werden, die dann zur Konstellation (3) führt. Durch eine Erhöhung der Priorität von Projekt D und eine Senkung der Priorität von Projekt A tauschen diese beiden Projekte ihre Positionen im Projektranking. Diese Prioritätsveränderung hat in den Jahren 01 und 03 keine Auswirkung. Jedoch ist jetzt im Jahr 02 eine vollständige Deckung des Ressourcenbedarfs von Projekt D mit unternehmensinternen Kapazitäten möglich. Projekt A ist damit im Jahr 02 vollständig auf fremde Personalressourcen angewiesen. Diese Vorgehensweise beinhaltet den Vorteil, dass nur noch ein Projekt vom Kapazitätsengpass betroffen ist und somit die Planungen für den Ausgleich der Belastungsspitze vereinfacht werden. Anhand dieses Beispiels ist ersichtlich, dass Kapazitätsengpässe auch eine Auswirkung auf die Priorität von einzelnen Projekten haben können.[477]

---

[475] Vgl. zur Kapazitätsabstimmung Rüsberg (1976) S. 227; Specht/Beckmann (1996) S. 204f.; Bürgel (1996) S. 144ff.; Stadler (2000) S. 206 und Lukesch (2000) S. 127.

[476] Diese Maßnahmen sind unter der Prämisse durchzuführen, dass keinerlei strategische Nachteile – z.B. zwischenzeitliche Erosion von Wettbewerbsvorteilen, zu lange Produktentwicklungszeiten, auslaufender Patentschutz – durch eine evtl. verzögerte Projektdurchführung entstehen können.

[477] Dies wird insbesondere dann der Fall sein, wenn Projekte von mehreren Kapazitätsengpässen betroffen sind und sich somit komplexe Bewertungsprobleme ergeben.

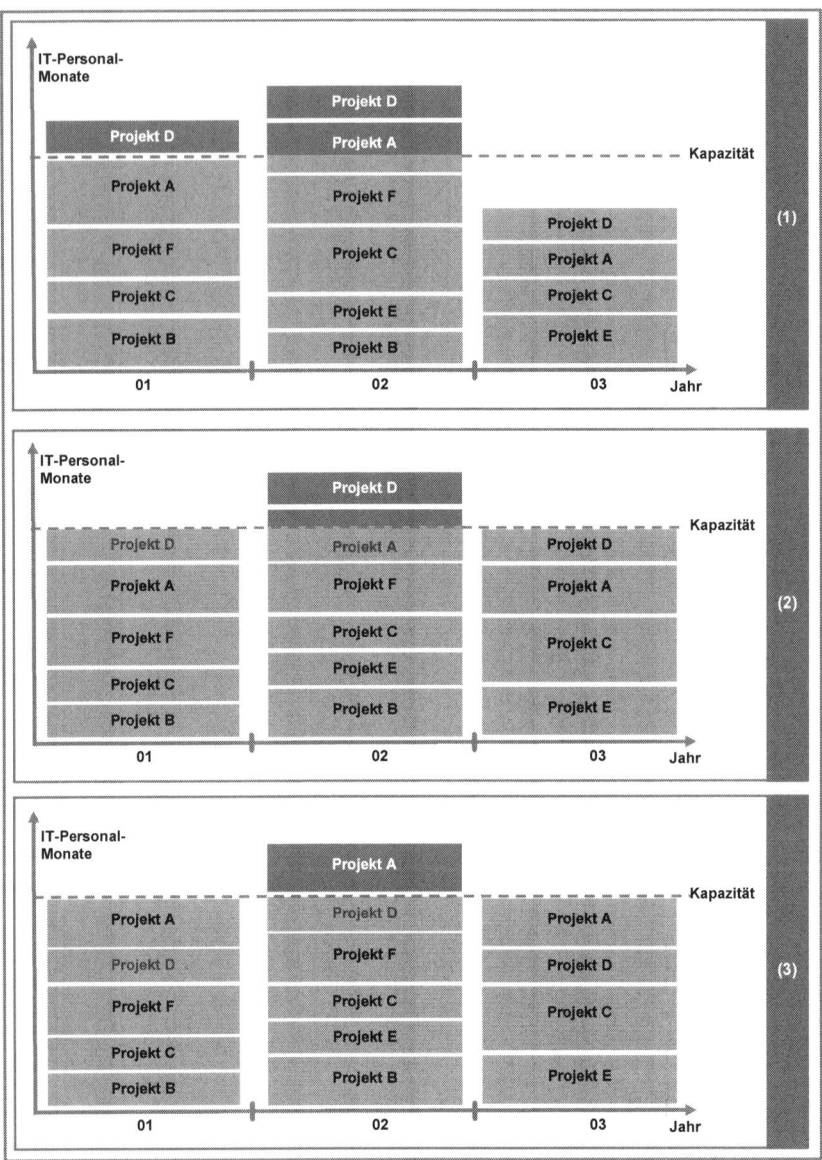

Abbildung 4–23   Belastungsanalyse und Anpassung von Kapazitätsbedarfen und
                    vorhandener Kapazität

Falls keine adäquaten externen Personalkapazitäten beschafft werden können, ist somit die Durchführung von Projekt A zumindest im Jahr 02 nicht möglich. Insbesondere in einer langfristigen Perspektive sind die unterschiedlichen Ressourcenpools daraufhin zu untersuchen, ob die geplanten Projekte umgesetzt werden können. Insofern stellt sich hier eine Schnittstelle zwischen strategischer Planung und Ressourcenplanung des Gesamtunternehmens dar. Vor dem Hintergrund spezifischer Strategien kann somit ermittelt werden, welche Ressourcen zur Umsetzung längerfristig notwendig sind.[478] Im hier vorliegenden Beispiel würde dies bedeuten, dass über eine angemessene Erhöhung der IT-Personalkapazitäten nachgedacht werden sollte, da zumindest im Jahr 03 mit einem steigenden Ressourcenbedarf durch neue Projekte, der im Moment noch nicht absehbar ist, zu rechnen ist.

---

[478] Vgl. Bürgel (1996) S. 144ff.

5 Multiprojekt-Kontrolle

Nachdem im Verlauf der bisherigen Ausführungen vornehmlich Planungs- und Entscheidungsaktivitäten des Multiprojektmanagements im Mittelpunkt standen, sollen in einem weiteren Schritt Möglichkeiten zur Kontrolle der einzelnen Projektportfolios aufgezeigt werden. Aufgabe dieses Kapitels ist es somit, die Multiprojekt-Kontrolle näher zu erläutern. Dazu wird zunächst das Grundkonzept der Multiprojekt-Kontrolle in Abschnitt 5.1 dargestellt. Aufbauend auf diesen Ausführungen werden danach Multiprojekt-Monitoring (Abschnitt 5.2), Multiprojekt-Review (Abschnitt 5.3) und Multiprojekt-Wissensmanagement (Abschnitt 5.4) als Bestandteile der Multiprojekt-Kontrolle beschrieben.

5.1 Konzeptionelle Gestaltung

In einem ersten Schritt ist die konzeptionelle Ausgestaltung der Multiprojekt-Kontrolle darzustellen. Hierzu werden zunächst Ziele der Multiprojekt-Kontrolle als auch ihre Reaktionsmöglichkeiten auf Planabweichungen in den Projektportfolios aufgezeigt. Um einen wissenschaftlich fundierten Aufbau der Multiprojekt-Kontrolle zu gewährleisten, wird das detaillierte Konzept anhand der Theorie der strategischen Kontrolle fundiert. Die einzelnen Bestandteile der Multiprojekt-Kontrolle lassen sich dann den Kontrollarten der strategischen Kontrolle zuordnen. Ebenso ist die Frage zu klären, welche grundsätzlichen Möglichkeiten bezüglich der zeitlich-prozessualen Abfolge der einzelnen Bestandteile sowie der Festlegung von Entscheidungszeitpunkten innerhalb der Multiprojekt-Kontrolle bestehen.

5.1.1 Ziele und Reaktionsmöglichkeiten der Multiprojekt-Kontrolle

Der Multiprojekt-Kontrolle ist von besonderer Bedeutung für die Effektivität des Multiprojektmanagements, da sie die Zwillingsfunktion zur Multiprojekt-Konfiguration darstellt. Im Zuge der Multiprojekt-Kontrolle wird sichergestellt, dass die Zielerreichung der einzelnen Portfolios bezüglich Projektergebnissen und Ressourcenverbrauch gewährleistet werden kann. Dies wird zum einen dadurch sichergestellt, dass die Durchführung der laufenden Projekte beobachtet wird, um somit Ansatzpunkte für eine Maßnahmeneinleitung im strategisch relevanten Abweichungsfall zu erhalten. Zum anderen kann durch einen Vergleich der zum Auswahlzeitpunkt geplanten Werte und des definitiven Projektergebnisses eine Erfahrungsbasis für die

Auswahl zukünftiger Projekte aufgebaut werden.[479] Weiterhin hat die Multiprojekt-Kontrolle aber auch für eine dauernde Überprüfung der strategischen Ausrichtung der einzelnen Projektportfolios zu sorgen. Demnach beinhaltet die Multiprojekt-Kontrolle vornehmlich die folgenden wesentlichen Aktivitäten, welche sich in projektbezogene und portfoliobezogene Maßnahmen unterscheiden lassen.

Projektindividuelle Maßnahmen der Multiprojekt-Kontrolle	
Fortführung des Projektes (GO)	• Nichteingriff • Ausweitung des Projektumfangs durch eine Budgeterhöhung • Reduzierung des Projektumfangs durch eine Budgetkürzung
Anhalten des Projektes (HOLD)	• Verschiebung der Projektrealisation mit der Option eines späteren Projektstarts • Erhaltung des Projektrahmens mit der Option zur Wiederaufnahme. Ehemalige Projektressourcen werden(teilweise) für andere Projekte freigegeben
Abbruch des Projektes (STOP)	• Totalabbruch mit Freigabe aller ehemaligen Projektressourcen

Abbildung 5–1   Projektindividuelle Maßnahmen der Multiprojekt-Kontrolle[480]

Projektbezogene Maßnahmen (Abbildung 5–1) beziehen sich auf einzelne Projekte und können in drei Maßnahmengruppen aufgeteilt werden. Das Ausmaß der Fortführung eines Projektes kann durch Budgeterhöhungen bzw. -kürzungen beeinflusst werden. Daneben können Projekte auch angehalten und zu einem späteren Zeitpunkt wieder fortgeführt werden. Projekte können auch grundsätzlich erst zu einem späteren Zeitpunkt begonnen werden. In beiden Fällen werden die frei werdenden Ressourcen (teilweise) anderen Projekten zur Verfügung gestellt. Schließlich können Projekte auch gänzlich abgebrochen werden. Die Projektressourcen werden dann ebenfalls wieder freigegeben. Die genannten Maßnahmen sind dabei aufgrund von projektindividuellen Abweichungen der Kontrollgrößen zu treffen.

Darüber hinaus beziehen sich portfoliobezogene Maßnahmen zusätzlich auf die Zusammensetzung einzelner Portfolios und die relative Priorisierung von Projekten innerhalb dieser Portfolios. Diese Maßnahmen können somit darin bestehen, die Priorisierung von Projekten zu ändern, die Fortführung einzelner Projekte oder von

---

[479]   LUKESCH nennt diese beiden Ziele auch Beobachtungsfunktion der Portfoliokontrolle. Vgl. Lukesch (2000) S. 65 mit weiteren Nachweisen.

[480]   Vgl. Ott (2000) S. 213. Die Handlungsalternativen konnten zum Teil analog aus dem Bereich des strategischen Investitionscontrollings übernommen werden.

Projektgruppen aufgrund dieser Priorisierungen zu unterbinden bzw. die Aufnahme von neuen Projekten in das Portfolio auch unterjährig zu veranlassen.[481]

Die innerhalb des Multiprojektmanagements durchzuführenden Kontrollaktivitäten sind dabei zunächst von denen des üblichen Projektmanagements abzugrenzen. Innerhalb des Projektmanagements steht die fokussierte Kontrolle spezifischer Kosten-, Termin- und Qualitätsvorgaben im Mittelpunkt. Hier werden selbst kleinste Abweichungen von den Planwerten durch die Projektmanager in ihrer Maßnahmenplanung berücksichtigt. Im Ergebnis werden vor allem operative und eher kurzfristige Anpassungen auf der Ebene von Einzelmaßnahmen bzw. Arbeitspaketen vorgenommen.[482] Demgegenüber hat das Multiprojektmanagement die Perspektive des gesamten Projektportfolios einzunehmen und eher strategische und langfristige Anpassungen durchzuführen. Die detaillierte Konzeption der Multiprojekt-Kontrolle wird im Folgenden anhand der Theorie der strategischen Kontrolle fundiert.

5.1.2 Strategische Kontrolle als theoretischer Ausgangspunkt

Der strategische Charakter der Multiprojekt-Kontrolle ergibt sich daraus, dass das Multiprojektmanagement insgesamt zur Implementierung von Strategien beiträgt. Dabei wird in der Literatur eindeutig empfohlen, die Implementierung und Ausführung von Strategien durch das Konzept der strategischen Kontrolle[483] zu sichern. Aus diesem Grund sollte die Multiprojekt-Kontrolle analog zum Konzept der strategischen Kontrolle ausgestaltet werden. Weiterhin liegt der strategischen Kontrolle auch eine Überwachungs- und Kompensationsfunktion zugrunde, wie sie ebenfalls der Multiprojekt-Kontrolle zugesprochen werden kann. Gleichzeitig ist die strategische Kontrolle von ihrem grundsätzlichen Charakter her auch für eine projektorientierte Kontrolle ausgelegt. Hinweise auf die projektorientierte Ausrichtung der strategischen Kontrolle finden sich z.B. bei REINERS. Er führt dazu aus: *„Die strategische Kontrolle hat ... die Überwachung des Projekts als Maßnahmen der Strategie als Fokus."*[484] Die hohe Bedeutung der Projektorientierung innerhalb der strategischen

---

[481] Detaillierte Übersichten zu den einzelnen Maßnahmen der Multiprojekt-Kontrolle werden im weiteren Verlauf in Abschnitt 5.3.2 dargestellt. Die hier getroffenen Aussagen dienen nur dem Grundverständnis der Multiprojekt-Kontrolle.

[482] Vgl. zu den Kernpunkten der Überwachung und Steuerung von Einzelprojekten grundlegend Litke (1995) S. 159ff.

[483] Das Konzept der strategischen Kontrolle soll an dieser Stelle nicht eingehend beschrieben und analysiert werden, sondern lediglich als theoretischer und in der Literatur akzeptierter Ansatzpunkt zur Fundierung der Kontrollaktivitäten innerhalb des Multiprojektmanagements dienen.

[484] Reiners (1995) S. 140.

Kontrolle heben auch BECKER/PISER hervor. Sie beziehen sich dabei exemplarisch auf die Kontrolle von Projekten des F&E-Bereichs.[485]

Dabei liegt der Multiprojekt-Kontrolle ebenso wie der strategischen Kontrolle eine zukunftsgerichtete Feed-Forward-Orientierung zugrunde.[486] Die Bedeutung eines antizipativen Handelns bzw. Agierens kann nach BECKER zur „*Sicherstellung und Beschleunigung der Anpassung der Unternehmensaktivitäten an zukunftsweisende Entwicklungen beitragen*".[487] Somit werden Abweichungen, die potenzielle Probleme bei der Realisierung von strategisch relevanten Vorhaben aufzeigen, bereits frühzeitig berücksichtigt. Es wird die Möglichkeit eröffnet, adäquate Anpassungsmaßnahmen einleiten zu können.

Von den im Ursprungsmodell der strategischen Kontrolle enthaltenen drei Kontrollmethoden (Prämissenkontrolle, Durchführungskontrolle und strategische Überwachung)[488] soll an dieser Stelle die strategische Überwachung ausgeklammert werden.[489] Die strategische Überwachung vollzieht sich ungerichtet, da im Konzept eine detaillierte Zuordnung von Verantwortlichkeiten für diese Kontrollart nicht vorgesehenen ist. Sie ist vielmehr auf das gesamte Unternehmen bezogen, als eine Aufgabe sämtlicher Linieneinheiten zu bezeichnen und kann somit nur allgemein, aber nicht in Form der Multiprojekt-Kontrolle spezifisch dem Projektbereich eines Unternehmens zugeordnet werden. Zusätzlich liegt oftmals ein Mangel an spezifischen Kontrollkriterien vor, was eine Anwendung dieser Kontrollart in der Multiprojekt-Kontrolle mit ihren auf Kontrollkriterien gestützten Methoden erschwert.[490] LEHMANN sieht ebenso die strategische Überwachung als formell nur schwer nachvollziehbar an und verweist ebenfalls auf die dezentrale Verantwortung zur Durchführung dieser Kontrollart, vor allem da keine originären Instrumente aufgrund des ungerichteten

---

[485]   Vgl. Becker/Piser (2003) S. 31.

[486]   Vgl. zur Feed-Forward-Orientierung der strategischen Kontrolle grundlegend Hasselberg (1989) S. 63ff. sowie Nuber (1995) S. 63ff. Zur Anwendbarkeit des Konzeptes auf Belange der strategischen Investitionskontrolle, welche große Ähnlichkeiten mit den hier diskutierten Aktivitäten der Multiprojekt-Kontrolle hat vgl. Ott (2000) S. 188ff.

[487]   Becker (1990) S. 237. Er bezieht sich dabei formal auf das Controlling, spricht diesem jedoch eine Lenkungsfunktion zu, welche ebendiese antizipative Handlungsweise durch eine Feed-Forward-Ausrichtung unterstützt.

[488]   Vgl. zum Ursprungsmodell der strategischen Kontrolle Schreyögg/Steinmann (1985) S. 404.

[489]   Reiners (1995) S. 128ff. geht ebenfalls davon aus, dass die Kontrolle der Strategieimplementierung mit Hilfe einer Durchführungs- und einer Prämissenkontrolle sichergestellt wird.

[490]   Zum Charakter der strategischen Überwachung siehe exemplarisch Nuber (1995) S. 226ff. bzw. S. 145 mit ausführlichen weiteren Quellennachweisen.

Charakters abgeleitet werden können und somit seiner Meinung nach nur derivative Maßnahmen in Frage kommen.[491]

Zusätzlich wird die Durchführung der strategischen Überwachung auch in der Unternehmenspraxis eher kritisch gesehen. OTT weist empirisch für die Kontrolle von strategischen Investitionen nach, dass die explizite Ausführung dieser Kontrollart in der Unternehmenspraxis keine wesentliche Bedeutung hat. Der Autor konnte in der Untersuchung keine Evidenzen für das Vorhandensein einer strategischen Überwachung finden.[492] Ähnlich gelagerte empirische Erkenntnisse bekunden BECKER/PISER, indem sie herausstellen, dass in der Unternehmenspraxis die strategische Überwachung, wenn überhaupt, entweder implizit-intuitiv von der Unternehmensführung oder durch eine Strategieabteilung in der Funktion eines Informationsverdichters wahrgenommen wird.[493] Die Frage, ob das Multiprojektmanagement diese Aufgabe aus einer übergeordneten Sichtweise betrachtet übernehmen sollte, ist ebenfalls zu verneinen. Die Durchführung der strategischen Überwachung würde nicht den Wesenskern des Multiprojektmanagements treffen. Dieses ist vornehmlich nicht für unternehmensbezogene Strategieänderungen zuständig, sondern soll lediglich die projektorientierte Strategieimplementierung unterstützen. Im Ergebnis stellt die strategische Überwachung somit aus theoretischer und praktischer Sicht momentan keine spezifische Kontrollart des Multiprojektmanagements dar.

Die strategische Durchführungskontrolle ist demgegenüber als eine Kontrollart zu identifizieren, die im Zuge des Multiprojektmanagements Anwendung finden muss. Die Ergebniskontrolle ist dabei innerhalb der strategischen Durchführungskontrolle als deren Endpunkt enthalten. Im Rahmen dieser Arbeit wird die Ergebniskontrolle jedoch innerhalb des Multiprojekt-Wissensmanagements behandelt, da in Verbindung mit diesem Konzept die Lern- und Erfahrungseffekte im Multiprojektmanagement deutlich gesteigert werden können.[494] Grundsätzlich soll die strategische Durchführungskontrolle schon vor Abschluss eines Projektes Aufschluss über den Verlauf der Projektdurchführung und der damit verbundenen Strategieimplementierung geben. Da eine Kontrolle der Projektergebnisse eines Portfolios erst zum Zeitpunkt des jeweiligen Projektendes keinerlei Möglichkeit zur Feed-Forward-Beeinflussung gibt, ist diese Kontrollart während der gesamten Existenzdauer eines Projektportfolios durch-

[491] Vgl. Lehmann (1993) S. 178.

[492] Vgl. Ott (2000) S. 247.

[493] Vgl. Becker/Piser (2003) S. 32f.

[494] Vgl. zur Charakteristik der strategischen Durchführungskontrolle Nuber (1995) S. 134ff.

zuführen.[495] Dabei ist bezüglich der Kontrollobjekte ein Unterschied zur operativen Projektkontrolle zu sehen.[496] Die strategische Durchführungskontrolle hat demnach vor allem eine Überprüfung der mit Hilfe der strategischen Projekte zu implementierenden Strategie zum Ziel und kann somit korrigierende Änderungen der strategischen Vorhaben anstoßen. Demgegenüber ist die operative Durchführungskontrolle rein auf das Erfolg versprechende Durchführen der Einzelprojekte ausgerichtet.[497] Änderungsmaßnahmen der operativen Durchführungskontrolle sind somit nicht auf eine etwaige Anpassung einer Strategie gerichtet. NUBER verweist aber bezüglich der Informationsgewinnung auf anzutreffende Ähnlichkeiten zwischen operativer und strategischer Durchführungskontrolle. Im Falle der Multiprojekt-Kontrolle stellen die Realisationsdaten der einzelnen Projekte die Informationsbasis zur Ermittlung von strategisch relevanten Abweichungen dar. Die Unterschiede zwischen den Kontrollarten bestehen demnach hauptsächlich in der Informationsverwendung.[498] Es sind vor allem strategisch relevante Tatbestände zu berichten, um im strategisch relevanten Abweichungsfall ein Management by Exception einleiten zu können.[499] Die Kontrollinstanzen, vornehmlich das Portfolio-Board, werden somit nur in Ausnahmefällen mit detaillierten Informationen über Einzelprojekte versorgt. Dabei ist vor allem festzustellen, dass nicht jede Abweichung von z.B. Budgetvorgaben mit einer Gefährdung der strategischen Aktivität gleichzusetzen ist.

LEHMANN geht weiterhin davon aus, dass in der Durchführungskontrolle festgestellte Soll-Ist-Abweichungen kaum als strategisch, sondern eher als operativ zu bezeichnen sind, da in der verbleibenden Realisationszeit durch einen höheren Ressourceneinsatz ein Ausgleich möglich ist.[500] Dieser Meinung ist nur bedingt zuzustimmen, da durch Ressourcenverschiebungen im Portfolio meistens andere strategische Vorhaben in Mitleidenschaft gezogen werden. Diese Sichtweise wird auch empirisch von BECKER/PISER gestützt, indem die Autoren nachweisen, dass Unternehmen bei Vorliegen von großen Soll-Ist-Abweichungen grundsätzlich über die ver-

---

[495]   Vgl. die analoge Argumentation zur strategischen Investitionskontrolle bei Ott (2000) S. 200f.

[496]   Vgl. zur operativen Durchführungskontrolle am Beispiel der Investitionsdurchführungskontrolle: Geiger (1986) S. 154ff.

[497]   Vgl. Hasselberg (1989) S. 163 und Schreyögg/Steinmann (1985) S. 403.

[498]   Vgl. Nuber (1995) S. 135 mit weiteren Quellennachweisen.

[499]   Die Einleitung eines Managements by Exception im Falle einer Gefährdung der Zielerreichung von strategischen Projekten empfiehlt Lukesch (2000) S. 67. Zum Krisenmanagement in Projekten siehe grundsätzlich Neubauer (1999).

[500]   Vgl. Lehmann (1993) S. 175.

folgte Strategie nachdenken.[501] Die Eignung dieser Kontrollart für die Steuerung von Projektportfolios kann dabei aus der von NUBER vorgeschlagenen Ankopplung der strategischen Durchführungskontrolle an die strategische Budgetierung abgeleitet werden.[502] OTT betont weiterhin, dass aus Sicht der Unternehmenspraxis die projektorientierte strategische Kontrolle eine noch höhere Relevanz als die budgetorientierte Kontrolle besitzt. Die zielorientierte Umsetzung strategischer Investitionen bedarf somit einer strategisch orientierten Investitions-Projektkontrolle. Mit Hilfe einer regelmäßig vollzogenen strategischen Durchführungskontrolle kann somit andauernd an der Optimierung von strategischen Projekten gearbeitet werden, deren Projektergebnisse oftmals nur mit hohem Aufwand bzw. überhaupt nicht revidierbar sind.[503] Empirische Untersuchungen aus Großbritannien zeigen überdies, dass das Monitoring der Projektperformance im Zeitablauf erheblich an Bedeutung gewonnen hat. Gleiches gilt für die Revision von Projekten aufgrund von großen Budgetabweichungen.[504]

Als weitere Kontrollart ist die strategische Prämissenkontrolle innerhalb des Multiprojektmanagements zu etablieren. Strategische Prämissen beeinflussen dabei im Multiprojektmanagement Entscheidungen innerhalb der Portfolio-Konfiguration, da sie sowohl in der Dimensionierung strategischer Projektbudgets als auch der Auswahl und Gewichtung von Bewertungskriterien zur Priorisierung von Projekten berücksichtigt werden. Die strategische Prämissenkontrolle besitzt die allgemeine Aufgabe, diese Prämissen auf ihre andauernde Gültigkeit hin zu überprüfen und gegebenenfalls Änderungen der strategischen Entwicklungsrichtung des Unternehmens anzustoßen.[505] Die Prämissenkontrolle soll somit einen möglichst großen Handlungsspielraum für die Anpassung oder Revision der verfolgten Strategien schaffen.[506] Für das Multiprojektmanagement ist hierbei nicht so sehr das eigentliche Kontrollieren der unterschiedlichen Prämissen von Bedeutung als vielmehr die sich daraus ergebenden Konsequenzen. Diese bestehen darin, dass Bewertungskriterien aufgrund einer durch

---

[501] Vgl. Becker/Piser (2003) S. 30 sowie zu weiteren Einflüssen, welche die Änderung bzw. Revision von strategischen Budgets bedingen können, Lehmann (1993) S. 175f.

[502] Vgl. Nuber (1995) S. 141f.

[503] Vgl. Ott (2000) S. 246.

[504] Vgl. Butler et. al. (1993) S. 58. Die Untersuchung betrachtet 100 Großunternehmen im Zeitraum von 1975 bis 1986.

[505] Vgl. Schreyögg/Steinmann (1985) S. 401 sowie ausführlich mit weiteren Quellennachweisen Nuber (1995) S. 120ff. Siehe weiterhin zur beispielhaften Ausprägung im Investitionscontrolling Rösgen (2000) S. 246ff. Er geht dabei von einer projektorientierten Investitionsrealisierung aus.

[506] Vgl. Hasselberg (1989) S. 134.

Änderungen von Prämissen erzwungenen Anpassung der strategischen Ausrichtung des Unternehmens anders gewichtet bzw. ausgetauscht werden. Dies kann eine Änderung von Projektprioritäten zur Folge haben. Weiterhin können aufgrund von Entwicklungen im Wettbewerbsumfeld eines Unternehmens Veränderungen der Höhe und Struktur strategischer Projektbudgets notwendig erscheinen.[507] Gleichwohl weisen auch Auffälligkeiten innerhalb der strategischen Durchführungskontrolle auf geänderte Prämissen und grundsätzliche Abweichungen von Planungsannahmen hin. Die strategische Prämissenkontrolle liefert somit Hinweise hinsichtlich der Konstanz bzw. Veränderung der Rahmenbedingungen, welche für die Konfiguration und Realisation der einzelnen Projektportfolios relevant sind. Informationen über die Veränderung von Prämissen sind somit als Basis für ein aktives Eingreifen in die Umsetzung der einzelnen Projektportfolios seitens des Multiprojektmanagements zu verstehen.[508]

5.1.3 Gestaltung der Multiprojekt-Kontrolle

Das Etablieren der für das Multiprojektmanagement relevanten strategischen Kontrollarten erfolgt in Form des Multiprojekt-Monitorings, des Multiprojekt-Reviews[509] und des Multiprojekt-Wissensmanagements. Die Festlegung von Entscheidungszeitpunkten hängt dabei unmittelbar mit der Zuteilung von Entscheidungskompetenzen zu diesen Bestandteilen zusammen.

5.1.3.1 Bestandteile und Festlegung von Entscheidungszeitpunkten

Die drei Bestandteile der Multiprojekt-Kontrolle sichern die strategiekonforme Durchführung der Projekte und geben Hinweise auf gegebenenfalls vorliegende strategische Bedrohungen, welche die Zielerreichung der Projekportfolios und damit des Gesamtunternehmens gefährden. Die einzelnen Bestandteile der Multiprojekt-Kontrolle können dabei folgendermaßen charakterisiert werden.

---

[507]   Vgl. Ott (2000) S. 193ff. zu einer praxisrelevanten Übersicht von Prämissen, die im Zuge des strategischen Investitionscontrollings relevant sein können. Bedeutsam ist auch, dass bisher noch nicht berücksichtigte Prämissen im Zuge des Kontrollprozesses neu in das relevante Betrachtungsfeld treten können.

[508]   Vgl. Ott (2000) S. 192 zur analogen Argumentation bezüglich der Durchführung von strategischen Investitionen. Ebenso Rösgen (2000) S. 240ff. für das Investitionscontrolling.

[509]   LORANGE unterstreicht die Bedeutung dieser beiden Bestandteile der Multiprojekt-Kontrolle folgendermaßen: „Above all, top management must be heavily involved in monitoring and reviewing the progress of each strategic program." Lorange (1998) S. 27.

Das Multiprojekt-Monitoring[510] ist hauptsächlich mit den Aufgaben der strategischen Durchführungskontrolle betraut und zu festen Kontrollpunkten durchzuführen. Diese Kontrollpunkte können einheitlich für alle Projektportfolios festgelegt werden, z.B. in der Form von monatlichen Berichts- und Kontrollrhythmen. Alternativ besteht auch die Möglichkeit, dass die Monitoring-Aktivitäten an projektindividuellen Meilensteinen stattfinden. Hauptaufgabe des Multiprojekt-Monitorings ist es dabei, Projekte zu identifizieren, die den Realisationserfolg des jeweiligen Projektportfolios durch Planabweichungen gefährden.

Demgegenüber soll der Multiprojekt-Review[511] eher die Funktionen einer strategischen Prämissenkontrolle übernehmen, wobei er auch die aktive Reaktion auf geänderte Prämissen als Funktion beinhaltet. Der Multiprojekt-Review vollzieht sich faktisch zu festen Zeitpunkten in oftmals halb- oder vierteljährlichen Sitzungen der einzelnen Projektportfolio-Boards bzw. des Konzernausschusses Multiprojektmanagement.[512]

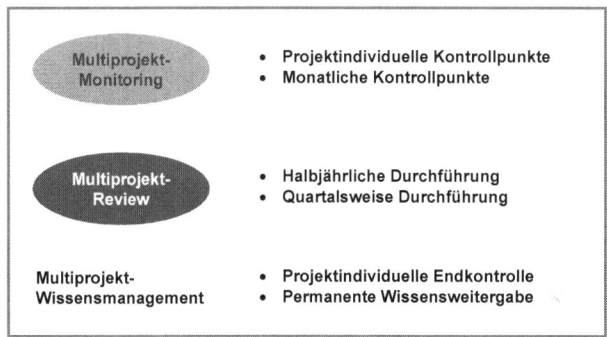

Abbildung 5–2   Bestandteile der Multiprojekt-Kontrolle

Schließlich sind die Sicherung und unternehmensweite Bereitstellung der Erfahrungswerte, die in laufenden und abgeschlossenen Projekten enthalten sind, Aufgaben des Multiprojekt-Wissensmanagements. Daneben übernimmt es die Aufgaben der Projektnachkontrolle und soll somit sicherstellen, dass eine andauernde Überprüfung der Bewertungskriterien und -verfahren möglich ist. Das Multiprojekt-Wissens-

---

510   Der Begriff „Monitoring" wird im Zusammenhang mit der Kontrolle von Projekt-Portfolios dabei auch von Hendricks/Bastian/Sexton (1992) S. 31 genutzt.

511   Der Begriff „Review" wird im Zusammenhang mit der Kontrolle von Projekt-Portfolios von Lorange (1998) S. 27 genutzt.

512   Zu den Bestandteilen der Multiprojekt-Führungsorganisation siehe ausführlich Abschnitt 6.2.

management vollzieht sich dauerhaft und ist ein permanenter Bestandteil der Multiprojekt-Kontrolle. Die grundlegenden Charakteristika der Bestandteile sind in
Abbildung 5–2 nochmals zusammengefasst.

Falls innerhalb eines Unternehmens mehrere Projektportfolios mit dazugehörigen
Unterportfolios existieren, können innerhalb der einzelnen Berichtssysteme mehrere
Hierarchieebenen vorliegen. Es ist im Einzelfall zu prüfen und anhand von
Wirtschaftlichkeitsüberlegungen festzulegen, ob die Daten der Unterportfolios regelmäßig oder nur im Einzel- bzw. Abweichungsfall den obersten Organisationsgremien,
also entweder dem übergeordneten Portfolio-Board oder dem Konzernausschuss
Multiprojektmanagement, zu berichten sind. In einem weiteren Schritt ist zu untersuchen, welche genauen Aufgaben bezüglich der Maßnahmeneinleitung den einzelnen
Bestandteilen der Multiprojekt-Kontrolle zugeordnet werden können. Es muss an
dieser Stelle die Frage geklärt werden, an welchen Zeitpunkten Entscheidungen
bezüglich der Weiterführung von Projekten bzw. der neuen Priorisierung von Projektportfolios getroffen werden sollen. Hierbei können zwei alternative Vorgehensweisen
– dominantes Multiprojekt-Monitoring und dominanter Multiprojekt-Review – unterschieden werden.

Unternehmen, die sich in einem eher stabilen Umfeld bewegen und ein funktionieren-
des Multiprojekt-Monitorings etabliert haben, können dieses zu ihrem Kontroll-
Schwerpunkt ausbauen (dominantes Multiprojekt-Monitoring). Abbruchentscheidungen bzw. Neubewertungen von Projekten werden dann im Rahmen der projektindividuellen Durchführungskontrolle getroffen. Die Projektportfolios bleiben aufgrund sich selten ändernder Prämissen über einen längeren Zeitraum hinweg stabil in
ihrer strategischen Grundausrichtung.

Demgegenüber sind Unternehmen in einem dynamischeren Umfeld mit häufiger
wechselnden Prämissen stärker auf den Multiprojekt-Review angewiesen (dominanter
Multiprojekt-Review). Änderungs- bzw. Abbruchentscheidungen werden hier eher in
den vergleichsweise häufigeren Sitzungen der einzelnen Projektportfolio-Boards bzw.
des Konzernausschusses Multiprojektmanagement getroffen. Die Projektportfolios des
Unternehmens sind somit häufigeren Änderungen zur Anpassung an sich wandelnde
Umfeldbedingungen unterworfen.[513]

---

[513]   Vgl. Cooper/Edgett/Kleinschmidt (2001) S. 300ff. Zu einem konzeptionellen Vorschlag zur
         Einbindung des Multiprojekt-Reviews in das Geschäftsfeldreporting siehe Lube (1996) S. 283.

Diese unterschiedlichen Ansätze der Multiprojekt-Kontrolle können dabei auch innerhalb des gleichen Unternehmens, jedoch für verschiedene Projektportfolios, angewendet werden. Projektportfolios, die hauptsächlich Projekte beinhalten, die einem Durchführungsimperativ unterliegen (z.b. IT-Projekte, Organisations-Projekte), sollten demnach eher mit dem Ansatz des dominanten Multiprojekt-Reviews gesteuert werden. Demgegenüber können Projektportfolios, die einem „Trial-and-Error"-Imperativ unterliegen (z.b. F&E-Projekte, Marketing-Projekte), in gebotenen Fällen nach dem Ansatz des dominanten Multiprojekt-Monitoring gesteuert werden. Hierbei sind dann aber die mit dieser Vorgehensweise zusammenhängenden Nachteile, wie sie im Nachfolgenden erläutert werden, zu akzeptieren. Im Folgenden werden die beiden Gestaltungsformen detailliert beschrieben. Auf die Rolle des Multiprojekt-Wissensmanagements wird dabei nicht näher eingegangen, da sich in seiner Anwendung keine größeren Unterschiede ergeben. Lediglich die Umsetzung von Erfahrungswissen bezüglich der Priorisierung und Abbruchentscheidungen muss je nach Gestaltungsform eher im Rahmen des Multiprojekt-Monitorings bzw. des Multiprojekt-Reviews erfolgen.

Dabei soll an dieser Stelle bereits darauf hingewiesen werden, dass für den weiteren Verlauf der Arbeit – insbesondere zur Beschreibung der Bestandteile der Multiprojekt-Kontrolle – der Gestaltungsansatz des dominanten Multiprojekt-Reviews genutzt wird. Die alternative Gestaltungsform des dominanten Multiprojekt-Monitorings ist mit insgesamt betrachtet erheblichen Nachteilen verbunden, weshalb dieser Ansatz im Folgenden nur vorgestellt wird.

5.1.3.2 Gestaltungsansatz eines dominanten Multiprojekt-Monitorings

Zunächst wird der Gestaltungsansatz betrachtet, in dem die bedeutsamen Maßnahmenentscheidungen innerhalb des Multiprojekt-Monitorings getroffen werden. Diese Gestaltungsform ist nach COOPER/EDGETT/KLEINSCHMIDT vor allem in Großunternehmen mit langen Projektzyklen sinnvoll. Hier kann es vorteilhaft sein, ein dominantes Multiprojekt-Monitoring[514] durch einen eher schwachen Multiprojekt-Review zu ergänzen. In diesem Fall eines dominanten Multiprojekt-Monitorings werden sämtliche Entscheidungen zur Aufnahme von Projekten in ein Projektportfolio („GO"), die zeitweilige Stilllegung eines Projektes („HOLD") sowie Entscheidungen über den Projektabbruch („KILL") im Rahmen der projektindividuellen Meilenstein-

---

[514] Vgl. Cooper/Edgett/Kleinschmidt (2001) S. 275ff. zum Ansatz des dominanten Multiprojekt-Monitorings.

Kontrolle getroffen. Der Projektabbruch kann dabei durch übermäßige Budget- und Terminüberschreitungen, aber auch bei Vorliegen von erheblichen qualitativen bzw. quantitativen Einbußen bezüglich des geplanten Projektergebnisses (Funktionalitäten) verursacht werden. COOPER/EDGETT/KLEINSCHMIDT empfehlen, vor allem im Rahmen von Produktneuentwicklungen, diese unterjährigen und projektindividuell terminierten Kontrollprozesse im Rahmen der obligatorischen Meilenstein-Kontrolle im Entwicklungsprozess durchzuführen.[515]

Die Priorisierung der Projekte eines Projektportfolios kann in dieser Vorgehensweise ebenfalls durch die Einordnung der neuen Projekte durch einen relativen Vergleich mit anderen, bereits im Portfolio enthaltenen, Projekten geändert werden. Gleichzeitig können die Ressourcenzusagen an spezifische Projekte im Rahmen des Multiprojekt-Monitorings angepasst werden. Während also in einem ersten Schritt über den weiteren Status des Projektes entschieden wird, hat ein zweiter Schritt die Priorisierung der neu in das Projektportfolio aufgenommenen Projekte zur Folge.[516] Die Bewertung der einzelnen Projekte wird dabei hauptsächlich mit Hilfe von Scoring-Modellen erfolgen. Die Ressourcenzuteilung wird hierbei nicht in einem zentralen Vergabeverfahren vollzogen sondern ebenfalls im Zuge des Multiprojekt-Monitorings. Die einzelnen operativen Projektbudgets bzw. Ressourcenzusagen können dabei auch einen eher kurzfristigen Charakter aufweisen, also nur von einem Kontrollpunkt bis zum nächsten als sicher gelten. COOPER/EDGETT/KLEINSCHMIDT ordnen hierbei die Aufgabe der Ressourcenbeschaffung dem Entscheidungsträger innerhalb des Multiprojekt-Monitorings zu. Dieser muss eigenständig Ressourcen für das Projekt im Unternehmen beschaffen. Dabei weisen sie auf das zusätzliche Problem hin, dass im Regelfall keine bereits laufenden Projekte in ihrer Priorität nennenswert gesenkt werden dürfen, nur um neue Projekte mit Ressourcen zu versorgen. Eine Ausnahme bilden hierbei die Projekte der Priorität A. Ressourcen sollen dabei vor allem von abgebrochenen Projekten bzw. Projekten, die in einer Meilenstein-Kontrolle in der Priorität herabgestuft wurden, akquiriert werden.[517]

---

[515]   Im Stage-Gate-Prozess werden neue Produktideen an obligatorischen Punkten (Gates) im Entwicklungsprozess anhand von vorgegebenen Mindestwerten bezüglich Budgetbeanspruchung und wirtschaftlicher Erfolgsaussicht bewertet. Vgl. zu diesem Komplex Cooper/Edgett/Kleinschmidt (2001) S. 270ff. sowie speziell zum Stage-Gate-Prozess S. 337ff.

[516]   Die Priorisierung der neu ins Portfolio aufgenommenen Projekte soll dabei nach der Vorstellung der Autoren nicht zu einer Grundsatzdiskussion der Bewertung der bereits im Portfolio vorhandenen Projekte führen. Vgl. Cooper/Edgett/Kleinschmidt (2001) S. 281. Diese Sichtweise kann an dieser Stelle aber als nicht realistisch angesehen werden.

[517]   Vgl. Cooper/Edgett/Kleinschmidt (2001) S. 282f.

Im Modell des dominanten Multiprojekt-Monitorings nimmt der Multiprojekt-Review[518] eine eher untergeordnete Stellung ein. Aufgrund der bereits im Zuge des Multiprojekt-Monitorings vorgenommenen Kursänderungen bzw. der durch die Verwendung von Scoring-Modellen sichergestellten Strategiekonformität und Projektportfolio-Struktur sind im Zuge des Multiprojekt-Reviews im Idealfall nur kleinere Änderungen innerhalb des Projektportfolios vorzunehmen. Im Zuge der Überprüfung der bestehenden Projekt-Priorisierung soll dem Fall vorgebeugt werden, dass Projekte, die zurzeit den Status HOLD besitzen, also nicht bearbeitet werden, höher priorisiert sind als zum Betrachtungszeitraum aktive Projekte. Weiterhin ist im Rahmen der Überprüfung der Struktur bzw. Balance der einzelnen Projektportfolios dem Umstand Rechnung zu tragen, dass im Zuge vieler einzelner projektindividueller Entscheidungen die Gesamtsicht auf das Projektportfolio verloren geht und die ursprünglich geplante Struktur eines Projektportfolios nicht mehr vorhanden ist. Abweichungen in diesem Punkt können auch zu einer Anpassung der Kriteriengewichtung in dem zur Projekt-Priorisierung von neuen Projekten herangezogenen Scoring-Modell führen.

Während im Ansatz des dominanten Multiprojekt-Monitorings die eigentlichen Aufnahme- bzw. Abbruchentscheidungen innerhalb des Multiprojekt-Monitorings getroffen werden, sind insbesondere in Fällen von großen Planabweichungen bzw. bei Vorliegen von neuen Projekten der Priorität A auch Entscheidungen innerhalb des Multiprojekt-Reviews denkbar. Diese überstimmen dann die innerhalb des Multiprojekt-Monitorings getroffenen Beschlüsse.[519]

Der dargestellte Ansatz besitzt vor allem den Vorteil, dass er im Vergleich zum dominanten Multiprojekt-Review weniger Managementkapazität in den Sitzungen der einzelnen Projektportfolio-Boards bindet. Dies ist damit zu begründen, dass ein Großteil der Maßnahmenentscheidungen bereits im Zuge der individuellen Projektkontrolle getroffen wird. Hier sind immer nur einige Mitglieder des betreffenden Portfolio-Boards involviert. Zusätzlich werden innerhalb der Abbruchentscheidungen die betroffenen Projektteilnehmer in den Entscheidungsprozess mit einbezogen. Weiterhin werden innerhalb des Multiprojekt-Monitorings sehr viel detailliertere Einblicke in die einzelnen Projekte gewährt. Obwohl dieser Ansatz seine Existenzberechtigung in der Praxis, vor allem in Unternehmen mit einer geringen Umfelddynamik oder geringen Managementkapazitäten, hat, ist er mit mehreren Nachteilen verbunden.

---

[518]   COOPER/EDGETT/KLEINSCHMIDT wählen hierfür den Begriff Portfolio-Review. Vgl. Cooper/Edgett/Kleinschmidt (2001) S. 283.

[519]   Vgl. Cooper/Edgett/Kleinschmidt (2001) S. 287.

Zum einen sollte die Priorisierung aller Projekte in regelmäßigen Zeitabständen und nicht nur beim Auftreten von neuen Projektideen vorgenommen werden. Zum anderen ist die Ressourcenzuteilung innerhalb dieses Ansatzes nicht mit dem in dieser Arbeit bisher verfolgten Konzept des Multiprojektmanagements kompatibel, da er der zentralen Ressourcenzuteilung sowie der grundsätzlichen Vorgehensweise zur Priorisierung von Projektportfolios entgegenläuft. So werden Prozesse der Portfolio-Konfiguration zu eng mit den strategischen Kontrollarten verbunden, die Eigenständigkeit und Unabhängigkeit der Planungsaktivitäten können hierdurch ebenfalls gefährdet werden. Es kann somit der Fall eintreten, dass durch eine übermäßige Nutzung der Möglichkeit des unterjährigen Projektstarts die eigentliche Portfolio-Konfiguration ihre Wirkung verliert. Daneben besteht in dem vorgestellten Ansatz das Problem, dass die Multiprojekt-Führungsorgane an faktischer Kompetenz verlieren, da sie im Rahmen von projektindividuellen Entscheidungen nicht mehr in vollständiger Zusammensetzung tagen. Somit besteht die Gefahr, dass aus individuellen Interessen heraus das Konzept des Multiprojektmanagements nicht adäquat umgesetzt wird. Außerdem wird in diesem Konzept die theoretische Trennung der strategischen Kontrollarten nicht in einem befriedigendem Maße vorgenommen. Daher wird diese Ausgestaltungsform der Multiprojekt-Kontrolle im Rahmen dieser Arbeit konzeptionell nicht weiter berücksichtigt.

5.1.3.3 Gestaltungsansatz eines dominanten Multiprojekt-Reviews

Als Grundlage für die detaillierte Darstellung der Aufgaben und Instrumente der Multiprojekt-Kontrolle in den folgenden Abschnitten dient daher der Ansatz des dominanten Multiprojekt-Reviews[520]. In diesem Rahmen besitzt das Multiprojekt-Monitoring vor allem die Aufgabe, strategisch relevante Portfolio-Entwicklungen, die auch im operativen Bereich der Einzelprojekte vorliegen können, zu identifizieren und den Führungsorganen des Multiprojektmanagements zur Kenntnis zu bringen. Eine weitere Eigenschaft dieser Vorgehensweise besteht darin, dass die Prioritätsfestlegung sowie die Zuweisung von Ressourcen zentral innerhalb des Multiprojekt-Reviews vorgenommen werden. Innerhalb dieser Multiprojekt-Reviews können auch bestehende, z.T. weit fortgeschrittene, Projekte eines Projektportfolios eliminiert bzw.

---

[520]   Dieser Ansatz basiert vom Grundsatz her auf den Ausführungen von Cooper/Edgett/ Kleinschmidt (2001) S. 290ff., wird aber in weiten Teilen, insbesondere den Inhalt der Kontrollarten bzw. der angewandten Instrumente betreffend, modifiziert und erweitert, da er sich in der von den Autoren beschriebenen Grundform speziell mit der Steuerung und Kontrolle von F&E-Projektportfolios beschäftigt.

Ressourcenkürzungen unterzogen werden. Abbruchentscheidungen innerhalb des Multiprojekt-Monitorings sind daher im Gegensatz zum Konzept des dominanten Multiprojekt-Monitorings eher selten und auf bedeutsame Ausnahmefälle beschränkt.[521] Zusätzlich ändert sich der Charakter des Multiprojekt-Monitorings von einer projektindividuell ausgelösten Aktivität zu einer nach festen zeitlichen Schemata ablaufenden Meilenstein-Kontrolle. LUKESCH sieht den Vorteil eines permanenten Multiprojekt-Monitorings mit regelmäßiger Identifizierung von problematischen Projekten auch darin, dass zum einen im Abweichungsfall schnell reagiert werden kann, und dass zum anderen die beteiligten Projektmanager nicht andauernd die zur erneuten Priorisierung von Projekten notwendigen und oftmals sehr ausführlichen Daten neu aktualisiert bereitstellen müssen.[522]

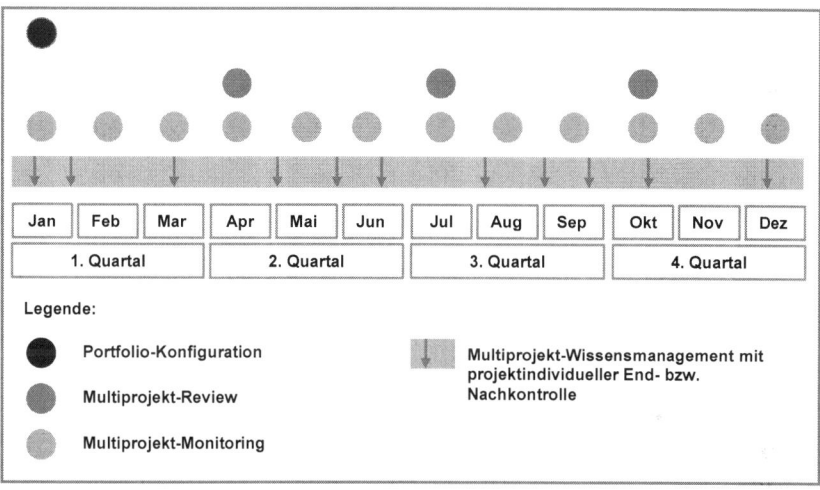

Abbildung 5–3   Zeitliche Dynamik der Multiprojekt-Kontrolle

Der zeitliche Zusammenhang der beiden Kontrollarten kann demnach wie folgt und in Abbildung 5–3 dargestellt idealtypisch beschrieben werden. Nach einer umfassenden (Neu-)Ausrichtung und Konfiguration der Projektportfolios zu Beginn des 1. Quartals sind zu Beginn der folgenden Quartale jeweils umfangreiche Multiprojekt-Reviews durchzuführen. In den restlichen acht Monaten beschränkt sich die Kontrolle der

---

[521]   Diese Ausnahmefälle können vorliegen, wenn Projekte an Meilensteinen zu starke Abweichungen bezüglich Terminen, Kosten, Qualität oder wirtschaftlichen Nutzen zeigen. Vgl. Cooper/Edgett/Kleinschmidt (2001) S. 291.

[522]   Vgl. Lukesch (2000) S. 67f.

Projektportfolios auf das Multiprojekt-Monitoring, das aber insgesamt in jedem Monat des Jahres stattfindet, um die andauernde Durchführung des Projektportfolios sicherstellen zu können. Gleichzeitig läuft das Multiprojekt-Wissensmanagement parallel zu diesen Kontrollarten ab. Es beinhaltet vor allem die projektindividuellen Endergebniskontrollen, die sich nicht nach einem festen Rhythmus richten, sondern dann durchzuführen sind, wenn Projekte beendet werden bzw. das Projektergebnis nach einem gewissen Zeitraum schlussendlich messbar ist. Das Multiprojekt-Monitoring findet dabei hauptsächlich seinen Niederschlag in der Etablierung von geeigneten Reporting-Werkzeugen.[523] Demgegenüber sind die Multiprojekt-Reviews durchaus als mehrtägige Teamsitzungen der Portfolio-Boards auszugestalten, während das Multiprojekt-Wissensmanagement vor allem durch Methoden und Instrumente zur Wissenssicherung bzw. Weitergabe im Unternehmen und zwischen Projekten implementiert wird.

5.2 Multiprojekt-Monitoring

Ziel dieses Abschnitts ist es, die Gestaltung und Methoden des Multiprojekt-Monitorings detailliert auf der Basis des Ansatzes des dominanten Multiprojekt-Reviews darzustellen. Hierzu werden zunächst einzelne Grundsätze für die Berichterstattung innerhalb des Multiprojekt-Monitorings aufgezeigt. Daran anschließend wird an einem kompakten Fallbeispiel der hierarchische Aufbau des Multiprojekt-Monitorings dargestellt. Die Erweiterung der klassischen Berichtsinhalte um projektindividuelle qualitative Größen einer Projekt-Scorecard sowie die Fokussierung der Maßnahmeneinleitung auf die bedeutsamsten Projekte mit Hilfe eines Multiprojekt-Cockpit-Charts ergänzen die Ausführungen.

5.2.1 Gestaltung des Monitorings

Im Rahmen des Multiprojekt-Monitorings, verstanden als strategisch orientierte Fortschrittskontrolle[524], liegt der Betrachtungsfokus zunächst auf den Kontrollwerten einzelner Projekte der Priorität A und B.[525] Im Zuge einer periodischen Überprüfung der einzelnen Projekt-Statusreporte durch den Fachbereich Projektmanagement, den

---

[523] Der Unterschied zwischen den Status-Reporten des Multiprojekt-Monitorings und Meilenstein-Kontrollen liegt vor allem darin, dass Meilenstein-Kontrollen bei Erreichen bestimmter Projektergebnisse durchgeführt werden. Status-Reporte sind demgegenüber zu vorher festgelegten Zeitpunkten sowie zu besonderen Anlässen zu erstellen. Vgl. Kargl (2000) S. 182.

[524] Der Begriff Monitoring wird in diesem Zusammenhang als Synonym für die Fortschrittskontrolle genutzt. Vgl. Krüger (1999) S. 76f. und Lord (1993) S. 83.

Multiprojektmanager oder das Portfolio-Board[526] werden die Projekte auf akute Handlungsbedarfe von Seiten des Multiprojektmanagements überprüft.

Die effektive Funktionsweise des Multiprojekt-Monitorings ist äußerst wichtig für die Einhaltung der strategischen Zielrichtung eines Projektportfolios. Insbesondere die übermäßige, also nicht mehr im Plan liegende, Nutzung von knappen Ressourcen gefährdet den gesamten Nutzenbeitrag eines Projektportfolios, da negative Effekte für andere Projekte, die ebenfalls auf diese Ressourcen angewiesen sind, zu erwarten sind. Oftmals ist es auch hilfreich, im Rahmen des Multiprojekt-Monitorings die Betrachtungsebene des Einzelprojektes zu verlassen und stattdessen Projektgruppen („Bundles") zu betrachten, da die erwarteten Ergebnisse der Projektdurchführung erst durch eine Vielzahl von zusammenhängenden Projekten realisiert werden. Bewertet man die Projekte nur einzeln, werden auf inhaltlichen Interdependenzen basierende Synergieeffekte des Projektbündels nicht berücksichtigt.[527]

Eine bedeutende Aufgabe des Multiprojekt-Monitorings liegt zusätzlich darin, den Überwachungs- und Kontrollprozess möglichst wirtschaftlich zu gestalten. Dies bedeutet vor allem, dass dem Kontrollgremium (Projektportfolio-Board bzw. Multiprojektmanager) nur die für ihre Entscheidung relevanten Daten vorgelegt werden. Diese Forderung ist mit dem knappen Zeitbudget dieser Kontrollinstanzen zu begründen. Daher sollen sich diese Instanzen nur mit denjenigen Projekten eingehender beschäftigen, welche eine kritische Kriterienausprägung erreicht haben. Die operative Steuerung und Kontrolle der einzelnen Projekte obliegen somit weiterhin den dezentralen Projektmanagern, während die gesamthafte Sicht auf die Projektportfolios den zentralen Portfolio-Boards zuzuordnen ist.[528]

Um diese wirtschaftliche Betrachtungsweise realisieren zu können, ist ein Berichtssystem in Form eines Multiprojekt-Reportings zu etablieren. Aufgabe des Multiprojekt-Reportings ist die Darstellung der entscheidungsrelevanten Daten der Einzelprojekte und des gesamten Projekt-Portfolios. Das Multiprojekt-Reporting kann dabei

---

[525]   Vgl. zur grundlegenden Idee dieser Steuerung Howell (1968) S. 65f.

[526]   Vgl. Foschiani (1999) S. 132.

[527]   Als Praxisbeispiel zu dieser Vorgehensweise bei Caterpillar siehe Hendricks/Batsian/Sexton (1992) S. 31ff. Die Autoren sprechen hier vom „Bundle monitoring of strategic projects" und beziehen sich auf Investitionsprojekte. Die Betrachtung von Bündeln mehrerer Teilprojekte empfehlen auch Cooper/Edgett/Kleinschmidt (2001) S. 260f. sowie Wollmann (2002) S. 29.

[528]   Zum Zusammenspiel von eher dezentral organisierter operativer Kontrolle und eher zentral organisierter strategischer Kontrolle siehe aus dem Bereich des Investitionscontrollings Rösgen

inhaltlich analog dem Berichtswesen der strategischen Budgetierung verstanden werden.

Berichtsprinzip	Ausprägung im Multiprojekt-Reporting
Berichtsziele	strategische Ausrichtung / Meilensteine des Portfolios
Berichtspflichtige	Projekt-Manager / Portfolio-Board
Berichtsempfänger	Multiprojekt-Manager / Fachbereich Projektmanagement / Portfolio-Board / Konzernausschuss Multiprojektmanagement
Berichtsinhalte	projekt- und portfolioindividuelle Daten zu Kosten, Budgets, Leistungen, Zeit, etc.
Berichtsquellen	einzelne Projekte / Projektcontrolling
Berichtsinstrumente	Multiprojektmanagement-Informationssystem / Berichtsgeneratoren / Auswertungs-Tools
Berichtsarten	Datenberichte / grafische Darstellungen
Berichtszeitpunkte	für gesamtes Portfolio festgelegte Zeitpunkte / projektindividuelle Meilensteine
Berichtsgrundsätze	entscheidungsbezogene Informationspolitik (Relevanz der Daten)

Abbildung 5–4   Berichtsprinzipien des Multiprojekt-Reportings

Hierbei sind die wichtigsten Merkmale die Formalisierung und Standardisierung der Berichtsinhalte.[529] Das Multiprojekt-Reporting hat dabei die grundlegenden Berichtsprinzipien, wie sie von BECKER formuliert wurden, zu berücksichtigen (Abbildung 5–4).[530] Als Datengrundlage dienen die innerhalb der Projektrealisierung durch das (Einzel-)Projekt-Controlling erfassten Werte (Kennzahlen)[531] bezüglich Termineinhaltung, Budget- bzw. Ressourcennutzung sowie des zu erreichenden Niveaus der angestrebten Funktionalitäten.[532] Diese Ist-Daten werden dann im Rahmen von Standardberichten oder spezifischen Reports den Soll-Werten gegenübergestellt. Abweichungen werden dabei sowohl wertmäßig als auch grafisch in Form von Ampel-Signalen sichtbar gemacht (Abbildung 5–5).[533]

    (2000) S. 240. Die dort getroffenen Aussagen können analog auf das Multiprojektmanagement übertragen werden.

[529]   Vgl. Lehmann (1993) S. 191 mit Bezug zur strategischen Budgetierung sowie allgemein Dambrowski (1986) S. 87.

[530]   Dabei sind diese grundlegenden Berichtsprinzipien von BECKER zunächst für das externe Rechnungswesen entwickelt worden, können aber aufgrund ihrer Allgemeingültigkeit auch auf den Fall des Multiprojekt-Reportings angewandt werden. Vgl. Becker (1991) S. 345ff.

[531]   Vgl. zu Kennzahlen aus der Baubranche Schön (1997) S. 336ff.

[532]   Die in der Literatur typischerweise zur Nutzung empfohlenen Instrumente umfassen dabei z.B.: Projektkostenrechnung, Balkenpläne, Termin/Meilenstein-Trend-Analysen, Projekt-Kennzahlensysteme. Zu den einzelnen Methoden der Abweichungsanalyse auf der Ebene der Einzelprojekte siehe exemplarisch Rösgen (2000) S. 277ff.; Bürgel/Haller/Binder (1996) S. 312ff.; Burghard (2002) S. 334ff.; Albert/Högsdal (1987) S. 4ff. und Kargl (2000) S. 182.

[533]   Vgl. zu dieser Darstellungsart auch Hiller (2002) S. 136 sowie S. 113f. zur praktischen Anwendung.

Wert	Grün: Keine Probleme	Gelb: Leichte Probleme	Rot: Große Probleme
Symbol	○	◉	●
Kosten	Kostenprognose für das Projekt ist im Ziel bzw. max. +10%	Kostenprognose für das Projekt liegt zwischen +10% bis +20%%	Kostenprognose für das Projekt ist über +20%
Termine	Terminverschiebung um max. 1 Monat	Terminverschiebung um 1-2 Monate	Terminverschiebung um min. 2 Monate
Funktion	Geplante Funktionalitäten werden erfüllt. (95%-100%)	Geplante Funktionalitäten müssen angepasst werden. (80-95%)	Geplante Funktionalitäten müssen stark geändert werden. (unter 80%)

Abbildung 5–5   Typische Kriterien des Multiprojekt-Reportings[534]

Abweichungen der Kosten können in prozentualen Werten gemessen werden. Hierbei müssen unternehmensweit gleiche Grenzwerte für die einzelnen Statusstufen eines Projektes vereinbart werden. Die Terminverschiebungen im Sinne des Verfehlens von Meilensteinen bzw. des geplanten Projektendes können dabei in Monaten gemessen werden. Abweichungen unter einem Monat sind dabei aus Sicht des Multiprojektmanagements zu vernachlässigen. Gleichwohl sind Abweichungen unter einem Monat trotz allem von den operativen Projektmanagern zu behandeln, ihnen wird jedoch idealtypisch noch keine strategische Bedeutung zugerechnet. Abweichungen von 1 bis 2 Monaten sind dann als leichte, von mehr als 2 Monaten als große Probleme zu bezeichnen. Bezüglich der erreichten Funktionalität bzw. Qualität des Projektergebnisses sind Werte von 80 Prozent bis 95 Prozent der geplanten Ausgangswerte als leichte Probleme, Ergebnisse von unter 80 Prozent mit großen Nachbesserungen als große Probleme zu bezeichnen.

Innerhalb der projektbezogenen Reporte sollten auch die Wechselwirkungen zwischen den einzelnen Betrachtungskriterien berücksichtigt werden. So ist regelmäßig im Falle von Terminverschiebungen mit Mehrkosten oder eingeschränkten Funktionalitäten zu rechnen. Dann notwendige Kosteneinsparungen führen oftmals zu weiteren Terminverschiebungen und Funktionalitätseinsparungen.[535] Die Inhalte eines solchen Portfolio-Reports erstrecken sich dabei nicht nur auf einzelne Projekte des Portfolios sondern auf einer höher aggregierten Ebene auch auf die gesamten Projektportfolios eines Unternehmens. Ebenso werden gegebenenfalls vorhandene Unterprojektportfolios abgebildet, wie Abbildung 5–6 verdeutlicht.

---

[534]   In Anlehnung an: Lukesch (2000) S. 72 und 136f.

[535]   Vgl. hierzu die detaillierten Ausführungen von Lukesch (2000) S. 72f.

Report Projektportfolios des Unternehmens - Tendenz				
Projektportfolio	Kosten	Termin	Funktion	Budget
F&E	O	●	O	●
IT	●	O	●	●
Marketing	O	●	●	O
....	O	O	●	O

„Drill Down"

Report Unterprojektportfolios F&E - Tendenz				
Projektportfolio	Kosten	Termin	Funktion	Budget
Grundlagen	O	O	O	O
Entwicklung	●	●	O	●
Qualität	O	O	●	O
....	O	O	●	O

„Drill Down"

Unter-Projektportfolio „Entwicklung" - Fakten				
Projekt	Kosten	Termin	Funktion	Budget
Projekt A	-200	- 1 Monat	100%	-100
Projekt B	-250	0 Monate	95%	+/- 0
Projekt C	+650	+ 2 Monate	70%	+ 1.200
....				

Abbildung 5–6   **„Drill-Down" in unterschiedliche Ebenen des Multiprojekt-Reportings**[536]

Man erkennt, dass erst auf der untersten Ebene (Projekte) die relevanten Zahlen dargestellt werden, da normalerweise erst an dieser Stelle detaillierte Informationen zur Etablierung von individuellen Reaktionsmaßnahmen im Abweichungsfall notwendig sind.[537] Dabei stellt sich das Problem, unterschiedliche Projektportfolios miteinander auf Kennzahlenebene zu vergleichen. Dies ist deswegen problematisch, weil die einzelnen Portfolios oftmals über unterschiedliche Kennzahlen gesteuert werden. Vor allem ist es nicht einfach, insbesondere die Kennzahlen bezüglich der Funktionalität der Projektergebnisse bzw. der Terminüberschreitungen aggregiert darzustellen. Als Lösungsmöglichkeit bietet es sich an, Durchschnittswerte für die einzelnen Projekte

---

[536]   Zum Prinzip der unterschiedlichen Reporting-Hierarchien vgl. exemplarisch Grube/Koch/ Lamparter S. 604f. AHLEMANN bezieht die zweite Ebene der Reporting-Hierarchie nicht auf Unterprojektportfolios, sondern auf Programme. Vgl. Ahlemann (2002) S. 27.

[537]   HILLER beschreibt in seinem Konzept einen ähnlichen hierarchischen Aufbau von „Projekt-leitständen", die sowohl auf aggregierter Ebene Informationen zu Projektportfolios als auch auf tieferen Ebenen Informationen zu einzelnen Projekten beinhalten und visualisieren. Im Gegensatz zur hier verfolgten Vorgehensweise sind bei ihm nicht alle Einzelprojekte als einzelne Informationsobjekte vorgesehen. Falls das Projektvolumen bzw. das involvierte Risiko zu gering ist, verzichtet er auf eine Darstellung von Einzelprojekten auf der untersten Ebene der Projektleitstände. Vgl. Hiller (2002) S. 79ff.

eines Portfolios (z.B. durchschnittliche Terminabweichung = 2,3 Monate / Projekt)[538] auszuweisen. Dies beinhaltet jedoch das Problem, dass einzelne „Ausreißer" nicht in der aggregierten Übersicht identifizierbar sind. Die Vorgehensweise des Multiprojekt-Monitorings sowie mögliche Ebenen des Multiprojekt-Reporting zeigt das folgende Fallbeispiel.

5.2.2 Fallbeispiel

Die fehlende Ausweisung von einzelnen Extremfällen in der obersten Reporting-Ebene ist noch nicht problematisch, da im Zuge der Überprüfung des einzelnen Projektportfolios solche vereinzelten problematischen Projekte sofort ausgewiesen werden. Die oberste Kontrollinstanz, hier der Konzernausschuss Multiprojekt-management, hat somit keinen akuten Handlungsbedarf, da es sich vermutlich um einzelne, sehr projektspezifische Probleme handeln wird, die zunächst vom Multi-projektmanager bzw. dem zuständigen Portfolio-Board zu behandeln sind.

Projektportfolio	Status	Budgetstatus PLAN	Budgetstatus IST	Abweichung	
				absolut	relativ
IT	●	120	162	+42	+35%
F&E	○	250	245	-5	-2%
Organisation	○	50	52	+2	+4%
Marketing	◐	60	75	+15	+25%
Investition i.e.S.	○	200	206	+6	+3%
Gesamtunternehmen	○	680	740	+60	+9%

Abbildung 5–7 **Fallbeispiel: Multiprojekt-Reporting des Budgetstatus unterschiedlicher Projektportfolios**[539]

Anders stellt sich dies im Falle von übermäßig abweichenden Durchschnittswerten dar, hier ist eher von einem systematischen Problem innerhalb des gesamten Projekt-portfolios auszugehen. Regelmäßig wird deshalb zunächst auf der obersten Reporting-Ebene vor allem die Budgetentwicklung der strategischen Projektbudgets dargestellt,

---

[538] Ein weiteres Konzept stellt die Arbeitswertanalyse zur Steuerung von Projekten dar. Die Abwei-chung wird dabei als Differenz zwischen dem monetär bewerteten Ist-Arbeitsfortschritt und dem zu diesem Zeitpunkt geplanten monetär bewerteten Arbeitsfortschritt berechnet. Vgl. Hirzel (2002b) S. 167ff. und Hügler (1988) S. 196ff.

[539] Angaben in Mio. Euro. Eine ähnliche, auf sämtliche Projektportfolios eines Post-Merger-Integration-Prozesses bezogene Darstellung findet sich bei Grube/Koch/Lamparter (1999) S. 602.

da dies auch diejenige Größe ist, die vom Konzernausschuss Multiprojektmanagement im Zuge der Portfolio-Konfiguration vorgegeben wird (Abbildung 5–7).

Weiterhin können jedoch auch Übersichten genutzt werden, welche die absoluten Anzahlen der problematischen Projektwerte eines Projektportfolios wieder geben: Abbildung 5–8 zeigt die Struktur der Statuswerte innerhalb der einzelnen Portfolios.[540] Auf ihrer Grundlage können bereits Einschätzungen bezüglich der Kontrollnotwendigkeit der einzelnen Portfolios vorgenommen werden. Hierbei ist die genaue Berechnung der einzelnen Kontrollwerte, die sich von Portfolio zu Portfolio unterscheiden, nicht von übergeordneter Bedeutung. Vielmehr ist von Seiten des Multiprojektmanagements dafür zu sorgen, dass die Toleranzbereiche der einzelnen Kriterien aussagekräftig gewählt werden.

Projektportfolio	Status Kosten - Anzahl Projekte			Status Termin - Anzahl Projekte			Status Funktion - Anzahl Projekte			Status Budget - Anzahl Projekte		
	●	◐	○	●	◐	○	●	◐	○	●	◐	○
IT (Σ 5)	1	2	2	1	2	2	0	1	4	2	2	1
F&E (Σ 39)	2	9	28	2	9	28	0	3	36	3	10	26
Organisation (Σ 7)	0	1	6	0	2	5	1	0	6	0	1	6
Marketing (Σ 17)	1	2	14	0	3	14	1	1	15	0	4	13
Investition (Σ 9)	0	0	9	1	0	8	0	1	8	0	2	7

Abbildung 5–8   Fallbeispiel: Übersicht der Projekt-Statuswerte in Projektportfolios

Es ist der Kontroll- und Frühwarnfunktion des Multiprojekt-Monitorings abträglich, falls kritische Kriterienwerte erst dann erreicht und somit im Multiprojekt-Report angezeigt werden, wenn die Durchführung von Reaktionsmaßnahmen bereits nicht mehr erfolgversprechend möglich ist. Während in allen anderen Portfolios die Anzahl an gelben und roten Statusindikatoren relativ gering ist, sticht im Beispielfall das IT-Projektportfolio heraus. Die im Budgetreport bereits ersichtlichen starken Abweichungen scheinen ihre Ursache nicht nur in einem einzelnen Projekt zu haben, sondern bestehen wohl aufgrund von erheblichen Abweichungen in mehreren Projekten. Da im vorliegenden Beispiel das Gesamtunternehmen mit (gerundet) 9 Prozent über dem im Rahmen der Portfolio-Konfiguration verabschiedeten Planwert für das Gesamtbudget

---

[540]   Im Beispiel handelt es sich um Projektportfolios ohne Unterportfolios, sodass an dieser Stelle bereits die Anzahl der Projekte angezeigt wird. Prinzipiell kann diese wie auch die nachfolgende Abbildung zunächst für Unterprojektportfolios erstellt werden und erst in einem weite-

liegt, ist grundsätzlich noch keine ernsthafte Situation für die Gesamtheit der strategischen Projekte des Unternehmens seitens des Konzernausschusses Multiprojektmanagement zu konstatieren. Betrachtet man die einzelnen Projektportfolios des Unternehmens, fällt jedoch insbesondere das IT-Projektportfolio durch eine massive Budgetüberschreitung (> 30 Prozent) auf. Hier stellt sich somit im Rahmen des Multiprojekt-Monitorings die Aufgabe, eine detailliertere Analyse des IT-Projektportfolios durch die oberste Kontrollinstanz anzustoßen. Hierzu muss der hierarchisch tiefer liegende Portfolio-Report des IT-Projektportfolios, welcher die detaillierten Informationen zu einzelnen Projekten enthält, durch das zuständige Portfolio-Board analysiert werden.[541]

IT-Projekt-portfolio	Status Budget	Status Termin	Status Funktion	Budget-status PLAN	Budget-status IST	Abweichung	
						absolut	relativ
Projekt A	●	◐	○	10	22	+12	+220%
Projekt B	◐	◐	○	20	24	+4	+20%
Projekt C	○	○	○	40	40	0	0%
Projekt D	●	●	◐	40	64	+24	+60%
Projekt E	◐	○	○	10	12	+2	+20%
Portfolio	●			120	162	+42	+35%

Abbildung 5–9   Fallbeispiel: Status-Report des IT-Projektportfolios[542]

Im vorliegenden Fall (Abbildung 5–9) sind insbesondere die Projekte A und D, die z.B. mit der Einführung bzw. Anpassung neuer Software-Produkte betraut sind, für die erheblichen Budgetabweichungen des Projektportfolios verantwortlich.[543] Bei beiden

---

ren Drill-Down-Schritt die Anzahl der Projekt-Statuswerte in den jeweiligen Unterportfolios darstellen.

[541] Die anderen Projektportfolio-Reporte werden auch, unabhängig vom Status des Budgets des Projektportfolios, durch das entsprechende Portfolio-Board bzw. den zuständigen Multiprojektmanager analysiert. Das Ergebnis dieser Analyse wird jedoch nicht bzw. nur in stark aggregierter Form an den Konzernausschuss Multiprojektmanagement weitergegeben.

[542] Angaben in Mio. Euro. Das Kriterium Kosten der vorherigen Darstellungen ist in dieser Darstellung und im Weiteren unter dem Kriterium Budget mit einbezogen.

[543] Der vorliegende Statusreport ist dabei ein auf wesentliche Bestandteile reduzierter Bericht. Siehe zu ähnlich aufgebauten Multiprojekt-Reports Howell (1968) S. 63ff., Stadler (2000) S. 206 und Hügler (1988) S. 202f. In gängigen Projektmanagement-Softwareprodukten sind weitere Reporting-Kennzahlen implementiert. Diese werden auch in der Literatur zur Anwendung empfohlen. Vgl. exemplarisch Lomnitz (2001) S. 147, 156f. und 269ff.; Campana et. al. (2002), Campana-Schott (2002); Hirzel (2002b) S. 168ff.; Lukas (2002) S. 180 und Hügler (1988) S. 192ff.

Projekten zeigen sich zusätzlich zum Teil kritische Abweichungen bezüglich der geplanten Terminierung. Dieses Bild kann durchaus als typisch für IT-Projekte bezeichnet werden. Hier ist unter allen Umständen die geplante Funktionalität der Software zu erreichen, da ansonsten auf dieser aufbauende, weitere Programme bzw. Verarbeitungsprozesse nicht korrekt ausgeführt werden können. Grundsätzlich stellt sich in diesen Abweichungsfällen die Frage nach dem richtigen Steuerungsimpuls. Während ein Projektabbruch bei den hier vorliegenden hohen Budgetabweichungen zunächst adäquat erscheint, müssen jedoch die Folgewirkungen berücksichtigt werden. Evtl. handelt es sich bei den Problemprojekten um Projekte der Priorität A, die auf keinen Fall beendet werden können, da mit den Ergebnissen der Implementierung in anderen Projekten (z.B. Neustrukturierung von Verkaufs- oder Logistikprozessen) gerechnet wird. Insofern ist spätestens im Zuge des nächsten Multiprojekt-Reviews eine Entscheidung bezüglich einer Anpassung von Funktionsumfängen bzw. Budget-umschichtungen zugunsten dieser Projekte zu treffen.

Während diese Vorgehensweise im Falle von stark im Unternehmen vernetzten Projekten adäquat erscheint, können insbesondere im Falle von eigenständigen, kreati-ven F&E-Projekten die Abbruchentscheidungen zu einem früheren Zeitpunkt inner-halb des Multiprojekt-Monitorings getroffen werden. LANGE führt hierzu aus, dass gerade in diesem Bereich eine spezifische Auswahl an Abbruchkriterien zu nutzen ist, die sowohl auf die Lebenszyklusphase des einzelnen Projektes, aber auch auf die spezifische Branche zugeschnitten sein sollte.[544] Falls für spezifische Projekte mit kritischen Abweichungen der Projektabbruch keine Option darstellt, sind neben der Zuweisung von zusätzlichen Projektbudgets vor allem Wege zur Verringerung der aktuellen bzw. Verhinderung von zukünftigen Abweichungen zu suchen. Ein wichtiger Schritt ist dabei die projektindividuelle Auswahl von Kennzahlen, die insbesondere den strategischen Charakter der Projekte berücksichtigen.

Oftmals erweist sich die Informationsweitergabe der Projektleiter an die Kontroll-gremien innerhalb des Multiprojekt-Monitorings als problematisch. Neben einem völligen Verzicht auf die Eingabe der relevanten Daten in das Reporting-System treten vor allem auch nicht termingerechte Eingaben als Problem auf. Um diesen Umstand zu berücksichtigen, sind vor allem Sanktionsmechanismen, Terminerinnerungen sowie

---

[544]   Vgl. Lange, E. (1993) S. 98ff. Insbesondere in späten Phasen von F&E-Projekten ist die Über-einstimmung mit den strategischen Zielen ein herausragendes Kriterium. Die Bedeutung von Abbruchkriterien ist insbesondere in sehr forschungsintensiven Branchen, wie z.B. der Hoch-technologie- oder Pharmabranche sehr hoch, da hier regelmäßig deutlich mehr Projekte in Angriff genommen werden, als später überhaupt zur Marktreife geführt werden können.

direkte Weitermeldungen von fehlenden Eingaben an den Fachbereich Projekt-management denkbar. So können innerhalb von Eskalationsregeln signifikante Über-schreitungen von Planwerten dazu führen, dass automatisierte Meldungen an die über-geordnete Instanz weitergegeben werden. Häufen sich diese Meldungen bzw. kann ein Projektmanager selbst verschuldete Abweichungen in einem angemessenen Zeitraum nicht bereinigen, kann sich dies sowohl auf das Gehalt als auch die Karriereent-wicklung des Betroffenen auswirken. Zusätzlich identifizieren ENGWALL/ JERBRANT in einer empirischen Untersuchung opportunistisches Verhalten von Projektmanagern. Diese können versuchen, Projekte in eine ernsthafte Krise zu manövrieren, um so eine höhere Ressourcenzuteilung zu erhalten.[545] Dieses mögliche Verhalten muss bei der Wahl von Strategien zur Problembewältigung ebenfalls berücksichtigt werden

Neben der oftmals geringen zur Verfügung stehenden Management-Kapazität hat das Multiprojekt-Monitoring auch mit inhaltlichen Informationsproblemen zu kämpfen, da allgemeine Standardkennzahlen, die für das gesamte Projektportfolio Anwendung finden, kein adäquates Bild der individuellen Projektentwicklung abgeben können. Insofern ist im spezifischen Problemfall die detaillierte Sichtung der Informationen des Projektmanagements zu empfehlen.

5.2.3 Projekt-Scorecard und Multiprojekt-Cockpit-Chart als Erweiterungen

Die dargestellten Multiprojekt-Reporte setzen sich zunächst nur aus Standard-Kontrollkriterien zusammen, die für einzelne Projektportfolios einheitlich ausgestaltet sind. Um eine Problembehandlung bzw. Aufdeckung von strategisch relevanten Fehl-entwicklungen in weiteren, nicht durch die Standard-Kennzahlen abgedeckten Berei-chen, erleichtern zu können, ist die Nutzung von projektindividuellen strategisch rele-vanten Messgrößen anzuraten. Diese werden nicht über die Projektportfolios hinweg aggregiert[546], sondern stellen zunächst Zusatzinformationen auf der Projektebene dar.

Zur Berücksichtigung und Kontrolle von diesen oftmals qualitativen Kriterien im Rahmen der Steuerung von Projekten wird in der Literatur die Methodik einer Projekt-

---

[545]   Vgl. detailliert Engwall/Jerbrant (2003) S. 408.

[546]   Die Kennzahlen mehrerer Projekt-Scorecards können nur dann aggregiert werden, wenn die Kennzahlen der einzelnen Scorecards miteinander abgeglichen sind. Dies kann evtl. für einzelne spezifische Projektportfolios erreicht werden, jedoch verliert man aufgrund dieser Standardi-sierung Teile der projektindividuellen Steuerungsinformationen.

Scorecard vorgeschlagen.[547] Insbesondere in komplexen Projekten (z.B. Efficient Consumer Response (ECR)-Projekte, Einführung eines E-Business-Systems) kann diese Methode helfen, den Fortschritt in der Zielerreichung aussagekräftig zu dokumentieren.

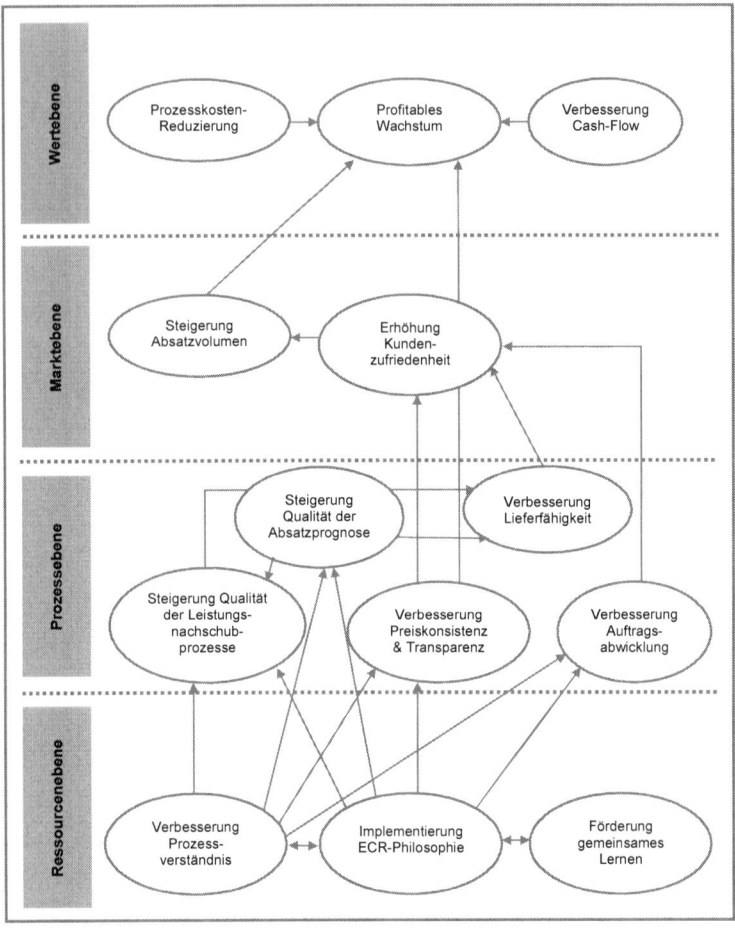

Abbildung 5–10   Wirkungsgeflecht der Projekt-Scorecard eines ECR-Projektes[548]

[547]   Vgl. hierzu und im Folgenden: Kohl/Zimmermann (2001) und Zimmermann/Jöhnk (2003).

[548]   In Anlehnung an: Kohl/Zimmermann (2001) S. 38. Die Wirkungszusammenhänge sind aus Gründen der Übersichtlichkeit nur angedeutet.

Von herausragender Bedeutung für die effiziente Anwendung dieses Instrumentes ist die richtige Auswahl der Messgrößen (Beispiel: Abbildung 5–10). Diese sollten, um den strategischen Intentionen der Unternehmung folgen zu können, grundlegend aus dem Zielsystem der Unternehmung abgeleitet werden.[549]

Durch den Umstand, dass im Zuge der Projektportfolio-Konfiguration nur solche Projekte aufgenommen werden, die auch im Zuge der Projektbewertung einen adäquaten Beitrag zur Erfüllung dieser oberen Ziele leisten, ist somit grundsätzlich zu Projektbeginn von einer strategiekonformen Ausrichtung des Projektes auszugehen. MÜLLER/THIENEN gehen z.b. davon aus, dass viele E-Business-Projekte gerade wegen der fehlenden Verbindung von projektbezogenen Kennzahlen zur strategischen Unternehmensausrichtung frühzeitig scheitern, da der relevante Projektfortschritt mit den falschen Werten gemessen wird. Die Anwendung von Projekt-Scorecards im Rahmen des Multiprojekt-Monitorings muss dabei auf einer verlässlichen Datenerfassung und andauernden Datengenerierung basieren.

Im Zuge der Kontrolle der Zielerreichung sind dann die aktuellen Daten mit vorher festgelegten Sollwerten auf das Erreichen kritischer Grenzwerte hin zu vergleichen. Die Kategorisierung von Zielabweichungen kann, wie bereits weiter oben erläutert, in die bekannten Bereiche „kritisch" (rot), „problembehaftet" (gelb) und „akzeptabel" (grün) unterteilt werden.[550] Im Zuge der Auswahl der Messgrößen sind demnach die strategischen Oberziele auf die spezifischen Gegebenheiten des Projektes herunterzubrechen und durch operative Messgrößen abzubilden, die in einem Ursache-Wirkungszusammenhang mit diesen Oberzielen stehen.[551] Mit der Anwendung dieser Methodik sind bezüglich der inhaltlichen Umsetzung Vorteile im Rahmen der Projektdurchführung verbunden. Vor allem die Zielerreichung durch die Fokussierung auf erfolgskritische Messgrößen, welche durch Ursache-Wirkungsketten identifiziert werden, wird durch das Instrument unterstützt. Weiterhin können anhand dieser Größen alternative Vorschläge zur angemessenen Reaktion im Falle von Zielabweichungen aufgestellt und anhand ihrer Wirkung priorisiert werden. Ebenso empfehlen KOHL/ ZIMMERMANN die dynamische Anpassung von Projekt-Scorecards an den

---

[549] Ebenso Zimmermann/Jöhnk (2003) S. 75.

[550] Vgl. hierzu nochmals Müller/Thielen (2002) S. 553 und 558ff.

[551] Vgl. Kohl/Zimmermann (2001) S. 38 und Zimmermann/Jöhnk (2003) S. 76 sowie zur Vorgehensweise im Zuge von E-Business-Projekten Müller/Thienen (2002) S. 553. Siehe grundlegend zum Aufbau und der Funktionsweise einer Balanced Scorecard originär Kaplan/Norton (1997) sowie zu Fragen der Implementierung Kumpf (2001) S. 149ff.

Projektfortschritt bzw. den Lebenszyklus eines Projektes.[552] Insgesamt ist diese Reporting-Methodik eine sinnvolle Ergänzung zum rein auf den monetären bzw. zu unspezifischen qualitativen Standardkennzahlen basierenden Multiprojekt-Reporting. Dennoch muss vor einer umfassenden Implementierung eine genaue Betrachtung des Kosten-Nutzen-Verhältnisses der Anwendung dieses Instrumentes erfolgen. Insofern kann vermutet werden, dass sich die Anwendung vor allem für Projekte lohnt, die qualitative Ergebnisgrößen erreichen sollen.

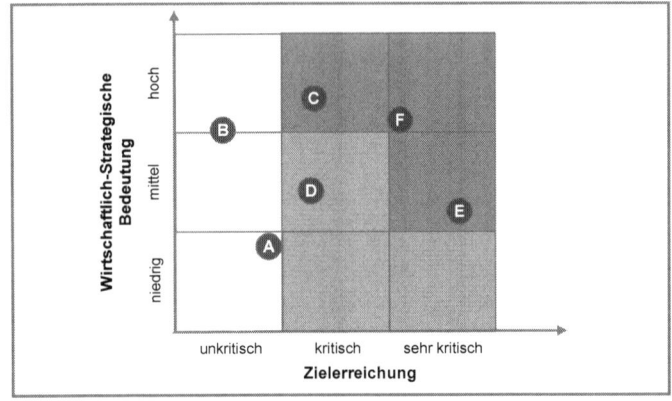

Abbildung 5–11   Multiprojekt-Cockpit-Chart[553]

Zur Fundierung, welche Projekte dem Kontrollgremium, d.h. Konzernausschuss Multiprojektmanagement bzw. Portfolio-Board, zur Entscheidung über die Weiter-führung bzw. höhere Zuteilungen von Ressourcen vorgelegt werden, wird in der Literatur das Instrument des Multiprojekt-Cockpit-Charts vorgeschlagen (Abbildung 5–11).

Mit Hilfe dieses Instrumentes können diejenigen Projekte identifiziert werden, die eine mittlere bis hohe wirtschaftlich-strategische Bedeutung besitzen und dabei eine kriti-sche bis sehr kritische Zielerreichung aufweisen (Projekte C, F). Zusätzlich sind auch Projekte zu identifizieren, die nur eine mittlere wirtschaftlich-strategische Bedeutung besitzen, aber zusätzlich eine sehr kritische Zielerreichung aufweisen (Projekt E). Es ist davon auszugehen, dass sich im Bereich der hohen wirtschaftlich-strategischen

---

[552]   Vgl. Kohl/Zimmermann (2001) S. 40. Insbesondere in späteren Phasen von z.B. Change-Management- oder IT-Projekten kann sich der Fokus der Projektarbeit von der Organisations-bzw. Systemgestaltung hin zu Schulungsmaßnahmen ändern. Somit können andere bzw. neue Messgrößen erforderlich sein.

Bedeutung vor allem Projekte der Priorität A befinden (Projekte C, F), welche von sich aus schon eine hohe Steuerungs- und Kontrollintensität erfordern. Daneben sind aber auch Projekte der Priorität B (Projekt E) innerhalb des Multiprojekt-Monitorings adäquat zu berücksichtigen. Dabei spiegelt die wirtschaftlich-strategische Bedeutung auch die durch Interdependenzen mit anderen Projekten enthaltene Werthaltigkeit von Projekten wider.[554] Das Instrument eignet sich vor allem bei einer großen Anzahl von Projekten (oftmals 70-100)[555] innerhalb eines Projektportfolios dafür, die begrenzten Managementkapazitäten der Mitglieder des Portfolio-Boards auf die wirtschaftlich relevanten Projekte zu richten. Insofern ist das Instrument als eine fokussierende Ergänzung zu den eher an monetär-quantitativen Statuswerten orientierten Berichten des Multiprojekt-Reportings zu sehen, auch wenn eine unter Umständen zu hohe Informationsverdichtung durch die Nutzung von aggregierten Dimensionen – wirtschaftlich-strategische Bedeutung und summarische Zielerreichung – in Kauf genommen wird.

5.3 Multiprojekt-Review

Der folgende Abschnitt beschreibt detailliert die Gestaltung und Vorgehensweise des Multiprojekt-Reviews auf der Basis des Ansatzes des dominanten Multiprojekt-Reviews. Hierzu werden zunächst die Aufgaben des Multiprojekt-Reviews erläutert, die dann in einem weiteren Schritt anhand eines Fallbeispiels praktisch aufgezeigt werden. Hierbei werden typische Entscheidungskonstellationen innerhalb des Multiprojekt-Reviews aufgezeigt und in einer Übersicht zusammengestellt.

5.3.1 Gestaltung des Multiprojekt-Reviews

Im Konzept des dominanten Multiprojekt-Reviews müssen Projekte vierteljährlich innerhalb des Multiprojekt-Reviews ihre „strategische Relevanz" nachweisen, da sie sonst entweder ganz beendet werden oder Kürzungen von betrieblichen Ressourcen oder Budgets hinnehmen müssen.[556] Innerhalb des Multiprojekt-Monitorings wie auch des Multiprojekt-Reviews sind dabei Projekte der Priorität A und B zu berücksich-

---

[553]   In Anlehnung an: Schmelzer/Friedrich (1997) S. 343.

[554]   Dies kann bedeuten, dass ein Projekt, das selbst nur ein Projektbudget von z.B. 1 Mio. Euro hat, dennoch von hoher wirtschaftlicher Bedeutung ist, da ohne das Projektergebnis Folgeprojekte mit einem Budget von z.B. 100 Mio. Euro nicht durchgeführt werden können.

[555]   Vgl. Gareis (2001) S. 11. Er nennt diese in einem einzelnen Projektportfolio maximal steuerbare Projektanzahl.

[556]   Vgl. Gysler/Bloch (1998) S. 599 und Archer/Ghasemzadeh (1999a) S. 209.

tigen. Jedoch sind hauptsächlich die Projekte der Priorität B von Veränderungen in der Gestaltung der strategischen Projektbudgets betroffen, da Projekte der Priorität A zunächst bevorzugt mit Budgets versehen werden. Auslöser von Veränderungen, welche eine strategische Neupositionierung verursachen und somit die Zusammensetzung eines Projektportfolios ändern, können sowohl aus unternehmensexternen Sachverhalten (z.B. Branchen- und Konkurrenzbewegungen, Konjunktur, gesetzliche Auflagen) als auch aus unternehmensinternen Sachverhalten (z.B. grundlegender Meinungswandel innerhalb der Unternehmensführung, finanzielle oder andere ressourcenbedingte Restriktionen) resultieren.

In noch größerem Maße als das Multiprojekt-Monitoring baut der Multiprojekt-Review auf unternehmens- und strategiebezogenen Kennzahlen auf, die auch schon im Rahmen der Projektpriorisierung Anwendung gefunden haben.[557] Änderungen von Strategien schlagen sich dabei oftmals in Umgewichtungen bzw. Weglassungen oder zusätzlicher Berücksichtigung von Kriterien in Scoring-Modellen nieder. Den Vorteil dieser Maßnahmen erkennt OTT auch für den analogen Fall des strategischen Investitionscontrollings: *„Durch die zusätzliche Berücksichtigung oder die Eliminierung möglicher Investitionsoptionen sowie die Neubewertung schon bestehender Optionen kann der Wert der Investitionsstrategie und der strategischen Investitionen kontinuierlich optimiert und an die neu erkannten Umfeldbedingungen angepasst werden.“*[558] Innerhalb der regelmäßigen Evaluation der einzelnen Projektportfolios durch das zuständige Portfolio-Board sind demnach sämtliche Projekte eines Portfolios in den neuerlichen Bewertungsprozess einzubeziehen.[559] Der Multiprojekt-Review wird dabei primär durch die Mitglieder des Portfolio-Boards durchgeführt. Beratend können dazu auch Mitglieder des Fachbereichs Projektmanagement, Mitglieder eines Projekt-Office sowie Multiprojektmanager hinzugezogen werden. Im Falle von detaillierten Überprüfungen einzelner Projekte sind auch die jeweiligen Projektleiter mit einzubeziehen.

Die Entscheidungen innerhalb des Multiprojekt-Reviews werden dabei teamorientiert getroffen, es gibt daher einen Spielraum für politische Entscheidungen bzw. Kompro-

---

[557]   Dies können z.B. Werte eines strategieorientierten Scoring-Modells sein. Es ist aber auch denkbar, dass rein monetäre Kennzahlen zur Anwendung kommen. Als Grundlage aller Bewertungen dient jedoch die Strategie der Gesamtunternehmung bzw. der Business Unit. Vgl. Cooper/Edgett/Kleinschmidt (2001) S. 294f.

[558]   Ott (2000) S. 200.

[559]   Kleinere Projekte bzw. Projekte mit engem inhaltlichem Bezug zueinander können dabei zu Clustern bzw. „Project-Bundles" zusammengefasst werden. Vgl. Cooper/Edgett/Kleinschmidt (2001) S. 292 und Hendricks/Bastian/Sexton (1992) S. 32.

missbildungen. Insbesondere der Durchsetzung von Abbrüchen und dem Aussetzen von Projekten ist hierbei eine hohe Bedeutung beizumessen, da sich auf Seiten der Projektbeteiligten oftmals starke Widerstände aufbauen. Um diesem Umstand innerhalb des Entscheidungsprozesses Rechnung zu tragen und so die Entscheidung aus Sicht der Beteiligten nicht als Willkür erscheinen zu lassen, wird ein spezifischer „Project-Kill-Review" empfohlen. Innerhalb dieses einzelprojektbezogenen Review können die Führungskräfte des betroffenen Projektes ihre Argumente detailliert darstellen und gegebenenfalls Lösungsvorschläge aufzeigen, die innerhalb des Multiprojekt-Reviews noch nicht berücksichtigt wurden.[560] Weiterhin hat das Portfolio-Board die Möglichkeit, sich detailliert mit diesem spezifischen Projekt auseinander zu setzen, was die Qualität der Entscheidungsfindung regelmäßig erhöht.[561] Die Bedeutung eines möglichst objektiv durchgeführten Multiprojekt-Review für den Gesamterfolg eines Projektportfolios ist somit nicht zu unterschätzen.[562]

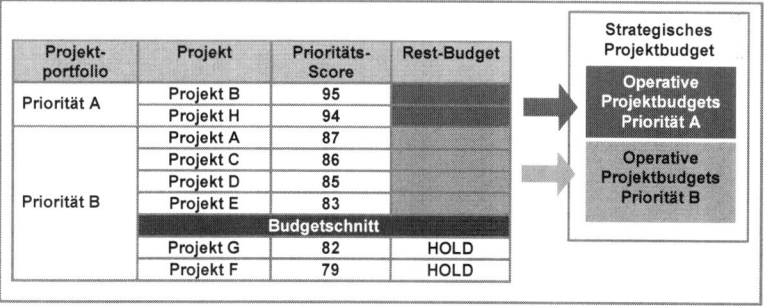

Abbildung 5–12   **Berücksichtigung von Projekten der Priorität A und B innerhalb des Multiprojekt-Reviews**

---

[560]   Vgl. Kühn (2002) S. 262 für eine praxisorientierte Darstellung dieser Problemlage. Dort berichtet eine Projektleiter: „Meistens erkenne ich schon im Kurzbericht mein Projekt nicht wieder ... Die Gesamteinschätzung stimmt dann natürlich umso weniger und führt zu Entscheidungen, die von den Projekten nicht mitgetragen werden können."

[561]   Insofern behebt der „Projekt-Kill-Review" auch einen Nachteil des dominanten Multiprojekt-Reviews gegenüber dem dominanten Multiprojekt-Monitoring, da bei Letzterem die Abbruchentscheidungen grundsätzlich innerhalb der detaillierten Meilensteinkontrolle getroffen werden und somit bei den Entscheidungsträgern ein höheres Detailwissen bezüglich des betroffenen Projektes vorhanden ist. Vgl. zu diesem Problemkomplex Cooper/Edgett/Kleinschmidt (2001) S. 301.

[562]   ROYER zeigt anhand von Praxisbeispielen, dass insbesondere das Phänomen des „Collective Belief" im Sinne einer zu optimistischen Einschätzung der Projektsituation oftmals einer objektiven Abbruchentscheidung im Wege steht. Insbesondere Meinungsführer („Project Champions") sind für die Verbreitung dieses Collective Belief verantwortlich. Ein objektiv gestalteter Multiprojekt-Review kann somit dieser gruppendynamischen Entwicklung entgegenwirken. Vgl. Royer (2003) S. 53ff.

Für die Vorgehensweise eines umfassenden Multiprojekt-Reviews schlagen COOPER/ EDGETT/KLEINSCHMIDT eine mehrstufige Vorgehensweise vor (Abbildung 5– 12).[563] Zunächst sind aus der Gesamtheit aller möglichen Projekte eines Portfolios sämtliche Projekte der Priorität A zu identifizieren. Hierbei wird vornehmlich über- prüft, ob diese Projekte ihren Prioritäts-Status beibehalten oder ob aufgrund von rele- vanten Änderungen eine Neubewertung angezeigt ist. Den Projekten der Priorität A wird dabei zunächst derjenige Anteil des insgesamt zur Verfügung stehenden strategi- schen Projektbudgets zugeteilt, der für ihre Durchführung notwendig ist. Mit dieser Vorgehensweise wird sichergestellt, dass Projekte der Priorität A immer mit ausrei- chenden Ressourcen ausgestattet sind. Im nächsten Schritt sind dann diejenigen Pro- jekte zu identifizieren, die auf keinen Fall durch- bzw. weitergeführt werden sollen und somit aus der Projektgesamtheit eliminiert werden. Dies sind vor allem Projekte, die eine geringe wirtschaftliche Bedeutung besitzen, ihre strategische Relevanz verlo- ren oder im bisherigen Projektverlauf die Planungen erheblich verfehlt haben. Schließlich sind aus den verbleibenden Projekten diejenigen auszuwählen, die mit dem übrigen strategischen Projektbudget, bestehend aus den von Projekten der Priorität A nicht genutzten Ressourcen, durchgeführt werden sollen. Die Projekte der Priorität B können dabei in der Reihenfolge ihrer Priorität ausgewählt werden, bis die kumulierten Restbudgets der Projekte den Budgetschnitt erreichen. Projekte unterhalb des Budget- schnitts erhalten den Status HOLD[564] und werden in weiteren Review-Runden wieder berücksichtigt. Somit sind im Weiteren nur die (Re-)Priorisierung und Budgetzutei- lung von Projekten der Priorität B zu betrachten.

In einem weiteren Schritt ist die Ausgewogenheit der Projektportfolios bezüglich der Struktur zu überprüfen.[565] Der Multiprojekt-Review hat somit weitläufige Ähnlichkeit mit dem Prozess der vertikalen Portfolio-Konfiguration[566]. Es bestehen jedoch gewich- tige Unterschiede. Vor allem ist der Multiprojekt-Review durch eine starke Betonung des Bottom-up Charakters der Planung gekennzeichnet. Die top-down-orientierte Vorgabe von geänderten Projektportfolio-Budgets und Spending-Levels erfolgt hier nur im Falle von unbedingt notwendigen Anpassungen an geänderte Umfeld- bedingungen. Dies ist vor allem im erheblich geringeren Zeitbudget der Führungs-

---

[563]   Vgl. Cooper/Edgett/Kleinschmidt (2001) S. 292.

[564]   Der Status HOLD bezeichnet somit Projekte, die zwar individuell als wirtschaftlich positiv zu beurteilen sind, jedoch im relativen Vergleich mit anderen Projekten eine zu niedrige Priori- sierung erlangt haben und somit zurzeit kein operatives Projektbudget zugeteilt bekommen.

[565]   Vgl. zum Vorgehen Cooper/Edgett/Kleinschmidt (2001) S. 292ff.

[566]   Siehe hierzu Abschnitt 3.3.

organe zur Durchführung des Multiprojekt-Reviews begründet, da eine grundlegende Neuausrichtung aller Projektportfolios einen im Vergleich ungleich höheren zeitlichen Aufwand benötigt.

Beschließt der Konzernausschuss Multiprojektmanagement Änderungen hinsichtlich der Zuweisung von strategischen Budgets oder anderer Unternehmensressourcen an ein Projektportfolio, sind die unterschiedlichen Projekte auch von diesem Gesichtspunkt her neu zu bewerten. Treten gravierende Änderungen auf, sind die Portfolios insbesondere auf Kandidaten zur Elimination bzw. Neuaufnahme zu überprüfen. Vor allem sind die Wechselwirkungen zwischen den Projekten in Form von inhaltlichen oder strategischen Netzwerken zu berücksichtigen, diese geben Hinweise auf Projekte, die auf keinen Fall beendet werden dürfen.[567] Im Zuge des Multiprojekt-Reviews sind dabei auch diejenigen Projekte zu berücksichtigen, die generell eine positive Bewertung innerhalb der vertikalen Portfolio-Konfiguration erfahren haben, jedoch aufgrund ihrer nicht ausreichenden Priorisierung zurzeit den Status HOLD besitzen. Grundsätzlich müssen auch Projekte der Priorität A auf ihren Status hin überprüft werden. Es stellt sich jedoch die Frage, ob dies innerhalb des Multiprojekt-Reviews oder aber in der jährlichen Portfolio-Konfiguration geschehen sollte.[568] Es ist dabei im Einzelfall zu entscheiden, ob Projekte der Priorität A selbst im Zuge des Multiprojekt-Reviews repriorisiert werden können, da diese Projekte oft aufgrund von unternehmensexternen Ursachen (Rechtslage, Lieferantenkonkurs, etc.), die nicht innerhalb des Priorisierungsmodells vorhanden sind, ihren Status erhalten. An dieser Stelle wird die Ansicht vertreten, dass Projekte der Priorität A nur in besonderen Ausnahmefällen, die eine Herabstufung in die Prioritätsklasse B rechtfertigen, innerhalb des Projektportfolio-Review berücksichtigt werden.

5.3.2 Fallbeispiel

Das folgende Beispiel eines IT-Projektportfolios soll einige idealtypische Handlungsweisen des Multiprojekt-Reviews verdeutlichen.[569] Das Projektportfolio beinhaltet

---

[567] Vgl. nochmals Cooper/Edgett/Kleinschmidt (2001) S. 295ff. sowie die bereits vorgestellten Verfahren zur inhaltlich-strategischen Interdependenzanalyse in Kapitel 4.

[568] Die Berücksichtigung von Projekten der Priorität A innerhalb der Multiprojekt-Monitoring steht außer Frage, da insbesondere bei diesen Projekten eine Abweichung bezüglich der Funktionalität und Terminen nicht hingenommen werden kann. Siehe auch Abschnitt 5.2.1.

[569] Innerhalb des Beispiels wird gleichzeitig, wie bereits innerhalb der Projektpriorisierung in Kapitel 4, das Restbudget eines Projektes berücksichtigt, um der Knappheit der finanziellen Mittel Rechnung zu tragen. Generell ist auch eine Priorisierung der Projekte nur nach den Scoring-Werten (Projektnutzen) möglich.

sowohl Projekte der Priorität A als auch der Priorität B. Die Projekte der Priorität A sind an dieser Stelle des Fallbeispiels bereits budgetiert und der obigen Ansicht folgend nicht als Objekte des Multiprojekt-Reviews zu berücksichtigen.

Projekt - Priorität B	techn. Bedarf	Kunden -nutzen	Kosten- ein- sparung	Prozess- opti- mierung	Summe Nutzen Projekt	Rest- kosten Projekt	Rest- kosten kum.	Nutzen- Kosten- Ratio
	10%	20%	20%	50%				
B - Go	2	5	2	5	4,1	2,1	2,1	1,95
D - Go	2	2	3	4	3,2	2,5	4,6	1,28
F - Go	3	3	4	4	3,7	4,1	8,7	0,90
E - Go	4	2	5	2	2,8	3,8	12,5	0,74
Budgetschnitt								
A - Hold	2	3	4	3	3,1	4,5	17,2	0,69
C - Hold	4	2	3	4	3,2	5,2	22,4	0,62
G - Hold	5	3	2	2	2,5	4,5	26,9	0,56

Abbildung 5–13   Fallbeispiel: Ausgangssituation[570]

Im vorliegenden Fall (Abbildung 5–13) besteht eine Budgetlinie für Projekte der Priorität B in Höhe von 13 Mio. Euro, sodass aufgrund der Priorisierung anhand der Nutzen-Kosten-Relation nur Projekte bis zu einer kumulierten Gesamtbudgethöhe von 12,5 Mio. Euro durchgeführt werden können. Die verbleibenden Projekte unterhalb des Budgetschnitts werden auf den Status HOLD zurückgesetzt. Projekte der Kategorie A sind, wie bereits erwähnt, innerhalb des Bewertungsmodells nicht enthalten.

Projekt A	unverändert
Projekt B	Erhöhung der Restkosten durch Terminabweichungen auf 3,3 Mio. Euro.
Projekt C	Die geplanten Restkosten wurden durch Anpassungen auf 4,8 Mio. Euro gesenkt. Hieraus ergeben sich auch kleine Änderungen in den Bewertungskriterien (Nutzen-Kosten-Ratio).
Projekt D	unverändert
Projekt E	Aufgrund von Budgetüberschreitungen und eines weiter gesunkenen Beitrages zur Prozessoptimierung wird das Projekt abgebrochen.
Projekt F	unverändert
Projekt G	unverändert
Projekt H	Das Projekt wurde aus der Prioritätsklasse A herabgestuft und wird jetzt innerhalb des Multiprojekt-Reviews der Projekte mit Priorität B neu berücksichtigt.

Abbildung 5–14   Fallbeispiel: Angaben zu Veränderungen der Einzelprojekte im Portfolio

Um die mannigfaltigen Handlungsalternativen innerhalb des Multiprojekt-Reviews aufzeigen zu können, werden im Weiteren einige Annahmen (Abbildung 5–14) bezüglich der Entwicklung der einzelnen Projekte gegenüber dem Zeitpunkt der Portfolio-Konfiguration getroffen. Zusätzlich wurde innerhalb des Bewertungsmodells die Gewichtung der einzelnen Kriterien an eine veränderte wirtschaftliche Situation angepasst. Insbesondere dem Kriterium der Kosteneinsparung wird nun ein höheres Gewicht zugesprochen, da das Unternehmen seine Kostenposition optimieren muss. Demgegenüber wurden die Kriterien Kundennutzen und Prozessoptimierung in ihrer Bedeutung herabgestuft. Darüber hinaus bewilligt der Konzernausschuss Multiprojektmanagement aufgrund der hohen Budgetüberschreitungen eine einmalige Aufstockung des strategischen Projektbudgets für das IT-Projektportfolio auf jetzt 14 Mio. Euro, um die laufenden Projekte termingerecht fertig stellen und somit weitere Folgekosten vermeiden zu können.

Projekt-Priorität B	techn. Bedarf	Kunden -nutzen	Kosten-ein-sparung	Prozess-opti-mierung	Summe Nutzen Projekt	Rest-kosten Projekt	Rest-kosten kum.	Nutzen-Kosten-Ratio
	10%	10%	40%	40%				
D - Go	2	2	3	4	3,6	2,5	2,5	1,44
B - Go	2	5	2	5	3,5	3,3	5,8	1,06
H - Go	4	5	2	5	3,7	3,9	9,7	0,95
F - Go	3	3	4	4	3,8	4,1	13,8	0,93
Budgetschnitt								
A - Hold	2	3	4	3	3,3	4,5	18,3	0,73
C - Hold	3	2	3	3	2,9	4,8	23,1	0,60
G - Hold	5	3	2	2	2,4	4,5	27,6	0,53

Abbildung 5–15   **Fallbeispiel: Situation nach Multiprojekt-Review**[571]

Abbildung 5–15 zeigt die nach der Durchführung des Multiprojekt-Reviews eingetretenen Veränderungen innerhalb der Zusammensetzung des Projektportfolios. In der Prioritätsreihenfolge ist Projekt B aufgrund der veränderten Bewertungskriterien und des höheren Restbudgets zurückgefallen. Projekt D nimmt nun aufgrund eines besseren Nutzenwertes den obersten Rang ein, wohingegen Projekt F weiterhin aktiv bleibt, jedoch hauptsächlich aufgrund der Budgetaufstockung und des Abbruchs von Projekt E. Dieser Abbruch könnte auch damit erklärt werden, dass das eigentlich erfolgreich verlaufende Projekt einen im Vergleich zu niedrigen Scorewert hatte und insofern ein hoher strategischer Nutzen des Projektes in Frage gestellt wurde.[572] Das Projekt H

---

[570]   Angaben in Mio. Euro. Die Punktwerte können von 1 (niedrig) bis 5 (hoch) ausgeprägt sein. Die Nutzen-Kosten-Ratio berechnet sich aus (Summe Nutzen Projekt)/(Restkosten Projekt).

[571]   Angaben in Mio. Euro. Die Punktwerte können von 1 (niedrig) bis 5 (hoch) ausgeprägt sein.

[572]   Auch der nach Umgewichtung der Kriterien berechnete Wert von 3,4 erscheint als gering ausgeprägt, insbesondere da der Beitrag zur Prozessoptimierung weiterhin gering ausfällt. Weiterhin

kann trotz der Herabstufung aus der Prioritätsklasse A weitergeführt werden, muss jedoch zukünftig um neue Ressourcen mit den anderen Projekten der Priorität B konkurrieren. Weiterhin konnte das Projekt A seine Nutzen-Kosten-Ratio verbessern. Es ist aber absehbar, dass dieses Projekt, ebenso wie die Projekte C und G, in der jetzigen Konfiguration und mit den vorliegenden Daten in nächster Zeit nicht in das aktive Portfolio aufrücken wird, zumal die Budgeterhöhung auf 14 Mio. Euro nur einen einmaligen Charakter hat. Die Konsistenz des jetzigen Portfolios zeigt sich auch darin, dass bei alleiniger Berücksichtigung der Nutzenwerte einzelner Projekte dieselben Projekte durchgeführt werden würden. Abbildung 5–16 stellt mögliche Auswirkungen innerhalb des Multiprojekt-Reviews zusammenfassend dar. Dabei sind die Maßnahmen bezüglich ihrer Wirkungen sowohl auf Einzelprojekte als auch auf das gesamte Projektportfolio zu unterscheiden. Da die unterschiedlichen Veränderungen auch gleichzeitig auftreten können, sind die einzelnen Effekte nicht als unabhängig voneinander zu betrachten, sondern können sich gegenseitig verstärken oder aufheben.

Maßnahme	Auswirkung Projektportfolio	Auswirkung Einzelprojekt
Kürzung Portfolio-Budget	Anzahl der aktiven Projekte sinkt.	Projekte unterhalb der neuen Budgetgrenze wechseln in Status HOLD. Knappe Ressourcen werden freigesetzt.
Erhöhung Portfolio-Budget	Anzahl der aktiven Projekte steigt.	Projekte mit Status HOLD, welche nun über der Budgetgrenze liegen, werden ins Projektportfolio aufgenommen.
Bewertungskriterien im Priorisierungsmodell werden geändert (Aufnahme/Entfernung, Neugewichtung)	Struktur des Portfolios kann sich aufgrund von Projektwechseln zwischen HOLD und AKTIV ändern.	Projekte, die aufgrund der neuen Kriterien niedriger priorisiert werden, können unter die Budgetlinie fallen. Demgegenüber können Projekte mit dem bisherigen Status HOLD über die Budgetlinie priorisiert werden.
Aktives Projekt wird abgebrochen	Portfolio-Struktur und Anzahl der aktiven Projekte können sich ändern.	Knappe Ressourcen werden zunächst freigesetzt. Falls ausreichendes Budget vorhanden ist, können Projekte mit bisherigem Status HOLD in das Portfolio aufgenommen werden.
Budgetüberschreitung eines Projektes / des Portfolios	Aufgrund von Kürzungen können sich Portfolio-Struktur und Anzahl der aktiven Projekte ändern.	Einzelne Projektbudgets werden gekürzt. Projekte werden evtl. in den Status HOLD versetzt. Entscheidung ist abhängig von Höhe der Budgetüberschreitung sowie Stellung des Projektes in der Prioritätsliste. Evtl. sind nutzbare Budget-Slacks vorhanden.
Projekte der Priorität A werden herabgestuft	Portfolio-Struktur und Anzahl der aktiven Projekte können sich ändern.	Je nach Priorisierung der ehemaligen A-Projekte können bisher aktive Projekte unter die Budgetgrenze fallen und somit auf HOLD gestellt werden.

Abbildung 5–16   Zusammenfassung: Auswirkungen des Multiprojekt-Reviews

würde das Projekt auf alle Fälle aus dem aktiven Portfolio herausfallen, da die Nutzen-Kosten Ratio zwar auf 0,89 steigt, dies aber geringer als der Wert des Grenzprojektes F (0,93) ist.

5.4 Multiprojekt-Wissensmanagement

Der abschließende Abschnitt des Kapitels zeigt die Anwendungsmöglichkeiten des Wissensmanagement-Konzeptes im Rahmen des Multiprojektmanagements auf. Hierfür werden zunächst konzeptionelle Grundlagen gelegt, bevor dann im weiteren Verlauf die inhaltlichen Aufgaben des Multiprojekt-Wissensmanagements anhand des Grundgedankens der projektbezogenen Erfahrungssicherung aufgezeigt werden. Ausführungen zu spezifischen Instrumenten und Wissensmedien beschließen den Abschnitt.

5.4.1 Grundlagen des Multiprojekt-Wissensmanagements

Innerhalb des Konzeptes der strategischen Kontrolle ist die Endergebniskontrolle als Bestandteil der strategischen Durchführungskontrolle vorgesehen und müsste demnach innerhalb des Multiprojekt-Monitorings durchgeführt werden.[573] Um jedoch das volle Potenzial der Ergebniskontrolle bezüglich der Erfahrungssicherung und der Wissensgenerierung im Multiprojekt-Management zu nutzen, soll an dieser Stelle vielmehr die Grundidee der Ergebniskontrolle methodisch erweitert werden und als Grundlage für ein Multiprojekt-Wissensmanagement dienen.[574] Ausschlaggebend hierfür ist die Erkenntnis, dass im Zuge des Multiprojektmanagements von herausragender Bedeutung ist, von Erfahrungen zu profitieren („lessons learned"), die in Projekten der unterschiedlichen Portfolios gesammelt wurden. Das Ziel ist es dann, diese spezifischen Erfahrungen zu analysieren und neue Verhaltensweisen („best practices")[575] zu etablieren, die sowohl eine optimierte Projektdurchführung als auch eine Anpassung der Prozesse und Methoden des Multiprojektmanagements ermöglichen. Die Aufgabe eines Multiprojekt-Wissensmanagements[576] besteht somit darin, unterschiedliche

---

[573] Vgl. nochmals die Grundkonzeption von Schreyögg/Steinmann (1985) sowie detailliert Nuber (1995) S. 135.

[574] LEHMANN sieht darüber hinausgehend organisatorisches Lernen als ein Bestandteil der strategischen Budgetierung an. Insbesondere sind aus seiner Sicht die Prozesse der strategischen Budgetierung der Schlüssel zum Erfolg. Demnach stellt die Gestaltung der Feed-Back-Kontrolle, also der Endergebnis- aber auch der Meilensteinkontrolle, einen wichtigen Einflussfaktor dar. „Durch die Steuerung über Meilensteine bzw. den Abweichungen davon können – entsprechend dem Konzept der strategischen Kontrolle – Lernvorgänge zielorientiert ausgerichtet werden." Lehmann (1993) S. 187.

[575] Vgl. Schindler (2001) S. 174f. und Patzak/Rattay (1998) S. 423f. Zur Bedeutung des Wissensmanagements für das Multiprojektmanagement siehe auch Balzer (1998) S. 46ff. mit weiteren Quellennachweisen zu Grundlagen des Wissensmanagement. Siehe auch Scheurer (2000) S. 402f. zu den Vorteilen eines Multiprojekt-Wissensmanagements.

[576] Wissensmanagement soll im Rahmen dieser Arbeit als methodische Vorgehensweise verstanden werden, die es ermöglicht, das relevante implizite und explizite Wissen einer Organisation zu

Wissensbestandteile[577], die innerhalb der unterschiedlichen Phasen des Multiprojekt-management-Zyklus in den einzelnen Projekten bzw. Projektportfolios generiert wurden, der Wissensbasis des Gesamtunternehmens zuzuführen, damit diese zu einem späteren Zeitpunkt in ähnlichen Situationen genutzt werden können.

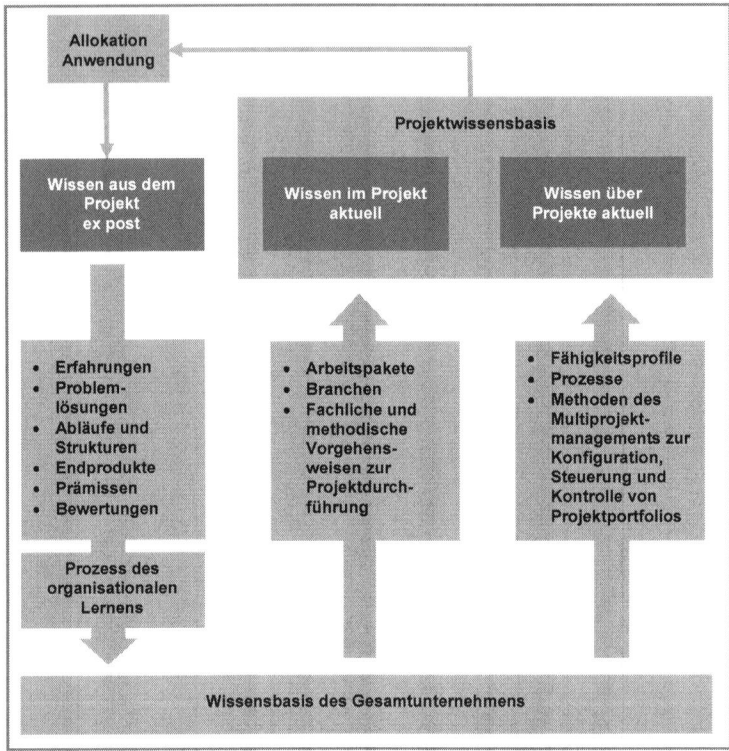

Abbildung 5–17   Typen des Projektwissens[578]

---

bearbeiten, zu sichern und innerhalb der Organisation nutzbar zu machen. Vgl. zu weiteren Definitionen die Übersicht bei Schindler (2001) S. 36ff. Zur Charakterisierung von implizitem und explizitem Wissen siehe North (2002) S. 48ff. sowie grundlegend Nonaka/Takeuchi (1995) S. 59ff. Implizites Wissen ist dabei ein eher schwer formulier- und formalisierbares Wissen, welches zumeist subjektiv empfunden wird und meistens auf persönlichen Erfahrungen und Werten beruht. Explizites Wissen ist demgegenüber leicht kommunizierbar und kann forma-lisiert, also in Form von Zahlen und Worten in Dokumentenform, weiter gegeben werden.

577   Wissen kann hierbei sowohl als Objekt (z.B. Faktenwissen) als auch als Prozess (z.B. richtige Anwendung von Faktenwissen in der Projektpriorisierung) angesehen werden. Vgl. North (2002) S. 46.

578   In Anlehnung an: Schindler (2001) S. 119.

Eine Hauptaufgabe besteht somit auch darin, das implizit innerhalb der einzelnen Projektgruppen bzw. der Multiprojektmanagement-Führungsstrukturen vorhandene Wissen explizit dem gesamten Unternehmen zur Verfügung zu stellen.[579] Hierbei lassen sich nach SCHINDLER drei Kategorien des Projektwissens unterscheiden (Abbildung 5–17). Im „Wissen über Projekte" existieren Wissensbestandteile, welche die Behandlung von Projekten betreffen. Dabei sind vor allem Kenntnisse über die Methoden des Multiprojektmanagements und der Portfoliosteuerung angesprochen. In der Kategorie „Wissen in Projekten" sind vor allem die innerhalb der Projektdurchführung relevanten Wissensbestandteile enthalten, die vor allem von den Projektteammitgliedern genutzt werden. Hierzu gehören auch Wissensbestandteile, welche für die operative Umsetzung der Projektziele und somit die erfolgreiche Durchführung der Projekte notwendig sind.

Während diese beiden Wissenskategorien die Projektwissensbasis bilden und aus dem Wissenspool des Gesamtunternehmens heraus genutzt werden können, stellt die dritte Kategorie des „Wissens aus dem Projekt" die für die Erfahrungssicherung innerhalb des Multiprojektmanagements wichtigste Wissenskategorie dar. In dieser Wissenskategorie werden die während und nach der Projektdurchführung erworbenen (impliziten) Wissensbestandteile der Projektteammitglieder als Erfahrungswerte in den Wissenspool des Gesamtunternehmens zurückgespielt und können somit in neuen bzw. laufenden Projekten genutzt werden. Dies kann z.B. in Form von veränderten Prozessabläufen innerhalb des Multiprojektmanagements oder angepassten Bewertungsmethoden geschehen.[580]

---

[579] Zur Ausgestaltung von Wissensgemeinschaften (Communities of Practice), die z.B. auch die unterschiedlichen Aufgabenträger innerhalb des Multiprojektmanagements beinhalten können, siehe Crawford (2002) S. 195ff. und North (2002) S. 163f. sowie 289ff. zu Kompetenznetzwerken. Zur Generierung von projektspezifischem Wissen siehe auch Willke (2002) S. 120f.

[580] Vgl. Schindler (2001) S. 115ff. DILLERUP setzt diese Vorgehensweise mit dem „double-loop learning" gleich und zeigt somit, dass ein Multiprojekt-Wissensmanagement einen wichtigen Baustein eines Vorgehensmodells zum Organizational Learning darstellt. Vgl. Dillerup (1998) S. 150ff. Vgl. zum Begriff des double-loop learning Argyris/Schoen (1978) S. 2f. Einen ähnlichen Ansatz stellen NONAKA/TAKEUCHI mit ihrer Hypertext-Organisation vor. Hierbei vertreten sie die Grundidee, dass in einem Unternehmen mehrere Ebenen existieren. Mitarbeiter, welche sich zunächst im Zuge eines wissensproduzierenden Projektes (z.B. Produktentwicklung) innerhalb der Projektteamebene beschäftigen, können nach Projektende ihre erworbenen Wissensbestandteile innerhalb der Wissensbasisebene relokalisieren und mit bereits bestehenden Wissensbestandteilen koppeln. Sie führen dann innerhalb der Geschäftssystemebene so lange Routinearbeiten durch, bis sie in einem neuen Projekt mitarbeiten. Vgl. zu diesem Ansatz umfassend Nonaka/Takeuchi (1995) sowie bewertend aus Sicht des Multiprojektmanagements Hiller (2002) S. 32f. und 38f.

Das Hauptproblem eines Multiprojekt-Wissensmanagements besteht vor allem darin, dass mit dem Projektende auch das Ende des kollektiven Lernens eines Projektteams erreicht ist, da die Teammitglieder danach häufig an anderen Stellen des Unternehmens eingesetzt werden. Verstärkt wird dieses Problem dadurch, dass unternehmensexterne Projektteammitglieder (z.B. Berater, IT-Fachleute), die oftmals über ein Spezialwissen bezüglich Methoden und Problemlösungsansätzen verfügen, nach Projektende das Unternehmen sogar gänzlich verlassen. Falls das spezifische Projektwissen nicht direkt benötigt und somit auf unternehmensexterne Dritte übertragen wird, geht es folglich verloren.[581] Im Ergebnis lassen sich somit oftmals keine kausalen Verbindungen mehr zwischen der frühen Phase der Projektpriorisierung und Portfoliokonfiguration sowie dem endgültigen Nutzenbeitrag der einzelnen Projekte herstellen. Insofern gilt es, spezifisches Wissen noch während des Projektablaufs zu sichern – und sei es in der Phase des Projektabbaus.

5.4.2 Konzepte zur projektbezogenen Erfahrungssicherung

In der Literatur wurde zunächst das Konzept der Projektnachkontrolle propagiert.[582] Im Zuge der Projektnachkontrolle sollen Erfahrungen aus abgeschlossenen Projekten durch eine neutrale und unabhängige Bewertungseinheit, die „Post-Project Appraisel Group" (PPA-Group), gesichert werden.[583] Die Mitglieder der PPA-Group sichten dabei sämtliche relevanten Projektunterlagen, führen Interviews, erstellen dann einen (kritischen) Abschlussbericht und stoßen notwendige Reaktionen an. LUKESCH sieht als Hauptaufgabe der Projektnachkontrolle speziell die Überprüfung des tatsächlich erreichten finanziellen wie strategischen Nutzens, der entstandenen Kosten sowie der prognostizierten und tatsächlich eingetretenen Risiken. Dies soll dazu beitragen, dass die Planung und Auswahl von Projekten sowie die Projektdurchführung optimiert

---

[581] Dies wird vor allem bei strategischen Projekten oftmals der Fall sein, da hier ein hoher Neuigkeitsgrad innerhalb der einzelnen Projekte vorliegt. Vgl. Schindler (2003) S. 219f. Eine ausführliche und detaillierte Aufstellung von Gründen für das Verlieren von projektbezogenem Wissen („project amnesia") liefert Schindler (2001) S. 221. Ebenso Crawford (2002) S. 187f.

[582] Hierbei wird die Vermutung geäußert, dass das Erfahrungslernen bezüglich der Budgetkontrolle in Dienstleistungsunternehmen („Consultancy Groups") ausgeprägter erfolgt als in Sachleistungsunternehmen („Manufacturing Firms"). Begründet wird dies mit dem höheren Standard der Weitergabe von projektbezogenem Wissen in Dienstleistungsunternehmen. Vgl. Segelod (1998) S. 536.

[583] Vgl. hierzu als grundlegende Veröffentlichung Gulliver (1988) S. 100f. Als Ergebnisse der Einführung dieser Gruppe konnten bei BP vier wichtige Lehren gezogen werden: Die Kosten von Projekten müssen genau und realistisch festgestellt werden, Risiken müssen erfasst und minimiert werden, externe Auftragnehmer müssen im Vorhinein bewertet werden, und die Methodik des Projektmanagements muss konsequent angewendet werden.

werden können. Im Ergebnis sollen Erfahrungswerte und Verbesserungspotenziale identifiziert und genutzt werden.[584] Insbesondere die für das Multiprojekt-Wissensmanagement bedeutsamen Erfahrungswerte können dabei in zwei Kategorien unterteilt werden. Zum einen können, wie bereits angedeutet, die Erfahrungen im Bereich des Projektmanagements zur Etablierung von „Best Practices" liegen, wobei es anschließend im Verantwortungsbereich der einzelnen Projektmanager liegt, diese Practices auf die Situation ihrer spezifischen Projekte anzuwenden. Zum anderen können Erfahrungen aus der bisherigen Priorisierung und Kontrolle von Projektportfolios auf die Methoden des Multiprojektmanagements übertragen werden.[585]

Es ist dabei an dieser Stelle darauf hinzuweisen, dass nicht nur sehr unbefriedigende Projektverläufe sondern insbesondere auch gelungene Problemlösungen in erfolgreichen Projekten eine Quelle für Erfahrungswerte darstellen können.[586] Aus Gründen der Nachprüfbarkeit des eingetretenen Projektnutzens schlägt LUKESCH daher vor, die Nachkontrolle ca. 12 bis 18 Monate nach Beendigung des Projektes durchzuführen.[587] Die Beurteilung des finanziellen Nutzens soll dabei mittels des Einzel-Projektcontrolling sowie des Rechnungswesens erfolgen. Die strategischen und qualitativen Auswirkungen des Projektes sollen demgegenüber in Zusammenarbeit mit den Verantwortlichen bzw. den Nutzern der Projektresultate erfolgen.[588]

So verweisen auch HUNZIKER/HÜGEL aus Unternehmenssicht auf die hohe Bedeutung der Überprüfung einzelner Projekte in der dem Projektabschluss folgenden Nutzungsphase. Als ein geeignetes Instrument identifizieren sie Post-Implementation-Reviews, die den Projektnutzen entweder direkt (über erzielte Ertragssteigerungen,

---

[584] Vgl. Lukesch (2000) S. 73.

[585] Denkbar ist hier eine Umgewichtung bzw. grundlegende Änderung von Kriteriensystemen, die zur Priorisierung und Kontrolle von Projektportfolios genutzt werden. OTT argumentiert für den analogen Fall des strategischen Investitionscontrollings, dass bei Vorliegen von einer Großzahl an „Post Completion Audits" vor allem Hinweise auf die Adäquanz der verwendeten Planungsinstrumente, der Prognose- und Planungssicherheit sowie der ergriffenen Maßnahmen zum Umgang mit Störeffekten gezogen werden können. Vgl. Ott (2000) S. 204 und Rösgen (2000) S. 236.

[586] Vgl. Lukesch (2000) S. 147 und Pöppl (2002) S. 142.

[587] Vgl. Lukesch (2000) S. 140f. Der Nutzen des Projekts kann dabei auch erst nach dem gewählten Kontrollzeitpunkt in voller Höhe eintreten und wird dann nicht in seiner ganzen Höhe berücksichtigt. Vgl. zu dieser Problematik auch Lukesch (2000) S. 73f. Ebenso Butler et al. (1993) S. 58f. Es zeigt sich in der empirischen Untersuchung der Autoren, dass die Bedeutung des Project-Audits erheblich zugenommen hat.

[588] Vgl. Lukesch (2000) S. 76f. und 143f. sowie Crawford (2002) S. 189ff.

Kostensenkungen, etc.) oder indirekt über Kennzahlen (Kundenzufriedenheit, Marktanteilsentwicklung, etc.) überprüfen.[589]

Aufgrund der hohen Kosten für die Nachkontrolle von strategischen Projekten, LUKESCH gibt sie mit durchschnittlich 20 Manntagen an, kann nur ein gewisser Anteil aller Projekte zur Nachkontrolle vorgeschlagen werden.[590] Es gilt dabei, die Kosten der Nachkontrolle dem Nutzen, also den Kosten fehlender Kontrolle und nicht erkannter Verbesserungspotenziale, gegenüberzustellen[591] und ein Kosten-Nutzen Optimum zu finden. Liegt dieser Anteil der Projekte fest, ist in einem weiteren Schritt die Auswahl der zu kontrollierenden Projekte zu tätigen. Eine zufällige Auswahl wie auch eine Auswahl nach detaillierten Kriterien scheiden insofern aus, als dass die zufällige Auswahl evtl. bedeutsame Projekte nicht berücksichtigt und eine Auswahl nach detaillierten Kriterien eine anstehende Kontrolle vorhersehbar macht, mithin geht die erwünschte Präventivfunktion der Projektnachkontrolle verloren.[592]

Insofern wird aus praktischen Erwägungen eine Auswahl nach den erwarteten Resultaten propagiert. Dies können die Aspekte der Bedeutung des Projektes für das Unternehmen, die erwarteten Verbesserungspotenziale bei Projekten mit schlechtem Projektausgang sowie die Erfahrungswerte bei sehr positiv verlaufenden oder besonders schwierigen Projekten sein. Insofern ist sowohl den Bedarfen des Multiprojekt-Wissensmanagements als auch der erwünschten Präventivfunktion der Nachkontrolle Rechnung getragen, da die Auswahl der Projekte nicht mit letzter Sicherheit ex ante vorhergesagt werden kann und somit sämtliche Projektleiter mit Nachkontrollen rechnen müssen.[593]

---

[589]   Vgl. Hunziker/Hügel (2007) S. 16.

[590]   Aufgrund der für UBS Global Wealth Management & Business Banking hohen Bedeutung eines kontinuierlichen Lernens wird dort beispielsweise jedoch jedes Projekt mit einer „Lessons Learnde" Analyse abgeschlossen. Vgl. Hunziker/Hügel (2007) S. 18.

[591]   Die Kosten fehlender Kontrolle und nicht erkannter Verbesserungspotenziale müssen in Zusammenarbeit mit dem Linienmanagement geschätzt werden und sind somit mit z.T. erheblichen Ungenauigkeiten belastet. Vgl. hierzu und zur gesamten Vorgehensweise Lukesch (2000) S. 151.

[592]   OTT zeigt, dass im Zuge der strategischen Investitionskontrolle der Investitionsnachrechnung aus Praxissicht eine hohe Relevanz als Sanktionsmechanismus zugerechnet wird. Vgl. Ott (2000) S. 246.

[593]   Vgl. Lukesch (2000) S. 153f. OTT empfiehlt eine analoge Vorgehensweise für den Bereich der strategischen Investitionskontrolle. Eine Investitionsnachrechnung soll auch hier nicht ex ante vorhersehbar sein. Die (frühzeitige) Auferlegung einer Investitionsnachrechnung kann aber zusätzlich einen Hinweis für den Projektleiter auf eine unzureichende oder zu optimistische Investitionsplanung darstellen. Vgl. Ott (2000) S. 246 sowie Butler et al. (1993) S. 59. Gleich-

Neben den oben dargestellten Vorteilen besitzt das Konzept der Projektnachkontrolle auch erhebliche Nachteile. Durch den Kontrollcharakter kann ein Vertrauensverlust eintreten, der zu Verschleierungstaktiken bzw. unkooperativem Verhalten von Seiten der Beteiligten führt. Weiterhin kann beobachtet werden, dass sich die Zusammensetzung der Projektteams insbesondere in lang andauernden Projekten auch zwischen spezifischen Meilensteinen ändert. Insofern findet hier ein Verlust an spezifischen Wissensträgern schon innerhalb der Projektdurchführung statt. Ebenso besteht nach wie vor das Problem, dass die Einbindung bzw. Befragung von unternehmensexternen Teammitgliedern nach Beendigung des Projektes oftmals mit weiteren Kosten verbunden ist. Die Erfahrungen dieser Wissensquellen werden daher nicht häufig genug genutzt.[594]

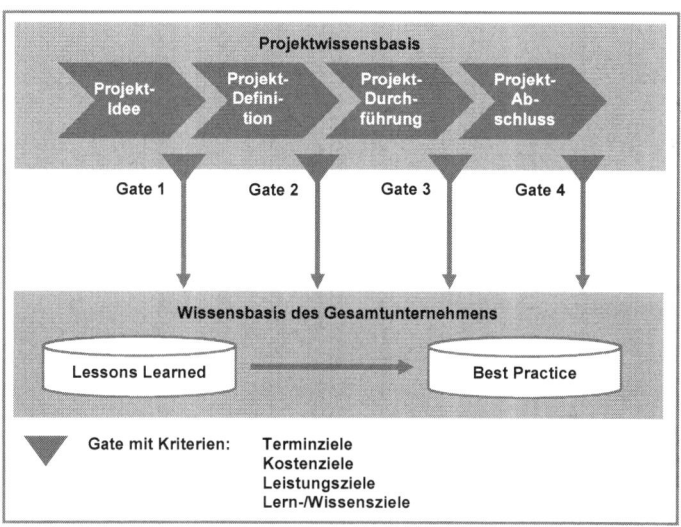

Abbildung 5–18   **Wissenstransfer durch kontinuierliches Erfahrungslernen**[595]

---

lautende Praxiserfahrungen bezüglich einer selektiven Nachkontrolle („post-completion review") liefert Segelod (1998) S. 533.

[594] Vgl. zu den Gründen Schindler (2003) S. 224 bzw. zur Problematik der Vertrauensbildung im Zuge der Explizierung von implizitem Wissen innerhalb von Projekten Schindler (2001) S. 81ff. GULLIVER argumentiert, dass die Projektmitarbeiter oftmals mit der PPA-Group kooperieren, um nachteilige Erwähnungen in Projektberichten zuvorzukommen und evtl. zu entschärfen. Vgl. Gulliver (1988) S. 103. OTT verneint gänzlich den Lerneffekt von Investitionsnachrechnungen für strategische Investitionen aufgrund des oftmals innovativen und einzigartigen Charakters. Vgl. Ott (2000) S. 246.

[595] In Anlehnung an: Schindler (2001) S. 174f.

Aus diesen Gründen schlägt SCHINDLER das Konzept eines kontinuierlichen Project Learning[596] vor (Abbildung 5–18). Hierzu werden den Projekten neben den üblichen Zielwerten (Zeit, Kosten und Projektergebnis) im Rahmen einer Meilenstein- oder Gate-Kontrolle zusätzlich Lern- und Wissensziele[597] zugewiesen, deren Erreichen abgeprüft wird. Als Konsequenz können nicht nur projektbezogene Anpassungen der Projektteams im Zuge von Problemlösungen in den Wissenspool des Unternehmens eingespeist werden, sondern es kann auch eine Reflektion auf der Gesamtunternehmensebene angestoßen werden, die im Zuge von Änderungslernen z.B. die Modifikation von Unternehmensstrategien zur Folge hat.[598]

Neben dem regelmäßigen Erfassen der wichtigsten Projekterfahrungen sollte vor allem eine Schlussbesprechung unter dem Vorsitz eines projekt-unabhängigen Auditors bzw. Beraters stehen, damit Interessenskonflikte vermieden werden. Weiterhin sollten zeitgleich mögliche Verbesserungsvorschläge diskutiert, nach ihrer Wirtschaftlichkeit geprüft und Umsetzungsverantwortliche ernannt werden.[599] An dieser Stelle wird nochmals deutlich, dass ein Multiprojekt-Wissensmanagement eng mit der Multiprojekt-Kontrolle verbunden ist und daher eine Integration ihrer einzelnen Bestandteile auf der einen und des Multiprojekt-Wissensmanagements auf der anderen Seite sichergestellt werden muss.

5.4.3 Instrumente und Wissensmedien

Zur Sicherung der projektspezifischen Erfahrungen wird in der Literatur eine große Anzahl an Instrumenten vorgestellt. An dieser Stelle sollen jedoch keine detaillierten Erläuterungen gegeben sondern lediglich die typischen Charakteristika dieser Instrumente aufgezeigt werden. Als Hauptaufgabe haben diese Instrumente die Schlüsselerfahrungen bezüglich spezifischer Problemlösungen in Projekten in einer Form zu sichern, die es Dritten erlaubt, mit möglichst geringem Zeitaufwand und geringen Kosten diese Erfahrungen in gleichgerichteten Projekten bzw. Problemlösungen an-

---

[596]   Vgl. Schindler (2001) S. 174f.

[597]   Beispiele können neue Dokumentationen durch die Projektteams, „team-rules" oder projektbezogene Stakeholderanalysen sein. Vgl. Schindler (2003) S. 226. Insofern ist neben dem Erreichen des eigentlichen Projektziels, z.B. der Entwicklung eines neuen Produktes, auch die Mehrung der unternehmensinternen Wissensbasis zu fordern. Vgl. S. 227 mit weiteren Quellennachweisen. Ähnlich zu sehen sind auch die „Projekt-Snapshots", die z.B. bei HP-Consulting in regelmäßigen Abständen projektinternes Wissen Dritten gegenüber verfügbar machen. Vgl. Wyrsch/Blessing (2000) S. 289.

[598]   Vgl. Schindler (2001) S. 175.

zuwenden. Dies wird regelmäßig durch die explizite Aufzeichnung von implizitem Wissen der einzelnen Projektgruppen geschehen. Die hierzu notwendigen Instrumente können in prozessorientierte und dokumentenorientierte Ausprägungen unterteilt werden (Abbildung 5–19).

Prozessorientierte Instrumente des Multiprojekt-Wissensmanagements	
Instrumente	**Charakteristika**

• Project Review
• Project Audit
  Postcontrol
• Post-Project-
  Appraisal
• After Action
  Review
	Vornehmlich nach Projektende mit Teammitgliedern durchgeführte Nachbetrachtung hinsichtlich der Teamarbeit, der möglichen Erfahrungsweitergabe an andere Teammitglieder und Dritte. Durchführung mit Hilfe von Dokumentenanalysen (z.B. Reports, Budgets Targets) und Face-to-Face bzw. kooperativen Teamsitzungen. Ergebnisse werden in schriftlicher Form (z.B. Reports, Booklets) festgehalten.

Dokumentenorientierte Instrumente des Multiprojekt-Wissensmanagements	
Instrumente	**Charakteristika**
• Micro Articles • Learning Histories • RECALL	Verfassung von kurzen Erfahrungsberichten, ausführlichen Projekthistorien mit detaillierten Daten- und Projektverlaufsangaben sowie direkter Eingabe von Lessons Learned in Datenbanken mit internetbasierten Front-Ends. Methoden können kontinuierlich oder einmalig (Historie) eingesetzt werden.

Abbildung 5–19   **Charakteristika bedeutsamer Instrumente des Multiprojekt-Wissensmanagements** [600]

Die prozessorientierten Instrumente versuchen, den Prozess der Erfahrungssicherung zu kanalisieren und somit eine verbindliche, strukturierte Vorgehensweise zu liefern. Diesen Instrumenten ist daher die gezielte Evaluation von Projekten in einer oftmals teamorientierten Ausrichtung gemein. Die Instrumente bilden eine Ergänzung zu den bestehenden teamorientierten Ansätzen, wie z.B. Teammeetings oder Jours fixes.[601] Somit wird den Beteiligten die Möglichkeit zur Diskussion und Reflexion gegeben. Demgegenüber sollen die dokumentenorientierten Instrumente die inhaltliche Gestaltung von Erfahrungsberichten strukturieren.[602] Die beiden Kategorien von Instrumenten sind dabei nicht unabhängig voneinander zu sehen. Es können beide Arten von

---

[599]   Vgl. Schindler (2003) S. 227. Eine Übersicht zu weiteren Beispielen aus der Unternehmenspraxis siehe Dillerup (1998) S. 157f. mit weiteren Quellennachweisen.

[600]   In Anlehnung an Schindler/Eppler (2003) S. 221ff. und Schindler (2001) S. 153ff. mit weiterführenden Quellennachweisen und detaillierter Darstellung der einzelnen Methoden. Siehe ebenso Crawford (2002) S. 189ff. zur exemplarischen Methodenerläuterung.

[601]   Vgl. Schindler (2001) S. 153.

[602]   Vgl. Schindler (2001) S. 158.

Instrumenten angewendet werden. Projektberichte als Ergebnis beider Verfahren sollten daher unter Nutzung mehrerer Methoden erstellt werden.

Das Ziel der aufgeführten Methoden ist es vor allem, das implizite Wissen in den Projekten zu explizieren und in den Wissenspool des Unternehmens zu überführen. Dies kann in vielen Fällen der richtige Weg sein. Es sind jedoch auch Szenarien denkbar, in denen die Übertragung des Wissens in impliziter Form z.B. durch die Übertragung von Projektmitarbeitern auf andere Projekte zeit- und kostengünstiger abläuft und einen höheren Projekterfolg verspricht. CUSUMANO/NOBEOKA argumentieren in dieser Weise für den Fall der Übertragung von System- oder Integrationswissen im Zuge der F&E. Während ein rein komponentenbezogenes Wissen durch die obigen prozess- bzw. dokumentenorientierten Verfahren relativ einfach der Wissensbasis des Unternehmens zugeführt werden kann, gilt dies nicht für die Integration verschiedener Komponenten (z.B. die komplexe Zusammenführung von Antrieb, Karosserie und gleichzeitiger Minimierung von Vibrationen während der Entwicklung eines neuen Automobils). Hier schlagen die Autoren vor, den Wissenstransfer durch Mitarbeiter zu vollziehen. Dies soll vor allem durch sich überlappende Projektstrukturen geschehen, da hierbei vermehrt auf Face-to-Face-Kommunikation, E-mail-Kontakte oder Videokonferenzen zurückgegriffen wird. Die Nutzung von Dokumenten, die der komplexen Wissensstruktur nicht gerecht werden, wird somit vermindert. Es gilt daher, die Anwendung der spezifischen Methoden zur Wissenssicherung auch immer vom Inhalt und dem Komplexitätsgrad des involvierten Wissens abhängig zu machen. CUSUMANO/NOBEOKA weisen ebenfalls darauf hin, dass Unternehmen, die einen großen Aufwand zur Sicherung von Wissen aus früheren Projekten betreiben, große Probleme haben, neue und innovative Designs und Technologien zu erstellen bzw. sich nicht schnell genug an geänderte Umfeldbedingungen adaptieren können.[603]

Neben der effektiven Sicherung des projektbezogenen Erfahrungswissens ist vor allem auch eine effiziente Nutzung der Wissensbasis von herausragender Bedeutung für den Erfolg eines Multiprojekt-Wissensmanagements. Insbesondere in dynamischen Unternehmen mit einer großen Anzahl an Mitarbeitern ist eine reibungslose Wissensbereitstellung bzw. -verfügbarkeit unbedingt erforderlich. Hierzu werden den Vorschlägen

---

[603]   Vgl. Cusumano/Nobeoka (1998) S. 175ff. Die Autoren beziehen sich dabei auf Daten einer Drittstudie. Weitere wichtige Erkenntnisse dieser Studie sind, dass F&E-Teams, die nur auf archivierte Wissensbestandteile zurückgreifen, einen geringeren technologischen Fortschritt erzielen als F&E-Teams, die eine personenbezogene Wissensweitergabe praktizieren. Weitere Erkenntnisse in dieser Richtung zur Wissenssicherung in „cross-functional"-Teams bieten Huang/ Newell (2003) S. 175.

der Literatur folgend in der Unternehmenspraxis Portallösungen verwendet, die auf der Technologie des Internets basieren. Der Vorteil von Portalen, im Falle des Multiprojekt-Wissensmanagements wird von Projekt-Portalen gesprochen, liegt im „single point of access". Dieser besitzt den Vorteil, dass potenzielle Nutzer der Wissensbasis immer denselben Eintrittspunkt zur Abfrage und Einstellung von Informationen nutzen. Eine Hauptfunktion von Projektportalen besteht damit in der Integration mehrerer Informationsquellen in eine einheitliche Wissensstruktur. Weiterhin stellen sie zusätzliche Funktionen wie z.B. Navigation, Aufgabendelegation oder Kommunikation über integrierte Anwendungen zur Verfügung. Schließlich besteht die Möglichkeit, dass Nutzer ihren Portalzugang personalisieren können, also z.B. Projektmanager aus dem Bereich der F&E zunächst Informationen und Erfahrungsberichte aus diesem spezifischen Bereich erhalten.[604]

NIMSCH/LINDEN sehen im Zuge der Nutzung solcher Wissensmanagement-Plattformen vor allem die Notwendigkeit der aktuellen Datenhaltung. Es ist daher ihrer Meinung nach zu empfehlen, die Daten der Projektanträge direkt in eine Wissensdatenbank zu übertragen und mit den Daten der Verantwortlichen zu verknüpfen. Es sollte dann eine quartalsweise Erinnerung der Projektleiter per Email erfolgen, die aktuellsten Projektdaten – insbesondere auch einen Projekt-Forecast – direkt in das System einzuspeisen. Die Autoren empfehlen weiterhin die Nutzung von sogenannten „Yellow Pages" – Expertendatenbanken, um einen einfachen Zugang zu überregional und bereichsübergreifend vorhandenem unternehmensinternem Wissen zu schaffen.[605]

Neben den Autoren, die eine Einführung eines Multiprojekt-Wissensmanagements aus theoretischer Sicht propagieren, sind jedoch auch kritische Stimmen in der Literatur zu finden. Die adäquate Anwendung des Multiprojekt-Wissensmanagements ist trotz Kenntnis der relevanten Instrumente in den Unternehmen weiterhin ein Problembereich: *„However, at the end of the day, all the techniques used were ad hoc."*[606] Insofern gilt es im Zuge der Einführung eines Multiprojektmanagements, den Aspekt der

---

[604]   Vgl. zu diesen Grundlagen von Portalen Jansen/Thiesse/Bach (2000) S. 122ff. bzw. spezifisch zu typischen Funktionalitäten von Projekt-Portalen Schindler (2001) S. 197. Projektportale dienen dabei nicht nur dem Multiprojekt-Wissensmanagement, sondern stellen auch ein wichtiges Hilfsmittel zur Kontrolle von Projektportfolios dar. Zur praktischen Umsetzung von Projekt-Portalen siehe z.B. Goesmann/Hoffeld/Kölle (2001) insbesondere S. 72f. Zur technischen Umsetzung von Projekt-Portalen bzw. Multiprojekt-Informationssystemen siehe auch Abschnitt 6.4.

[605]   Vgl. Nimsch/Linden (2006) S. 230ff.

[606]   Turner/Keegan (1999) S. 308.

Wissensgenerierung und -sicherung mit der notwendigen Bedeutung zu versehen und insbesondere in der Einführungsphase einer solchen Methodik ein Augenmerk auf die kontinuierliche Schulung der betroffenen Mitarbeiter zu legen.

6 Strukturierung des Multiprojektmanagements

Ziel dieses Kapitels ist es, Gestaltungsempfehlungen der Literatur zur Strukturierung eines Multiprojektmanagements aufzugreifen und darauf aufbauend eigene Gestaltungsvorschläge zu entwickeln. Hierzu sind in Abschnitt 6.1 zunächst die typischerweise anzutreffenden Projektorganisationsformen darzustellen und auf ihre Eignung im Kontext strategischer Projekte zu beurteilen. Die Etablierung eines effektiven und effizienten Multiprojektmanagement erfordert neben der Wahl der für das einzelne Projekt adäquaten Organisationsform aber auch die organisatorische Anpassung des gesamten Unternehmens. Diese Anpassung kann dabei in zwei unterschiedlichen Intensitätsstufen ablaufen. In einem ersten Schritt kann es genügen, das Multiprojektmanagement lediglich durch die Einrichtung spezifischer Elemente einer Multiprojekt-Führungsorganisation zu etablieren. In einem weiteren Schritt ist es aber auch denkbar, darüber hinausgehend die gesamte Primärorganisation des Unternehmens zu verändern und an die gestiegenen Abstimmungserfordernisse anzupassen. Diese Erfordernisse ergeben sich aus der Abstimmung von Projekten untereinander, aber auch aus der Abstimmung von Projekten und Linienfunktionen. Zunächst werden daher in Abschnitt 6.2 die Ziele und unterschiedlichen Elemente einer Multiprojekt-Führungsorganisation aufgezeigt. Überlegungen zur Abstimmung von primärer Unternehmensorganisation mit den organisatorischen Strukturen des Multiprojektmanagements erfolgen dann in Abschnitt 6.3. Abschließend wird in Abschnitt 6.4 kurz auf die strukturellen und technischen Ausprägungen eines Multiprojekt-Informationssystems eingegangen.

6.1 Organisationsformen strategischer Projekte

Die Organisationsformen strategischer Projekte beschreiben, wie die Mitarbeiter des Linienmanagements, also der primären Unternehmensorganisation, in die einzelnen Projekte eingebunden sind. Neben einer kompakten Darstellung der grundlegenden Projektorganisationsformen ist dabei vor allem deren unterschiedliche Eignung aus Sicht des Multiprojektmanagements zu bewerten. Schlussendlich sind idealtypische Handlungsempfehlungen abzuleiten. Über allgemeine Aussagen hinausgehende Empfehlungen für den Einzelfall können an dieser Stelle nicht gegeben werden.

6.1.1 Darstellung grundlegender Projektorganisationsformen

Im Zuge der Durchführung von strategischen Projekten sind in der Unternehmenspraxis regelmäßig folgende Grundformen bzw. aus diesen bestehende Mischformen der Projektorganisation vorzufinden. Diese unterschiedlichen Formen der Projekt-organisation sollen im Folgenden zunächst kurz mit ihren relevanten Eigenschaften vorgestellt werden, bevor eine Bewertung aus Sicht des Multiprojektmanagements erfolgen kann.[607]

6.1.1.1 Stabs-Projektorganisation

Die Stabs-Projektorganisation (Abbildung 6–1) zeichnet sich dadurch aus, dass die Projektleitung sowie die ausführenden Projektmitglieder in keiner direkten hierarchischen Beziehung zueinander stehen. Der Projektleiter hat nur sehr einge-schränkte Weisungs- und Entscheidungsbefugnisse und beschränkt sich im Wesent-lichen auf die Beratung und Absprache bzw. Koordination mit den Projektbeteiligten. Die Projektmitarbeiter verbleiben in ihren angestammten Organisationseinheiten. Entscheidungen über die Nutzung von Ressourcen innerhalb des Projektes trifft die Linieninstanz.

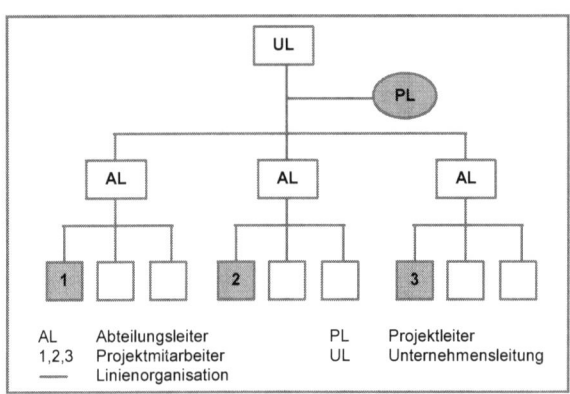

AL	Abteilungsleiter	PL	Projektleiter
1,2,3	Projektmitarbeiter	UL	Unternehmensleitung
——	Linienorganisation		

Abbildung 6–1   **Grundprinzip der Stabs-Projektorganisation[608]**

---

[607] Vergleiche grundlegend zur Thematik der Projektorganisation: Schulte-Zurhausen (2005) S. 427f.; Frese (2000) S. 507ff.; Bühner (1999) S. 226ff.; Litke (1995) S. 75ff.; Schanz (1994) S. 122, 151 und 190; Hügler (1988) S. 143ff.; Bürgel (1996) S. 177ff.; Schmelzer (1992) S. 148ff.; Rudolph (1999) S. 348ff.; Henrich (2002) S. 124ff.; Hiller (2002) S. 14ff.; Beck (1996) S. 96ff sowie Glaschak (2006) S. 59ff. Die Durchführung von Projekten in der Linie wird an dieser Stelle nicht betrachtet, da es sich hierbei oftmals um Projekte mit eher operativem Charakter handelt, die zudem auch nur auf einzelne Bereiche beschränkt durchgeführt werden und insofern nicht zu den originären Steuerungsobjekten des Multiprojektmanagements gezählt werden können. Vgl. Hiller (2002) S. 14. Gleichwohl besteht in Ausnahmefällen die Möglichkeit, strategische Projekte auch in der Linie durchzuführen.

[608] In Anlehnung an: Henrich (2002) S. 127 mit weiteren Nachweisen.

Obwohl der Projektleiter ohne direkte Befugnisse gegenüber der Linieninstanz ist, kann er durch die Anwesenheit vor Ort bzw. die hierarchische Nähe zur Unternehmensführung oftmals einen erheblichen Einfluss auf die Projektbeteiligten ausüben. Dieser Einfluss ist jedoch nicht dauerhaft gegeben und endet mit dem Projektende.[609]

6.1.1.2 Matrix-Projektorganisation

Diese Projektorganisationsform (Abbildung 6–2) ist durch eine Kompetenzteilung zwischen dem Projektleiter und den beteiligten (Fach-)Abteilungsleitern geprägt. Der Projektleiter ist vornehmlich mit der Planung und Kontrolle der Projektaufgabe betraut und greift im Zuge der operativen Projektdurchführung auf die Ressourcen der beteiligten Linieninstanzen zurück. Die Projektleiter sind, wie in der Stabs-Projektorganisation, somit auf die Ressourcen der Linienabteilungen angewiesen. Hieraus ergeben sich auch typische Probleme dieser Organisationsform, die zu Abstimmungshandlungen des Multiprojektmanagements führen können.

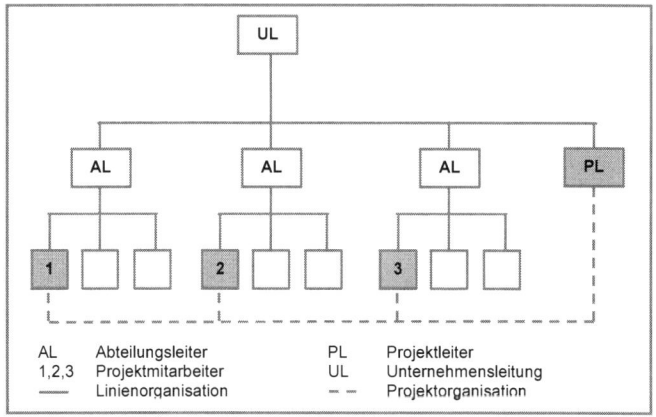

Abbildung 6–2   Grundprinzip der Matrix-Projektorganisation[610]

Da die Projektmitarbeiter „Diener zweier Herren" sind, ist im Falle von Ressourcenengpässen immer abzuwägen, welche Priorität der Arbeitskraft eines Mitarbeiters in der Linie bzw. im Projekt zuzuordnen ist. Weiterhin sind oftmals auch fachliche Ab-

---

[609]   Vgl. Beck (1996) S. 82ff.
[610]   In Anlehnung an: Henrich (2002) S. 129 mit weiteren Nachweisen.

stimmungen zwischen dem Projekteiter und den Abteilungsleitern durchzuführen.[611] In Bezug auf den Grad der Aufteilung der Kompetenzen innerhalb der Matrix-Projektorganisation werden in der Literatur drei Formen unterschieden. Die funktionale Matrix bezeichnet den Zustand, dass der Projektleiter im Vergleich zum Linienmanagement eher dem Linienmanagement untergeordnete Weisungsbefugnisse gegenüber den Projektmitarbeitern besitzt, während er innerhalb der Projekt-Matrix eher übergeordnete Weisungsrechte in Bezug zum Linienmanagement innehat. Schließlich bezeichnet die Balanced Matrix den Zustand, dass Projektleiter und Linienmanagement die Kompetenzen ausgewogen untereinander aufteilen.[612] Die Rolle des Projektmanagers wird dabei auch als „Lightweight"-Projektmanager (funktionale Matrix) bzw. „Heavyweight"-Projektmanager (Projekt-Matrix) bezeichnet. Der Heavyweight-Projektmanager hat dabei eine ähnliche Funktion wie ein Generalmanager, er kann also die Linieninstanzen in Abstimmungsfragen überstimmen.[613]

6.1.1.3 Reine Projektorganisation

Innerhalb der reinen Projektorganisation (Abbildung 6–3) werden dem Projektleiter weitgehende Befugnisse bezüglich des Ressourceneinsatzes und der Planung innerhalb einzelner Projekte eingeräumt. Die einzelnen Projektmitarbeiter werden organisatorisch dem Projektleiter unterstellt und somit aus ihren Linienfunktionen temporär entfernt. Den Projekten werden weiterhin explizit eigene Ressourcenpools zur Verfügung gestellt bzw. es besteht ein umfassendes Zugriffsrecht auf projektnotwendige Anlagen und Einrichtungen. Der Projektleiter hat im Rahmen dieser Organisationsform eine uneingeschränkte Weisungsbefugnis gegenüber den Mitarbeitern und steht somit auch allein in der Verantwortung.

---

[611]   Einen Vorschlag zur Trennung der Kompetenzen in unterschiedlichen Phasen des Projektlebenszyklus unterbreitet Hirzel (1988) S. 263.

[612]   Vgl. hierzu exemplarisch Beck (1996) S. 81f. Rickert (1995) S. 51f. und Crawford (2002) S. 65. Mit dem Grad der Weisungsbefugnis geht insofern auch die Projektverantwortung einher. Ergänzend können auch weitere Organisationsmodelle entworfen werden, zu denken ist dabei insbesondere an das sog. „Dotted-Line"-Prinzip. Hierbei werden die fachlichen und disziplinarischen Weisungsbefugnisse getrennt. Im Regelfall obliegen dann die eher fachlichen Weisungsrechte dem Projektleiter, während die eher disziplinarischen Weisungsrechte (z.B. über Ort und Zeit der Arbeitserstellung durch einen Mitarbeiter) dem Linienmanagement obliegen. Vgl Rickert (1995) S. 43ff.

[613]   Vgl. Schwager/Haar (1996) S. 478ff. Innerhalb von Toyota wird dieser Heavyweight-Projektmanager auch „Shusa" genannt, er profitiert insbesondere von der japanischen Projektkultur, die eine generelle Priorisierung von Projektzielen gegenüber Zielen der Linienfunktion ermöglicht. Vgl. zum Konzept des Shusa auch Schmelzer (1992) S. 39. Der Begriff des Shusa kann dabei auch auf einen Multiprojektmanager angewendet werden.

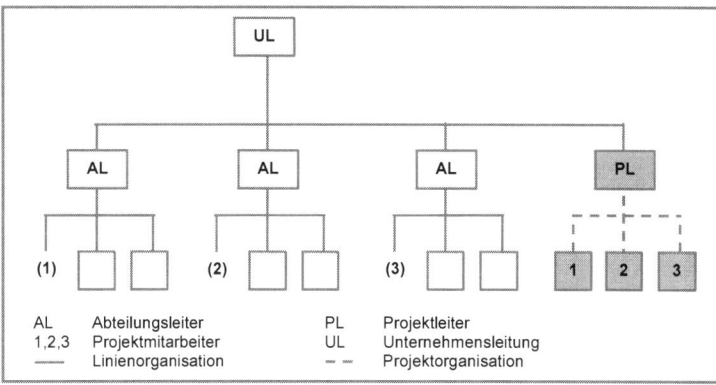

Abbildung 6–3   **Grundprinzip der reinen Projektorganisation**[614]

6.1.2 Projektorganisationsformen aus Sicht des Multiprojektmanagements

Die verschiedenen Formen der Projektorganisation eignen sich in unterschiedlichem Maße für die Durchführung von strategischen Projekten und sind somit aus Sicht des Multiprojektmanagements unterschiedlich zu bewerten.

6.1.2.1 Eignung der Projektorganisationsformen für strategische Projekte

Strategische Projekte können dabei als Projekte gekennzeichnet werden, die regelmäßig eine große bzw. sehr große wirtschaftliche und strategische Bedeutung für das Unternehmen haben.[615] Ebenso haben diese Projekte regelmäßig einen (relativ) hohen bis sehr hohen Budgetumfang. Zusätzlich stehen strategische Projekte unter mittlerem bis hohem Zeitdruck, sind in ihrer Projektdauer eher langfristig angelegt und oftmals durch eine mittlere bis hohe inhaltliche Komplexität geprägt.

Damit sind auch der große Bedarf dieser Projekte an zentraler Steuerung und der hohe Anspruch an die Qualifikation des verantwortlichen Projektleiters zu erklären. Betrachtet man diese Eigenschaften in Summe, so kommen grundsätzlich nur die Formen der Matrix-Projektorganisation bzw. der reinen Projektorganisation für die Durchführung solcher Projekte in Frage (Abbildung 6–4).[616]

---

[614]   In Anlehnung an: Henrich (2002) S. 125 mit weiteren Nachweisen.

[615]   Zu Begriff und Eigenschaften von strategischen Projekten vgl. Scheurer (2000) S. 386f.

[616]   Diese Argumentation wird auch von SCHMELZER gestützt. Er verweist für den Fall von strategischen Entwicklungsprojekten auf empirische Untersuchungen, die grundsätzlich nur der Matrix- und reinen Projektorganisation einen positiven Beitrag zum Projekterfolg zusprechen.

Projektbezogene Kriterien	Eignungskriterien von Projektorganisationsformen		
	Stabs-Projektorganisation	Matrix-Projektorganisation	Reine Projektorganisation
Strategische und wirtschaftliche Bedeutung	gering/mittel	groß	sehr groß
Budgetumfang	niedrig	hoch	hoch/sehr hoch
Zeitdruck	gering/mittel	mittel	hoch
Projektdauer	kurz	kurz/mittel	lang
Inhaltliche Komplexität	gering	mittel	hoch
Bedarf an zentraler Steuerung	gering/mittel	groß	sehr groß
Qualifikation des Projektleiters	gering	mittel/hoch	sehr hoch

Abbildung 6–4   Übersicht zur Eignung von Projektorganisationsformen[617]

Dieser Argumentation folgend betont ALTER, dass dem Einsatz der Stabs-Projekt-organisationsform *„bei komplexen Systemgestaltungsvorhaben enge Grenzen gesetzt sind"[618]*, da hier lediglich ein Projektkoordinator eingesetzt ist, der keinerlei Projekt-verantwortung in Bezug auf die Zielerreichung innehat. Somit müssen die projekt-bezogenen Leitungsfunktionen zusätzlich durch eine Linieninstanz wahrgenommen werden. Während in Bezug auf die Eignung der Stabs-Projektorganisation die Litera-tur-Meinung einhellig ist, unterscheidet sie sich bezüglich der Fragestellung, welche der beiden anderen Grundformen (Matrix-Projektorganisation oder reine Projekt-organisation) zu bevorzugen ist.[619]

So weist FRESE darauf hin, dass die reine Projektorganisation insbesondere in Fragen der Leitungsstruktur weniger problematisch als die Matrix-Projektorganisation anzu-sehen ist, da hier aufgrund der gegebenen Ressourcenunabhängigkeit die Leitungs-struktur vollständig auf die Projektbelange ausgerichtet werden kann.[620] Die Um-schichtung von Ressourcen in reine Projektbereiche kann sich insbesondere in strate-gischen Projekten im Falle von personellen und finanziellen Ressourcen als unproble-matisch erweisen. BECK bezeichnet die reine Projektorganisation weiterhin als

---

Hingegen können sowohl die Projektabwicklung in der Linie als auch die Stabs-Projektorgani-sation keine oder nur negative Wirkung auf den Projekterfolg aufweisen. Vgl. Schmelzer (1992) S. 159 mit weiteren Quellennachweisen.

[617]   In Anlehnung an Schulte-Zurhausen (2005) S. 429 sowie Beck (1996) S. 214.

[618]   Alter (1990) S. 126.

[619]   Vgl. Alter (1990) S. 126f.

[620]   Vgl. Frese (2000) S. 513.

„*ideale Form*"[621]. Auch STEIGER geht davon aus, dass die Implementierung von Strategien in hohem Maße in Form von eigenverantwortlichen Projektgruppen realisiert wird.[622] Vor allem im Rahmen von sehr komplexen strategischen Projekten bzw. dringlichen Maßnahmen (z.B. „Task-Force", Kostensenkungsprogramme) wird oftmals die reine Projektorganisation als optimale Lösung dargestellt. Dies ist mit den in solchen Situationen oftmals bestehenden Konflikten zwischen Linien- und Projektleitung bzw. der denkbaren unmittelbaren Betroffenheit der Linienorganisation von Änderungsmaßnahmen und den damit einhergehenden Befangenheiten der Linieninstanz zu erklären. Ebenso sind die schnelle Reaktionsfähigkeit und der niedrige Koordinationsaufwand innerhalb der reinen Projektorganisation als Vorteil anzuführen.[623] LITKE geht ebenfalls davon aus, dass die Realisierung von strategischen Projekten aufgrund ihrer hohen geschäftspolitischen Bedeutung nur im Zuge der reinen Projektorganisationsform geschehen wird.[624]

Einen ausgereiften Vorschlag zur Einführung einer reinen Projektorganisation für die Durchführung von strategischen Projekten unterbreitet KOLKS. Er geht in seinem Modell der Strategieimplementierung aufgrund theoretischer Grundüberlegungen als auch empirischer Überprüfungen mit Hilfe von Experteninterviews von einem grundsätzlichen Vorteil einer teamorientierten Sekundärorganisation aus. Er bezieht sich dabei auf die Umsetzung von tief greifenden Strategien, die nicht im Rahmen der Primärorganisation durchgeführt werden können. Für die spezielle Phase der Umsetzung spricht er sich dabei für miteinander verbundene Projektteams aus.[625] Obwohl die Einführung einer reinen Projektorganisation für die von KOLKS beschriebenen Fälle adäquat erscheint, muss darauf hingewiesen werden, dass die Einführung einer langfristig bestehenden reinen Projektorganisation auch von der Anzahl der durchzuführenden Projekte im Unternehmen abhängt.

TOURNEAU greift diese Überlegungen auf und empfiehlt, konzernübergreifende Projekte mit geringem Bezug zu einzelnen Unternehmensbereichen ebenfalls in der Form einer reinen Projektorganisation durchzuführen. Durch diese organisatorische Trennung der Projektmitarbeiter von den Unternehmensbereichen kann die Projekt-

---

[621]   Beck (1996) S. 268.

[622]   Vgl. Steiger (1988) S. 167.

[623]   Vgl. Rickert (1995) S. 132.

[624]   Vgl. Litke (1995) S. 83.

[625]   Vgl. Kolks (1990) S. 247ff. Dies wird vor allem im Zuge der Umsetzung von Organisationsprojekten der Fall sein.

arbeit stärker auf das Projektziel fokussiert werden. Demgegenüber sollten konzern-
bezogene Projekte, die einen stark bereichsübergreifenden Charakter haben, in der
Form der Matrix-Projektorganisation durchgeführt werden. Der verbindende Charakter
der Matrix-Projektorganisation erweitert in erster Linie die Wissensbasis, führt zu eine
Standardisierung bzw. Generalisierung und erhöht durch eine Ausweitung des Aufgabenspektrums der Projektmitarbeiter zusätzlich die Motivation. Insbesondere in
Projekten mit hohem innovativem Charakter wird durch die Projektpartizipation der
betroffenen Unternehmensbereiche die Akzeptanz zu notwendigen Änderungen
gestärkt.[626]

Diese Aussagen sind jedoch dahingehend zu relativieren, dass in Projekten, in denen
mehrere Unternehmensbereiche involviert sind, eine große Anzahl an spezifischen
Mitarbeitern aus den Linienfunktionen herausgelöst werden muss. Weiterhin sind
innerhalb der reinen Projektorganisationsform im Projektablauf immer Abstimmungen
mit den vom Projektergebnis betroffenen Linieninstanzen zu tätigen. Dazu bestehen
zwei praktische Probleme für langjährige Projektmitarbeiter. Aufgrund der oftmaligen
Anknüpfung der Laufbahnplanung an die Leistung in Linienfunktionen entstehen
Motivationsprobleme. Weiterhin ergeben sich sehr oft Friktionen im Zuge der Wieder-
eingliederung der Projektmitarbeiter nach Projektende. Diese Probleme entstehen in
solch hohem Maße in der Matrix-Projektorganisation nicht.[627] MADAUSS führt als
weiteres Argument die nur unbedeutend niedrigere Steuerungsmöglichkeit der
Projekte durch die Projektleiter in der Matrix-Projektorganisationsform gegenüber der
reinen Projektorganisation an. Im Ergebnis ist die Managementeffizienz in der Matrix-
Projektorganisation, zumindest in der Ausprägung als Heavy-Weight Matrix-Projektorganisation, somit fast identisch zur reinen Projektorganisation.[628] Zudem geht
SCHMELZER davon aus, dass gleichartige Projekte innerhalb der reinen Projektorganisation einen im Vergleich zu anderen Projektorganisationsformen höheren
Ressourcenverbrauch aufweisen.[629]

---

[626] Vgl. Tourneau (1995) S. 217f.

[627] Vergleiche hierzu Frese (2000) S. 238. Der Autor macht den Vorschlag, Projektmitarbeiter in
       der reinen Projektorganisationsform wenigstens einen Tag in der Woche auch innerhalb der
       angestammten Linienfunktion arbeiten zu lassen (4:1-Regel). Vgl. auch Madauss (2000) S. 112.
       Weitere, vor allem auf die Etablierung einer projektorientierten Unternehmenskultur abzielende
       Vorschläge eines Konfliktmanagements unterbreitet Guserl (1997) S. 21f.

[628] Dennoch besteht im Konfliktfall das Problem, dass in der Matrix-Projektorganisation viele
       Gremien eingeschaltet werden müssen und somit fast immer eine Zeitverzögerung eintritt. Vgl.
       Rickert (1995) S. 131.

[629] Vgl. Schmelzer (1992) S. 157.

Daher vertritt MADAUSS die Meinung, dass die Einführung der Matrix-Projekt-organisation für alle Beteiligten einen aufgrund der Mängel der anderen Organisations-formen akzeptablen Kompromiss darstellt.[630] Die Matrix-Projektorganisation ist somit *„ein logischer Schritt zum Multi-Projektmanagement unter optimaler Einbeziehung der Fachbereichskapazitäten"[631].* RICKERT kommt zu einem ähnlichen Ergebnis, indem er die reine Projektorganisationsform als *„Ergänzung der benutzten Projekt-organisationsformen"[632]* ansieht. CUSUMANO/NOBEOKA belegen dies auch empi-risch, indem sie aufzeigen, dass innerhalb der Automobilindustrie zur Koordination von Cross-Functional-Teams hauptsächlich Matrixstrukturen eingeführt worden sind. Die betroffenen Unternehmen haben es in der Vergangenheit trotz der bestehenden Vorteile einer reinen Projektorganisation vermieden, diese einzuführen.[633] Als ein Grund kann die Sicherung des technologischen Fortschritts in den einzelnen Funk-tionsbereichen angeführt werden, da durch eine andauernde Beschäftigung der Mitar-beiter in unterschiedlichen Projekten das technologische Know-how zersplittert.[634]

HILLER verweist darauf, dass in der Unternehmenspraxis auch Mischformen dieser Projektorganisationsformen anzutreffen sind. So kann das Kernteam eines Projektes als reine Projektorganisationsform organisiert sein, während andere Mitarbeiter des-selben Projektes innerhalb einer Matrix-Projektorganisation in weitere Projekte einge-bunden sind. Somit wird ein Wissenstransfer zwischen den Projekten ermöglicht, und es werden damit oftmals auch solche Synergien nutzbar, die nicht von den Leitungs-gremien des Multiprojektmanagements mit Hilfe der Interdependenzanalyse allein

---

[630] Vgl. Madauss (2000) S. 111f. mit weiteren Quellennachweisen. HIRZEL stellt darüber hinaus ein Modell zur ausgewogenen Aufteilung von Kompetenzen der Linien- und Projektmanager auf. Vgl. Hirzel (1988) S. 263.

[631] Madauss (2000) S. 109. In ähnlicher Weise äußern sich Rickert (1995) S. 129, Hügler (1988) S. 150 sowie Hiller (2002) S. 17.

[632] Rickert (1995) S. 132.

[633] So geht auch SCHMELZER davon aus, dass der Matrix-Projektorganisation im Falle von strate-gischen Entwicklungsprojekten die größte Bedeutung zukommt. Vgl. Schmelzer (1992) S. 159.

[634] Vgl. Cusumano/Nobeoka (1998) S. 158ff. mit weiteren Nachweisen. So haben von zwanzig Automobilherstellern vierzehn eine Matrix-Projektorganisation und sechs eine der reinen Projektorganisation ähnliche Center-Struktur etabliert. Diese Daten sollen jedoch keine Wer-tung der Eignung der einzelnen Organisationsformen begründen, sondern lediglich den Status quo aufzeigen. Vgl. Cusumano/Nobeoka (1998) S. 55. Ähnlich argumentiert auch Schmelzer (1992) S. 156, er stellt vor allem auf den Erhalt der Innovationsfähigkeit der Unternehmen innerhalb einer vernetzten Matrix-Struktur ab.

erkannt werden können.[635] In Abbildung 6–5 sind zusammenfassend die Vor- und Nachteile der einzelnen Projektorganisationsformen aufgeführt.

Vor- und Nachteile von Projektorganisationsformen			
	Stabs-Projektorganisation	Matrix-Projektorganisation	Reine Projektorganisation
Vorteile	• Gesteuerte Kooperation getrennter Unternehmensbereiche • Geringe Veränderung der bestehenden Organisation	• Zusammenfassung interdisziplinärer Teilbereiche • Keine Versetzungsprobleme im Projektablauf • Förderung von Synergieeffekten Linie/Projekt	• Projektleitung besitzt volle Kompetenz • Kürzeste Kommunikationswege • Optimale Ausrichtung auf Projektziele möglich • Große Flexibilität bei Multiprojekten
Nachteile	• Projektleitung hat kaum Weisungsbefugnis • Kaum personifizierte Verantwortung • Hoher Koordinationsaufwand	• Projektmitarbeiter sind mehreren Vorgesetzten unterstellt • Hohe Konfliktträchtigkeit zwischen Linie und Projekt	• Versetzungsprobleme von Mitarbeitern nach Projektende • Gefahr der gegenläufigen Entwicklung in Projekt- und Linien-Organisation • Gefahr der „Bürokratisierung"

Abbildung 6–5   **Vor- und Nachteile unterschiedlicher Projektorganisationsformen[636]**

6.1.2.2 Dynamische Entwicklung von Projektorganisationen

Aufgrund der unterschiedlichen Aufgabenausgestaltungen in den Phasen eines Projektes und des zeitabhängigen Größenwachstums von Projekten ist auch eine dynamische Änderung bzw. Anpassung der Projektorganisation denkbar. TOURNEAU geht davon aus, dass sich in den frühen Phasen von strategischen Investitionsprojekten die eher flexible Form der Stabs-Projektorganisation anbietet. In einem späteren Verlauf des Projektes, wenn ein Wandel von einer eher explorativen hin zu einer umsetzungsbezogenen Ausprägung stattfindet[637], sind vor allem Führungskompetenz und -verantwortung erforderlich.

---

[635]   Vgl. Hiller (2002) S. 16. Kübler (1996) S. 166 und 170 zeigt die Anwendungsmöglichkeiten einer solchen Mischorganisation innerhalb der Durchführung von strategischen Akquisitionsprojekten auf.

[636]   In Anlehnung an: Burghardt (2002) S. 96 sowie Beck (1996) S. 77ff. und 211ff. Die von BURGHARDT aufgeführte Auftrag-Projektorganisation wurde in diesem Fall der Matrix-Projektorganisation zugerechnet. Ähnlich auch Wildemann (2002) S. 60, 63 sowie speziell für den Bereich von Entwicklungsprojekten Schmelzer (1992) S. 154.

[637]   Eine ähnliche Argumentation bezüglich der Änderung der Projektorganisationsform im Projektablauf vollziehen Hiller (2002) S. 17. sowie Kübler (1996) S. 143ff. im Verlauf der Durch-

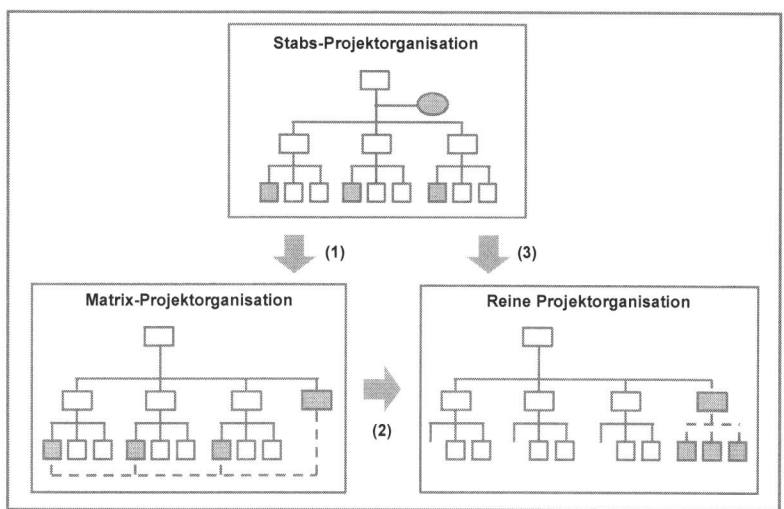

Abbildung 6–6   **Dynamische Entwicklungsmöglichkeiten einer Projektorganisation**

Diesen Anforderungen können dann vor allem die Matrix- und reine Projekt-organisation genügen, wobei die meisten Projekte nicht die kritische Größe erreichen, um den Zusatzaufwand einer reinen Projektorganisation wirtschaftlich zu recht-fertigen.[638] Übertragen auf den betrachteten Kontext des Multiprojektmanagements können hierbei Projekte, die sich in der frühen Phase der Projektbeantragung befinden, von einem Stab der strategischen Planung aus gesteuert werden bzw. zunächst inner-halb der beantragenden Linienfunktion verbleiben. Wird das Projekt dann im Zuge der Portfolio-Konfiguration in ein aktives Projektportfolio übernommen und somit fak-tisch die eigentliche Projektdurchführung gestartet, bestehen drei mögliche Entwick-lungspfade (Abbildung 6–6). Das betroffene Projekt kann in die Form der Matrix-Projektorganisationsform (1) überführt werden und während seiner Laufzeit in dieser Organisationsform verbleiben. Während der Projektrealisation kann aber auch eine weitere Überführung in eine reine Projektorganisation stattfinden (2). Schließlich ist es auch möglich, dass ein Projekt direkt in die reine Projektorganisationsform überführt wird (3), ohne den Umweg über die Matrix-Projektorganisationsform zu nehmen. Insofern können auch auf diese Weise die empirischen Verteilungen der Projekt-organisationsformen für strategische Projekte theoretisch begründet werden.

---

führung von strategischen Akquisitionsprojekten. Vgl. zum Lebenszyklus von Projekten exem-plarisch Litke (1995) S. 83 bzw. 91.

[638]   Vgl. Tourneau (1995) S. 173.

6.1.2.3 Gestaltungsempfehlungen

Die theoretischen Gestaltungsempfehlungen bezüglich der Wahl einer adäquaten Organisationsform für strategische Projekte können somit folgendermaßen zusammengefasst werden. Die Form der Stabs-Projektorganisation ist als ungeeignet für strategische Projekte einzustufen. Vielmehr sind strategische Projekte vornehmlich in den Formen der Matrix-Projektorganisation sowie der reinen Projektorganisation durchzuführen (Abbildung 6–7). Eine abschließende Empfehlung für eine der beiden Projekt-Organisationsformen kann nicht getroffen werden, da die Vor- und Nachteile beider Organisationsformen im Einzelfall individuell gewichtet werden müssen. Die Entscheidung für eine dieser beiden Organisationsformen hängt dabei auch vom Bearbeitungsstand des jeweiligen Projektes ab, wie die Ausführungen zur dynamischen Anpassung von Projektorganisationsformen gezeigt haben.

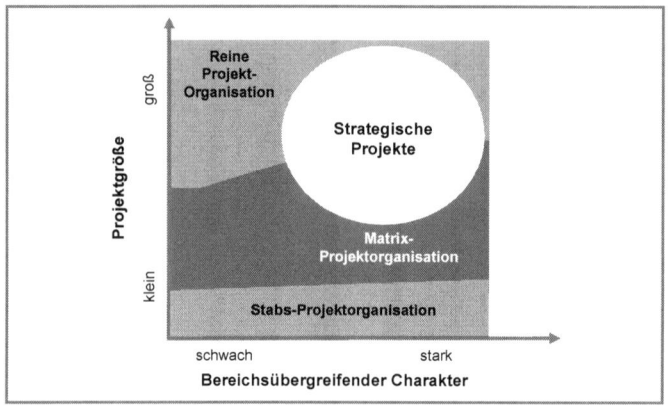

Abbildung 6–7   Tendenzaussagen zur Eignung von Projektorganisationsformen[639]

Empirische Daten zur Einschätzung der Eignung einer der beiden Organisationsformen für strategische Projekte von Seiten der Unternehmenspraxis geben dabei auch keine klare Empfehlung ab. TARLATT zeigt auf, dass der Matrix-Projektorganisation insbesondere in Fällen einer hohen und mittleren Komplexität sowie einer hohen Partizipation seitens der vom strategischen Vorhaben betroffenen Mitarbeiter insgesamt eine gute Eignung zugesprochen wird. Die reine Projektorganisation wird im Falle einer hohen Komplexität als, relativ betrachtet, noch geeigneter eingestuft. Hin-

---

[639] In Anlehnung an: Burghardt (2002) S. 97. Die in der Ursprungsquelle angegebene Auftrags-Projektorganisation wurde nicht ausgewiesen sondern den beiden Organisationsformen reine Projektorganisation bzw. Matrix-Projektorganisation zugerechnet.

gegen ist diese Projekt-Organisationsform schlechter geeignet in Fällen einer mittleren Komplexität, und wenn eine hohe Partizipation erfolgen soll.[640]

Faktisch besitzt dabei die Form der Matrix-Projektorganisation in der Unternehmenspraxis tendenziell den größten zahlenmäßigen Anteil.[641] Empirische Ergebnisse bezüglich der Organisation von F&E-Projekten liefert VÖLKER: Abhängig vom Projektinhalt sind die reine Projektorganisation bzw. starke Matrix (Heavy-Weight Projektmanager) bei neuen Kernprodukten dominierend. Demgegenüber hat die reine Projektorganisation im Zuge der Entwicklung von Folgeplattformen bzw. Varianten kaum noch Bedeutung. Hier verlagert sich das Gewicht hin zu den Formen der Matrix-Projektorganisation bzw. zur Projektabwicklung in der Linie. Aus seiner empirischen Perspektive leitet er ab, dass die Projektorganisation für diesen spezifischen Bereich umso eigenständiger organisiert sein sollte (reine Projektorganisation, starke Matrix), je höher sowohl der Wertbeitrag des spezifischen Projektes als auch dessen Koordinationsbedarf sind.[642] Für den Bereich der Marketingprojekte geht demgegenüber RUDOLPH von anders gearteten Verteilungen aus. Er weist empirisch nach, dass in diesem Bereich die Stabs-Projektorganisation und die Matrix-Projektorganisation am weitesten verbreitet sind.[643] Dies kann jedoch auch darauf zurückzuführen sein, dass gerade im Marketing-Bereich eine zentrale Marketingabteilung die Durchführung von Marketingprojekten (insbesondere Innovations- bzw. Optimierungsprojekte) unternehmensweit koordiniert.

---

[640] Vgl. Tarlatt (2001) S. 207ff. Die empirischen Daten belegen ebenso eine relativ zu den anderen beiden Projektorganisationsformen geringere Eignung der Stabs-Projektorganisationsform für die Durchführung von strategischen Projekten.

[641] Hinweise hierauf gibt Wildemann (2002) S. 64 mit einer Übersicht über in der Praxis anzutreffende Projektorganisationsformen. Dabei ist die Matrix-Projektorganisation bei wichtigen und sehr wichtigen Projekten mit über zwei Drittel der gewählten Projektorganisationsformen vertreten. Die reine Projektorganisation hat dabei nur innerhalb der sehr wichtigen Projekte eine nennenswerte Bedeutung (15 Prozent). In diesen empirischen Zahlen aus dem Bereich der F&E ist aber lediglich die Anzahl der einzelnen Projekte berücksichtigt worden. Aussagen über die Höhe der auf die einzelnen Projekt-Organisationsformen entfallenen Gesamtbudgets werden nicht getroffen. Weiterhin sind in der Quelle die Kriterien der Klasseneinteilung nicht explizit genannt, insofern sind die Werte als Tendenzaussage zu verstehen. Zu weiteren empirischen Daten über die Häufigkeit der einzelnen Projektorganisationsformen aus dem Bereich der F&E siehe Rickert (1995) S. 50 und 265 mit ähnlichen Verteilungen zugunsten der Matrix-Projektorganisation.

[642] Vgl. hierzu detailliert Völker (2000) S. 152f. und 159f.

[643] Vgl. Rudolph (1999) S. 350. Insbesondere für komplexe Projekte wird dabei die Matrix-Projektorganisation gewählt, insofern sind die empirischen Werte mit den hier bereits getroffenen Aussagen konsistent.

6.2 Gestaltung der Multiprojekt-Führungsorganisation

Die zur Durchführung von strategischen Projekten empfohlenen Formen der Matrix-
und reinen Projektorganisation bedürfen einer zentralen Steuerung der einzelnen
Projekte innerhalb des Projektportfolios. Es muss im Unternehmen eindeutig zugeordnet werden, welche organisatorischen Instanzen die einzelnen Aktivitäten des
Multiprojektmanagements zu vollziehen haben. Da es sich bei der Institutionalisierung
des Multiprojektmanagements um eine dauerhafte organisatorische Einrichtung handelt, welche die Interessen mehrerer Anspruchsgruppen zu vereinen hat, muss eine
multipersonelle und permanente Regelung gefunden werden.[644] Auf der einen Seite
soll dabei der existierenden Form der Projektorganisation Rechnung getragen werden,
auf der anderen Seite müssen die Interessen der Unternehmensführung und beteiligter
Linieninstanzen gewahrt bleiben.

Um dieses Ziel zu erreichen, sollte die Führungsorganisation des Multiprojektmanagements abhängig von der Größe bzw. Primärorganisation des Unternehmens
über mehrere organisatorische Elemente verfügen. Im Folgenden werden deshalb die
Gestaltungsvorschläge der Literatur zu den einzelnen organisatorischen Elementen
vergleichend dargestellt. Abschließend werden diese Erkenntnisse zusammengefasst
und das genaue Zusammenspiel der organisatorischen Elemente in Form eines
Gestaltungsvorschlags dargestellt.

6.2.1 Konzernausschuss Multiprojektmanagement

Die hierarchisch oberste Ebene der Multiprojekt-Führungsorganisation stellt der
Konzernausschuss Multiprojektmanagement (bei Konzernen) bzw. Gesamtlenkungsausschuss Multiprojektmanagement (bei Einzelunternehmen) dar.[645] Dieses oberste
Gremium des Multiprojektmanagements besteht aus Mitgliedern der Konzern- bzw.
Unternehmensführung sowie fakultativ aus Vertretern der betroffenen Unternehmensbereiche (z.B. Tochterunternehmen, Divisionen) sowie der Unternehmensfunktionen
(z.B. Marketing, IT-Management).

---

[644]   Hierzu im Einzelnen Frese (2000) S. 513ff.

[645]   Insbesondere in Einzelunternehmen wird auch der Begriff des Management-Gremiums Multiprojektmanagement genutzt. Der Begriff wird in dieser Arbeit dem Begriff des Konzernausschusses Multiprojektmanagement gleichgestellt. Der von RÜSBERG verwendete Begriff
des Multiproject-Managers als Mitglied der Geschäftsführung kann hierbei inhaltlich dem
Konzernausschuss Multiprojektmanagement gleichgesetzt werden, da beide Organisationsformen die Verbindung von Multiprojektmanagement-Organisation und Primärorganisation herstellen. Vgl. Rüsberg (1976) S. 229f.

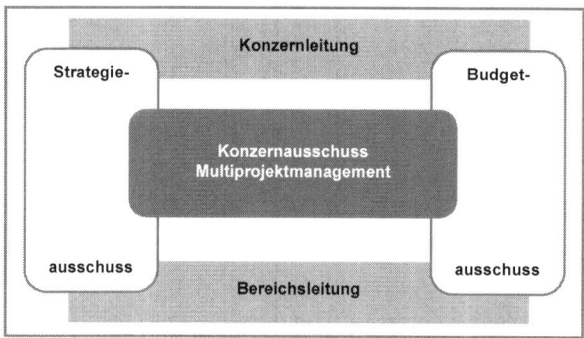

Abbildung 6–8 **Stellung des Konzernausschusses Multiprojektmanagement in der Konzern-Führungsorganisation**[646]

Oftmals können die Entscheidungen des Konzernausschusses Multiprojektmanagement[647] innerhalb des Gremiums der strategischen Konzernplanung bzw. in Sitzungen des Konzernvorstands zu Fragen der strategischen Investitionspolitik getroffen werden. In diesen Fällen ist jedoch die Anbindung der Entscheidungen dieser Gremien an den Budgetausschuss des Konzerns zwingend (Abbildung 6–8).[648] Diese Vorgehensweise bietet den Vorteil, dass die Konkretisierung von Strategien frühzeitig anhand monetärer Größen verdeutlicht wird.[649]

LORANGE unterbreitet darüber hinaus den Vorschlag, einen für die projektorientierte Strategieimplementierung zuständigen Chief Implementation Officer einzusetzen. Da sich die Aufgaben dieses Postens mit denen des Konzernausschusses Multiprojektmanagement überschneiden und er zusätzlich nicht auf der obersten Hierarchieebene des Unternehmens angesiedelt ist, wird dieses Konzept nicht weiterverfolgt.[650] RAPS schlägt weiterhin vor, einen derartigen Posten in der obersten Unternehmensleitung zu

---

[646] In Anlehnung an: Tourneau (1995) S. 132.

[647] Im Folgenden wird nur der Begriff des Konzernausschusses Multiprojektmanagement genutzt. Die Argumentation bezieht sich aber auch auf einen evtl. vorliegenden Gesamtlenkungsausschuss Multiprojektmanagement. Zur möglichen Zusammensetzung siehe Tourneau (1995) S. 138f.

[648] Vgl. zu Praxisbeispielen dieses Vorgehens aus dem Blickwinkel von strategischen Konzernprojekten Tourneau (1995) S. 82ff. sowie S. 113 zu einem organisatorischen Ablaufdiagramm im damaligen Daimler-Benz-Konzern. Vgl. ebenfalls Grube/Koch/Lamparter (1999) S. 598 zur Einbindung des Konzernvorstandes in das Multiprojektmanagement. Den Charakter des Konzernausschusses (Managementgremium) Multiprojektmanagement als Bindeglied zur Linienorganisation stellt auch Stadler (2000) S. 198 heraus.

[649] Vgl. Strack/Bacher/Engelbrecht (2002) S. 628.

[650] Vgl. Lorange (1998) S. 28.

verankern, und nennt diesen Posten Chief Administration Officer. Seine Aufgaben werden dabei teilweise durch die Multiprojekt-Führungsorganisation ausgefüllt. Da RAPS in seinem Konzept aber nur bedingt auf eine projektorientierte Strategie-implementierung abstellt, wird dieser Vorschlag hier ebenso nicht weiterverfolgt.[651]

Der Konzernausschuss Multiprojektmanagement stellt somit den Ankerpunkt für das Multiprojektmanagement innerhalb der Konzernführung dar. Im Zuge der horizontalen Konfiguration der Projektportfolios hat er die Aufgaben, die Gesamthöhe des projekt-bezogenen strategischen Budgets festzulegen sowie eine Aufteilung dieses Gesamt-budgets auf die unterschiedlichen Projektportfolios vorzunehmen. Auch die Fest-stellung einer A-Priorität eines konzernübergreifenden strategischen Projektes obliegt diesem Gremium. Weiterhin sind die grundlegenden Infrastrukturentscheidungen, wie z.B. bezüglich der IT-Infrastruktur des Multiprojektmanagements, von diesem Gremium zu verabschieden. CRAWFORD überträgt diese Aufgabengebiete einem Strategic Project Office (SPO), das auf der gleichen hierarchischen Ebene wie die Funktionsbereiche eingeordnet wird. Dieses SPO ist aus seiner Sicht notwendig, da in einem Unternehmen mit mehreren Business-Units Prioritätsentscheidungen nur durch eine über den Business-Units stehende Organisationseinheit getroffen werden können. Die Prioritätsentscheidungen sollen ebenso innerhalb eines Lenkungsausschusses verabschiedet werden („Projekt-Office steering committee"), der aus Mitgliedern der Unternehmensführung, des SPO und Führungskräften der betroffenen Business-Units bzw. Funktionsbereichen des Unternehmens besteht.[652]

HILLER rechnet dem Konzernausschuss Multiprojektmanagement zusätzlich noch die Funktion der Sicherstellung der Effektivität der Projektportfolios zu. Dies bedeutet, dass inhaltliche Abweichungen in der Projektdurchführung, die nicht durch eine mangelhafte Projektausführung begründet sind, zu einer Rückkopplung auf die Ebene der strategischen Unternehmensführung führen sollten und somit zu Strategieände-rungen bzw. der Veränderung von strategischen Projektbudgets beitragen.[653] Dieser

---

[651]   Vgl. Raps (2003) S. 107ff.

[652]   Vgl. Crawford (2002) S. 56 und 69f. Er geht jedoch dabei von einem Portfolio der strategischen Projekte aus, welches das gesamte Unternehmen betrifft. Eine Einteilung dieser Projekte in unterschiedliche Portfolios, z.B. unterteilt nach der Projektart, berücksichtigt er nicht. Er stellt vielmehr auf die relevante Hierarchieebene der Einrichtung eines Strategic Project Office ab, das im Falle aus strategischer Sicht sehr unterschiedlicher Business-Units auch erst auf der niedrigeren Ebene der einzelnen Bereichs-Leitungen eingesetzt werden könnte.

[653]   Vgl. Hiller (2002) S. 93.

Aufgabe der Strategie-Anpassung kommt der Konzernausschuss Multiprojekt-management vor allem innerhalb der Projektportfolio-Kontrolle nach.

Gleichwohl wird an dieser Stelle die Auffassung vertreten, dass, entgegen der Ausführungen von CRAWFORD und TOURNEAU, die vertikale Konfiguration der Projektportfolios originär nicht vom Konzernausschuss Multiprojektmanagement bzw. dem SPO durchgeführt werden sollte, solange das Unternehmen auf unteren Ebenen über mehrere Projektportfolios verfügt. Die Aufgaben der vertikalen Konfiguration innerhalb der einzelnen Projektportfolios sollen vielmehr innerhalb der im Folgenden zu erläuternden Portfolio-Boards vorgenommen werden. Eine sinnvolle Abweichung von diesem Vorgehen zeigt LINDENBERG im Falle der Erstellung von Projektportfolios auf der Konzernebene des damaligen Daimler-Benz-Konzerns. Es wurden dort nach den Geschäftsbereichen differenzierte Projektpriorisierungen getrennt vorgenommen, diese Aufgabe fiel aber, da es insgesamt nur ein einzelnes konzernweites Projekt-portfolio gab, dem Konzernausschuss Multiprojektmanagement zu.[654]

Die Notwendigkeit und Ausgestaltung der zusätzlichen Überwachung von strategisch relevanten Projekttätigkeiten durch den Aufsichtsrat (einer deutschen Aktiengesellschaft) stellen NOLAN/McFARLAN am Beispiel der Investitionen in Informations-technologie dar. Insbesondere für Unternehmen, die operativ und strategisch von der IT abhängig sind, empfehlen sie entweder die Einrichtung eines eigenständigen Aufsichtsrats-Ausschusses (IT-Board), oder zumindest die Übernahme der Aufsicht über die IT durch das Audit Committee. Als Vorteil wird insbesondere gesehen, dass durch die Berücksichtigung von IT-Kenntnissen im Aufsichtsrat auch Entscheidungen zu strategischen IT-Investitionen vorausschauend überwacht werden können.[655] Im Falle der Einrichtung eines solcherart vorgeschlagenen Unter-Ausschusses des Aufsichtsrates würde dieser dann auch zumindest teilweise zu einem Bestandteil der allgemeinen Multiprojekt-Führungsorganisation werden.

6.2.2 Portfolio-Board

Hierarchisch unterhalb des Konzernausschusses Multiprojektmanagement angesiedelt sind die Lenkungsausschüsse der einzelnen Portfolios, die im Weiteren als „Portfolio-Boards" bezeichnet werden.[656] Das Portfolio-Board ist insbesondere an der vertikalen

---

[654]   Vgl. Lindenberg (1998) S. 99f.

[655]   Vgl. Nolan/McFarlan (2006) S. 74 und 84ff.

[656]   Der Begriff des Portfolio-Boards wird hier in Anlehnung an Lomnitz (2001) S. 52f. genutzt, er
         ist zudem in der Wirtschaftspraxis geläufig. Der Begriff des Lenkungsausschusses wird im

Portfolio-Konfiguration und der Multiprojekt-Kontrolle beteiligt. KOLKS weist in diesem Zusammenhang darauf hin, dass zur Sicherstellung der Verbundenheit der unterschiedlichen Projekte das Portfolio-Board aufgrund seiner anzustrebenden heterogenen Zusammensetzung eine breite Informations- und Wissensbasis besitzt. Bezüglich der einzelnen Mitglieder geht er davon aus, dass sowohl Mitglieder der Geschäftsleitung[657] und des Fachbereichs Projektmanagement als auch einzelne Projektleiter in diesem Gremium vertreten sind.[658] SCHEURER stimmt diesem Gedanken zu und betont weiterhin, dass aufgrund der unterschiedlichen Informationsniveaus auch Lernprozesse im Sinne eines „double-loop-learning" einsetzen können. Die unterschiedlichen Mitglieder des Lenkungsausschusses können somit nochmals die grundlegende strategische Entwicklungsrichtung des Unternehmens überdenken. Demgegenüber würde ein „single-loop-learning" lediglich Korrekturen innerhalb der eher operativen Einzelprojektsteuerung beinhalten.[659]

Die Anzahl der Portfolio-Boards richtet sich dabei nach der Anzahl der eingerichteten Projektportfolios.[660] Grundsätzliche Empfehlungen zur Gestaltung von Lenkungsausschüssen in der Literatur gehen dahin, dass die Anzahl der Mitglieder nicht größer als fünf Personen sein sollte[661], wobei insbesondere darauf Wert gelegt wird, dass mindes-

---

Folgenden synonym verwandt. In der Literatur werden neben den hier verwandten Begriffen weitere, wie steering committee, Implementierungsausschuss, Review-Team, Projektportfolio-Group, genutzt.

[657]   Dies war z.B. im Geschäftsbereich Nutzfahrzeuge der Mercedes-Benz AG der Fall. Vgl. Reiß/ Grimmeisen (1994) S. 319.

[658]   Vgl. Kolks (1990) S. 254. FOSCHIANI vertritt auch diese Ansicht, sein organisatorisches Konzept ist jedoch sehr undifferenziert gehalten. Vgl. Foschiani (1999) S. 130. Eine Übersicht über die unterschiedlichen „Eingriffstiefen" des Portfolio-Boards bietet Pellegrinelli (1994) S. 144. Ebenfalls denkbar ist eine Abstimmung der unterschiedlichen Portfolio-Boards durch Mehrfachmitgliedschaften von einzelnen Mitgliedern, soweit dies personell im Unternehmen durchsetzbar ist. Vgl. Gareis (2001) S. 11. Die Einrichtung eines Portfolio-Boards („Projekt-portfolio-Führungskreis") empfehlen ebenfalls Patzak/Rattay (1998) S. 410ff. und Stadler (2000) S. 197. Vgl. auch Wildemann (2002) S. 114. Die Darstellung schließt auch Aufgaben des Fachbereichs Projektmanagement bzw. des Projekt-Office mit ein.

[659]   Vgl. Scheurer (2000) S. 396f.

[660]   Die Einrichtung von differenzierten Portfolio-Boards empfiehlt ebenfalls Lomnitz (2001) S. 53. Gareis (2001) S. 11 begründet die Einrichtung von differenzierten Projektportfolios auch damit, dass ein Portfolio-Board nur max. 70 bis 100 Projekte steuern kann.

[661]   So z.B. Bühner (1999) S. 231 und speziell auf das Multiprojektmanagement bezogen Gareis (2001) S. 11 und Lukesch (2000) S. 159. Letzterer stellt als Möglichkeiten der linienbezogenen Portfoliokonfiguration die Entscheidung durch den CEO, die Stabsstelle oder die betroffenen Linienmanager vor, wobei die dritte Variante der hier vertretenen Sichtweise, auch durch die positiven Motivationseffekte, am nächsten kommt. Vgl. Lukesch (2000) S. 54ff.

tens ein Mitglied der Unternehmensleitung[662] involviert ist. Auf den Fall des Portfolio-Boards übertragen bedeutet dies, dass in den spezifischen Portfolio-Boards die fachlich betroffenen Vertreter der Unternehmensleitung vertreten sein sollten, also z.B. innerhalb eines F&E-Boards Vertreter von Marketing, Produktion und Logistik.[663] TOURNEAU belegt dies mit Beispielen von portfoliobezogenen Lenkungsausschüssen in der Unternehmenspraxis.[664] Als Hauptaufgabengebiete des Portfolio-Boards werden in der Literatur vor allem die folgenden aufgeführt: Berufung von Projektleitern,[665] Priorisierung von Projekten,[666] Entscheidung über die endgültige Ausgestaltung des Projektportfolios, Steuerung von besonders wichtigen Projekten (Projekte der Priorität A), Abstimmung zwischen den Projekten im Falle von Ressourcenengpässen bzw. inhaltlichen Überschneidungen[667] und Durchführung der Multiprojekt-Kontrolle. Insbesondere die Priorisierung von Projekten durch das Portfolio-Board sorgt in der Unternehmenspraxis dabei für eine Reduzierung der klassischen Konfliktsituationen, wie sie insbesondere aufgrund einer unklaren Kompetenzverteilung in der Matrix-Projektorganisationsform anzutreffen sind.[668]

Das Portfolio-Board hat demnach neben den prozessualen Aufgaben des Multiprojektmanagements insbesondere auch mehrschichtigen Abstimmungserfordernissen gerecht zu werden. Vor allem müssen die Schnittstellen zu den Querschnittsfunktionen des Unternehmens definiert werden, was bedeutet, dass etwa Belange des zentralen Controlling bezüglich der anzuwendenden Bewertungskennzahlen oder einer zu nutzenden Scorecard-Systematik in der Arbeit des Portfolio-Boards berücksichtigt werden müssen. Weiterhin sind die Entscheidungen des Boards bezüglich der in den einzelnen Projekten zu nutzenden IT-Infrastruktur in den meisten Fällen mit dem

---

[662] Vgl. hierzu z.B. die Aufbaustruktur des PMI-Networks von DaimlerChrysler bei Grube/Koch/ Lamparter (1999) S. 598.

[663] Vgl. nochmals Lomnitz (2001) S. 53, Völker (2000) S. 165 und praxisbezogen S. 285f. (Beispiel Roche Pharma). Ebenso schlägt KOLKS die Einrichtung eines Implementierungsausschusses als Steuerungs- und Durchsetzungsinstrument vor. Vgl. Kolks (1990) S. 253f. Siehe auch die dort aufgeführten Aufgaben des Implementierungsausschusses.

[664] TOURNEAU zeigt für die Unternehmen Daimler-Benz bzw. Siemens AG, dass z.B. die Konzernausschüsse Forschung bzw. F&E sowie „Material im Konzern" bzw. Logistik die Investitionsbudgetierung durchführen und somit auch die Entscheidungskompetenz über Projekte mit den betroffenen Inhalten haben. Vgl. Tourneau (1995) S. 155f.

[665] Vgl. Bühner (1999) S. 231.

[666] Vgl. exemplarisch für viele Pradel/Südmeyer (1997) S. 301.

[667] Vgl. hierzu insbesondere Schwager/Haar (1996) S. 485 und Crawford (2002) S. 68. Letzterer bezeichnet in seinem Konzept Portfolio-Boards als Strategic Project-Offices des Levels 2.

[668] Vgl. Steinbüchel/Ovcak (2005) S. 104f.

Zentralbereich IT des Unternehmens abzustimmen. Ebenso kann es erforderlich sein, den zentralen Personalbereich des Unternehmens in spezifische Entscheidungen des Portfolio-Boards mit einzubeziehen, etwa wenn die Verfügbarkeit und das Fähigkeitsprofil von spezialisierten Projektmitarbeitern von Bedeutung sind.[669]

6.2.3 Multiprojektmanager

In der Literatur wird neben dem Portfolio-Board die Funktion eines Multiprojektmanagers zur unterjährigen Steuerung von Projektportfolios empfohlen.[670] Dieser Manager ist, entgegen dem Portfolio-Board, das nur in bestimmten Zeitabständen zusammentritt, permanent mit der Steuerung und Abstimmung des Projektportfolios betraut.[671] Nach der hier vertretenen Auffassung sollte der Multiprojektmanager jedoch aufgrund seiner eher geringen hierarchischen Stellung im Unternehmen nicht im Rahmen der Portfolio-Konfiguration als Entscheidungsträger tätig werden, sondern eher als Ansprechpartner für Projektleiter bei auftretenden Problemfällen dienen. Insofern überschneidet sich sein Aufgabenspektrum mit dem noch zu beschreibenden operativen Projekt-Office bzw. dem Fachbereich Projektmanagement. Dennoch haben Unternehmen in der Praxis gute Erfahrungen mit dieser Funktion gemacht. Insbesondere im Zuge der inhaltlichen Abstimmung und Konfliktbeseitigung zwischen Projekten ist ein Multiprojektmanager als effektiv zu bezeichnen.[672]

Die Bedeutung der Multiprojektmanager in der Unternehmenspraxis wird auch dadurch deutlich, dass diese Position explizit in Laufbahnmodellen des Projektmanagements als Berufsprofil auf einer hohen Hierarchieebene berücksichtigt wird. In der Postbank Systems AG muss ein – dort als Programm-Manager bezeichneter – Multiprojektmanager eine mindestens zehnjährige Erfahrung im Projektmanagement davon fünf Jahre in verantwortlicher Projektleitungsfunktion – insbesondere bei der Koordination von Projekten und im Portfolio-Management – besitzen.[673] Zudem haben CUSUMANO/NOBEOKA die Bedeutung eines Multiprojektmanagers für die inhaltliche Abstimmung von F&E-Projekten in der Automobilindustrie empirisch belegt (Abbildung 6–9).

---

[669] Vgl. Lomnitz (2001) S. 56f.

[670] Vgl. hierzu ausführlich Adler/Sedlaczek (2005) S. 120.

[671] Diese Aufgabe teilt auch HILLER den Programmausschüssen zu, die in seinem Konzept die hierarchische Stellung der Portfolio-Boards einnehmen. Vgl. Hiller (2002) S. 95.

[672] Vgl. Lomnitz (2001) S. 57ff.

[673] Vgl. Gessler/Thyssen (2006) S. 230f.

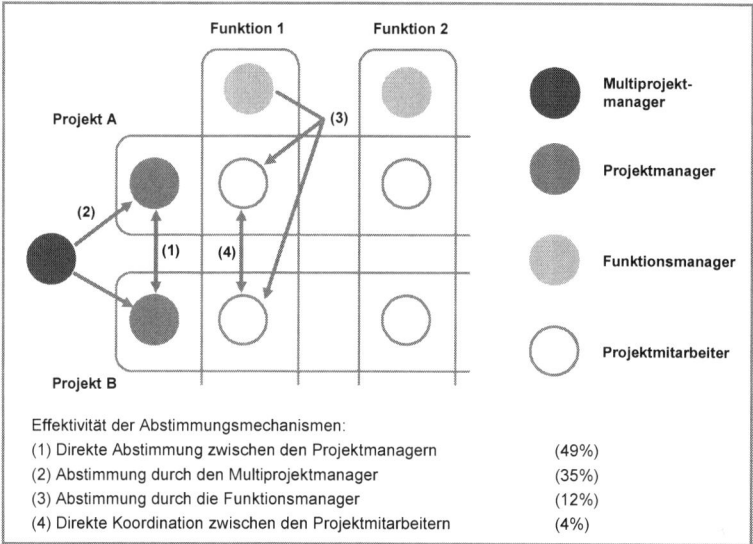

Effektivität der Abstimmungsmechanismen:	
(1) Direkte Abstimmung zwischen den Projektmanagern	(49%)
(2) Abstimmung durch den Multiprojektmanager	(35%)
(3) Abstimmung durch die Funktionsmanager	(12%)
(4) Direkte Koordination zwischen den Projektmitarbeitern	(4%)

Abbildung 6–9   Effektivität von Abstimmungsmechanismen zwischen Projekten im Multiprojektmanagement[674]

Demnach können diese wichtigen Abstimmungsprozesse nicht effektiv von Vertretern der Linienfunktionen (3) bzw. den einzelnen Projektmitarbeitern (4) durchgeführt werden, sondern müssen auf der Ebene der Projektleiter im Zuge von Portfolio-Meetings (1) bzw. direkt durch Multiprojektmanager (2) vorgenommen werden.[675] Insgesamt kommen die Autoren zu dem Schluss, dass Multiprojektmanager *„are necessary to implement multi-project portfolio strategies as well as to mediate disputes between projects and functional departments."*[676] Inwieweit für einzelne Projekte zusätzlich ein Einzelprojekt-Lenkungsausschuss etabliert wird, soll an dieser Stelle nicht behandelt werden, da ein solcher aus Steuerungssicht des Multiprojektmanagements keinen Unterschied zu einem allein stehenden Projektleiter darstellt.[677]

---

[674]   Quelle: Cusumano/Nobeoka (1998) S. 168.

[675]   Vgl. Cusumano/Nobeoka (1998) S. 168ff. Die Abstimmungsfunktion des Portfolio-Boards bzw. des Multiprojektmanagers betont auch Pradel (1997) S. 105f.

[676]   Cusumano/Nobeoka (1998) S. 188.

[677]   Ein solcher Einzelprojekt-Lenkungsausschuss bietet sich vor allem für große Projekte an, die vom Steuerungsaufwand und dem Budgetvolumen her die Kapazitäten bzw. Befugnisse eines einzelnen Projektleiters übersteigen können. Vgl. Patzak/Rattay (1998) S. 411. Pradel/Südmeyer

6.2.4 Operatives Projekt-Office und Fachbereich Projektmanagement

Um das Portfolio-Board, das nur in bestimmten Zeitabständen zusammentritt, insbesondere von operativen Abstimmungsmaßnahmen zu entlasten und ein dauerhaftes und kontinuierliches Multiprojekt-Monitoring zu ermöglichen, werden in der Literatur unterschiedliche Konzepte vorgeschlagen, die sich in ihren Aufgabengebieten weitgehend überschneiden. Dabei dominiert im Konzept des Fachbereichs Projektmanagement die integrative Sichtweise, bei der eine zentrale Stelle im Unternehmen die Methodenhoheit innehat und eine dauerhafte Schnittstelle zu Linien- und Querschnittsfunktionen darstellen soll. Im Konzept des Projekt-Office hingegen wird vor allem die operative Unterstützung der einzelnen Projektleiter gesehen. Diese beiden Konzepte können dabei auch nebeneinander im Unternehmen etabliert werden, wichtig ist jedoch in diesem Fall eine trennscharfe und eindeutige Aufgabenzuteilung. Während der Fachbereich Projektmanagement dem allgemeinen Teil der Multiprojek-Führungsorganisation zugeordnet werden kann, ist das Projekt-Office den einzelnen Projektportfolios zuzurechen. Im Folgenden sollen daher diese beiden Konzepte kurz beschrieben werden. Die in der Literatur bestehenden Aufgabenüberschneidungen[678] werden an dieser Stelle nicht vollständig aufgelöst, es werden vielmehr Möglichkeiten zur Verteilung der Aufgabengebiete aufgezeigt.

Die Einrichtung eines permanenten Fachbereichs Projektmanagement[679] ist dabei grundsätzlich zu empfehlen[680]. Dieser Fachbereich hat vor allem die Aufgaben, zwischen der Projekt- und der Linienorganisation zu vermitteln[681], die dauerhafte Kontrolle des Projektportfolios sicherzustellen und Konflikte zwischen Projekten zu

---

(1997) S. 302 empfehlen ebenfalls die Einrichtung eines einzelprojektbezogenen Lenkungsausschusses.

[678] Siehe hierzu exemplarisch Stadler (2000) S. 201. Er ordnet das Projekt-Office der Linienfunktion zu und überträgt ihm die Aufgaben des Fachbereichs Projektmanagement sowie Teilen des Projektcontrollings. Ebenso Hiller (2002) S. 95.

[679] Zum möglichen Aufgabenspektrum dieses Fachbereichs („Project Administration Department") siehe Mahlen (1997) insbesondere S. 38.

[680] RÜSBERG siedelt diesen Fachbereich direkt unter der Geschäftsführung bzw. als Stabsstelle an. Vgl. Rüsberg (1976) S. 229. Er geht dabei von einer Matrix-Projektorganisation aus. Vgl. Rüsberg (1973) S. 610. PRADEL/SÜDMEYER empfehlen auch einen Multiprojektausschuss, unterstellen diesem jedoch einen weiteren temporären Lenkungsausschuss. Vgl. Pradel/ Südmeyer (1997) S. 301f. und Pradel (1997) S. 105. Dieser Vorgehensweise ist aus Sicht der anfallenden Abstimmungsaufgaben aber nicht zuzustimmen. RICKERT verweist darauf, dass im spezifischen Bereich der F&E Lenkungsausschüsse wider Erwarten eine negative Wirkung auf den Projekterfolg haben können. Grundlegende Prioritäten sollten demnach vom Vorstand festgelegt werden, jedoch sind die Informationsfunktionen des Lenkungsausschusses als positiv zu werten. Vgl. Rickert (1995) S. 169, 172 und 264.

[681] Vgl. Scheurer (2000) S. 395.

lösen[682]. Insbesondere sind dies Aufgaben der Ressourcenzuteilung[683] und Abstimmung von Terminen und Teilergebnissen[684]. Weiterhin besitzt der Fachbereich Projektmanagement die Methodenhoheit, um eine einheitliche Bewertungs- und Berichtsstruktur im Unternehmen etablieren zu können. Dies bedeutet auch, dass neue Projekt-Bewertungsverfahren vom Fachbereich geprüft, genehmigt und den einzelnen Portfolio-Boards zur Verfügung gestellt werden müssen.

Der Fachbereich Projektmanagement ist dabei organisatorisch möglichst neutral einzurichten, um seine Aufgaben in einem Umfeld von unterschiedlichen Teilinteressen der einzelnen Funktionsbereiche eines Unternehmens wahrnehmen zu können.[685] In der Unternehmenspraxis trifft man deshalb auch zunehmend die Funktion eines zentralen Projektportfolio- bzw. Programm-Managers an. So besitzt British Telecom Programm-Offices, die sich mit der Koordination der Projekte beschäftigen, während British Rail die Stelle eines Director of Projects geschaffen hat.[686]

In der Literatur wird auch die Etablierung eines Project Management Office empfohlen, welches – wenn es dauerhaft für mehrere Projekte zuständig ist – auch die Aufgaben eines Ressourcen-Managements wahrnehmen kann. Falls das Project Management Office nur temporär für die Unterstützung beispielsweise eines Großprojektes eingerichtet wurde, entfällt die Zuständigkeit für die Ressourcenplanung und –verwaltung. Vielmehr ist dann das Ressourcen-Management als selbstständige Organisationseinheit einzurichten. Es nimmt dann die unternehmensweite Verwaltung, Überprüfung und Regelung der Einsätze sowohl der Mitarbeiter als auch der materiellen Projekt-Ressourcen wahr. Als weitere Möglichkeit kann auch ein Assignmentmanager oder – broker etabliert werden. Dieser gleicht die Fähigkeitsprofile der Mitarbeiter mit den unternehmensweit vorliegenden Anforderungen ab und nimmt darauf aufbauend eine Ressourcenzuordnung vor.[687] Die Postbank Systems AG richtete beispielsweise im Zuge ihrer Restrukturierung ein eigenständiges Ressort speziell für die Projekttätigkeit im IT-Bereich ein. Die Mitarbeiter dieses Ressorts stehen Vollzeit für die Projektarbeit

---

[682] Vgl. Reschke (1989) S. 882.

[683] Vgl. Turner/Speiser (1992) S. 198ff.

[684] Vgl. Platje/Seidel/Wadman (1994) S. 102.

[685] Vgl. Gysler/Bloch (1998) S. 602. Auch Platje/Seidel (1993) S. 211f. stellen die Abstimmungsfunktion des Fachbereichs deutlich heraus.

[686] Vgl. Pellegrinelli/Bowman (1994) S. 129.

[687] Vgl. Steinbüchel/Ovcak (2005) S. 100.

zur Verfügung. Hierdurch konnten nach Aussagen von GESSLER/THYSSEN die Ziel- und Aufgabenkonflikte deutlich reduziert werden.[688]

In Unternehmen mit besonders großen Projektgesamtheiten kann zusätzlich die Einrichtung eines Projekt-Office von Nutzen sein. Dieses Projekt-Office kann dabei Teilaufgaben des Fachbereichs Projektmanagement übernehmen und soll vor allem Knowhow bezüglich der Leitung von Einzelprojekten vermitteln. Neben der Bereitstellung der relevanten Unterlagen (Projektanträge, Bewertungsbögen, Erfassung der Projekte, etc.) sind insbesondere die Schulung und Weiterbildung von Projektleitern Aufgaben dieser Organisationseinheit.[689] Als weitere Aufgaben eines Projekt-Office können dabei auch Tätigkeiten in den Gebieten Projektunterstützung, Dokumentation, Änderungsmanagement, Projektbibliothek/Wissensmanagement, Reporting, Risikomanagement, Ressourcendatenbank, Kostenverfolgung und Software-Support identifiziert werden.[690]

Das Project Office kann dabei auch in Form von virtuellen Teams organisiert werden. Für den speziellen Fall eines IT-Projekt-Office zeigt BONHAM auf, dass virtuelle Teams den personellen Umfang und damit auch die Zusatzkosten des Project Office gering halten. Sie dienen aufgrund ihrer gemischten Zusammensetzung einer unternehmensweiten Partizipation und verhindern somit die Übernahme wichtiger Beratungsfunktionen durch einzelne Geschäftseinheiten.[691] TURNER sieht den Vorteil eines Projekt-Office vor allem darin, dass eine korrekte und verlässliche Durchführung der Kontrollaktivitäten durch die Übertragung von Kontrolltätigkeiten auf routinierte Mitarbeiter sichergestellt werden kann. Weiterhin wird durch eine Übertragung der Kompetenzen zur (geringfügigen) Änderung der individuellen Projektpläne bzw. Budgetvorgaben auf die Mitarbeiter des Projekt-Office die Sicherheit und Integrität der

---

[688]   Vgl. Gesser/Thyssen (2006) S. 228.

[689]   Zu Einrichtung und Aufgabengebieten eines Projekt-Office siehe Büscher/Simon (1999) S. 168;
         Willis (1998) S. 21 und Fleming/Koppelmann (1998) S. 34ff. Das Projekt-Office hat dabei
         jedoch keinerlei Entscheidungskompetenz, sondern bereitet die Daten dergestalt auf, dass sie
         von den betreffenden Entscheidungsgremien genutzt werden können. Vgl. Stadler (2000)
         S. 207.

[690]   Zu den vielfältigen Aufgabenbereichen eines Projekt-Office siehe detailliert Turner (1993)
         S. 381ff. sowie Crawford (2002) S. 70ff., Fleming/Koppelmann (1998) S. 34ff., Büscher/Simon
         (1999) S. 168ff. und Block/Frame (1998). Ebenso in knapper Form Willis (1998) S. 21 und
         Gareis (2001) S. 11. Im Falle von Großprojekten innerhalb eines Portfolios kann auch ein weite-
         res, nur für dieses zuständige, Projekt-Office eingerichtet werden.

[691]   BONHAM spricht in diesem Zusammenhang von Business Unit Piracy. Vgl. zu den
         unterschiedlichen Gestaltungsformen von Project Offices ausführlich Bonham (2005) S. 89ff.

Projektplanung gewahrt.[692] Positiv bewerten auch GESSLER/THYSEN die Einführung von Projekt-Offices in der Postbank Systems AG. Ihrer Meinung nach stellt die Bündelung von Projektmanagement-Unterstützungsfunktionen in einem Projekt-Office auch einen wichtigen Schritt zu einer Verbreitung der Projektmanagement-Kultur in einem Unternehmen bei.[693]

6.2.5 Interaktion der Organisationselemente

Ein den bisherigen Ausführungen weitgehend entsprechendes Praxisbeispiel für die organisatorische Ausgestaltung einer Multiprojekt-Führungsorganisation beschreiben GRUBE/KOCH/LAMPARTER. Innerhalb der Post Merger Integration (PMI) von Daimler-Chrysler wurden dem Vorstand als oberste Hierarchieebene die Aufgaben der grundlegenden Kontrolle und Steuerung des gesamten PMI-Prozesses zugeordnet. Weiterhin wurden dem Grundgedanken der Portfolio Boards entsprechende Issue Resolution Teams (IRT) gebildet, die für das Multiprojektmanagement innerhalb der produkt- bzw. konzernweiten Integrationsfelder, die themenspezifische Projekt-Portfolios darstellen, zuständig sind. Innerhalb dieser Teams erfolgten auch die Priorisierung und Kontrolle der einzelnen Integrationsprojekte. Dem Vorstand wurde dabei innerhalb der regelmäßigen Reporting-Sitzungen nur der aggregierte Stand der einzelnen Portfolios berichtet. Daneben wurde als Unterstützung der einzelnen IRT-Teams das PMI-Coordination Team (CT) eingerichtet. Die Aufgabe des CT bestand vor allem in der funktionsübergreifenden Koordination von Informations-, Strategie- und Kultur-Issues, die für alle Bereiche des Konzerns relevant sind. Weitere Aufgaben betreffen die Unterstützung der einzelnen IRT-Teams hinsichtlich Reporting und Prozessmanagement und decken sich somit teilweise mit den Aufgaben des oben angesprochenen Fachbereichs Projektmanagement. [694]

Abbildung 6–10 verdeutlicht das idealtypische Zusammenspiel der einzelnen Elemente einer Multiprojekt-Führungsorganisation. Ausgehend von den Vorgaben der Konzernführung bezüglich der Budgethöhen und der Portfolio-Struktur für die einzelnen Projekt-Portfolios gibt der Konzernausschuss Multiprojektmanagement diese an die einzelnen Portfolio-Boards weiter und stimmt sich mit diesen im Gegenstrom ab. Diese Abstimmungen betreffen insbesondere Änderungen der Budgethöhen bzw. der

---

[692]   Vgl. Turner (1993) S. 380f. Er spricht aufgrund der Unterstützungstätigkeiten auch vom „Project Support Office" (PSO).

[693]   Vgl. Gessler/Thyssen (2006) S. 228.

[694]   Vgl. zur ausführlichen Darstellung Grube/Koch/Lamparter (1999) S. 598ff.

strukturellen Zusammensetzung der einzelnen Projektportfolios im Zuge der Konfiguration von Projekt-Portfolios. Weiterhin sind schwerwiegende Abweichungen des gesamten Projekt-Portfolios, die innerhalb der Multiprojekt-Kontrolle aufgedeckt werden, ebenfalls mit dem Portfolio-Board abzustimmen.

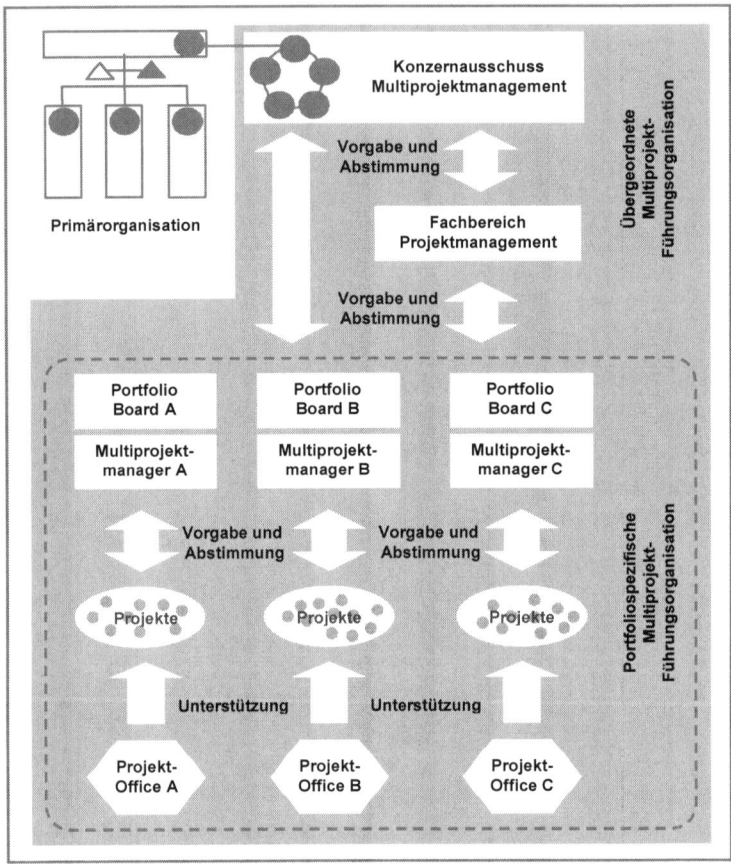

Abbildung 6–10   **Interaktion organisatorischer Elemente der Multiprojekt-Führungsorganisation**

Neben den einzelnen Portfolio-Boards hat der Konzernausschuss Multiprojektmanagement auch den Fachbereich Projektmanagement bezüglich der anzuwendenden Methoden und Steuerungsprozesse mit Vorgaben bzw. Kompetenzen zu versehen. Der Fachbereich Projektmanagement hat sich wiederum mit den einzelnen Portfolio-Boards über die Anwendung der Methoden zur Bewertung und anschließenden Priorisierung sowie der Kontrolle der einzelnen Projektportfolios abzustimmen bzw. Vorgaben in Form von Dokumentationen zu geben. Inwiefern den einzelnen Projekt-Offices Vorgaben zu machen sind, hängt insbesondere von der Verteilung der Aufgabenschwerpunkte zwischen diesen beiden Teilelementen der Multiprojekt-Führungsorganisation ab. Legt man idealtypisch eine starke zentrale Methodenherrschaft auf Seiten des Fachbereichs Projektmanagement zugrunde, liegt das Aufgabenspektrum der Projekt-Offices hauptsächlich in der Unterstützung der einzelnen Projektleiter. Diese Unterstützung beschränkt sich dabei nicht auf die Sachverhalte des Multiprojektmanagements, sondern kann auch Methoden des Einzelprojektcontrollings beinhalten. Die Übernahme von Aufgaben des Multiprojektmanagements ist dabei als eine Erweiterung der eigentlichen Funktion der Projekt-Offices zu sehen.

Die zentralen organisatorischen Einheiten des Multiprojektmanagements stellen grundsätzlich die unterschiedlichen Portfolio-Boards dar. Diese können, bei Vorliegen von Unterportfolios, auch in mehreren hierarchischen Ebenen existieren.[695] Unabhängig davon besteht die Hauptaufgabe der einzelnen Portfolio-Boards sowohl in der Konfiguration als auch in der Steuerung und Kontrolle der Portfolios. Die Portfolio-Boards sind dazu regelmäßig mit den Kompetenzen und Machtbefugnissen ausgestattet, einzelne Projekte zu stoppen oder gar zu beenden. Weiterhin müssen die Boards Gegenmaßnahmen ergreifen, falls die Ressourcenausstattung eines Portfolios durch Termin-, Kosten-, Qualitäts- oder sonstige Abweichungen nicht mehr zur Durchführung aller Projekte ausreicht. Im Zuge der Portfolio-Konfiguration sind die Boards diejenige Instanz, welche die Zusammensetzung der Projekt-Portfolios im Rahmen der Vorgaben des Konzernausschusses Multiprojektmanagement verabschiedet und den Projekten Prioritäten und somit auch Ressourcen zuordnet. Weitere wichtige Aufgabe bestehen in der Abstimmung und Konfliktbeseitigung zwischen Projektleitern und Linienmanagement, insbesondere im Falle einer Matrix-Projektorganisation. Diese Aufgabengebiete können in nicht kritischen Fällen auch von der Funktion des Multiprojektmanagers ausgeführt werden.

Die Portfolio-Boards besitzen weiterhin die Reporting-Verantwortung gegenüber dem Konzernausschuss Multiprojektmanagement. Insbesondere die operativen Aufgaben der Informationsbereitstellung, Kommentierung der Reports sowie Überwachung von angeordneten Abstimmungsmaßnahmen im Krisenfall obliegen dabei vor allem dem Multiprojektmanager. Falls diese Stelle nicht etabliert ist, sind diese Aufgaben dem

---

[695] Vgl. hierzu beispielhaft das Praxisbeispiel der Roche Pharma Division bei Völkers (2000) S. 166, die getrennte Portfolio-Boards sowohl für Forschungs- als auch Entwicklungsprojekte etabliert hat.

Projekt-Office bzw. in Unternehmen mit geringer Projektanzahl direkt dem Fachbereich Projektmanagement zuzuordnen. Abbildung 6–11 fasst die wesentlichen Aktivitätsfelder der einzelnen Elemente einer Multiprojekt-Führungsorganisation zusammen und stellt dabei auch Aktivitäten dar, die aus Platzgründen nicht explizit in den vorausgehenden Ausführungen genannt wurden.

Aktivität	Konzern-ausschuss Multiprojekt-management	Fachbereich Projekt-management	Portfolio Board	Multi-projekt-manager	Projekt-Office
Strategische Projektbudgetierung (horizontal)	Vorgabe und Abstimmung	--	--	--	--
Strategische Projektbudgetierung (vertikal)	--	--	Vorgabe und Abstimmung	Unter-stützung	Unter-stützung
Projektpriorisierung	--	Unter-stützung	Durch-führung	--	Unter-stützung
Projektdurchführung	--	Unter-stützung	--	--	Unter-stützung
Multiprojekt-Monitoring	--	Unter-stützung	Durch-führung	Durch-führung	--
Multiprojekt-Review	Durch-führung	--	Durch-führung	Unter-stützung	--
Projektabbruch / Portfolioanpassung	Vorgabe und Abstimmung	Unter-stützung	Vorgabe und Abstimmung	Unter-stützung	--
geringfügige Änderung von Projektplänen	--	Unter-stützung	--	Vorgabe und Abstimmung	Unter-stützung

Abbildung 6–11   **Idealtypische Aktivitätsfelder einzelner Elemente der Multiprojekt-Führungsorganisation[696]**

In einer von KUNZ im Jahr 2005 durchgeführten empirischen Untersuchung, an der sich insgesamt 75 deutsche Großunternehmen beteiligten, wurde festgestellt, dass Portfolio-Boards in rund 87 Prozent der befragten Unternehmen etabliert sind. Weiterhin besitzen rund 72 Prozent der Unternehmen Multiprojektmanager, während Projekt-Offices in rund 63 Prozent und ein Fachbereich Projektmanagement in rund 61 Prozent der befragten Unternehmen existieren. Es zeigt sich also, dass die in den vorhergehenden Abschnitten beschriebenen Organisationseinheiten in zumeist großem Umfang in der Unternehmenspraxis etabliert sind. Diese Daten geben auch einen ersten Hinweis

---

[696]   Inhaltlich in derselben Richtung argumentierend, jedoch andere Schwerpunkte setzend Hiller (2002) S. 96.

darauf, dass insbesondere Portfolio-Boards und Multiprojektmanager in der Praxis für das Multiprojektmanagement sehr bedeutsame Organisationseinheiten darstellen.[697]

Bezüglich der konkreten Aufgabenverteilung zeigte sich, dass die strategische Ausrichtung der Projektportfolios vornehmlich durch die Unternehmensleitung vorgenommen wird. Im Zuge der Priorisierung der Projekte in den einzelnen Projektportfolios haben neben der Unternehmensleitung auch die Portfolio-Boards einen hohen Einfluss, Multiprojektmanager und vor allem Projekt-Offices sind hier eher mit unterstützenden Aufgaben betraut. Die Kontrolle der Projektportfolios wird demgegenüber vor allem durch die betreffenden Multiprojektmanager und Portfolio-Boards selber durchgeführt. Die Unternehmensleitung hat in diesem Zusammenhang zwar keine führende Rolle inne, insgesamt zeigt die Untersuchung jedoch, dass die Bedeutung und Relevanz der Aufgabengebiete in den untersuchten Großunternehmen erkannt wird.[698]

Neben den bisher genannten Aufgaben ist auch der zunehmende internationale Charakter des Multiprojektmanagements zu berücksichtigen. Großunternehmen sind fast zwangsläufig international tätig und müssen daher auch strategische Vorhaben im internationalen Rahmen umsetzen. Durch eine dementsprechende Ausrichtung der Projektportfolios kann diesem internationalen Charakter der Projekte Rechnung getragen werden. Hier ist vor allem zu berücksichtigen, dass Mitarbeiter unterschiedlicher Kulturkreise sowohl in den Projekten[699] selber, als auch in den Leitungsgremien der Projektportfolios vertreten sind. Demzufolge ist von den einzelnen Mitgliedern der Multiprojekt-Führungsorganisation dieser unterschiedliche kulturelle Hintergrund der Akteure zu berücksichtigen. WOLLMANN/DIGNEN/KÜHN sprechen davon, ein „Intercultural Mindset" zu etablieren. Hierzu benötigt die Multiprojekt-Führungsorganisation ihrer Meinung nach eine entsprechende Schulung, um beispielsweise die Sichtweise der Unternehmenszentrale und der ausländischen Niederlassungen in Einklang bringen zu können. Weiterhin sollten kulturelle Unterschiede im Kommunikationsverhalten und in der Interpretation von Anweisungen beachtet werden. Insgesamt kann in diesem Zusammenhang festgestellt werden, dass die Steuerung von internatio-

---

[697] Vgl. Kunz (2006b) S. 457. Einen durchweg hohen Einfluss der Geschäftsleitung auf Entscheidungssituationen im Multiprojektmanagement zeigen auch empirische Ergebnisse in Glaschak (2006) S. 194.

[698] Vgl. zu den detaillierten Ergebnissen der Studie Kunz (2006b) S. 457ff.

[699] Vgl. Lientz/Rea (2003) S. 10 und Meier (2004), S. 37ff. Die Autoren problematisieren vor allem die unterschiedlichen kulturellen Hintergründe der Projektbeteiligten.

nalen Projektportfolios eine sehr komplexe Führungsorganisation benötigt, die die Ansprüche unterschiedlichster Interessensgruppe berücksichtigen muss.[700]

Abschließend ist anzumerken, dass die Einführung einer Multiprojekt-Führungsorganisation als „Projekt-Suprastruktur" auch einen starken Einfluss auf die Kosten-
struktur der Projekte hat. Durch das Ressourcenpooling zur Steuerung mehrerer
Projekte wird der Anteil der Gemeinkosten steigen[701]. Diese Beträge müssen im Rahmen der Projektkalkulation mit einbezogen werden. Diesen zusätzlich entstehenden
Kosten ist im spezifischen Einzelfall der potenzielle Nutzen einer Multiprojekt-
Führungsorganisation entgegenzusetzen. Weitere Kosten können insbesondere innerhalb der Einführungsphase eintreten, da die entsprechenden Organisationselemente
zunächst ihre Funktionsfähigkeit erreichen müssen. Weiterhin entstehen kosten-
treibende Friktionen mit den bereits bestehenden Linien- bzw. Projektorganisations-
einheiten, die im Regelfall Kompetenzen abzugeben haben.[702] Der Nutzen wird hierbei
in der Etablierung von Instanzen mit Machtbefugnissen gesehen, die im Sinne eines
Machtpromotors die Einführung und die Anwendung der einzelnen Methoden des
Multiprojektmanagements sicherstellen. Weiterhin können durch die situationsadä-
quate Ausgestaltung der Abstimmungsmechanismen innerhalb des Multiprojektmanagements Zuwächse insbesondere hinsichtlich der Effizienz der Projektarbeit
erzielt werden. Im Regelfall wird man dabei für ein Unternehmen eine kritische
Menge an Projekten und/oder Portfolios ermitteln können, ab der sich die Einrichtung
einer eigenständigen Multiprojekt-Führungsorganisation als wirtschaftlich erweist.[703]

Eine weitere Möglichkeit zur Nutzenmessung des Multiprojektmanagements stellen
DAMMER/GEMÜNDEN/LETTL in Form von für das Multiprojektmanagement spezifischen Qualitätsdimensionen vor. Diese Dimensionen sind von den Autoren entwickelt worden, um den Entwicklungsstand des Multiprojektmanagements in einem Unternehmen messen zu können. Gleichzeitig können diese Dimensionen aber auch als

[700]   Vgl. hierzu Wollmann/Dignen/Kühn (2006) S. 206ff.

[701]   Vgl. Reiß/Grimmeisen (1994) S. 320ff. Kosten verursachen insbesondere eine zusätzliche IT-
        Infrastruktur, spezielle Mitarbeiter des Fachbereichs Projektmanagement und der Projekt-
        Offices. Ebenfalls ist zu überlegen, inwieweit die Linienfunktionen für die Abstellung von
        Führungspersonal in die einzelnen Portfolio-Boards zu entschädigen sind.

[702]   Vgl. zu diesem Punkt Crawford (2002) S. 230. Insbesondere die Schwächung von Linienfunk-
        tionen durch die zunehmend projektorientierte Umsetzung von Unternehmensstrategien stellt
        seiner Ansicht nach ein erhebliches Konfliktpotenzial dar.

[703]   Zur Ermittlung eines Multiprojektmanagement-Ergebnisses in Form einer Gewinnkurve siehe
        Schmidt/Mertin (2005) S. 146ff. Die Autoren beziehen sich in ihrer Argumentation dabei auf
        das dem Multiprojektmanagement verwandte Programm-Management.

Nutzenindikatoren verwendet werden, da Sie explizit aus empirisch erhobenen Anforderungen der Unternehmenspraxis abgeleitet wurden. Eine hohe Ausprägung der im Folgenden kurz zu beschreibenden vier Qualitätsdimensionen weist somit auch auf einen hohen individuellen Nutzen des Multiprojektmanagements hin. Ein Nutzen stiftendes Multiprojektmanagement muss demnach die Informationsqualität sicherstellen können, also die unterschiedlichen Akteure des Multiprojektmanagements (Projektmanager, Portfolio-Board, Projekt-Office, etc.) mit den jeweils relevanten Informationen bezüglich der laufenden und geplanten Projekte versorgen. Die Allokationsqualität umschreibt die Fähigkeit eines Unternehmens, diejenigen Projekte auszuführen, welche aus strategischer Sicht am sinnvollsten sind. Zudem berücksichtigt sie weiterhin die Fähigkeit flexibel auf Veränderungen der Unternehmensumwelt zu reagieren. Aus organisatorischer Sicht kann vor allem die Zusammenarbeitsqualität beeinflusst werden, welche die Fähigkeit zur unternehmensweiten Koordination und Kooperation der unterschiedlichen Führungsebenen beschreibt. Zuletzt ist auch die Gestaltungsqualität zu berücksichtigen, die den Grad der Ankopplung des Multiprojektmanagements an die strategische Unternehmensführung abbildet.[704]

Um den Nutzen eines Multiprojektmanagements gewährleisten zu können, sind im Zuge der Implementierung auch spezifische Umsetzungsrisiken zu beachten. ADLER/SEDLACZEK sehen an erster Stelle das Risiko, dass weiterhin – nach erfolgter Einführung des Multiprojektmanagements – eine Lücke zwischen operativer und strategischer Ebene bestehen bleibt. Auch kann eine zu bürokratische oder zu provisorische Dimensionierung des Multiprojektmanagements zu einem frühzeitigen Scheitern führen. Unklare Rollenbeschreibungen und nicht abgestimmte Verantwortungskompetenzen der Akteure hindern die erfolgreiche Umsetzung ebenso. Ein erhebliches Risiko ist auch darin zu sehen, dass die betroffenen Mitarbeiter sich aufgrund der hohen Projekt-Transparenz zu stark kontrolliert fühlen und insgesamt den Umsetzungsprozess – wenn auch oft nur unbewusst – blockieren. Ebenso kann es von Seiten der Entscheidungsträger nicht erwünscht sein, dass beispielsweise Priorisierungs-Entscheidungen offen und transparent kommuniziert werden und somit auch unternehmensinterner Kritik ausgesetzt sind.[705] Im Zuge der Implementierung eines Multiprojektmanagements sollten diese Risiken adressiert werden und mit Hilfe einer offenen Kommunikationspolitik ausgeräumt werden.

---

[704] Vgl. Dammer/Gemünden/Lettl (2006) S. 151ff.

[705] Vgl. detailliert Adler/Sedlaczek (2005) S. 122f.

6.3 Anpassung der primären Unternehmensorganisation

Der folgende Abschnitt beschäftigt sich mit den Möglichkeiten der dauerhaften Anpassung der bestehenden Primärorganisation eines Unternehmens bzw. Unternehmensbereichs an die Belange des Multiprojektmanagements. Diese weitgehende Anpassung ist bisher jedoch nur in wenigen Unternehmen zu beobachten. Die organisatorischen Veränderungen von Entwicklungsbereichen ausgewählter Unternehmen der Automobilindustrie stellen in dieser Hinsicht Ausnahmen dar, die in Form eines Fallbeispiels aufgezeigt werden sollen. Neben der Analyse der Ursachen für diese Entwicklungen wird im Anschluss daran skizziert, inwieweit die aufgezeigten Entwicklungen auch in anderen Branchen bzw. Unternehmensbereichen erfolgreich umgesetzt werden können. [706]

6.3.1 Entwicklung in der Automobilindustrie

CUSUMANO/NOBEOKA zeigen die historische Entwicklung der organisatorischen Anpassung der primären Unternehmensorganisation an die zunehmenden Abstimmungserfordernisse zwischen Projekten und Funktionsbereichen im Entwicklungsbereich (Product Development) der Automobilindustrie auf (Abbildung 6–12). Der Unternehmensbereich Produktentwicklung ist in Automobilunternehmen traditionell stark projektorientiert ausgestaltet. Hierbei stellen die neu zu entwickelnden Modellreihen bzw. Produktplattformen eines Unternehmens regelmäßig die hier zu betrachtenden strategischen Projekte dar. Weiterhin bestehen die Charakteristika in diesem Bereich schon über einen langen Zeitraum hinweg, sodass davon auszugehen ist, dass dort die Entwicklung bezüglich der Anpassung von primärer Unternehmensorganisation und Multiprojekt-Organisation weit fortgeschritten ist.

Ausgehend von einer funktional geprägten Matrixstruktur, die vor allem eine intensive Koordination der einzelnen Projekte ermöglicht, wurde der immer größer werdenden Bedeutung der Koordination unterschiedlicher Funktionsbereiche der Produktentwicklung Rechnung getragen, indem eine stärker an den Projekten ausgerichtete Orga-

---

[706] Zur Möglichkeit der Ableitung von Gestaltungsempfehlungen aus Fallstudien im Bereich des Projektmanagement siehe die Diskussion bei Beck (1996) S. 308ff. mit weiteren Nachweisen. Im Ergebnis können aus Fallstudien generierte Aussagen in Fällen des gegenseitigen Widerspruchs der Literatur bzw. bei Vorliegen von wenig theoretisch gesichertem Wissen angewendet werden. Im vorliegenden Fall trifft dabei der letzte Punkt zu. Für das Aussagensystem wird nicht die Qualität einer neuen und umfassenden Theorie erreicht. Vielmehr werden lediglich praktische, in der Wirtschaftspraxis beobachtete Entwicklungen im Kontext erläutert, um Ansatzpunkte für zukünftige Entwicklungen in anderen Unternehmensbereichen bzw. Branchen aufzeigen zu können.

nisation eingeführt wurde.[707] Die betroffenen Projekte selbst bezogen immer stärker die einzelnen Funktionen mit ein und sorgten so für eine übergreifende Abstimmung der einzelnen Funktionen.

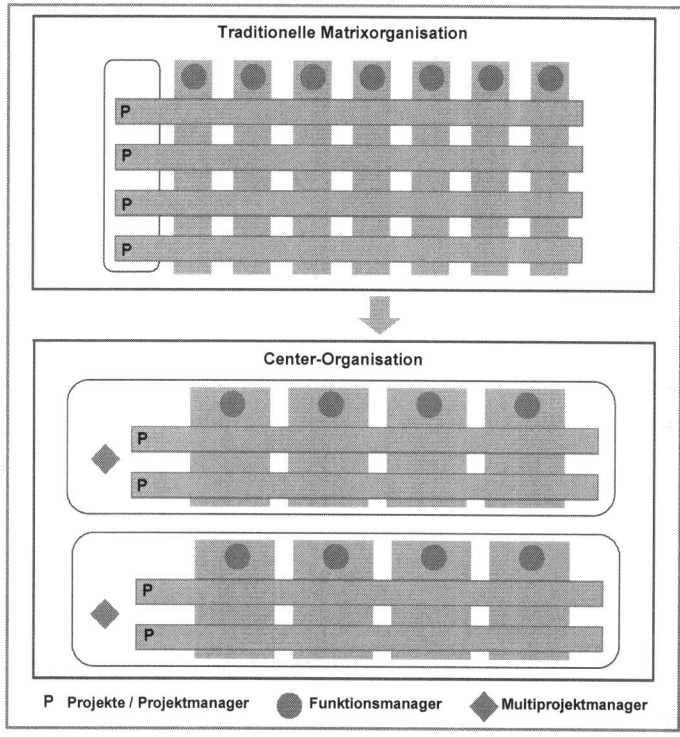

Abbildung 6–12   **Entwicklung von der Matrix-Organisation zur Center-Organisation**[708]

Es stellte sich jedoch heraus, dass zur Abstimmung von Projekten und Funktionen zu viele Schnittpunkte zwischen den einzelnen Projekten und Funktionsbereichen zu koordinieren sind. Hier setzt die Einführung einer Center-Struktur an, indem sie auf der einen Seite die Anzahl der zu koordinierenden Schnittpunkte zwischen Projekten und Funktionsbereichen senkt. Auf der anderen Seite werden die Kompetenzen der Projektmanager gestärkt, und es wird zusätzlich die Stellung eines Multiprojektmanagers

---

[707]   Dies ist z.B. auf die immer weiter steigende Zahl an Varianten eines Automobils bzw. auf die Besetzung von zusätzlichen Marktsegmenten und Nischen durch die großen Automobilhersteller zurückzuführen.

[708]   In Anlehnung an: Cusumano/Nobeoka (1998) S. 53.

etabliert, der somit die Verantwortung für einzelne Center trägt.[709] Die Center sind nach unternehmensspezifischen Kriterien ausgerichtet und können somit z.b. Teilportfolios des F&E-Portfolios darstellen.[710] Somit überlagert in der Center-Struktur der Multiprojektmanager als ein Element der Multiprojekt-Führungsorganisation die primäre funktionale Unternehmensorganisation.

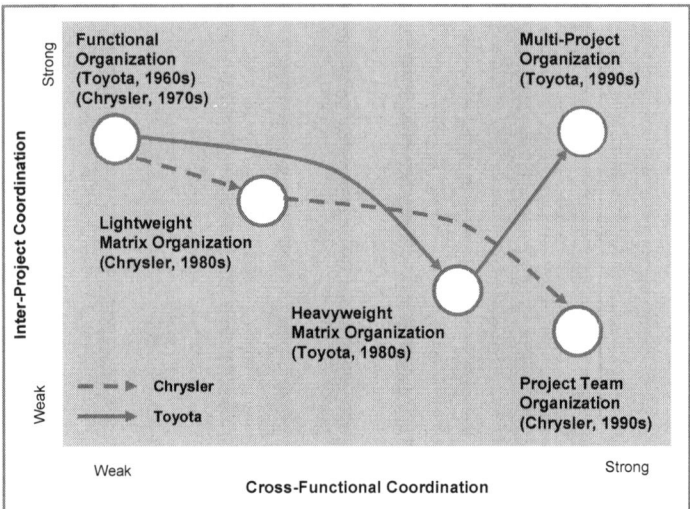

Abbildung 6–13   Entwicklungspfade der Multiprojekt-Organisation in der Produktentwicklung von Chrysler und Toyota[711]

Dieses Organisationsprinzip setzte Toyota in den 80er-Jahren um (Abbildung 6–13), indem in der Heavy-Weight-Matrixorganisation die Kompetenzen der einzelnen Projektmanager gestärkt wurden. Zusätzlich wurde in den 90er-Jahren die Instanz eines Center-Managers etabliert, der einen Multiprojektmanager mit umfassenden

---

[709]   Der Multiprojektmanager hat somit als Heavy-Weight-Produktmanager erhebliche Entscheidungskompetenzen. Vgl. hierzu nochmals die Ausführungen zum Shusa-Projektmanager bei Schwager/Haar (1996) S. 482f. Bereits RÜSBERG sieht die Notwendigkeit der hierarchischen Unterstellung von Funktionsbereichen unter einen Multiprojektmanager. Vgl. Rüsberg (1976) S. 229f.

[710]   Vgl. detailliert zur Konzeption der Center-Struktur als Form der Projektorganisation Cusumano/ Nobeoka (1998) S. 54, 186 und 198. Ein praktisches Beispiel der Center-Organisation, ebenfalls aus der Automobilindustrie, zeigt Wittmann (1998) S. 176ff. Die ebenfalls denkbare und in der Praxis vorkommende Zwischenlösung der Semi-Center-Struktur (Teilbereiche sind in Matrixform, andere in Center-Struktur organisiert) wird an dieser Stelle nicht weiter behandelt, da der zusätzliche Erkenntnisgewinn für das Multiprojektmanagement nur gering ist. Zum Begriff des projektorientierten Unternehmens siehe exemplarisch Gareis (2001) S. 6.

[711]   In Anlehnung an: Cusumano/Nobeoka (1998) S. 185.

Kompetenzen darstellt. CUSUMANO/NOBEOKA bezeichnen die Einführung dieser Multiprojektmanager als die populärste organisatorische Innovation innerhalb der betrachteten Unternehmen.[712]

Mit Hilfe dieser Multi-Project Organization können sowohl unterschiedliche Funktionen als auch verschiedene Projekte koordiniert werden. Innerhalb der einzelnen Center werden Bestandteile einer Matrix zwar aufrechterhalten, die hauptsächliche Koordination erfolgt jedoch durch die Projekt- und Centermanager.[713] Da die Centermanager gleichzeitig die einzelnen Funktionsbereiche innerhalb der Center führen, kann auch hier im Endeffekt von einer reinen Projektorganisation gesprochen werden.[714]

Im gleichen Zeitraum versuchte Chrysler, durch die Einführung einer an Produkten orientierten Projekt-Team-Organisation in den 90er-Jahren die Nachteile der in den 80er-Jahren eingeführten Light-Weight-Matrixorganisation zu beheben. Chrysler fokussiert im Gegensatz zu Toyota mehr auf die einzelnen Projekte, die durch Projektleiter mit weitreichenden Kompetenzen gegenüber den funktionalen Bereichen geführt werden. Im Endergebnis besteht sowohl bei Chrysler als auch bei Toyota eine reine Projektorganisation. Chrysler hat sich jedoch der Möglichkeit einer Abstimmung der unterschiedlichen Projekte untereinander (Inter-Project-Coordination) beraubt, da die Projekt-Teams nicht in Centern zusammengefasst sind.

---

[712] Vgl. Cusumano/Nobeoka (1998) S. 98. Die Autoren stellen in ihrer Untersuchung die Organisationsstrukturen der Produktentwicklung von 20 großen Automobilherstellern dar. Die Center-Struktur hat dabei einen Anteil von ca. 20 Prozent, während 80 Prozent der Unternehmen eine Matrixstruktur bevorzugen. Jedoch ist in fast 50 Prozent der Unternehmen die Position eines Multiprojektmanagers etabliert. Vgl. Cusumano/Nobeoka (1998) S. 55 zur Übersicht über die einzelnen Organisationsformen in der Produktentwicklung sowie S. 58ff. für die detaillierte Beschreibung der einzelnen Unternehmen.

[713] CRAWFORD nennt deshalb die reine Projektorganisation auch „Projectized Organization" und zeigt ebenfalls Beispiele für Unternehmen (z.B. Toyota, Ford, Intel, Microsoft), welche die Entwicklung von der Matrix-Projektorganisation zur reinen Projektorganisation vollzogen haben. Vgl. Crawford (2002) S. 65ff. Es zeigt sich, dass die projektorientierte Unternehmensorganisation vornehmlich für sehr F&E-intensive Unternehmen bzw. Unternehmensteile geeignet erscheint.

[714] Vgl. hierzu Cusumano/Nobeoka (1998) S. 184ff. Danach propagieren die Autoren einen „concurrent technology transfer" (S. 189) zwischen den einzelnen Projekten, ein Konzept, das RICKERT mit dem Hinweis auf möglicherweise auftretende Konkurrenzkämpfe zwischen Projektteams ablehnt („Not invented here syndrom"). Vgl. Rickert (1995) S. 131. Insgesamt steht RICKERT der Durchführung von F&E in der Form der reinen Projektorganisation sehr kritisch gegenüber und begründet dies vor allem mit der oftmals hohen Zahl an Projekten, die aus Wirtschaftlichkeitsüberlegungen heraus nicht alle in einer eigenen sekundären Organisationsform durchführbar sind. Dennoch vermutet auch er einen Trend hin zur reinen Projektorganisationsform. Vgl. Rickert (1995) S. 51 und 53.

6.3.2 Zukünftige Entwicklung

Die oben beschriebenen Fallbeispiele sind nur bedingt auf andere Branchen bzw. Unternehmensbereiche übertragbar. Vor allem sprechen die besonderen Voraussetzungen gegen eine generelle Übertragbarkeit. In den Beispielunternehmen treffen eine starke Produkt-, Projekt- und Modellreihenorientierung aufeinander. Fallen in anderen Branchen oder Unternehmensbereichen diese Orientierungen auseinander, kann davon ausgegangen werden, dass eine umfassende Center-Struktur nur schwer implementierbar ist.

Falls jedoch die Voraussetzungen für eine permanente Anpassung der Primärorganisation gegeben sind, ist eine Überlagerung von primärer Linienorganisation durch die projektorientierte Sekundärorganisation zu prüfen.[715] Insbesondere in Bereichen, die von ihrer Leistungssphäre her projektorientiert gestaltet sind (z.B. IT-Programmerstellung, Mitarbeiterschulung), erscheint diese Vorgehensweise erfolgversprechend. Weiterhin ist eine Institutionalisierung von Projektstrukturen auch in der Form eines organisatorischen Zusammenfassens von einzelnen Projektportfolios denkbar. Die Betonung der Projekte innerhalb der Unternehmensorganisation führt dabei zu einer auf die Projektbedarfe ausgerichteten Führungsstruktur.[716] Diese Vorgehensweise ist vor allem beim Vorliegen von hohen Abstimmungsbedarfen angebracht.

6.4 Multiprojekt-Informationssystem

Die im bisherigen Verlauf dargestellten Aktivitäten des Multiprojektmanagements sind aufgrund des hohen Informationsbedarfs und der Anforderungen einer schnellen Informationsbereitstellung nur mit Hilfe von IT-Unterstützung wirtschaftlich sinnvoll durchzuführen. Insofern sind an dieser Stelle auch die strukturellen Voraussetzungen für die Informationsbeschaffung und -bereitstellung in Form eines Multiprojekt-Informationssystems in kompakter Form zu betrachten. Hierbei wird auf bedeutsame

---

[715]   Im Bereich des Change Management wird ein ähnlich gelagertes Problemfeld behandelt. Hier geht es um die prozessorientierte Gestaltung der Unternehmensorganisation. OSTERLOH/ FROST zeigen dabei, dass neben der weitgehenden Umgestaltung der primären Unternehmensorganisation nach Prozessgesichtspunkten wichtige zentrale bzw. fachspezifische Unternehmensbereiche in funktionalen Schulen erhalten bleiben und nicht in die Prozessorganisation eingegliedert werden. Vgl. Osterloh/Frost (1998) S. 26ff. Die Idee der funktionalen Schulen kann auch im Konzept der Multiprojekt-Organisation Anwendung finden. Jedoch ist davon auszugehen, dass im Regelfall die Anzahl dieser funktionalen Schulen nur gering sein wird, da keine so starke Dominanz der Multiprojekt-Organisation wie der Prozessorganisation in einem Unternehmen erreicht wird und somit ein Großteil der Funktionsbereiche im Unternehmen unverändert bestehen bleibt.

[716]   Vgl. hierzu nochmals die Ausführungen von Rüsberg (1976) S. 230.

konzeptionelle, organisatorische und technische Anforderungen an ein Multiprojekt-Informationssystem eingegangen.

6.4.1 Konzeptionelle Grundlagen

Nach FERSTL/SINZ ist unter einem (betrieblichen) Informationssystem das gesamte informationsverarbeitende Teilsystem eines Unternehmens bzw. eines speziellen Unternehmensbereichs zu verstehen.[717] BECK schlägt in diesem Zusammenhang die Etablierung eines Projekt-Informationsmanagements[718] vor. Grundsätzlich kann diesem Vorschlag gefolgt werden, wenngleich einige konzeptionelle Anpassungen vorzunehmen sind. Zunächst ist der enger gefasste Begriff des Informationssystems anstelle des Informationsmanagement zu nutzen, da dieser Begriff dem hier darzustellenden Sachverhalt besser entspricht. Insofern soll im Weiteren von einem Multiprojekt-Informationssystem (MPIS) gesprochen werden.

Das MPIS wird grundsätzlich für alle Aktivitäten und Teilphasen des Multiprojektmanagements genutzt, obwohl anzumerken ist, dass der Aspekt der Steuerung und Kontrolle in Theorie und Praxis deutlich hervorgehoben wird. Somit ist das MPIS idealtypisch sowohl in der Phase der Planung und Konfiguration von Projektportfolios, der Bewertung von Projekten als auch der Projektportfolio-Kontrolle als Unterstützung einsetzbar. Der Aufgabenbereich des MPIS geht dabei über den eines reinen Berichtssystems hinaus, da z.B. auch Funktionalitäten des Multiprojekt-Wissensmanagements, der Kommunikation zwischen Aufgabenträgern sowie der Informationsanalyse angelegt sein müssen. Das MPIS besteht somit aus den beiden Komponenten Berichts- und Dokumentationssystem.

Die Aufgaben, die das Multiprojektmanagement im Zuge der Einrichtung und des Betriebs eines MPIS erfüllen muss, erstrecken sich dabei über mehrere Teilbereiche hinweg. Die strategische Zielrichtung muss sowohl hinsichtlich finanzieller und technischer Vorgaben als auch inhaltlicher Anforderungen zur Ausgestaltung des Berichts- und Dokumentationssystems im Zuge der Implementierung eines MPIS festgelegt werden. Weiterhin sind die Erstellung einer Gesamtkonzeption und die Einführung des

---

[717] Vgl. Ferstl/Sinz (1998) S. 2. Zur Evolution von betrieblichen Informationssystemen bis hin zu spezifischen Controlling-Informationssystemen siehe Becker/Fuchs (2004) S. 7ff.

[718] Nach BECK stellt dabei ein Projektinformationsmanagement auf die ganzheitliche Entwicklung, Erhaltung und Nutzung von Informationen ab, wobei sich die ganzheitliche Betrachtung in diesem Fall speziell auf die Multiprojektumgebung und ihre spezifischen Anforderungen bezieht. Vgl. Beck, C. (1994) S. 156f.

Informationssystems dem Aufgabengebiet zuzurechnen.[719] Den wichtigsten Punkt aber stellt das Management des Systembetriebs dar. Hierbei sind vor allem die Festschreibung und Aktualisierung des Gesamtkonzeptes, aber auch die eher operative Administration des MPIS von Bedeutung. Hierzu zählt vor allem die Sicherstellung der Informationsversorgung durch die Steuerung und Überwachung der Berichts- und Dokumentationsteilsysteme. Das Berichtssystem stellt hierbei die informatorische Grundlage zur Fundierung des Multiprojektmanagement-Zyklus dar, während das Dokumentationssystem vor allem den Informationsaustausch innerhalb und zwischen den einzelnen Projekten ermöglicht.[720]

Da diese Aufgaben nicht unkoordiniert von einzelnen Aufgabenträgern erledigt werden sollen, ist weiterhin eine geeignete organisatorische Unterstützung des MPIS zu wählen. Dem Gestaltungsvorschlag von BECK folgend, setzt sich das MPIS dabei organisatorisch sowohl aus einem zentralen, übergeordneten Central-Multiprojekt-Informations-Office (CMIO) als auch aus mehreren dezentralen Multiprojekt-Informations-Offices (MIO) zusammen, die z.B. den einzelnen Projektportfolios zugeordnet sein können. Die Aufgaben des CMIO bestehen vor allem in der organisationsweiten und einheitlichen Umsetzung des Konzeptes eines MPIS, während die einzelnen dezentralen MIO eher eine Unterstützungsfunktion auf der Ebene des Projektportfolios und der Einzelprojekte innehaben.[721] Diese organisatorische Verteilung einzelner Aufgaben hilft somit, eine Verankerung des MPIS in den Strukturen des Multiprojektmanagements zu etablieren.

Die spezifische Gestaltung eines MPIS richtet sich vor allem nach dem Informationsbedarf, der im Zuge der Durchführung der einzelnen Aufgabenkomplexe des Multiprojektmanagements entsteht. Es ist somit auch eine Aufgabe des Multiprojektmanagements, diesen Informationsbedarf zu ermitteln und anschließend eine adäquate Informationsversorgung durch das Berichtssystem des MPIS sicherzustellen.[722] Daneben sind den unterschiedlichen Beteiligten[723] auch spezifische Kommunikationsmöglichkeiten zur Verfügung zu stellen. Da die Anforderungen an das MPIS im Einzelfall sehr unterschiedlich ausfallen können, soll im Weiteren von einer ideal-

---

[719]   Vgl. detailliert Beck, C. (1994) S. 160ff.

[720]   Vgl. Beck, C. (1994) S. 164ff. mit weiteren Nachweisen.

[721]   Zum Konzept der Projekt-Information-Offices vgl. Beck, C. (1994) S. 170ff.

[722]   Vgl. Beck, C. (1994) S. 182f. Zu den Anwendungszwecken von Informationssystemen für Projekt-Portfolios siehe Möhrle (1991) S. 129ff.

typischen Ausprägung des Informationsbedarfs ausgegangen werden. Im Folgenden werden diese Anforderungen an das MPIS anhand der Kriterien Informationsbasis, Informationsaufbereitung und Kommunikationsmöglichkeiten aufgezeigt.[724]

Informationsbasis

Die Informationsbasis bezeichnet die zur Bewältigung der Aufgaben des Multiprojektmanagements zwingend notwendigen Informationen. Innerhalb des MPIS sollte die Informationsbasis zentral ausgelegt sein, da sich die strategischen Projekte eines Unternehmens oftmals über unterschiedliche Unternehmensbereiche hinweg erstrecken. Dies beinhaltet eine zentrale Projektdatenbank, in der sämtliche Informationen zu den einzelnen Projekten enthalten sind. Weiterhin müssen diejenigen Ressourcen[725], auf die Projekte potenziell zugreifen können, in einer zusätzlichen Ressourcen-Datenbank vorgehalten werden.[726] Die ressourcenbezogenen Informationen sollten sich dabei nicht nur auf die Quantität beziehen, sondern auch Fähigkeiten („Skill-Levels") berücksichtigen. Dies ist insbesondere für das Scheduling von fachspezifisch ausgebildeten personellen Ressourcen von hoher Bedeutung. Weiterhin ist es von herausragender Bedeutung, dass eine Schnittstelle zum Linienmanagement bzw. der Primärorganisation des Unternehmens besteht. Zum einen kann somit eine redundante Datenhaltung vermieden werden. Zum anderen ist diese Schnittstelle auch dann von großer Bedeutung, wenn die Projektorganisation die funktionale Organisation hierarchisch überlagert und somit die Unternehmenslenkung primär auf der informationellen Grundlage der projektorientierten Informationen des MPIS erfolgt.

Zur Unterstützung des Multiprojekt-Wissensmanagements[727] sind ebenfalls Informationspools zur Speicherung von Erfahrungen in Form von Berichten, genutzten Methoden, etablierten Vorgehensweisen oder spezifischen Abbruchkriterien vorzusehen. Die Informationsbasis muss dabei derart ausgestaltet sein, dass sie sich jederzeit auf aktuellem Stand befindet und gleichzeitigen Daten-Input und -Output unterschied-

---

[723] Vgl. exemplarisch Möhrle (1991) S. 131f. zu den informationswirtschaftlich relevanten Nutzergruppen innerhalb der Steuerung eines F&E-Programms.

[724] Vgl. zu den folgenden Anforderungen grundsätzlich Campana et al. (2002); Köster/Schardt/ Hochstrahs (2002); Hegazy/El-Zamzamy (1998); Grube/Koch/Lamparter (1999) S. 601ff. sowie Nastansky/Haberstock (1999). Zu einzelprojektbezogenen Informationsbedarfen im Projektlebenszyklus vgl. North (2002) S. 287.

[725] Diese Ressourcen können sowohl technischer (z.B. Anlagen), personeller (z.B. spezialisierte Projektmitarbeiter) als auch finanzieller (z.B. Budgets) Natur sein.

[726] Vgl. Suckut (1995) S. 94.

[727] Vgl. nochmals Abschnitt 5.4.

licher Stellen verarbeiten kann. Dies beinhaltet somit die Forderung nach einer schnellen Datenerfassung und einer zu definierenden Menge an kurzfristig abrufbaren Standardberichten und -auswertungen.

Informationsaufbereitung

Neben der reinen Bereitstellung von Informationen ist innerhalb des MPIS ebenfalls die Aufbereitung der Informationen von hoher Bedeutung. Die Informationsaufbereitung beinhaltet die Aggregation von Daten der Einzelprojekte zu Projektbündeln und Projektportfolios.[728] Ebenso ist die Generierung von mehrdimensionalen einzelprojektbezogenen Berichten/Reports (Termine, Budget, Zielerreichung, etc.) wie auch Berechnungen und Kategorisierungen von Abweichungen für die Nutzung innerhalb des Multiprojekt-Monitorings von Bedeutung. Weiterhin sind Zusammenstellungen der Belastung einzelner Ressourcen automatisch über alle Projektportfolios und somit unternehmensweit zu generieren. Die Hinterlegung und automatische Unterbreitung von alternativen Handlungsszenarien im Falle von engpassbezogenen Problemfällen stellen weiterhin eine wichtige Anforderung, zusätzlich zu den Funktionalitäten im unternehmens- und projektübergreifenden Ressourcenmanagement („Enterprise Ressourcenpool"), dar. Zur Durchführung der Projektportfolio-Konfiguration bzw. Projektpriorisierung ist weiterhin die Bereitstellung von adäquaten betriebswirtschaftlich fundierten Bewertungs- und Entscheidungsmethoden zu fordern.[729]

Kommunikationsmöglichkeiten

Die Kommunikationsmöglichkeiten, die das MPIS bereitstellt, beziehen sich zum einen auf die Zugriffsmöglichkeiten der einzelnen Nutzer im MPIS, zum anderen auf die Kommunikation zwischen diesen. Neben der Etablierung von hierarchieabhängigen Zugriffsrechten ist vor allem ein nutzerspezifischer Zugang zu den Informationen von Bedeutung. Die in den einzelnen Datenpools vorhandenen Informationen und Auswertungen sind somit den einzelnen Nutzern in einer Form zu präsentieren, die den jeweiligen Aufgabengebieten angepasst ist. Mitglieder der oberen Multi-

---

[728]   Hierbei kann es sich sowohl um Leistungsdaten der Projekte als auch um Daten bezüglich der einzelnen Budgets handeln.

[729]   Diese Forderung ist nicht unumstritten, da ein nicht qualifizierter Nutzer eine ihm nicht bekannte betriebswirtschaftliche Methode falsch anwenden und darüber hinaus aus diesen Ergebnissen, selbst bei richtiger Anwendung, falsche Schlussfolgerungen ziehen kann. Somit besteht die Gefahr, dass wirtschaftlich nicht zu vertretende Entscheidungen getroffen werden. Insofern stellt dieser Bereich eine Schnittstelle zur Beratungsfunktion des Controllings innerhalb des Unternehmens dar. Tatsächlich besitzen nur wenige auf dem Markt verfügbare Standard-Softwareprodukte ein spezifisches Modul zur Unterstützung der Projektbewertung und -auswahl. Vgl. zu dem Problemkomplex Möhrle (1991) S. 130.

projekt-Führungsorganisation werden vor allem hoch verdichtete Daten mit grafischen Darstellungen zur schnellen Übersicht benötigen, während Multiprojektmanager, Projektleiter und Mitarbeiter des Projekt-Office eher detaillierte Informationen zu einzelnen Projekten bzw. zu entsprechenden Wissenspools nachfragen. Unabhängig vom Nutzerprofil sollte der Datenzugriff jedoch einheitlich und dezentral möglich sein. Bezüglich der Kommunikationsmöglichkeiten sollten sowohl auf Einzelfälle bezogene informative Anfragen an andere Systemnutzer als auch mit Sanktionen verbundene automatische Abweichungsmeldungen an die Kontrollgremien, z.B. innerhalb des Multiprojekt-Monitorings, auf elektronischem Wege etabliert werden. Denkbar ist auch, die Kommunikationsbedarfe auf die Durchführung von virtuellen Teamsitzungen und Entscheidungsrunden auszudehnen, z.B. von Portfolio-Boards und betroffenen Projektleitern.

6.4.2 Technische Umsetzung und exemplarische Systemgestaltung

Die oben dargestellten Anforderungen an Informationssysteme werden regelmäßig nur von Enterprise Project Management Systems (EPMS) erfüllt. Diese Programmgruppe unterstützt die Belange sämtlicher Nutzergruppen.[730] Grundsätzlich orientiert sich die Generation von Multiprojekt-Software der Klasse EPMS an dem Prinzip der Workgroups, d.h., mehrere Benutzer können auf die gleiche Datenbasis zugreifen. Die Realisation eines solchen Systems kann dabei in Form einer modifizierten Workgroup-Plattform bzw. in der Etablierung eines eigenständigen, auf Serverstrukturen basierenden umfassenden Projekt-Programmsystems erfolgen.

In der Unternehmenspraxis hat vor allem die Unterstützung der Benutzer durch Hilfefunktionen, Aufgaben- und Dokumenten-Management sowie Portfolio-Analyse eine große Bedeutung.[731] Weiterhin wird der wichtige Punkt der unternehmensweiten Informationsversorgung mit Hilfe von Projekt-Portalen sichergestellt. Hierbei werden die allgemein zugänglichen Informationen zu einzelnen Projekten, also z.B. Inhalte, Terminplanung und zugeteilte Ressourcen, innerhalb einer auf der Intranet-Techno-

---

[730] Die Kompatibilität, z.B. in Fragen des projektbezogenen Datentransfers, von Einzelprojekt-Management-Software und Multiprojektmanagement-Software in einem Unternehmen ist in diesem Zusammenhang von herausragender Bedeutung. Dies hat in der Praxis zu einer Etablierung von Systemen geführt, die sowohl Belange des normalen Projektmanagements als auch des Multiprojektmanagements berücksichtigen. Lediglich die Kommunikationsmöglichkeiten sind innerhalb von Project Collaboration Platforms weitgehender ausgeprägt. Vgl. zu den unterschiedlichen Kategorien von Multi-Project-Management Systems Ahlemann (2003) S. 3ff.

[731] Vgl. Campana et. al. (2002) S. 22ff. Die Untersuchung bezieht sich dabei auf die Unternehmen Lufthansa AG, Bertelsmann media systems GmbH und BMW AG.

logie basierenden Benutzeroberfläche zugänglich gemacht. Innerhalb solcher Portale können dann, wie bereits im Zusammenhang des Multiprojekt-Wissensmanagements erläutert, Berichte in unterschiedlichen Detaillierungsgraden (z.b. Einzelprojekt, Managementbericht) abgerufen werden.[732] Denkbar ist weiterhin auch, Projektleit-fäden, Bewertungstools oder Erfahrungsberichte vergangener Projekte („Best-Practice") in Projektportale einzustellen.[733]

6.4.2.1 Umsetzung auf Basis bestehender Workgroup-Systeme

Das Prinzip der Umsetzung von MPIS auf der Basis von bereits bestehenden Workgroup-Systemen kann im Folgenden (Abbildung 6–14) erläutert werden. Das Beispiel ist dabei an die Funktionsweise von Lotus Notes/Domino angelehnt.[734] Auf-bauend auf den bereits im Workgroup-System vorhandenen Funktionalitäten werden die Datenstrukturen für das MPIS durch zusätzliche Datenbanken abgebildet.

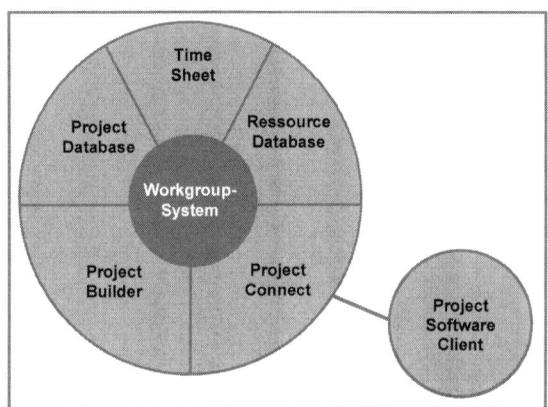

Abbildung 6–14   Beispiel einer auf Workgroup-Systemen basierenden
                    Softwarearchitektur[735]

Im vorliegenden Beispielfall[736] erfolgt die Datenhaltung in drei voneinander getrenn-ten Datenbereichen. Die Project Database übernimmt die Aufzeichnung und Verwal-

---

[732]   Vgl. Campana-Schott (2002).

[733]   Vgl. zum Konzept solcher Wissens-Portale exemplarisch Bestgen/Meier/Schmidt (2000) S. 32ff. sowie speziell S. 42f. zur technischen Implementierung.

[734]   Siehe hierzu auch die Praxisbeispiele in Bestgen/Meier/Schmidt (2000) S. 76ff. (Deutsche Bank) sowie Grube/Koch/Lamparter (1999) (DaimlerChrysler).

[735]   In Anlehnung an: Verspohl (1998) ohne Seitenangabe (Kap. 4.4).

tung sämtlicher projektbezogener Geschäftsvorfälle. Die getrennt gehaltene Ressource Database beinhaltet sämtliche Informationen zu den projektbezogenen Ressourcen, die im Unternehmen vorhanden sind. Mit Hilfe der Time-Sheet Database können weiterhin die einzelnen Projektaufwendungen erfasst und den einzelnen Projekten zugeordnet werden. Das Modul Project-Builder dient der Strukturierung und Etablierung neuer Projekte. Dieser Prozess kann durch die Nutzung bereits vorgefertigter Pläne unterstützt werden. Schließlich integriert das Modul Project-Connect die spezifische Projektsoftware, mit welcher der einzelne Nutzer Zugriff auf die unterschiedlichen Datenbanken hat.

Die vorliegende Systemgestaltung ist insbesondere durch eine zentrale Datenhaltung geprägt. Der Zugriff auf die einzelnen Datenbanken kann dabei auch mit unterschiedlichen Programmen zur Einzelprojektsteuerung erfolgen. Vorteilhaft an diesem System sind insbesondere die Eigenschaften von Workgroup-Systemen, in die von vornherein bereits mannigfaltige Kommunikationsmöglichkeiten (z.B. Messaging, Terminmanagement) implementiert sind. Weiterhin besteht durch das Verfahren der Datenbank-Replizierung auf lokale Rechner die Möglichkeit, auch ohne dauernden Kontakt mit dem zentralen Daten-Server zu arbeiten.

6.4.2.2 Umsetzung in Form eines Enterprise Project Management Systems

Eine umfassendere und damit auch aufwändigere Vorgehensweise verfolgt der Ansatz eines vollständig integrierten EPMS.[737] Die exemplarisch aufgezeigte Konfiguration, die sich an den Funktionalitäten von Microsoft Project anlehnt, kann als Beispiel für andere EPMS dienen. In diesen Systemen sind idealtypisch die folgenden Funktionalitäten erfüllt, die anhand von Abbildung 6–15 erläutert werden.

Datenbasis der lokalen Projektsteuerung ist das Einzelplatzsystem, das als Project Client bezeichnet wird. Die unternehmensweite Verfügbarkeit wird durch eine Übertragung der Projektdaten auf den Project Server ermöglicht. Dieser Project Server dient somit als grundlegende Datenbasis. Zusätzlich können Dokumente zu den einzelnen Projekten mit Hilfe des Document Linking Service verwaltet werden. Project

---

[736]   Vgl. Verspohl (1998) ohne Seitenangabe (Kap. 4.4). Das Beispiel bezieht sich auf die Anwendung GroupProject des Herstellers Pavone Informationssysteme GmbH.

[737]   Zur Charakterisierung siehe Campana et. al. (2002). Einen ähnlichen Gestaltungsvorschlag unterbreitet auch Lukesch (2000) S. 160ff.

Data Services sowie Cube Genaration Services (OLAP-Tool)[738] dienen zur Etablierung von Berichten und Analysen, die insbesondere mit Hilfe des internetbasierten Project Web Access weiterverarbeitet und über das Modul Project-Portal publiziert werden können.

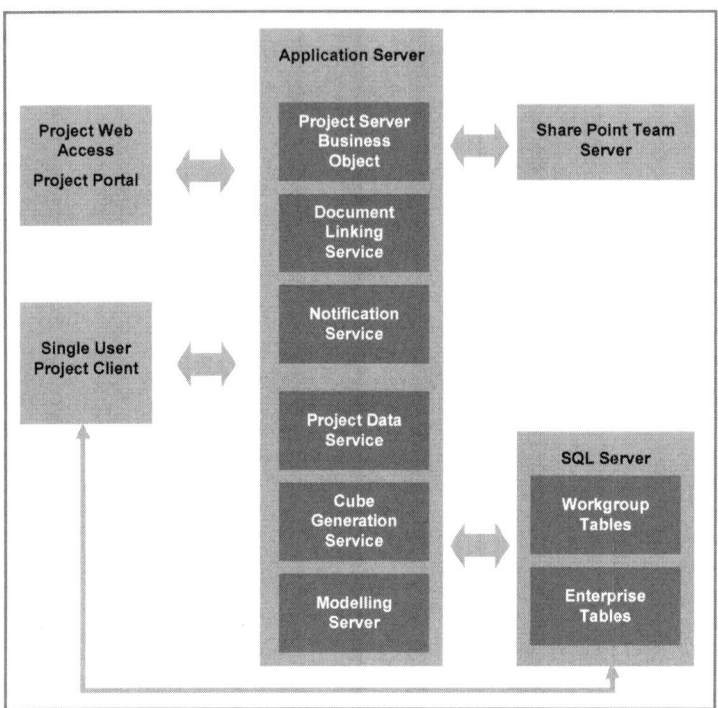

Abbildung 6–15   Architektur eines Enterprise Project Management Systems (EPMS)[739]

Innerhalb des Web Access befindet sich dabei auch der Portfolio Analyzer, der den Mitgliedern der Multiprojekt-Führungsorganisation die Möglichkeit gibt, spezifische Analysen hinsichtlich der Entwicklung verschiedener Projekte, Portfolios und Ressourcen durchzuführen.als Grundlage zur einheitlichen Projektstrukturierung und Ressourcennutzung dienen weiterhin die spezifischeren Workgroup Tables bzw. die allgemeiner geltenden Enterprise Tables. Hier können, in Verbindung mit dem Model-

---

[738]   Zur exemplarischen Darstellung von OLAP-Funktionalitäten und weiteren Literaturnachweisen zu dieser Thematik siehe Becker/Fuchs (2004) S. 33ff.

[739]   In Anlehnung an: Campana et. al. (2002) S. 4. Die Originalabbildung wurde geringfügig vereinfacht.

ling Server, neue Projekte erprobt und schließlich auch mit Hilfe von Standardvorlagen in die Projektdatenbasis bzw. in den Einzelplatzrechner eingespeist werden. Mit Hilfe des Notification Service, einem System zur individuellen Terminvereinbarung und -überwachung, sowie dem Share Point Team Server wird eine informationstechnische Unterstützung der Projektteamarbeit realisiert.

Zusammenfassend sind vor allem die Informationsversorgung und Berichtsgenerierung wichtige Funktionalitäten innerhalb der unterschiedlichen EPMS. Inwieweit sich ein spezielles Softwarepaket zur Anwendung in einem Unternehmen eignet, richtet sich jedoch auch nach unternehmens- bzw. branchenspezifischen Anforderungen. Unterschiedliche Softwarepakete können z.B. mit Hilfe der Methode des Analytical Hierarchy Process (AHP)[740] bewertet und auf die Ansprüche des Unternehmens hin ausgewählt werden. Weiterhin ist die Kompatibilität mit bereits im Unternehmen vorhandenen betrieblichen Informationssystemen oftmals ein entscheidendes Auswahlkriterium. Dabei stellen die im Regelfall beträchtlichen Kosten der Einführung dieser EPMS eine hohe Hemmschwelle zur Implementierung des Multiprojektmanagements dar. Hierbei ist die adäquate und wirtschaftlich orientierte Umsetzung der Multiprojektmanagement-Konzeption – realistisch betrachtet – ohne die Nutzung einer EPMS-Software nicht möglich. Zusätzliche Implementierungsprobleme ergeben sich im Zuge der konzernweiten Steuerung von Ressourcenpools, da hier zum einen oftmals die rechtlichen Grenzen von Tochterunternehmen überschritten werden, zum anderen bestehen in den unterschiedlichen Konzernunternehmen auch kulturelle Widerstände gegen eine informationstechnisch unterstützte Fremdbestimmung.[741]

---

[740] Siehe zur Anwendung der AHP-Methode auf die Auswahl von Multiprojektsoftware Peters/Zelewski (2002) und dort insbesondere S. 7 zur Kriterienbildung im Auswahlprozess. Ansätze zur Bewertung des Nutzens spezifischer Software-Lösungen bieten auch Suckut (1995) S. 100ff.; Ahlemann (2003) S. 6ff.; Madauss (1995) S. 696ff. und Möhrle (1991) S. 139.

[741] Vgl. hierzu das Beispiel der Lufthansa AG bei Campana et. al. (2002) S. 16f.

7 Zusammenfassung und Ausblick

Die Hauptzielsetzung der vorliegenden Arbeit bestand in der Entwicklung einer allgemein anwendbaren Konzeption eines strategischen Multiprojektmanagements. Für die Entwicklung und darauf aufbauende Darstellung der einzelnen Elemente der Konzeption wurde neben Quellen benachbarter Themenfelder vor allem eine vollständige Literaturbasis zum Themengebiet Multiprojektmanagement genutzt. Der Erkenntnisfortschritt, der mit der vorliegenden Arbeit erreicht wurde, liegt dabei sowohl in der Schaffung einer schlüssigen Gesamtsicht als auch in der konsequenten Weiter- bzw. Neuentwicklung spezifischer Bestandteile der Konzeption. Die neuartigen Erkenntnisse und praktisch orientierten Gestaltungsvorschläge innerhalb der hier vorgestellten Konzeption sollen an dieser Stelle in knapper Form zusammengefasst werden.

Innerhalb des **zweiten Kapitels** wurde zunächst der Kontext der zu leistenden Konzeptionsentwicklung aufgezeigt. In diesem Zusammenhang ist die steigende Bedeutung von Projektportfolios für die Umsetzung von Strategien herausgearbeitet worden. Zugleich konnte die starke Verbindung zwischen Multiprojektmanagement und Strategieimplementierung und der damit einhergehende strategische Charakter des Multiprojektmanagements nachgewiesen werden. Zudem ist im Rahmen dieses Kapitels die bislang in der Literatur zu vermissende Entwicklungslinie des Multiprojektmanagements aufgezeigt worden. Anhand dieser Darstellung konnte nachgewiesen werden, dass die wissenschaftliche Auseinandersetzung mit diesem Themengebiet stark zugenommen hat, was auf eine hohe und weiter steigende Bedeutung des Themenfeldes schließen lässt. Weiterhin wurden gesicherte Erkenntnisse über die Anwendung des Multiprojektmanagements in der Unternehmenspraxis zusammengestellt. Es konnte gezeigt werden, dass ein Multiprojektmanagement in unterschiedlichen Branchen genutzt wird und sich diese Nutzung auf alle Elemente der Multiprojekt-Managementkonzeption bezieht. Auf diesen Erkenntnissen aufbauend wurden aus einem umfassenden Katalog von Problemfeldern entsprechende Aufgabenfelder eines Multiprojektmanagements abgeleitet. Diese Aufgabenfelder wurden logisch den vier Elementen der Konzeption – Multiprojekt-Konfiguration, Multiprojekt-Priorisierung, Multiprojekt-Kontrolle und Strukturen des Multiprojektmanagements – zugeordnet. Die folgenden Kapitel hatten nun die Aufgabe, diese einzelnen Elemente in einem gebotenen Detaillierungsgrad zu konkretisieren und durch stellenweise Weiterentwicklungen an die Bedürfnisse der Gesamtkonzeption schlüssig und wissenschaftlich fundiert anzupassen.

Das **dritte Kapitel** befasste sich somit zunächst mit der Darstellung der Multiprojekt-Konfiguration. Zur Fundierung der hier gewählten Vorgehensweise wurde eine Verbindung zwischen strategischer Budgetierung und Multiprojektmanagement hergestellt. Diese Verknüpfung von strategischer Budgetierung und Multiprojektmanagement fehlte bislang in der Literatur, auch wenn die Notwendigkeit einer gemeinsamen Betrachtung dieser beiden Themengebiete gerade in neueren Werken zum Beyond Budgeting bzw. Better Budgeting durchaus hervorgehoben wird. Die Multiprojekt-Konfiguration vollzieht sich materiell in Form der horizontalen und vertikalen Konfiguration von Projektportfolios. Im Zuge der horizontalen Konfiguration werden dabei die Budgets für die unterschiedlichen Projektarten (F&E, IT, Organisation, Marketing und Investition) festgelegt. Es wurde an dieser Stelle mit der strategischen Projektbudget-Scorecard eine Vorgehensweise entwickelt, die eine Verteilung des projektorientierten strategischen Budgets auf sowohl diese Projektarten als auch den an dieser Stelle relevanten Ebenen einer Balanced Scorecard (Ressourcen-, Prozess- und Marktebene) unterstützt. Die strategische Projektbudget-Scorecard ermöglicht eine Anpassung der einzelnen Projektbudgets auf unterschiedliche strategische Gegebenheiten und unterstützt somit die projektorientierte Strategieimplementierung eines Unternehmens. Die einzelnen Projektarten wurden an dieser Stelle zudem in Projekttypen unterteilt, die sich an den oben genannten Ebenen der Balanced Scorecard orientieren. Die gewählte Vorgehensweise weicht damit von den unterschiedlichen Vorschlägen der Literatur ab, die Projektarten nach sehr spezifischen Kriterien in Projekttypen zu unterteilen, und stellt die universelle Anwendbarkeit der Konzeption somit in diesem Punkt sicher. Die Auswahl der letztlich umzusetzenden Projekte erfolgt hierbei im Zuge der vertikalen Konfiguration von Projektportfolios. Hierzu wurde ein idealtypisches Vorgehensmodell entwickelt, das sich eng an die Empfehlungen der Literatur zur Nutzung einer gegenstromorientierten Hierarchiedynamik anlehnt. Abschließend wurden auch die dynamischen Aspekte der Multiprojekt-Konfiguration betrachtet. Die Übertragung von überjährigen Projektbudgets in die periodische operative Budgetierung und das Zusammenspiel von Multiprojekt-Konfiguration und -Kontrolle bildeten hier den Betrachtungsschwerpunkt.

Im Zuge des **vierten Kapitels** wurde zunächst in Anlehnung an die Literatur ein Vorgehensmodell für die Multiprojekt-Priorisierung erarbeitet. Innerhalb dieses Vorgehensmodells ist insbesondere die gedankliche Trennung von Projektbewertung auf der einen sowie Interdependenzanalyse auf der anderen Seite durchgängig vollzogen worden. Der Schwerpunkt der Ausführungen zur Projektbewertung lag dabei vornehmlich auf denjenigen mehrdimensionalen Methoden, die explizit eine Bewertung von Projekten in Projektportfolios anhand strategischer Bewertungskriterien vorsehen. Hierzu wurden insbesondere Scoring-Modelle und Portfolio-Methoden dargestellt und auf ihre Eignung hin überprüft. Die an dieser Stelle vorgestellten Methoden zeichnet insgesamt eine Ausrichtung auf das Ranking von Einzelprojekten in Projektgesamtheiten aus. Insbesondere die Darstellung der Portfolio-Methoden bildet einen wesentlichen Erkenntnisfortschritt, da hier erstmals die ganze Bandbreite der in der Literatur vorgeschlagenen Portfolio-Dimensionen vergleichend aufgezeigt werden konnte. Im Zuge der Interdependenzanalyse wurde in die Teilbereiche der inhaltlich-strategischen Interdependenzanalyse sowie der Ressourcen-Interdependenzanalyse unterschieden. Hier konnten geeignete Methoden zur Identifikation, Visualisierung und im Falle des Bestehens von Ressourceninterdependenzen auch zur Beeinflussung dieser aufgezeigt werden.

Die Ausführungen zur Multiprojekt-Kontrolle im **fünften Kapitel** berücksichtigten die theoretisch gesicherten Erkenntnisse der Literatur zur strategischen Kontrolle. Es wurden Empfehlungen zur konkreten Ausgestaltung der zeitlichen Entscheidungspunkte innerhalb des Kontrollprozesse gegeben. Die konsequente Umsetzung dieser Erkenntnisse in den Gestaltungsvorschlägen zum Multiprojekt-Monitoring und dem Multiprojekt-Review wurde dabei durch prägnante Fallbeispiele dargestellt. Neben der hier vollzogenen Verbindung von strategischer Kontrolle und Multiprojektmanagement sind insbesondere die Überlegungen zur Integration eines Multiprojekt-Wissensmanagements in die Multiprojekt-Kontrolle als neuartig zu bezeichnen. Hiermit wurde eine geschlossene und theoretisch fundierte Betrachtung des gesamten Spektrums einer Multiprojekt-Kontrolle geliefert.

Die Strukturierung des Multiprojektmanagements wurde im **sechsten Kapitel** dargestellt. Zunächst sind Projektorganisationsformen auf ihre Eignung für die Durchführung strategischer Projekte überprüft worden. Diese Ausführungen stellen die bislang in der Literatur umfassendste Diskussion dieser Projektorganisationsformen aus dem Blickwinkel des Multiprojektmanagements dar. Insbesondere die zusätzliche Berücksichtigung der dynamischen Veränderungen der Organisationsform von Projekten ist an dieser Stelle herauszustellen. Im Weiteren wurden alle in der Literatur zum Multiprojektmanagement vorgeschlagenen und z.T. unterschiedlich ausgestalteten Elemente einer Multiprojekt-Führungsorganisation detailliert vorgestellt und in einem neuartigen Vorschlag zur Gestaltung dieser Organisation zusammengefügt. In einem weiteren Schritt wurde kurz auf die Möglichkeiten der Anpassung der primären Unternehmensorganisation an die Belange des Multiprojektmanagements eingegangen. Eine zusammenfassende Darstellung der informationstechnischen Strukturen eines Multiprojektmanagements in Form eines Multiprojekt-Informationssystems bildete den Schluss-punkt dieses Kapitels.

Bedeutsame Erkenntniszugewinne

2. Konzeption
- Verbindung von Strategieimplementierung und Multiprojektmanagement
- Aufzeigen der Entwicklungslinie des Multiprojektmanagements
- Nachweis des strategischen Charakters des Multiprojektmanagements
- Nachweis der breiten praktischen Anwendung
- Nutzung einer nahezu vollständigen Literaturbasis zum Themenfeld

3. Multiprojekt-Konfiguration
- Verbindung von strategischer Budgetierung und Multiprojektmanagement
- Entwicklung einer strategischen Projektbudget-Scorecard zur Unterstützung der horizontalen Projektportfolio-Konfiguration
- Ableitung und Nutzung universeller Projekttypen
- Entwicklung eines idealtypischen Vorgehensmodells zur vertikalen Portfolio-Konfiguration
- Betrachtung dynamischer Aspekte der Multiprojekt-Konfiguration

4. Multiprojekt-Priorisierung
- Erarbeitung eines Vorgehensmodells zur Multiprojekt-Priorisierung
- Identifikation von mehrdimensionalen Methoden zur Bildung von Rangfolgen in Projektportfolios
- Vergleich und Bewertung der gesamten Bandbreite der in der Literatur vorgeschla-genen Portfolio-Dimensionen
- Darstellung geeigneter Verfahren der Interdependenzanalyse

5. Multiprojekt-Kontrolle
- Verbindung von strategischer Kontrolle und Multiprojektmanagement
- Umsetzung der theoretischen Erkenntnisse in Multiprojekt-Monitoring und Multiprojekt-Review anhand prägnanter Fallbeispiele
- Integration eines Multiprojekt-Wissensmanagements in die Multiprojekt-Kontrolle

6. Strukturierung des Multiprojektmanagements
- Umfassende Prüfung von Projektorganisationsformen aus Sicht des Multiprojekt-managements
- Darstellung dynamischer Veränderungen von Projektorganisationsformen
- Verbindung unterschiedlicher Organisationselemente der Literatur zu einer logischen Multiprojekt-Führungsorganisation
- Konzeptionelle Darstellung eines Multiprojekt-Informationssystems

---

Abbildung 7–1   Bedeutsame Erkenntniszugewinne der Arbeit

An dieser Stelle ist darauf hinzuweisen, dass die oftmals vertretene These, durch die Einführung von multiprojektfähiger Software bereits ein Multiprojektmanagement etablieren zu können, aufgrund der in dieser Arbeit dargestellten Erkenntnisse aus betriebswirtschaftlicher Sicht eindeutig zu verwerfen ist.

Die mit dieser Arbeit gewonnenen Erkenntniszugewinne stellt Abbildung 7–1 überblicksartig dar. Es kann somit zusammenfassend festgestellt werden, dass die im Verlauf der Arbeit konkretisierte Konzeption detaillierte Aussagen zu Prozessen, Methoden und Aufgabenträger getroffen hat. Ebenso wurden die Ziele und Aufgaben des Multiprojektmanagements deduktiv abgeleitet. Aufgrund des konzeptionellen Charakters der Arbeit sind bewusst keine branchenspezifischen Schwerpunkte gesetzt worden. Es ergeben sich somit Anknüpfungspunkte für weitergehende Forschungsarbeiten. Dies betrifft u. a. die Darstellung von branchenspezifischen Ausprägungen der entwickelten Konzeption. Es ist zu vermuten, dass in unterschiedlichen Branchen aufgrund der dort vorherrschenden spezifischen Ausprägungen von Wertschöpfungskette und Wettbewerbsumfeld speziell angepasste Konfigurationen von Projektportfolios benötigt werden. Diese unterschiedlichen Gegebenheiten könnten insbesondere für eine Anpassung der Bewertungsmethoden sowie der Multiprojekt-Führungsorganisation an die spezifischen Gegebenheiten sprechen. Ebenfalls könnte eine zunächst explorativ gehaltene branchenspezifische empirische Erfassung der konkreten Ausprägung von Elementen der entwickelten Konzeption Ansatzpunkte für weitere branchenspezifische Modifikationen von Instrumenten und Vorgehensweisen liefern. Hierzu ist jedoch eine genaue Abstimmung der innerhalb einer solchen Untersuchung zu verwendenden Fachtermini von hoher Bedeutung, da sich gerade innerhalb der Unternehmenspraxis noch kein stringenter und überschneidungsfreier Begriffsapparat für das Themenfeld durchgesetzt hat.

Aus theoretischer Sicht ist weiterhin zu fordern, dass die Organisationslehre die immer häufigere Anwendung einer projektorientierten Arbeitsweise noch stärker berücksichtigt. Im Rahmen der vorliegenden Arbeit wurden die Anpassungserfordernisse der primären Organisationsstruktur als Konsequenz der Umsetzung einer Multiprojektmanagement-Konzeption nur angedeutet. Insofern ist zu überlegen, inwieweit die vornehmlich für den Bereich der F&E getroffenen Aussagen dieser Arbeit auch allgemeingültig umgesetzt werden können bzw. sollten. Hiermit ist insbesondere die Frage anzusprechen, ob die Etablierung von Center-Strukturen auch in anderen projektorientierten Bereichen – wie etwa dem IT-Bereich – sinnvoll erscheint.

Die im Rahmen dieser Multiprojektmanagement-Konzeption behandelten Fragestellungen sind auch in anderen Bereichen der Betriebswirtschaftslehre von Bedeutung. Es wäre beispielsweise zu klären, inwieweit eine noch stärkere Integration der
projektorientierten Planung und Kontrolle in den bereits existierenden Konzepten der
Unternehmensplanung erfolgen sollte. Diese vertiefende Berücksichtigung des
projektorientierten Vorgehens innerhalb der Planungslehre kann auch eine stärkere
Verzahnung mit der Strategieimplementierung darstellen. Eine weitere Behandlung
dieser Fragestellungen ist unausweichlich, da eine Steigerung der Nutzungsintensität
und damit einhergehend der Bedeutung von strategischen Projekten für Unternehmen
ein Faktum ist.

Literaturverzeichnis

Abresch, Jens-Peter/Hirzel, Matthias (2002)
Synergien in der Projektlandschaft erkennen und nutzen, in: Hirzel/Kühn/Wollmann (Hrsg., 2002) S. 110-116

Adam, Dietrich (2000)
Investitions-Controlling, 3. Auflage, München 2000

Adelt, Bruno/Ruf, Michael (2002)
Controlling im Volkswagen-Konzern – Von der Dokumentation zur Zukunftsgestaltung, in: Controlling, 14. Jg. (2002) S. 643-650

Adler, Anna/Sedlaczek, Ralf (2005)
Multi-Projektmanagement, Portfolioplanung und Portfoliocontrolling, in: Schott/Campana (Hrsg., 2005) S. 113-132

Ahlemann, Frederik (2002)
Das M-Modell – Eine konzeptionelle Informationssystemarchitektur für die Planung, Kontrolle und Koordination von Projekten, Arbeitsbericht des Fachgebiets Betriebswirtschaftslehre/Organisation und Wirtschaftsinformatik, Universität Osnabrück, Osnabrück 2002

Ahlemann, Frederik (2003)
Studie: PM-Software im Vergleich, in: Projekt.magazin Ausgabe 8/2003, S. 1-8, http://www.projektmagazin.de, 16. August 2003.

Ahlemann, Frederik (2006)
Unternehmensweites Projektcontrolling – Ein Referenzmodell für Software- und Organisationssysteme, Lohmar/Köln 2006

Al-Laham, Andreas (1997)
Strategieprozesse in deutschen Unternehmen, Wiesbaden 1997

Albach, Horst/Kaluza, Bernd/Kersten, Wolfgang (Hrsg., 2002)
Wertschöpfungsmanagement als Kernkompetenz, Wiesbaden 2002

Albert, Irmtraut/Högsdal, Bernt (1987)
Trendanalyse – Projektüberwachung mit Hilfe von Meilenstein- und Kosten-Trendanalysen, Köln 1987

Alexandre, Paulo/Sasse, Alexander/Weber, Kurt (2004)
Steigerung der Kapitaleffizienz durch Investitions- und Working Capital Management, in: Controlling, 16. Jg. (2004) S. 125-131

Alter, Roland (1990)
Integriertes Projektcontrolling, Giessen 1990

Altrogge, Günter (1996)
Investition, 4. Auflage, München 1996

Amram, Martha/Kulatilaka, Nalin (1999)
Real Options: Managing Strategic Investments in an uncertain World, Boston 1999

Anavi-Isakow, S./Golany, B. (2003)
Managing multi-project environments through constant work-in-process, in: International Journal of Project Management, 21. Jg. (2003) S. 9-18.

Archer, Norman/Ghasemzadeh, Fereidoun (1998)
A decision support system for project portfolio selection, in: International Journal of Project Management, 16. Jg. (1998) S. 105-114

Archer, Norman/Ghasemzadeh, Fereidoun (1999a)
An integrated framework for project portfolio selection, in: International Journal of Project Management, 17. Jg. (1999) S. 207-216

Archer, Norman/Ghasemzadeh, Fereidoun (1999b)
Project Portfolio Selection Techniques: A Review and a Suggested Integrated Approach, in: Dye/Pennypacker (Hrsg., 1999) S. 207-238

Argyris, Chris/Schoen, Donald (1978)
Organizational Learning, Reding 1978

Bach, Volker/Österle, Hubert/Vogler, Petra (Hrsg., 2000)
Business Knowledge Management in der Praxis, Berlin 2000

Baker, Norman/Green, Stephan/Bean, Alden (1986)
The Need for Strategic Balance in R&D Project Portfolios, in: Research Management, 29. Jg. (1986) April, S. 38-43

Ballwieser, Wolfgang (2002)
Unternehmensbewertung und Optionspreistheorie, in: Die Betriebswirtschaft, 62. Jg. (2002) S. 184-201

Balzer, Harald (Hrsg., 1998)
Den Erfolg im Visier – Unternehmenserfolg durch Multi-Projekt-Management, Stuttgart 1998

Balzer, Harald (1998)
Den Erfolg im Visier – Unternehmenserfolg durch Multi-Projekt-Management, in: Balzer (Hrsg., 1998) S. 23-50

Bark, Cyrus/Kötzle, Alfred (2001)
Integrations-Controlling – Das PMI-Dashboard als Instrument zur Steuerung von Post-Merger-Integrations-Prozessen, in: Controlling, 13. Jg. (2001) S. 337-346

Bason, Roger (1988)
Strategic project selection at SaskTel, in: CMA Magazin, 62. Jg. (1988) January-February, S. 36-40

Beck, Christoph (1994)
Interorganisationales Projekt-Management – eine alternative Kooperationsform, Hamburg 1994

Beck, Thomas (1995)
Die Projektorganisation und ihre Gestaltung, Berlin 1995

Becker, Mario (1997)
Priorisierung im komplexen Umfeld, in: io management, 66. Jg. (1997) Nr. 11, S. 34-39

Becker, Wolfgang (1990)
Funktionsprinzipien des Controlling, in: Zeitschrift für Betriebswirtschaft, 60. Jg. (1990) S. 295-318

Becker, Wolfgang (1991)
Berichtsprinzipien der Konzernrechnungslegung, in: Der Betrieb, 44. Jg. (1991) S. 345-354

Becker, Wolfgang (1996)
Stabilitätspolitik für Unternehmen, Wiesbaden 1996

Becker, Wolfgang (2001a)
Strategisches Management, 5. Auflage, Bamberg 2001

Becker, Wolfgang (2001b)
Planung, Entscheidung und Kontrolle, 2. Auflage, Bamberg 2001

Becker, Wolfgang (2002)
Technologiebewertung, in: Küpper/Wagenhofer (Hrsg., 2002.) Sp. 1947-1956

Becker, Wolfgang/Bogendörfer, Markus/Daniel, Klaus (2006)
Performance-orientiertes Projektcontrolling, in: Controlling, 18. Jg. (2006) S. 141-148

Becker, Wolfgang/Fuchs, Rainer (2004)
Controlling-Informationssysteme, Bamberg 2004 (Bamberger Betriebswirtschaftliche Beiträge Edition Unternehmensführung & Controlling, Forschungsmaterialien, Nr. 130)

Becker, Wolfgang/Piser, Marc (2003)
Strategische Kontrolle – Ergebnisse einer empirischen Untersuchung, Bamberg 2003 (Bamberger Betriebswirtschaftliche Beiträge Edition Unternehmensführung & Controlling, Forschungsmaterialien, Nr. 131)

Becker, Wolfgang/Weber, Jürgen (1982)
Scoring-Modelle, in: Management Enzyklopädie, Band 1, 2. Auflage, Landsberg am Lech 1982, S. 345-359

Bender, Alexander (1998)
Budgetierung von F&E, Wiesbaden 1998

Bestgen, Jochen/Meier, Thorsten/Schmidt, Carsten (2000)
IT-Konzepte für das Wissensmanagement, o.O. 2000

Betge, Peter (2000)
Investitionsplanung, 4. Auflage, München 2000

Böcking, Hans-Joachim/Benecke Birtta (1998)
Neue Vorschriften zur Segmentberichterstattung nach IAS und US-GAAP unter dem Aspekt des Business Reporting, in: Die Wirtschaftsprüfung 51. Jg. (1998) S. 92-107

Block, Thomas/Frame, Davidson (1998)
The Project Office, Menlo Park 1998

Blohm, Hans/Lüder, Klaus (1995)
Investition, 8. Auflage München 1995

Bokranz, Rainer/Kasten, Lars (2001)
Organisationsmanagement in Dienstleistung und Verwaltung, 3. Auflage, Wiesbaden 2001

Bone-Winkel, Marela (1997)
Politische Prozesse in der Strategischen Unternehmensplanung, Wiesbaden 1997

Bonham, Stephen (2005)
IT Project Portfolio Management, Norwood 2005

Booth, Rupert (1998)
Programme Management – measures for programmes of action, in: Management Accounting, 79. Jg. (1998) July/August, S. 26-28

Bosse, Christian (2000)
Investitionsmanagement in divisionalen Unternehmen, Chemnitz 2000

Boutellier, Roman/Gassmann, Oliver/Zedtwitz, Maximilian von (2000)
Managing Global Innovation, second Edition, Berlin 2000

Brabandt, Mark (2000a)
Programmcontrolling, in: Dobschütz et. al. (Hrsg., 2000) S. 135-153

Brabandt, Mark (2000b)
Einführung von Projektcontrolling-Systemen, in: Dobschütz et. al. (Hrsg., 2000) S. 213-229

Bridges, Dianne (1999)
Project Portfolio Management: Ideas and Practices in: Dye/Pennypacker (Hrsg., 1999) S. 45-54

Briner, Urs/Kasahara, Peter/Peterhans, Markus (1998)
Praxiserprobte Instrumente helfen bei der Steuerung von Informatikprojekten, in: io management, 67. Jg. (1998) Nr. 12, S. 58-64

Brockhoff, Klaus (1994)
Forschung und Entwicklung, 4. Auflage, München 1994

Buch, Joachim (1991)
Entscheidungsorientierte Projektrechnung, Frankfurt am Main 1991

Bühner, Rolf (1999)
Betriebswirtschaftliche Organisationslehre, 9. Auflage, München 1999

Bürgel, Hans/Haller, Christine/Binder, Markus (1996)
F&E-Management, München 1996

Büscher, Klaus/Simon, Markus (1999)
Professionalisiertes Projektmanagement bei der General Accident Versicherungs-AG durch Einführung „Project Office", in: Zeitschrift Führung & Organisation, 68. Jg. (1999) S. 167-187

Bullinger, Hans-Jörg (1999)
Technologiemanagement, in: Eversheim/Schuh (Hrsg., 1999) S. 4/26-4/54

Burghardt, Manfred (2002)
Projektmanagement, 6. Auflage, Erlangen 2002

Buss, Martin (1999)
How to Rank Computer Projects, in: Dye/Pennypacker (Hrsg., 1999) S. 183-192

Butler, Richard (1993)
Strategic Investment Decisions, London 1993

Campana, Cristophe et. al. (2002)
Evaluierung von MS Project 2002 in Zusammenarbeit mit der Lufthansa AG, der BMW Group und der Bertelsmann mediaSystems GmbH – Erfahrungsbericht, Frankfurt a. M. 2002

Campana-Schott (2002)
o.T., http://www.campana-schott.de/inhalt_2_5_4.htm, 01.09.2002

Caspers, Friedrich (1996)
Priorisierung und Management von EDV-Projekten, in: Rieper/Witte/Berens (Hrsg., 1996) S. 77-96

Chakravarthy, Bala/Lorange, Peter (1991)
Managing the Strategy Process, Englewood Cliffs 1991

Childs, Paul/Ott, Steven/Triantis, Alexander (1998)
Capital Budgeting for Interrelated Projects: A Real Options Approach, in: Journal of Financial and Qualitative Analysis, 33. Jg. (1998) S. 305-334

Clark, Curtis (2002)
Software Packages Don´t Manage Projects – People Do!, in: Pennypacker/Dye (Hrsg., 2002) S. 11-20

Cleland, David (1999)
The Strategic Context of Projects, in: Dye/Pennypacker (Hrsg., 1999) S. 3-22

Cleland, David/Ireland, Lewis (2002)
Project Management, 4th edition, New York 2002

Combe, Margaret (1999)
Project Priorization in a Large Functional Organization, in: Dye/Pennypacker (Hrsg., 1999) S. 363-369

Cooper, Robert/Edgett, Scott/Kleinschmidt, Elko (2001)
Portfolio Management for new Products, 2nd edition, Cambridge 2001

Copeland, Thomas/Keenan, Philip (1998a)
How much is flexibility worth ?, in: The McKinsey Quarterly, 35. Jg. (1998) No. 2, S. 38-49

Copeland, Thomas/Keenan, Philip (1998b)
Making real options real, in: The McKinsey Quarterly, 35. Jg. (1998) No. 3, S. 128-141

Coulter III, Carlton (1990)
Multiproject Management and Control, in: Cost Engineering, 32. Jg. (1990) October, S. 19-24

Crawford, Kent (2002)
The Strategic Project Office, New York/Basel 2002

Crux, Albrecht/Schwilling, Andreas (1995)
Business Reengineering. Ein Ansatz der Roland Berger & Partner GmbH, in: Nippa/ Picot (Hrsg., 1995) S. 206-226

Cusumano, Michael/Nobeoka, Kentaro (1998)
Thinking beyond lean: how multi-project management is transforming product development at Toyota and other companies, New York 1998

Dalheimer, Veronika/Krainz, Ewald/Osterloh, Margit (Hrsg., 1998)
Change Management auf Biegen und Brechen?, Wiesbaden 1998

Dambrowski, Jürgen (1986)
Budgetierungssysteme in der deutschen Unternehmenspraxis, Darmstadt 1986

Dammer, Henning/Gemünden, Hans Georg/Lettl, Christopher (2006)
Qualitätsdimensionen des Multiprojektmanagements, in: Zeitschrift Führung und Organisation, 75. Jg. (2006) S. 148-155

Davis, Craig (2002)
Calculating Risk: A Framework for Evaluating Product Development, in: MIT Sloan Management Review, 43. Jg. (2002) Summer S. 71-77

De Maio, Adriano/Verganti, Roberto/Corso, Mariano (2002)
A Multiproject Management Framework for New Product Development, in: Penny-packer/Dye (Hrsg., 2002) S. 127-151

De Meyer, Arnoud/Loch, Christoph/Pich, Michael (2002)
Managing Project Uncertainty: From Variation to Chaos, in: MIT Sloan Management Review, 43. Jg. (2002) Winter S. 60-67

Dellmann, Klaus/Amen, Matthias (2001)
Relative Unternehmensbewertung – Existenz und Nutzung von Erfolgspotentialen sind maßgebend für den relativen Unternehmenswert, in: Seicht (Hrsg., 2001) S. 51-70

Dietrich, Perttu/Lehtonen, Päivi (2005)
Successful management of strategic intentions through multiple projects – Reflections from empirical study, in: International Journal of Project Management, 23. Jg (2005) S. 386-391

Dillerup, Ralf (1998)
Das intelligente Unternehmen – MPM und organisationales Lernen, in: Balzer (Hrsg., 1998) S. 145-158

Dixius, Dieter (1998)
Simultane Projektorganisation, Heidelberg 1998

Dobiéy, Dirk/Köplin, Thomas/Mach, Wolfram (2004)
Programm-Management, Weinheim 2004

Dobschütz, Leonhard von, et. al. (Hrsg., 2000)
IV-Controlling: Konzepte – Umsetzungen – Erfahrungen, Wiesbaden 2000

Dörner, Dietrich/Horváth, Péter/Kagermann, Henning (Hrsg., 2000)
Praxis des Risikomanagements, Stuttgart 2000

Dye, Lowell/Pennypacker, James (Hrsg., 1999)
Project Portfolio Management, West Chester 1999

Elkington, Paul/Smallmann, Clive (2002)
Managing project risk: a case study from the utilities sector, in: International Journal of Project Management, 20. Jg. (2002) S. 49-57

Elonen, Suvi/Artto, Karlos (2003)
Problems in managing internal development projects in multi-project environments, in: International Journal of Project Management, 21. Jg. (2003) S. 395-402

Engelmann, Thomas (1995)
Business Process Reengineering, Wiesbaden 1995

Engwall, Mats/Jerbrant, Anna (2003)
The resource allocation syndrome: the prime challenge of multi-project management?, in: International Journal of Project Management, 21. Jg. (2003) S. 403-409

Etgar, Ran/Shtub, Avraham/LeBlanc, Larry (1996)
Scheduling project to maximize net present value – the case of time dependent, contigent cash flows, in: European Journal of Operational Research, Nr. 96 (1996) S. 90-96

Eversheim, Walter/Schmid, Beat/Ulich, Eberhard (1994)
Strategiekonforme Bewertung von CIM-Investitionen, in: Die Betriebswirtschaft, 54. Jg. (1994) S. 755-773

Eversheim, Walter/Schuh, Günther (Hrsg., 1999)
Produktion und Management 1 – Integriertes Management, Berlin u.a. 1999

Federer, Martin/Griglio, Riccardo (1998)
Ganzheitliches Strategisches Management, in: io management, 67. Jg. (1998) Nr. 4, S. 78-83

Ferstl, Otto/Sinz, Elmar (1998)
Grundlagen der Wirtschaftsinformatik, Band 1, 3. Auflage, München 1998

Fichman, Robert/Keil, Mark/Tiawana, Amrit (2005)
Beyond Valuation: Options Thinking in IT Project Management, in: California Management Review, 47. Jg. (2005) Winter 2005, S. 74-96

Fleming, Quentin/Koppelman, Joel (1998)
Project Teams: The Role of the Project Office, in: Cost Engineering, 40. Jg. (1998) August, S. 33-36

Foschiani, Stefan (1999)
Multiprojektcontrolling von Strategieprojekten, in: Controlling, 11. Jg. (1999) S. 129-134

Franke, Günter/Hax, Herbert (1999)
Finanzwirtschaft des Unternehmens und Kapitalmarkt, 4. Auflage, Berlin 1999

Franz, Thilo (1993)
Die Gestaltung von Managementsystemen zur Beschleunigung von Planungsprozessen, Bamberg 1993

Fraser, Robin/Hope, Jeremy (2001)
Beyond Budgeting, in: Controlling, 13. Jg. (2001) S. 437-442

Frese, Erich (2000)
Grundlagen der Organisation, 8. Auflage, Wiesbaden 2000

Frings, Alexander/Alter, Wolfgang/Gaida, Ingo/Werners, Thilo (2005)
Projektübergreifende Steuerung des Investitionsportfolios bei Bayer MaterialScience, in: Zeitschrift für Controlling und Management, 49. Jg. (2005) S. 394-399

Fröhling, Oliver (2000)
KonTraG und Controlling, München 2000

Gaida, Ingo (2006)
Von der Strategy Map zum Projektportfolio-Management, in: Hirzel/Kühn/Wollmann (Hrsg., 2006) S. 35-43

Gaiser, Bernd/Greiner, Oliver (2003)
Strategiegerechte Planung mit Hilfe der Balanced Scorecard, in: Horáth/Gleich (Hrsg., 2003) S. 269-295

Gälweiler, Aloys (1987)
Strategische Unternehmensführung, Frankfurt a. M. 1987

Gann, Jochen (1996)
Internationale Investitionsentscheidungen multinationaler Unternehmen, Wiesbaden 1996

Gareis, Roland (2001)
Programmmanagement und Projektportfolio-Management: Zentrale Kompetenz Projektorientierter Unternehmen, in: Projektmanagement, 12. Jg. (2001) Nr. 1, S. 4-11

Geiger, Ulrich (1986)
Investitionsobjektplanung und –kontrolle in der integrierten Unternehmensplanung, München 1986

Gehrke, Wolfgang/Steiner, Manfred(2001, Hrsg.)
Handwörterbuch des Finanz- und Bankwesens, Stuttgart 2001

Gentner, Andreas (1994)
Entwurf eines Kennzahlensystems zur Effektivitäts- und Effizienzsteigerung von Entwicklungsprojekten, München 1994

Gesellschaft für Projektmanagement INTERNET Deutschland e.V. (Hrsg., 1992)
Projektmanagement-Forum '92 – Dokumentation, München 1992

Gessler, Michael/Thyssen, David (2006)
Projektorientierte Organisationsentwicklung in der Postbank Systems AG, in: Zeitschfit Führung und Organisation, 75. Jg. (2006) S. 226-232

Glaschak, Stephan (2006)
Strategiebasiertes Multiprojektmanagement – Konzept, Unternehmensbefragung, Gestaltungsempfehlung, München und Mering 2006

Gleich, Ronald/Kopp, Jens (2001)
Ansätze zur Neugestaltung der Planung und Budgetierung, in: Controlling, 13. Jg. (2001) S. 429-436

Gleich, Ronald/Kopp, Jens/Leyk, Jörg (2003)
Advanced Budgeting: better and beyond, in: Horváth/Gleich (Hrsg., 2003) S. 315-329

Gleich, Roland/Voggenreiter, Dietmar (2003)
Neugestaltung der Planung und Budgetierung in der produzierenden Industrie, in: Controlling & Management, 48. Jg. (2003) Sonderheft 1/2003 S. 65-70

Gleißner, Werner/Meier, Günter (Hrsg., 2001)
Wertorientiertes Risiko-Management für Industrie und Handel, Wiesbaden 2001

Gocke, Clemens (1993)
Effiziente Kapitalallokation zu Investitionszwecken als Problem im divisionalen Unternehmen, Köln 1993

Goeldel, Hanns (1996)
Gestaltung der Planung, Wiesbaden 1996

Goesmann, Thomas/Hoffeld, Andrea/Lölle, Axel (2001)
Einführung eines Know-How-Portals bei der Akademie Fresenius, in: International Management & Consulting, 16. Jg. (2001) S. 69-75

Götzen, Gerhard/Kirsch, Werner (1979)
Problemfelder und Entwicklungstendenzen der Planungspraxis, in: Zeitschrift für betriebswirtschaftliche Forschung, 31. Jg. (1979) S. 162-184

Gomez, Peter/Zimmermann, Tim (1999)
Unternehmensorganisation: Profile, Dynamik, Methodik, 4. Auflage, Frankfurt/New York 1999

Gray, Roderic (1997)
Alternative approaches to programme management, in: International Journal of Project Management, 15. Jg. (1997) S. 5-9

Grebenc, Herbert (1986)
Die langfristige operative Planung, München 1986

Grebenc, Herbert et al. (1989)
Das Managementsystem der Projektplanung und –kontrolle, in: Kirsch/Maaßen (Hrsg., 1989) S. 195-239

Grimmeisen, Markus (1998)
Implementierungscontrolling, Wiesbaden 1998

Grube, Rüdiger/Koch, Olaf/Lamparter, Jörg (1999)
Das PMI-Network als Informations- und Projektcontrolling-Tool im DaimlerChrysler-Merger, in: Controlling, 11. Jg. (1999) S. 597-606

Grüner, Andreas (2001)
Scorecardbasiertes Cockpit Controlling, Wiesbaden 2001

Grundy, Thomas (1998)
Strategy Implementation and Project Management, in: International Journal of Project Management, 16. Jg. (1998) S. 46-50

Gulliver, Frank (1988)
Projektnachbewertung lohnt sich, in: HARVARDmanager 10. Jg. (1988) Nr. 1, S. 100-104

Gysler, Thomas/Bloch, Michael (1998)
Strategische Ausrichtung eines Projekt-Portfolios, in: Der Schweizer Treuhänder, 72. Jg. (1998) S. 595-604

Hahn, Dietger (1991)
Strategische Führung und strategisches Controlling, in: Zeitschrift für Betriebswirtschaft, Ergänzungsheft 3/91 S. 121-141

Hahn, Dietger (1996)
PuK – Planung und Kontrolle – Planungs- und Kontrollsysteme – Planungs- und Kontrollrechnung, 5. Auflage, Wiesbaden 1996

Hahn, Dietger/Taylor, Bernard (Hrsg., 1997)
Strategische Unternehmensplanung – strategische Unternehmensführung, 7. Auflage, Heidelberg 1997

Hansen, Rolf/Remmel, Manfred (1996)
Strategische und operative Führung im Daimler-Benz-Konzern – Philosophie und Instrumentarien, in: Hahn (1996) S. 881-989.

Harms, Rainer (2006)
Projektportfolio-Management, in: Wirtschaftswissenschaftliches Studium, 35. Jg. (2006) S. 459-461

Hasselberg, Frank (1989)
Strategische Kontrolle im Rahmen strategischer Unternehmensführung, Frankfurt a. M. 1989

Hegazy, Tarek/El-Zamzamy, Hesham (1998)
Project Management Software that meets the challenges, in: Cost Engineering, 40. Jg. (1998) May, S. 25-33

Hendricks, James/Bastian, Robert/Sexton, Thomas (1992)
Bundle Monitoring of Strategic Projects, in: Management Accounting, 73. Jg. (1992) February, S. 31-35

Hendricks, Martien/Voeten, Bas/Kroep, Leon (2002)
Human Resource Allocation in a Multiproject Research and Development Environment, in: Pennypacker/Dye (Hrsg., 2002) S. 249-262

Hennecke, Hans-Ulrich (1975)
Verfahren zur Beurteilung von Vorschlägen für industrielle Forschungs- und Entwicklungsprojekte: Ihre Grenzen und Möglichkeiten, Saarbrücken 1975

Henriksen, Anne DePiante/Traynor, Ann Jensen (1999)
A Practical R&D Project-Selection Scoring Tool, in: Dye/Pennypacker (Hrsg., 1999) S. 239-260

Herp, Thomas/Brand, Stefan (1995)
Reengineering aus Management-Sicht, in: Nippa/Picot (Hrsg., 1995) S. 126-143

Herroelen, Willy/Van Dommelen, Patrick/Demeulemeester, Erik (1997)
Project Network models with discounted cash flows: A guided tour through recent developments, in: European Journal of Operational Research, Nr. 100 (1997) S. 97-121

Hiller, Mark (2002)
Multiprojektmanagement – Konzept zur Gestaltung, Regelung und Visualisierung einer Projektlandschaft, Kaiserslautern 2002 (FBK Produktionstechnische Berichte Band 43)

Hirzel, Matthias (1988)
Miteinander stark: Linien- und Projektmanagement als Partner, in: Zeitschrift für Organisation, 57. Jg. (1988) S. 261-264

Hirzel, Matthias (2002a)
Herausforderungen des Multiprojektmanagements, in: Hirzel/Kühn/Wollmann (Hrsg., 2002) S. 166-175

Hirzel, Matthias (2002b)
Controlling des Projektportfolios auf Basis der Arbeitswertanalyse, in: Hirzel/Kühn/Wollmann (Hrsg., 2002) S. 11-21

Hirzel, Matthias/Kühn, Frank/Wollmann, Peter (Hrsg., 2002)
Multiprojektmanagement – Strategische und operative Steuerung von Projektportfolios, Frankfurt a. M. 2002

Hirzel, Matthias/Kühn, Frank/Wollmann, Peter (Hrsg., 2006)
Projektportfolio-Management – Strategisches und operatives Multi-Projektmanagement in der Praxis, Wiesbaden 2006

Hoffmann, Werner (2001)
Management von Allianzportfolios, Stuttgart 2001

Holland, Dutch (2002)
Projektmanagement für die Chefetage, Weinheim 2002

Hope, Jeremy/Fraser, Robin (2003a)
Who needs Budgets?, in: Harvard Business Review, 81. Jg. (2003) February, S. 108-115

Hope, Jeremy/Fraser, Robin (2003b)
Beyond Budgeting, Boston 2003

Horváth, Péter/Gleich, Ronald (Hrsg., 2003)
Neugestaltung der Unternehmensplanung, Stuttgart 2003

Howell, Robert (1968)
Multiproject Control, in: Harvard Business Review, 46. Jg. (1968) March-April, S. 63-70

Huang, Jimmy/Newell, Sue (2003)
Knowledge integration processes and dynamics within the context of cross-functional projects, in: International Journal of Project Management, 21. Jg. (2003) S. 167-176

Huber, Roland (1985)
Überwindung der strategischen Diskrepanz und Operationalisierung der entwickelten Strategie, St. Gallen 1985

Hunziker, Ulrich/Hügel, Harald (2007)
Die Unternehmensstrategie nachhaltig und wirksam umsetzen, in: Zeitschrift Führung und Organisation, 76. Jg. (2007) S. 12-19

Ireland, Lewis (2002)
Managing Multiple Projects in the 21st Century, in: Pennypacker/Dye (Hrsg., 2002) S. 21-34

Islei, Gerd et. al (1991)
Modelling Strategic Decision Making and Performance Measurement at ICI Pharmaceuticals, in: Interfaces, 21. Jg. (1991) S. 4-26

Ishikawa, Akira (1985)
Strategic Budgeting, New York 1985

Janschek, Otto (2001)
Realoptionen und Bewertung unternehmerischer Handlungsspielräume – Bewertungstechniken – Anwendungsvoraussetzungen, in: Seicht (Hrsg., 2001) S. 71-100

Jansen, Christoph/Thiesse, Frederic/Bach, Volker (2000)
Wissensportale aus Systemsicht, in: Bach/Österle/Vogler (Hrsg., 2000) S. 121-189

Jantzen-Homp, Dietgard (2000)
Projektportfolio-Management, Wiesbaden 2000

Jeschke, Arnim (1993)
Konfliktmanagement und Unternehmenserfolg, Wiesbaden 1993

Joos-Sachse, Thomas (2001)
Controlling, Kostenrechnung und Kostenmanagement, Wiesbaden 2001

Kaplan, Robert/Norton, Peter (2001)
Die Strategiefokussierte Organisation, Stuttgart 2001

Kaplan, Robert/Norton, Peter (1997)
Balanced Scorecard, Stuttgart 1997

Kargl, Herbert (2000)
Controlling von IV-Projekten, in: Dobschütz et. al. (Hrsg., 2000) S. 155-190

Kauffmann, Herbert (2007)
Performance Controlling als integraler Bestandteil der wertorientierten Steuerung bei DaimlerChrysler, in: Controlling, 19. Jg. (2007) S. 207-213

Kendall, Robin (1998)
Risk Management – Unternehmensrisiken erkennen und bewältigen, Wiesbaden 1998

Khurana, Anil/Rosenthal, Stephan (1997)
Integrating the fuzzy front end of new product development, in: Sloan Management Review, 38. Jg. (1997) S. 103-120

Kirsch, Werner/Maaßen, Hartmut (Hrsg., 1989)
Managementsysteme – Planung und Kontrolle, München 1989

Klingebiel, Norbert (1989)
Prozessinnovationen als Instrument der Wettbewerbsstrategie, Berlin 1989

Knorren, Norbert (1998)
Wertorientierte Gestaltung der Unternehmensführung, Wiesbaden 1998

Köster, Ralf/Schardt, Andreas/Hochstrahs, Annette (2002)
Einsatz des Tools RM-Suite (Praxisbeispiel), in: Hirzel/Kühn/Wollmann (Hrsg., 2002) S. 225-241

Kohl, Michael/Zimmermann, Klaus (2001)
Projekt-Scorecard – Wie Continental eine ECR-Initiative steuert, in: Absatzwirtschaft, 44. Jg. (2001) H.6 S. 36-40

Kolks, Uwe (1990)
Strategieimplementierung, Wiesbaden 1990

Krahnen, Jan Pieter (2001)
Internes Rating, in: Gerke/Steiner (Hrsg., 2001) Sp. 1767-1775

Krahnen, Jan Pieter/Weber, Adelheid/Weber, Martin (1995)
Scoring-Verfahren: Häufige Anwendungsfehler und ihre Vermeidung, in: Der Betrieb, 48. Jg. (1995) S. 1621-1626

Krahnen, Jan Pieter/Weber, Martin (2001)
Generally Accepted Rating Principles: A Primer, in: Journal of Banking and Finance, Vol. 25 (2001) S. 2-24

Krcmar, Helmut/Buresch, Alexander/Reb, Michael (Hrsg., 2000)
IV-Controlling auf dem Prüfstand – Konzept, Benchmark, Erfahrungsberichte, Wiesbaden 2000

Krcmar, Helmut/Buresch, Alexander (2000)
IV-Controlling – Ein Rahmenkonzept, in: Krcmar/Buresch/Reb (Hrsg., 2000) S. 3-19

Krüger, Andreas (2001)
Steuerung von internationalen Entwicklungsprojekten, Stuttgart 2001

Krüger, Christof (1999)
Der große Überblick – Project Monitoring, in: io management, 68. Jg. (1999) Nr. 5, S. 76-79.

Krüger, Wilfried (2000)
Excellence in Change – Wege zur strategischen Erneuerung, Wiesbaden 2000

Krüger, Wilfried/Homp, Christian (1997)
Kernkompetenz-Management, Wiesbaden 1997

Kruschwitz, Lutz (2000)
Investitionsrechnung, 8. Auflage, München 2000

Kübler, Raphael (1996)
Management strategisch motivierter Akquisitionsprojekte, Köln 1996

Kühn, Frank/Hochstrahs, Annette/Pleuger, Gudrun (2002)
Steuerung des Projektportfolios nach Strategiebezug und Wirtschaftlichkeit, in: Hirzel/ Kühn/Wollmann (Hrsg., 2002) S. 52-79

Küpper, Hans-Ulrich/Wagenhofer, Alfred (Hrsg., 2002)
Handwörterbuch Unternehmensrechnung und Controlling, 4. Auflage, Stuttgart 2002

Kumpf, Andreas (2001)
Balanced Scorecard in der Praxis – In 80 Tagen zur erfolgreichen Umsetzung, Landsberg/Lech 2001

Kunz, Christian (2006a)
Multiprojektmanagement, in: Die Betriebswirtschaft, 66. Jg. (2006) S. 367-270

Kunz, Christian (2006b)
Mitwirkung und Einflussnahme von Organisationseinheiten im Multiprojekt-management, in: Zeitschrift für Planung und Unternehmenssteuerung, 17. Jg. (2006) S. 433-454

Kusterer, Frank (2001)
Investitions-Management, München 2001

Lachnit, Laurenz (1994)
Controllingkonzeption für Unternehmen mit Projektleistungstätigkeit, München 1994

Lai, Van Son/Trigeorgis, Lenos (1995)
The Strategic Capital Budgeting Process: A Review of Theories and Practice, in: Trigeorgis (Hrsg., 1995) S. 69-86

Lange, Edgar (1993)
Abbruchentscheidungen bei F&E-Projekten, Wiesbaden 1993

Lange, Jürgen (1987)
Strategisches Projektmanagement – Forschungsprogrammatische Einordnung und Konzeptionalisierung eines Ansatzes zur Bewältigung des strategischen Problems von Unternehmen, Saarbrücken 1987

Lehmann, Frank (1991)
Strategische Budgetierung, in: Zeitschrift für Planung, 2. Jg. (1991) S. 319-336

Lehmann, Frank (1993)
Strategische Budgetierung, Frankfurt a. M. 1993

Lehner, Johannes (2005)
Risikobeurteilung für Projekte, in: Zeitschrift Führung und Organisation, 74. Jg. (2005) S. 4-10

Levene, Ralph/Braganza, Ashley (1996)
Controlling the work scope in organisational transformation: a programme management approach, in: International Journal of Project Management, 14. Jg. (1996) S. 331-339

Levine, Harvey (1999)
Project Portfolio Management: A Song Without Words? in: Dye/Pennypacker (Hrsg., 1999) S. 39-44

Leyendecker, Petra (2002)
Priorisierung von Projekten, in: Hirzel/Kühn/Wollmann (Hrsg., 2002) S. 80-96

Liebler, Hans (1996)
Strategische Optionen – Eine kapitalmarktorientierte Bewertung von Investitionen unter Unsicherheit, Konstanz 1996

Lientz, Bennet/ Rea, Kathryn (2003)
International Project Management, San Diego 2003

Lindenberg, Frank (1998)
Die große Lösung – MPM im Konzern, in: Balzer (Hrsg., 1998) S. 95-104

Litke, Hans-Dieter (1995)
Projektmanagement – Methoden, Techniken, Verhaltensweisen, 3. Auflage, Wien 1995

Litke, Hans-Dieter (1996)
DV-Projektmanagement – Zeit und Kosten richtig einschätzen, München 1996

Littkemann, Jörn (1997)
Innovation und Rechnungswesen, Wiesbaden 1997

Loderer, Claudio, et. al. (2002)
Handbuch der Bewertung – Praktische Methoden und Modelle zur Bewertung von Projekten, Unternehmen und Strategien, Zürich 2002

Lomnitz, Gero (2001)
Multiprojektmanagement – Projekte planen, vernetzen und steuern, Landsberg/Lech 2001

Lorange, Peter (1980)
Corporate Planning, Englewood Cliffs 1980

Lorange, Peter (1998)
Strategy Implementation: the New Realities, in: Long Range Planning, 31. Jg. (1998) S. 18-29

Lord, Alexander (1993)
Implementing Strategy Through Project Management, in: Long Range Planning, 26. Jg. (1993) S. 76-85

Lube, Marc-Milo (1997)
Strategisches Controlling in international tätigen Konzernen, Wiesbaden 1997

Luehrman, Timothy (1998a)
Investment Opportunities as Real Options: Getting Started on the Numbers, in: Harvard Business Review, 76. Jg. (1998) July/August, S. 51-67

Luehrman, Timothy (1998b)
Strategy as a Portfolio of Real Options, in: Harvard Business Review, 76. Jg. (1998) September/Oktober, S. 89-99

Lukas, Ernst (2002)
DV-gestütztes Multiprojecting mit 3Pmulti, in: Hirzel/Kühn/Wollmann (Hrsg., 2002) S. 175-182

Lukesch, Christoph (2000)
Umfassendes Projektportfoliomanagement in Dienstleistungskonzernen am Beispiel eines großen, international operierenden Versicherungsunternehmens, Univ.-Diss. ETH Zürich 2000

Lutzner, Peter (1998)
Strategisches Projektcontrolling im industriellen Anlagengeschäft, Univ.-Diss. Erlangen-Nürnberg 1998

Madauss, Bernd (1995)
Methoden des Managements von Technologieprojekten, in: Zahn (Hrsg., 1995) S. 681-704

Madauss, Bernd (2000)
Handbuch Projektmanagement, 6. Auflage, Stuttgart 2000

Mahlen, Kirk (1997)
Project Administration Departments improve Information System Initiatives, in: Healthcare Financial Management, 1. Jg. (1997) December, S. 38-42

Maizlish, Bryan/Handler, Robert (2005)
IT Portfolio Management Step-by-Step, Hoboken 2005

Matheson, James/Menke, Michael (1999)
Using Decision Quality Principles To Balance Your R&D Portfolio, in: Dye/ Pennypacker (Hrsg., 1999) S. 61-69

May, Gunter/Chrobok, Reiner (2001)
Priorisierung des unternehmerischen Projektportfolios, in: Zeitschrift Führung & Organisation, 70. Jg. (2001) S. 108-114

McCauley, Michael/Bundy, Ann/Seidman, William (2002)
Effective Resource Management – Debunking the Myths, in: Pennypacker/Dye (Hrsg., 2002) S. 57-67

McElroy, William (1996)
Implementing strategic change through projects, in: International Journal of Project Management, 14. Jg. (1996) S. 325-329

McGrath, Rita/MacMillan, Ian (1995)
Discovery-Driven Planning, in: Harvard Business Review, 73. Jg. (1995) July/August. S. 44-54

Meier, Harald (2004)
Internationales Projektmanagement – Internationales Management, Projektmanagement Techniken, Interkulturelle Teamarbeit, Herne/Berlin 2004

Meredith, Jack/Manthel, Samuel (1995)
Project Management – A Managerial Approach, 3rd Edition, New York u.a. 1995

Meredith, Jack/Manthel, Samuel (1999)
Project Selection, in: Dye/Pennypacker (Hrsg., 1999) S. 135-167

Michel, Reiner (1996)
Projektcontrolling und Reporting, 2. Auflage, Heidelberg 1996

Möhrle, Martin (1991)
Informationssysteme in der betrieblichen Forschung und Entwicklung, Bad Homburg 1991

Möhrle, Martin (Hrsg., 1999)
Der richtige Projekt-Mix, Heidelberg 1999

Möhrle, Martin/Voigt, Ingrid (1993)
Das FuE-Programm-Portfolio in praktischer Erprobung, in: Zeitschrift für Betriebswirtschaft, 63. Jg. (1993) S. 973-992

Möller, Klaus/Walker, Ulrich (2003)
Intangibles in der wertorientierten Planung – Multiprojektcontrolling bei der Festo AG & Co. Kg, in: Controlling, 15. Jg. (2003) S. 491-498

Mörsdorf, Maximilian (1998)
Konzeption und Aufgaben des Projektcontrollings, Wiesbaden 1998

Moolman, Chris/Fabrycky, Wolter (1997)
A Capital Budgeting Model Based on the Project Portfolio Approach: Avoiding Cash Flows Per Project, in: The Engineering Economist, 42. Jg. (1997) S.111-135

Moser, Jean-Philippe (2001)
Balanced Scorecard als Instrument eines integrierten Wertmanagements, Bern 2001

Müller, Arno/Thienen, Lars von (2002)
Controlling von e-Business-Projekten, in: Albach/Kaluza/Kersten (Hrsg., 2002) S. 543-562

Munari, S./Naumann, Chris (1997)
Strategische Steuerung – Bedeutung im Rahmen des Strategischen Management, in: Hahn/Taylor (Hrsg., 1997) S. 805-820

Nastansky, Ludwig/Haberstock, Philipp (1999)
Der Einsatz Groupware-basierter Multiprojektmanagement-Systeme im Controlling, in: Controlling, 11. Jg. (1999) S. 487-493

Naumann, Chris (1986)
Strategische Steuerung und integrierte Unternehmensplanung, München 1986

Nenoglu, Georg/Kurbel, Karl (1996)
Workfloworientiertes Multiprojektmanagement – Konzeption eines hybriden Systems auf der Grundlage von Componentware, Diskussionspapier 96 der Fakultät für Wirtschaftswissenschaften an der Europa-Universität Viadrina Frankfurt (Oder), Frankfurt (Oder) 1996

Nikander, Ilmari/Eloranta, Eero (2001)
Project management by early warnings, in: International Journal of Project Management, 19. Jg. (2001) S. 385-399

Nimsch, Christopher/Linden, Andreas (2006)
Internet-Plattform für projektübergreifende Informationen und Synergien, in: Hirzel/Kühn/Wollmann (Hrsg., 2006) S. 225-236

Nippa, Michael/Picot, Arnold (Hrsg., 1995)
Prozeßmanagement und Reengineering – Die Praxis im deutschsprachigen Raum, Frankfurt/New York 1995

Nobeoka, Kentaro/Cusumano, Michael (1997)
Multiproject Strategy and Sales Growth: The Benefits of Rapid Design Transfer in New Product Development, in: Strategic Management Review, 18. Jg. (1997) S. 169-186

Nolan, Richard/McFarlan, Warren (2006)
Wie Sie ihre IT-Strategie richtig überwachen, in: Harvard Business manager 28. Jg. (2006), Februar 2006, S. 66-87

Nonaka, Ikujiro/ Takeuchis, Hirotaka (1995)
The Knowledge-Creating Company – How Japanese Companies Create the Dynamics of Innovation, Oxford 1995

North, Klaus (2002)
Wissensorientierte Unternehmensführung, 3. Auflage, Wiesbaden 2002

Nuber, Wolfgang (1995)
Strategische Kontrolle, Wiesbaden 1995

Ochß, Volker/Bayerlein, Frank (2000)
IV-Projekt-Controlling – Erfahrungen bei der Deutschen Bank AG, in: Krcmar/Buresch/Reb (Hrsg., 2000) S. 37-55

Oehler, Karsten (2002)
Balanced Scorecard und Budgetierung – (wie) passt das zusammen?, in: Controlling, 14. Jg. (2002) S. 85-92

Olmsted Teisberg, Elizabeth (1995)
Methods for Evaluating Capital Investment Decisions under Uncertainty, in: Trigeorgis (Hrsg., 1995) S. 31-46

Osterloh, Margit/Frost, Jutta (1998)
Vom Business Reengineering zur Prozessorganisation, in: Dalheimer/Krainz/Osterloh (Hrsg., 1998) S. 21-37

Ott, Frank (2000)
Strategisches Investitionscontrolling in internationalen Konzernen, Wiesbaden 2000

Patrick, Francis (2002)
Program Management – Turning Many Projects into Few Priorities with Theory of Constraints, in: Pennypacker/Dye (Hrsg., 2002) S. 163-171

Patzak, Gerold/Rattay, Günter (1998)
Projekt Management – Leitfaden zum Management von Projekten, Projektportfolios und projektorientierten Unternehmen, 3. Auflage, Wien 1998

Payne, John (1995)
Management of multiple simultaneous projects: a state-of-the-art review, in: International Journal of Project Management, 13. Jg. (1995) S. 163-168

Payne, John/Turner, Rodney (1999)
Company-wide project management: the planning and control of programmes of projects of different types, in: International Journal of Project Management, 17. Jg. (1999) S. 55-59

Pearson, Gordon (1986)
The Strategic Discount – Protecting New Business Projects against DCF, in: Long Range Planning, 19. Jg. (1986) S. 18-24

Pellegrinelli, Sergio (1997)
Programme Management: Organising project-based change, in: International Journal of Project Management, 15. Jg. (1997) S. 141-149

Pellegrinelli, Sergio/Bowman, Cliff (1994)
Implementing Strategy through Projects, in: Long Range Planning, 27. Jg. (1994) S. 125-132

Pennypacker, James/Dye, Lowell (Hrsg., 2002)
Managing Multiple Projects, New York 2002

Pennypacker, James/Dye, Lowell (2002)
Project Portfolio Management and Managing Projects: Two Sides of the Same Coin?, in: Pennypacker/Dye (Hrsg., 2002) S. 1-10

Perridon, Louis/Steiner, Manfred (2002)
Finanzwirtschaft der Unternehmung, 11. Auflage, München 2002

Peters, Malte/Zelewski, Stephan (2002)
Analytical Hierarchy Process (AHP) – dargestellt am Beispiel der Auswahl von Projektmanagement-Software zum Multiprojektmanagement, Arbeitsbericht Nr. 14 des Institut für Produktion und Industrielles Informationsmanagement der Universität Essen, Essen 2002

Picot, Arnold/Böhme, Markus (1995)
Zum Stand der prozeßorientierten Unternehmensgestaltung in Deutschland, in: Nippa/Picot (Hrsg., 1995) S. 227-247

Pillai, A. Sivathanu/Joshi, A./Roa, K. Srinivasa (2002)
Performance measurement of R&D projects in a multi-project, concurrent engineering environment, in: International Journal of Project Management, 20. Jg. (2002) S. 165-177

Pinkenburg, Henry (1980)
Projektmanagement als Führungskonzeption in Prozessen tiefgreifenden organisatorischen Wandels, München 1980

Platje, Adri/Seidel, Harald (1993)
Breakthrough in multiproject management: how to escape the vicious circle of planning and control, in: International Journal of Project Management, 11. Jg. (1993) S. 209-213

Platje, Adri/Seidel, Harald/Slipke, Wadman (1994)
Project and portfolio planning cycle – Project-based management for the multiproject challenge, in: International Journal of Project Management, 12. Jg. (1994) S. 100-106

Platz, Jochen (1989)
Aufgaben der Projektsteuerung – Ein Überblick, in: Reschke/Schelle/Schnopp (Hrsg. 1989) S. 633-662

Pöppl, Rudolf (2002)
Ausschöpfen von Wettbewerbsvorteilen durch strategisches Projektmanagement, in: kostenrechnungspraxis, 46. Jg. (2002) S. 142-146

Pradel, Michael (1997)
Multi-Projektcontrolling, in: Controlling, 9. Jg. (1997) S. 102-109

Pradel, Michael/Südmeyer, Vera (1996)
Multiprojektcontrolling: Planung des Projektportfolios bei Versicherungsunternehmen, in: Versicherungswirtschaft, 51. Jg. (1996) S. 1550-1555

Pradel, Michael/Südmeyer, Vera (1997)
Portfolioplanung als zentraler Bestandteil des Multiprojektcontrolling, in: Zeitschrift für Planung, 8. Jg. (1997) S. 291-311

Prahalad, C.K./Krishnan, M.S. (2002)
The Dynamic Synchronization of Strategy and Information Technology, in: MIT Sloan Management Review, 43. Jg. (2002) Summer, S. 24-33

Preißner, Andreas (1996)
Marketing-Controlling, München 1996

Pritsch, Gunnar (2000)
Realoptionen als Controlling-Instrument, Wiesbaden 2000

Pritzker, Alan/Watters, Lawrence/Wolfe, Philip (1969)
Multiproject Scheduling with limited Resources: A Zero-one Programming Approach, in: Management Sciences, 16. Jg. (1969) S. 93-108

Radke, Magnus (1989)
Handbuch der Budgetierung, Landsberg/Lech 1989

Rapp, Matthias (2002)
Risikoorientierte Budgetierung im Projektgeschäft, in: Zeitschrift für Betriebswirtschaft, 72. Jg. (2002) S. 7-18

Raps, Andreas (2003)
Erfolgsfaktoren der Strategieimplementierung, Wiesbaden 2003

Reiners, Hans-Peter (1995)
Strategische Kontrolle, Bern 1995

Reinecke, Sven/Fuchs, Dion (2003)
Marketingbudgetierung – State of the Art, Herausforderungen und Lösungsansätze, in: Controlling & Management, 48. Jg. (2003) Sonderheft 1/2003 S. 22-31

Reiss, Geoff (1996)
Programm Management Demystified – Managing multiple projects successfully, London 1996

Reiß, Michael/Grimmeisen, Markus (1994)
Kostentransparenz im strategischen Projektcontrolling, in: kostenrechnungspraxis, 38. Jg. (1994) S. 317-323

Remer, Donald/Stokdyk, Scott/Van Driel, Mike (1993)
Survey of project evaluation techniques currently used in industry, in: International Journal of Product Economics, 32. Jg. (1993) S. 103-115

Reschke, Hasso/Schelle, Heinz/Schnopp, Reinhardt (Hrsg., 1989)
Handbuch Projektmanagement Band 2, Köln 1989

Reyck, Bert De /Grushka-Cockayne, Yael/Lockett, Martin/Calderini, Sergio/Moura, Marcio/Sloper, Andrew (2005)
The impact of project portfolio management on information technology projects, in: International Journal of Project Management, 23. Jg (2005) S. 524-537

Rickert, Dirk (1995)
Multi-Projektmanagement in der industriellen Forschung und Entwicklung, Wiesbaden 1995

Riebel, Paul (1994)
Einzelkosten- und Deckungsbeitragsrechnung, 7. Auflage, Wiesbaden 1994

Rieper, Bernd/Witte, Thomas/Berens, Wolfgang (Hrsg., 1996)
Betriebswirtschaftliches Controlling, Wiesbaden 1996

Rinza, Peter (1998)
Projektmanagement, 4. Auflage, Berlin 1998

Robens, Herbert (1986)
Modell- und methodengestützte Entscheidungshilfen zur Planung von Produkt-Port-foliostrategien, Frankfurt a. M. 1986

Roehl, Heiko (2000)
Instrumente der Wissensorganisation, Wiesbaden 2000

Röhrle, Christoph (1997)
Ein entscheidungsunterstützendes System zur Bewertung von Forschungs- und Ent-wicklungsprojekten, Lohmar/Köln 1997

Rösgen, Klaus (2000)
Investitionscontrolling, Frankfurt a. M. 2000

Rose, Peter (2000)
Analyse ausgewählter Methoden zur Identifikation dynamischer Kernkompetenzen, München 2000

Ross, Jeanne/Beath, Cynthia (2002)
Beyond the Business Case: New Approaches to IT Investment, in: MIT Sloan Management Review, 43. Jg. (2002) Winter, S. 51-59

Ross, Jeanne/Weill, Peter (2003)
Die sechs wichtigsten IT-Entscheidungen, in: Harvard Business manager, 25. Jg. (2003) September, S. 76-85

Royer, Isabelle (2003)
Why bad Projects are so hard to kill, in: Harvard Business Review, 81. Jg. (2003) February, S. 49-56

Rudolph, Thomas (1997)
Der Projektmanagement-Ansatz als integrierte Implementierungsmethodik komplexer Veränderungsvorhaben im Handelsmarketing, in: Thexis, 14. Jg. (1997) Nr. 4, S. 15-19

Rudolph, Thomas (1999)
Marktorientiertes Management komplexer Projekte im Handel, Stuttgart 1999

Rüsberg, Karl-Heinz (1973)
Multiproject-Management, in: Management-Enzyklopädie: Ergänzungsband, München 1973

Rüsberg, Karl-Heinz (1976)
Praxis des Project- und Multiproject-Management, 3. Auflage, München 1976

Saynisch, Manfred (1989)
Konfigurationsmanagement, in: Reschke/Schelle/Schnopp (Hrsg., 1995) S. 561-590

Sachs, Christian (2000)
Planung und Bewertung strategischer Investitionsprojekte auf Basis stochastischer Netzpläne, Hamburg 2000

Schanz, Günther (1994)
Organisationsgestaltung, 2. Auflage, München 1994

Scheinberg, Mark/Stretton, Alan (1994)
Multiproject planning: tuning portfolio indices, in: International Journal of Project Management, 12. Jg. (1994) S. 107-114

Schelle, Heinz (1992)
Portfoliotechniken im Projektmanagement, in: Gesellschaft für Projektmanagement INTERNET Deutschland e.V. (Hrsg., 1992) S. 374-385

Scheurer, Steffen (2000)
Strategische Unternehmensentwicklung durch strategisches Multiprojektmanagement, in: Zeitschrift für Planung, 11. Jg. (2000) S. 379-409

Schindler, Martin (2001)
Wissensmanagement in der Projektabwicklung, 2. Auflage, Köln 2001

Schindler, Martin/Eppler, Martin (2003)
Harvesting project knowledge: a review of project learning methods and success factors, in: International Journal of Project Management, 21. Jg. (2003) S. 219-228

Schmalenberg, Wolfgang (1992)
Bewertung und Priorisierung von Produktinnovationsprojekten, in: Gesellschaft für Projektmanagement INTERNET Deutschland e.V. (Hrsg., 1992) S. 386-397

Schmelzer, Herrmann (1992)
Organisation und Controlling von Produktentwicklungen, Stuttgart 1992

Schmelzer, Hermann/Friedrich, Werner (1997)
Integriertes Prozeß-, Produkt- und Projektcontrolling, in: Controlling, 9. Jg. (1997) S. 334-344

Schmidt, Georg (1990)
Anreiz und Steuerung in Unternehmenskonglomeraten, Wiesbaden 1990

Schmidt, Simon/Mertin, Nicole (2005)
Die Aufgaben des Managements zur Nutzenoptimierung im Programm-Management, in: Schott/Campana (Hrsg., 2005) S. 133-151

Schmitt, Markus (2002)
Optionspreisorientierte Projektbewertung. Kapitalmarktgerechte Entscheidungen mit der Black-Scholes-Formel, in: kostenrechnungspraxis, 46. Jg. (2002) S. 147-150

Schmidt, Reinhard/Terberger, Eva (1997)
Grundzüge der Investitions- und Finanzierungstheorie, 4. Auflage, Wiesbaden 1997

Schneider, Jürgen (1973)
Projektmanagement beim Marketing von Investitionsgütern, Univ.-Diss. Mannheim 1973

Schnorrenberg, Uwe/Goebels, Gabriele (1997)
Risikomanagement in Projekten, Braunschweig/Wiesbaden 1997

Schön, Dietmar (1997)
Multiprojekt- und Ergebnisplanung in der Baubranche, in: kostenrechnungspraxis, 41. Jg. (1997) S. 335-342

Schönwalder, Stephan/Schulze-Böbold, Peter/Lapp, Michael (2000)
IV-Portfolio-Controlling – Projekte richtig auswählen!, in: Krcmar/Buresch/Reb (Hrsg., 2000) S. 21-36

Schott, Eric/Campana, Christophe (Hrsg., 2005)
Strategisches Projektmanagement, New York/Berlin 2005

Schreyögg, Georg/Steinmann, Horst (1985)
Strategische Kontrolle, in: Zeitschrift für betriebswirtschaftliche Forschung, 37. Jg. (1985) S. 391-410

Schulte, Christof (Hrsg., 1996,)
Lexikon des Controlling, München 1996

Schulte-Zurhausen, Manfred (2005)
Organisation, 4. Auflage, München 2005

Schwager, Mario/Haar, Jens (1996)
Erfolgsstrategien für eine dynamische Organisation – Projekt- und Prozessorientierte Unternehmensgestaltung, Freibug 1996

Schwellnuss, Axel (1991)
Investitions-Controlling, München 1991

Seicht, Gerhard (Hrsg., 2001)
Jahrbuch für Controlling und Rechnungswesen 2001, Wien 2001

Seiler, Armin (1999)
Financial Management, Zürich 1999

Segelod, Esbjörn (1998)
Capital Budgeting in a Fast-Changing World, in: Long Range Planning, 31. Jg. (1998) S. 529-541

Sharpe, Paul/Keelin, Tom (1998)
How Smithkline Beecham makes better Resource-Allocation Decisions, in: Harvard Business Review, 76. Jg. (1998) March/April, S. 45-57

Sipsos, Andrew (1990)
Multiproject Scheduling, in: Cost Engineering, 32. Jg. (1990) November, S. 13-17

Spalink, Heiner (Hrsg., 1999)
Werkzeuge für das Change Management, Frankfurt a. M. 1999

Spalink, Heiner (1999)
Das Management der Implementierung, in: Spalink (Hrsg., 1999) S. 95-112

Specht, Günter/Beckmann, Christoph (1996)
F&E-Management, Stuttgart 1996

Spradlin, Thomas/Kutoloski, David (1999)
Action-Oriented Portfolio Management, in: Dye/Pennypacker (Hrsg., 1999) S. 261-270

Stadler, Robert (2000)
Organisation und Umsetzung von Multiprojektcontrolling, in: Dobschütz et. al. (Hrsg., 2000) S. 213-229

Steidl, Bernhard (1999)
Synergiemanagement im Konzern, Wiesbaden 1999

Steiger, Peter (1988)
Strategisches Durchsetzungskonzept, Bern/Stuttgart 1988

Steinbuch, Pitter (2000)
Projektorganisation und Projektmanagement, Ludwigshafen 2000

Steinbüchel, Alexander von/Ovcak, Oliver (2005)
Ressourcenmanagement und Budgetoptimierung, in: Schott/Campana (Hrsg., 2005) S. 93-109

Steinle, Claus/Bruch, Heike/Bussenius, Alexander (1997)
Erfolgreiche Projektpromotion tiefgreifender Änderungsprozesse, in: Betriebswirtschaftliche Forschung und Praxis, 49. Jg. (1997) S. 322-338

Steinmann, Horst/Schreyögg, Georg (1997)
Management, 4. Auflage, Wiesbaden 1997

Stewart, Theodor (1991)
A Multi-Criteria Decision Support System for R&D Project Selection, in: Journal of the Operational Research Society, 42. Jg. (1991) S. 17-26

Stockbauer, Herta (1991)
F&E-Budgetierung aus der Sicht des Controlling, in: Controlling, 3. Jg. (1991) S. 136-143

Stocker, Klaus (1997)
Internationales Finanzrisikomanagement, Wiesbaden 1997

Stonich, Paul (1980)
How to use Strategic Funds Programming, in: Journal of Business Strategy, 1. Jg. (1980) S. 35-40

Strack, Rainer/Bacher, Andreas/Engelbrecht, Christoph (2002)
Konzeption wertorientierter Planungsprozesse in deutschen Großkonzernen, in: Controlling, 14. Jg. (2002) S. 623-631

Suckut, Thomas (1995)
Informationsmodell für das Mehrprojektmanagement, Aachen 1995

Tarlatt, Alexander (2001)
Implementierung von Strategien in Unternehmen, Wiesbaden 2001

Thiry, Michel (2002)
Combining value and project management into an effective programme management model, in: International Journal of Project Management, 20. Jg. (2002) S. 221-227

Thoma, Wolfgang (1989)
Erfolgsorientierte Beurteilung von F&E-Projekten, Darmstadt 1989

Thommen, Jean-Paul/Achleitner, Ann-Kristin (2001)
Allgemeine Betriebswirtschaftslehre – Umfassende Einführung aus management-orientierter Sicht, Wiesbaden 2001

Tourneau, Alexander (1995)
Organisation der Investitionsplanung im Industriekonzern, Gießen 1995

Trigeorgis, Lenos (Hrsg., 1995)
Real Options in Capital Investment, Westport 1995

Turner, Rodney (1993)
The Handbook of Project-based Management, Berkshire 1993

Turner, Rodney/Keegan, Anne (1999)
The Versatile Projectbased Organization: Governance and Operational Control, in: European Management Journal, 17. Jg. (1999) S. 296-309

Turner, Rodner/Speiser, Arnon (1992)
Programme management and its information system requirements, in: International Journal of Project Management, 10. Jg. (1992) S. 196-206

Veasey, Philip (1994)
Managing a Programme of Business Re-engineering Projects in a Diversified Business, in: Long Range Planning, 27. Jg. (1994) S. 124-135

Verspohl, Oliver (1998)
Multiprojektmanagement in einer internationalen Großbank – Anforderungen an die Vorgehensweise im Multiprojektmanagement und Evaluierung der Werkzeugunterstützung, Master Thesis University of Paderborn, Department of Business Computing 2, Paderborn 1998

Völker, Rainer (2000)
Wertmanagement in Forschung und Entwicklung, München 2000

Weber, Jürgen/Lindner, Stefan (2003)
Budgeting, Better Budgeting oder Beyond Budgeting?, Vallendar 2003 (Reihe Advanced Controlling Band 33)

Weber, Jürgen/Lindner, Stefan/Spillecke, Dennis (2003)
Beyond Budgeting bei Verbundeffekten?, in: Controlling & Management, 47. Jg. (2003) Sonderheft 1/2003 S. 111-120.

Wegener, Richard (1994)
Strategische Bewertung von Prozessinnovationen, Wiesbaden 1994

Welge, Martin/Al-Laham, Andreas (1999)
Strategisches Management, 2. Auflage, Wiesbaden 1999

Westney, Richard (1992)
Computerized Management of multiple small projects, New York 1992

Wheelwright, Steven/Clark, Kim (1992)
Creating Project Plans to Focus Product Development, in: Harvard Business Review, 70. Jg. (1992) March-April, S. 70-82

Wheelwright, Steven/Clark, Kim (1994)
Revolution der Produktentwicklung, Frankfurt/New York 1994

Wichmann, Torsten/Nürnberg, Michael (2000)
Risikomanagement in Softwareunternehmen, in: Dörner/Horváth/Kagermann (Hrsg., 2000) S. 751-781

Wielenberg, Stefan (1999)
Organizational Slack und strategische Budgetierung, Preprint – Fakultät für Wirtschaftswissenschaften der Otto-von-Guericke-Universität Magdeburg, Magdeburg 1999

Wild, Jürgen (1982)
Grundlagen der Unternehmungsplanung, 4. Auflage, Opladen 1982

Wildemann, Horst (1994)
Fertigungsstrategien – Reorganisationskonzepte für eine schlanke Produktion und Zulieferung, 2. Auflage, München 1994

Wilder, Clinton/Caldwell, Bruce/Garvey, Martin (1998)
The Big Puzzle, in: Informationweek online, http://www.informationsweek.com/694/94iupuz.htm, 20.02.2002

Wiley, Victor/Deckro, Richard/Jackson, Jack (1997)
Optimization analysis for design and planning of multi-project programs, in: European Journal of Operational Research, Nr. 107 (1998) S. 492-506

Willke, Helmut (2002)
Projektübergreifendes Wissensmanagement, in: Hirzel/Kühn/Wollmann (Hrsg., 2002) S. 117-130

Willkens, Henrich/Pasquale, Thomas (1995)
Geschäftsprozessoptimierung in den Servicebereichen. Das Beispiel der HAT Troplast AG, in: Nippa/Picot (Hrsg, 1995) S. 293-307

Wittmann, Jochen (1998)
Target Project Budgeting – Markt- und technologieorientiertes Budgetmanagement, Wiesbaden 1998

Wolbold, Markus (1995)
Budgetierung bei kontinuierlichen Verbesserungsprozessen, München 1995

Wolfrum, Bernd (1994)
Strategisches Technologiemanagement, 2. Auflage, Wiesbaden 1994

Wollmann, Peter (2002)
Multiprojektmanagement im Kontext der Strategischen Planung, in: Hirzel/Kühn/Wollmann (Hrsg., 2002) S. 22-36

Wollmann, Peter/Dignen, Bob/Kühn, Frank (2006)
Critical success factors of international project portfolio management, in: Hirzel/Kühn/Wollmann (Hrsg., 2006) S. 199-209

Wyrsch, Michael/Blessing, Dieter (2000)
Knowledge Management bei Hewlett Packard Consulting, in: Bach/Österle/Vogler (Hrsg., 2000) S. 281-302

Yeo, K./Qui, Fasheng (2003)
The value of management flexibility – a real option approach to investment evaluation, in: International Journal of Project Management, 21. Jg. (2003) S. 243-250

Zahn, Erich (Hrsg., 1995)
Handbuch Technologiemanagement, Stuttgart 1995

Zielasek, Gotthold (1999)
Projektmanagement als Führungskonzept, 2. Auflage, Heidelberg 1999

Zimmermann, Gebhard/Jöhnk, Thorsten (2003)
Die Projekt-Scorecard als Erweiterung der Balanced Scorecard Konzeption, in: Controlling, 15. Jg. (2003) S. 73-78

Printed in Poland
by Amazon Fulfillment
Poland Sp. z o.o., Wrocław

31544718R00179